21世纪高等学校计算机教育实用规划教材

Visual C#.NET
基础与应用教程

夏敏捷　罗　菁　主编
丁汉清　吴志刚　张慎武　副主编

清华大学出版社
北京

内容简介

本书是一本面向广大C#编程爱好者的图书。其全面介绍了Visual C#.NET基础知识、控件、文件处理和系统操作、多媒体编程、网络编程、数据库编程以及Web应用程序开发和XML技术，并以实例的形式向读者展示了Visual C#.NET的编程精髓，将Visual C#.NET编程中的语法、技巧等方面的知识融汇其中，由浅入深，从易到难。这些实例典型简洁，所涉及的技术对解决同类问题具有实用性。书中实例(例如计算器、网络象棋开发、坦克游戏等)贴近读者、讲解清晰、力避代码复杂冗长。简短的案例特别有助于初学者仿效理解、把握问题的精髓；能够帮助读者快速对Visual C#.NET有整体认识。无论是入门级的初学者，还是有一定基础的读者，都可以在本书中得到有用的东西。

本书可作为高等院校相关课程的教材使用，也适合广大计算机工作者和Visual C#.NET用户编程爱好者、软件开发者参考。

图书在版编目(CIP)数据

Visual C#.NET基础与应用教程/夏敏捷等主编.--北京：清华大学出版社，2014
21世纪高等学校计算机教育实用规划教材
ISBN 978-7-302-34698-2

Ⅰ.①V…　Ⅱ.①夏…　Ⅲ.①C语言－程序设计－教材　Ⅳ.①TP312

中国版本图书馆CIP数据核字(2013)第290840号

责任编辑：魏江江　李　晔
封面设计：常雪影
责任校对：时翠兰
责任印制：李红英

出版发行：清华大学出版社
　　网　　址：http://www.tup.com.cn，http://www.wqbook.com
　　地　　址：北京清华大学学研大厦A座　　**邮　　编**：100084
　　社 总 机：010-62770175　　**邮　　购**：010-62786544
　　投稿与读者服务：010-62776969，c-service@tup.tsinghua.edu.cn
　　质 量 反 馈：010-62772015，zhiliang@tup.tsinghua.edu.cn
　　课 件 下 载：http://www.tup.com.cn，010-62795954
印 刷 者：北京富博印刷有限公司
装 订 者：北京市密云县京文制本装订厂
经　　销：全国新华书店
开　　本：185mm×260mm　　**印　张**：28　　**字　　数**：683千字
版　　次：2014年5月第1版　　**印　　次**：2014年5月第1次印刷
印　　数：1～2000
定　　价：49.50元

产品编号：056451-01

出版说明

随着我国高等教育规模的扩大以及产业结构调整的进一步完善，社会对高层次应用型人才的需求将更加迫切。各地高校紧密结合地方经济建设发展需要，科学运用市场调节机制，合理调整和配置教育资源，在改革和改造传统学科专业的基础上，加强工程型和应用型学科专业建设，积极设置主要面向地方支柱产业、高新技术产业、服务业的工程型和应用型学科专业，积极为地方经济建设输送各类应用型人才。各高校加大了使用信息科学等现代科学技术提升、改造传统学科专业的力度，从而实现传统学科专业向工程型和应用型学科专业的发展与转变。在发挥传统学科专业师资力量强、办学经验丰富、教学资源充裕等优势的同时，不断更新教学内容、改革课程体系，使工程型和应用型学科专业教育与经济建设相适应。计算机课程教学在从传统学科向工程型和应用型学科转变中起着至关重要的作用，工程型和应用型学科专业中的计算机课程设置、内容体系和教学手段及方法等也具有不同于传统学科的鲜明特点。

为了配合高校工程型和应用型学科专业的建设和发展，急需出版一批内容新、体系新、方法新、手段新的高水平计算机课程教材。目前，工程型和应用型学科专业计算机课程教材的建设工作仍滞后于教学改革的实践，如现有的计算机教材中有不少内容陈旧(依然用传统专业计算机教材代替工程型和应用型学科专业教材)，重理论、轻实践，不能满足新的教学计划、课程设置的需要；一些课程的教材可供选择的品种太少；一些基础课的教材虽然品种较多，但低水平重复严重；有些教材内容庞杂，书越编越厚；专业课教材、教学辅助教材及教学参考书短缺，等等，都不利于学生能力的提高和素质的培养。为此，在教育部相关教学指导委员会专家的指导和建议下，清华大学出版社组织出版本系列教材，以满足工程型和应用型学科专业计算机课程教学的需要。本系列教材在规划过程中体现了如下一些基本原则和特点。

(1) 面向工程型与应用型学科专业，强调计算机在各专业中的应用。教材内容坚持基本理论适度，反映基本理论和原理的综合应用，强调实践和应用环节。

(2) 反映教学需要，促进教学发展。教材规划以新的工程型和应用型专业目录为依据。教材要适应多样化的教学需要，正确把握教学内容和课程体系的改革方向，在选择教材内容和编写体系时注意体现素质教育、创新能力与实践能力的培养，为学生知识、能力、素质协调发展创造条件。

(3) 实施精品战略，突出重点，保证质量。规划教材建设仍然把重点放在公共基础课和专业基础课的教材建设上；特别注意选择并安排一部分原来基础比较好的优秀教材或讲义修订再版，逐步形成精品教材；提倡并鼓励编写体现工程型和应用型专业教学内容和课程体系改革成果的教材。

(4) 主张一纲多本,合理配套。基础课和专业基础课教材要配套,同一门课程可以有多本具有不同内容特点的教材。处理好教材统一性与多样化,基本教材与辅助教材,教学参考书,文字教材与软件教材的关系,实现教材系列资源配套。

(5) 依靠专家,择优选用。在制订教材规划时要依靠各课程专家在调查研究本课程教材建设现状的基础上提出规划选题。在落实主编人选时,要引入竞争机制,通过申报、评审确定主编。书稿完成后要认真实行审稿程序,确保出书质量。

繁荣教材出版事业,提高教材质量的关键是教师。建立一支高水平的以老带新的教材编写队伍才能保证教材的编写质量和建设力度,希望有志于教材建设的教师能够加入到我们的编写队伍中来。

21 世纪高等学校计算机教育实用规划教材编委会
联系人：魏江江 weijj@tup. tsinghua. edu. cn

前　言

为什么学习 Visual C♯.NET?

DotNET(.NET)是微软未来的技术发展方向,其强大的技术优势为人们所推崇,并且在全世界掀起了学习 DotNET 技术的高潮,掌握该技术,无疑在目前激烈的就业竞争中把握了有力武器。作为微软 DotNET 框架下的核心技术之一,Visual C♯.NET(简称 C♯语言)经过几年的发展,已经成为主流开发语言。

C 和 C++一直是最有生命力的程序设计语言。这两种语言为程序员提供了丰富的功能、高度的灵活性和强大的底层控制能力,而这一切都不得不以牺牲效率作为代价。例如与 Visual C♯.NET 相比,Visual C++程序员为实现同样的功能就要花费更长的开发周期。C 和 C++既为我们带来了高度的灵活性,又使我们必须要忍受学习的艰苦和开发的长期性,特别对 Visual C++来说,大部分的程序结构都被封装在 MFC 中,对于初学者来说,程序结构显得十分混乱,学习将变得十分艰苦。

Visual C♯.NET 程序结构十分清晰,较易学习和使用,同时又不失灵活性和强大的功能,它在开发能力和效率之间取得较好的平衡。它不仅具有快速开发应用程序的能力,而且具有 C++的基本特征——面向对象,Visual C♯.NET 已成为功能强大的面向对象的编程语言。

本书作者长期从事 Visual C♯.NET 教学与应用开发,在长期的工作与学习中,积累了丰富的经验和教训,能够了解在学习编程的时候需要什么样的知识才能提高 C♯开发能力,以最少的时间投入得到最快的实际应用。

本书内容共 10 章,各章内容如下:

第 1 章主要介绍了.NET 框架和 Visual Studio 2010.NET 集成开发环境,同时介绍了 Visual Studio.NET 集成开发环境及如何创建 C♯三种应用程序等。

第 2 章主要介绍 Visual C♯.NET 语言数据类型、流程控制语句。

第 3 章介绍了面向对象的基本概念,包括类和对象以及需要重点掌握的面向对象的继承性、多态性思想和具体体现。

第 4 章主要介绍常用控件,同时展示用 Windows 窗体来编写程序的特点以及技巧。

第 5 章介绍利用.NET 框架提供的一整套图形类库,绘制各种图形、处理位图图像和视频,从而建立图形游戏程序。

第 6 章主要介绍了 Visual C♯.NET 语言提供的用于文件操作的类,以及如何利用它们实现对文件的存储管理、对文件的读写等各种操作。

第 7 章主要介绍利用.NET 框架类库中提供的应用层类 TcpClient、TcpListener 和 UdpClient 类来实现网络编程的知识。本章最后通过应用层类开发出基于 UDP 的网络中国象棋。

第 8 章在 ADO.NET 模型的基础上介绍如何操作数据库,读者可以熟悉掌握 ADO.NET 中各种对象的操作方法以及常用 SQL 语句,并能够读、写、检索数据库。

第 9 章主要介绍了开发 Web 应用程序的 ASP.NET 工作原理和 ASP.NET 常用控件,在 Web 应用程序中访问数据库等。本章最后通过母版技术创建网络游戏网站。

第 10 章介绍.NET 框架中与 XML 相关的命名空间和其中的重要类及 DOM 技术,并用实例使读者更进一步了解 XML 文件的 C#读写操作的具体方法。

需要说明的是,学习编程是一个实践的过程,而不仅仅是看书、看资料的过程,亲自动手编写、调试程序才是至关重要的。通过实际的编程以及积极的思考,读者可以很快掌握很多的编程技术,而且,在编程中读者会积累许多宝贵的编程经验。在当前的软件开发环境下,这种编程经验对开发者尤其显得不可或缺。

本书由夏敏捷(中原工学院)、罗菁主持编写,吴志刚、李娟编写第 1 章和第 8 章,罗菁、张慎武编写第 9 章和第 10 章,郑州轻工业学院丁汉清编写第 3 章,李艳霞编写第 6 章,其余章节由夏敏捷编写。在本书的编写过程中,为确保内容的正确性,参阅了很多资料,并且得到了中原工学院计算机学院郑秋生教授指导和资深 C#程序员的支持。在此谨向他们表示衷心的感谢。

本书配套资源有电子课件和程序代码,可以到出版社网站下载。由于编者水平有限,书中难免有错,敬请广大读者批评指正,在此表示感谢。电子邮件地址:xmj@zut.edu.cn。

夏敏捷

2013 年 12 月

目　录

第1章 Visual C#.NET 概述

.NET 是微软公司开发的一种面向网络、支持各种用户终端的开发平台。Visual C#.NET(简称 C#语言)是微软公司针对.NET 平台推出的一门新语言，作为.NET 平台的第一语言，也是微软公司推出的下一代主流程序开发语言。Visual C#.NET 经过不断地发展和更新，极大地扩充了原有的功能，开发速度也进一步提高。微软发布了基于.NET 框架的可视化应用程序开发工具 Visual Studio 2010 简体中文版，集程序设计、程序编译以及程序调试于一体，并将多种程序设计语言紧密地集成在一起，共同使用一个集成开发环境，大大简化了应用程序的开发过程。

本章主要介绍了.NET 框架的概念以及开发.NET 应用程序的运行环境 Visual Studio 2010，最后介绍 C#三种应用程序结构。这将对学习带来很大的帮助。

1.1 Visual C#.NET 简介

1.1.1 Visual C#.NET 产生

首先，来了解一下 C#的诞生。C 和 C++一直是最有生命力的编程语言，这两种语言提供了强大的功能、高度的灵活性以及完整的底层控制能力；缺点是开发周期较长，学习和掌握这两种语言比较困难。而许多开发效率更高的语言，如 Visual Basic，在功能方面又具有局限性。于是，在选择开发语言时，许多程序设计人员面临着两难的抉择。

针对这个问题，微软公司发布了称为 C#(C Sharp)的编程语言。C#是专门为.NET 应用而开发的语言，是与.NET 框架的完美结合。在.NET 类库的支持下，C#能够全面地体现.NET Framework 的各种优点。C#语言是微软公司在 2000 年 6 月发布的一种新的编程语言，主要由安德斯·海尔斯伯格(Anders Hejlsberg)主持开发，C#与 Java 非常相似，它包括了诸如单一继承、界面、与 Java 几乎同样的语法，和编译成中间代码再运行的过程。但是 C#与 Java 有着明显的不同，它借鉴了 Delphi 的一个特点，与 COM(组件对象模型)是直接集成的，而且它是微软公司.NET 框架的主角。

Visual C#.NET 几乎集中了所有关于软件开发和软件工程研究的最新成果。如面向对象、类型安全、组件技术、自动内存管理、跨平台异常处理、版本控制、代码安全管理等。它在设计、开发程序界面的时候和以前的某些程序开发语言有所不同。它既有 Visual Basic 快速开发的特点，又不乏 C++语言强大的功能。所以 C#将成为最主要的软件开发语言。至今已发展到 5.0 版本，C#的发展如表 1-1 所示。

表 1-1 C#的发展

版本	日期	.NET 框架的版本	Visual Studio 的版本
C# 1.0	2002 年 1 月	.NET Framework 1.0	Visual Studio .NET 2002
C# 1.2	2003 年 4 月	.NET Framework 1.1	Visual Studio .NET 2003
C# 2.0	2005 年 11 月	.NET Framework 2.0	Visual Studio .NET 2005
C# 3.0	2006 年 11 月	.NET Framework 3.5	Visual Studio .NET 2008
C# 4.0	2010 年 4 月	.NET Framework 4.0	Visual Studio .NET 2010
C# 5.0	2012 年 4 月	.NET Framework 4.5	Visual Studio .NET 2012

1.1.2 Visual C#.NET 的特点

1. 可视化的程序设计

Visual C#.NET 采用可视化的编程方式。所谓"可视化",指程序设计者利用系统提供的良好的集成开发环境(IDE),不需要编写大量代码去描述界面上各元素的外观和位置,利用系统提供的大量可视化控件(如文本框、按钮等),通过直接拖动的方式把控件拖动到界面上相应的位置,所见即所得,非常方便,而且用户界面良好。

2. 面向对象的程序设计思想

Visual C#.NET 采用了面向对象的程序设计思想,它将复杂的设计问题分解为一个个相对简单的独立问题,分别由不同的对象来完成。构成图形界面的可视化控件可以看作是一个个的对象,如一个按钮、一个文本框、一个列表框等。

在面向对象的程序设计中,对象是一个可操作的实体,每个对象具有各自的属性和方法。为了实现每个对象各自的功能,可以分别针对不同对象编写程序代码。

3. 事件驱动的编程机制

Visual C#.NET 采用了事件驱动的编程方式。系统为每个对象设定了若干特定的事件,每个事件都能驱动执行一段特定的程序代码(事件过程),这一段代码就是针对该对象功能编写的程序代码。

例如,用鼠标单击命令按钮对象,产生一个 Click(单击)事件,同时调用执行该按钮的 Click 事件过程,实现该按钮的功能。事件过程的执行与否和执行顺序取决于用户的操作。

4. 支持大型数据库的管理和开发

Visual C#.NET 提供了强大的数据管理和存取操作能力,能够开发和管理大型的数据库。从.NET 开始,数据访问技术在原有 ADO 的基础上发展为 ADO.NET,这是对 ADO 的重新设计和功能扩展,大大提高了数据访问和处理的灵活性。同时,ADO.NET 还可以使用 XML 在应用程序之间以及 Web 网页之间交换数据。

5. 强大的 Web 应用程序开发功能

.NET 框架强调网络编程和网络服务,因此在开发 Web 应用程序方面功能更强大,开发更容易。特别是基于.NET 框架的 Visual C#.NET,在方便易用的 Web 应用程序开发环境下,可以通过直接编辑 ASP.NET 来开发 Web 应用程序以及 Web 服务。

1.1.3 .NET 框架

微软开发的.NET 平台的核心思想即体现在.NET Framework(.NET 框架)上,"它代表了一个集合、一个环境和一个可以作为平台支持下一代 Internet 的可编程结构”。

.NET 框架集为各种应用程序的开发提供了一个有利快捷的平台，目的就是让用户在任何地方、任何时间以及利用任何设备都能访问他们所需要的各种信息、文件和程序。系统对访问过程中的后台处理操作对用户来说是透明的，即用户只需提出请求，就可以直接得到处理结果，而不必关心信息的存储位置以及处理过程。到目前为止.NET 框架先后经历了.NET Framework 1.0、.NET Framework 2.0、.NET Framework 3.5 和.NET Framework 4.0 多个版本。.NET 框架的体系结构如图 1-1 所示。

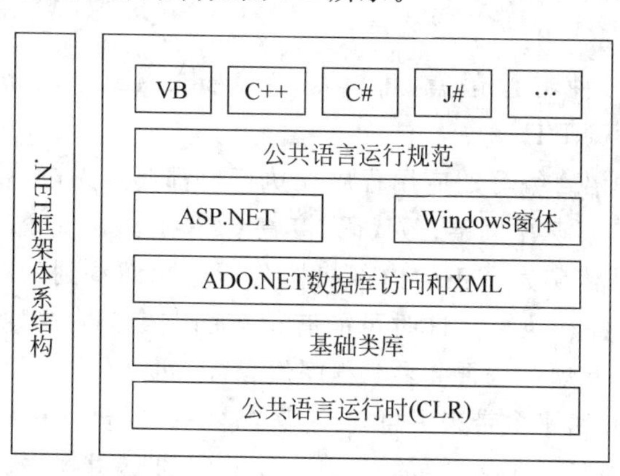

图 1-1 .NET 框架的整体结构

Visual C#.NET 提出了很多新的功能、概念和观点，掌握 Visual C#.NET 不仅要掌握语法，还需要理解并运用这些新的功能、概念和观点。当然也需要掌握.NET 框架，理解 CLR(Common Language Runtime，公共语言运行时)。

.NET 框架(Framework)是一组用于帮助开发应用程序的类库集。Visual Studio.NET 开发平台需要此类库集的支持，用 Visual Studio.NET 开发的程序也需要此类库集的支持。

1. 公共语言运行时(CLR)

公共语言运行时是.NET 框架的基础，提供所有的核心服务，如内存的管理和分配，线程和进程的启动、管理和删除等，并且强制实行安全性策略，确保代码运行的安全性和可靠性。与 COM 相比，运行时的自动化程度比较高，如在映射功能上，显著减少了将业务逻辑程序转化为可复用组建的代码编写量，这使得开发人员的工作量大幅减小，开发工作变得相对轻松。

2. 基础类库

.NET Framework 包含了一个综合性的面向对象的可重用的类库集(API)，其中含有大量常用功能预先写好的代码，如访问 Windows 基本服务、访问网络、访问数据源等。用户根据需要通过继承可以使用该类库中的所有代码，开发出各种常用的 Windows 应用程序以及基于 ASP.NET 的 Web 应用程序和 Web 服务。

3. ADO.NET 和 XML

为.NET 提供了统一的数据访问技术。ADO.NET 来源于 ADO，是对 ADO 对象模型的扩充，是专门为.NET 框架而创建的，实现了与.NET 框架的无缝集成。ADO.NET 提供了一组数据访问服务的类，可以提供对 Microsoft SQL Server 和 XML 等数据源以及通过 OLE DB 和 ODBC 公开的数据源的访问，实现了与 XML 的紧密集成。

4. ASP.NET 和 Windows 窗体

ASP.NET 和 Windows 窗体是在.NET 中设计界面的两种方式。利用 ASP.NET 提供的控件集,可以设计各种 Web 应用程序和 Web 服务的界面。而 Windows 窗体设计传统的 Windows 应用程序的界面。

5. 公共语言运行规范

规定了.NET 框架中的各种程序设计语言必须遵守的共同约定,是确保代码可以在任何语言中使用的最小标准集合。

6. .NET 语言

.NET 框架支持四种编程语言,即 Visual Basic .NET、Visual C++ .NET、Visual C#.NET 和 Visual J#.NET。

用户选择任何一种语言编写的应用程序在执行前都会首先被编译成 MSIL(Microsoft Intermediate Language,微软中间语言)代码,接着 CLR 通过 JIT(Just-In-Time,即时编译)将 MSIL 中间语言代码转换为真正的内部机器代码。我们看到的程序运行,其实是经过 JIT 编译后的二进制文件在执行。这时可能有很多朋友会问:这种二次编译是否多此一举?具体实现中是否很麻烦?是否会影响程序的运行速度?二次编译的确是影响了程序运行的速度,但它却为实现跨平台带来了可能。其实这种编译过程犹如 Java 中的 JVM(Java 虚拟机)。正是 JVM 才使得 Java 能够开发出跨平台的应用程序。二次编译是 CLR 在.NET 框架下自动实现 IL(Intermediate Language,中间语言)文件到二进制文件转变的,它是一种自动完成的,并不需要人员的参与,所以它并不会给程序执行带来麻烦。

7. 垃圾回收机制

在应用程序开发过程中,内存管理曾经是一件令人痛苦的事情。内存管理不科学,应用程序将不断消耗系统资源并最终导致操作系统崩溃。.NET 通过垃圾回收器来管理程序进程中分配的内存,这样,开发人员就不用进行枯燥的工作来保证将所有分配的内存都正确地释放给系统。

1.2 Visual Studio 2010.NET 集成开发环境

Microsoft 一直以向开发者提供最有生产力和最佳使用体验的开发工具而闻名。Visual Studio.NET 是 Microsoft 集成开发环境(IDE)的一个集大成者,它是一套完整的开发工具集,用于生成 ASP.NET Web 应用程序、XML Web Services、桌面应用程序和移动应用程序。Visual Basic、Visual C++、C# 和 Visual J++全都使用相同的集成开发环境(IDE),利用此 IDE 可以共享工具且有助于创建混合语言解决方案。

Visual Studio.NET 大大简化了各类应用程序的开发,极大地提高了开发效率并为开发健壮的应用程序提供了可靠保障。

目前 Visual Studio.NET 共有四个版本:Visual Studio 2002.NET、Visual Studio 2003 .NET、Visual Studio 2005.NET 和最新发布的 Visual Studio 2010.NET。

2002 年,Microsoft 在以前集成开发环境(IDE)的基础上,伴随着.NET Framework 1.0 的发布,正式推出了新一代的 IDE——Visual Studio 2002.NET。

2003 年 4 月 23 日,微软公司推出.NET Framework 1.1 和 Visual Studio 2003.NET。

这些重量级的产品都是针对.NET 1.0 的升级版本。

2005 年，微软发布了 Visual Studio 2005.NET，这个版本是面向.NET 框架 2.0。它同时也能开发跨平台的应用程序，如开发使用微软操作系统的手机的程序等。

2008 年发布的 Visual Studio 2008.NET 是面向 Windows Vista、Office2007、Web 2.0 的下一代开发工具，代号“Orcas”，经历了大约 18 个月的开发，是对 Visual Studio 2005 .NET 一次及时、全面的升级。

Visual Studio 2010 版本于 2010 年 4 月 12 日上市，其集成开发环境(IDE)的界面被重新设计和组织，变得更加简单明了。Visual Studio 2010 同时带来了 NET Framework 4.0、Microsoft Visual Studio 2010 CTP(Community Technology Preview，CTP)，并且支持开发面向 Windows 7 的应用程序。除了 Microsoft SQL Server，它还支持 IBM DB2 和 Oracle 数据库。

Visual Studio 2010.NET 整合了对象、关系型数据、XML 的访问方式，语言更加简洁。使用 Visual Studio 2010.NET 可以高效开发 Windows 应用。在设计器中可以实时反映变更，XAML 中的智能感知功能可以提高开发效率。同时 Visual Studio 2010.NET 支持项目模板、调试器和部署程序。Visual Studio 2010 .NET 可以高效开发 Web 应用，集成了 AJAX 1.0，包含 ASP.NET AJAX 项目模板，它还可以高效开发 Office 应用和 Mobile 应用。

Visual Studio 2010.NET 集成开发环境与以前的 Visual Studio 集成开发环境非常类似，提供了以更方便、更可靠的方式来开发应用程序的工具。

1.2.1 Visual Studio 2010 的安装

Visual C#.NET 是 Visual Studio 2010 的一个重要组成部分，要使用 Visual C#.NET 开发应用程序，必须先安装 Visual Studio 2010。

下面将详细介绍如何安装 Visual Studio 2010.NET，使读者掌握每一步的安装过程。阅读本节后读者完全可以自行安装 Visual Studio 2010.NET。安装 Visual Studio 2010 .NET的步骤如下：

(1) 将 Visual Studio 2010 安装盘放到光驱中，光盘自动运行后会进入安装程序文件界面，如果光盘不能自动运行，可以双击 setup.exe 文件，应用程序会自动跳转到“Visual Studio 2010 安装程序”界面。该界面上有两个安装选项：“安装 Microsoft Visual Studio 2010”和“检查 Service Release”，一般情况下需安装第一项。将弹出“Microsoft Visual Studio 2010 旗舰版”安装向导界面。

(2) 单击“下一步”按钮，弹出“安装 Microsoft Visual Studio 2010 旗舰版”安装程序——起始页界面，该界面左边显示的是 Visual Studio 2010 将安装的组件信息，右边显示用户许可协议。选中“我已阅读并接受许可条款”单选按钮，单击“下一步”按钮，弹出如图 1-2 所示的“Microsoft Visual Studio 2010 旗舰版安装程序——选项页”界面，用户可以选择要安装的功能和产品安装路径，一般使用默认路径。注意，如果 C 盘容量小，就不要装在 C 盘了，这个选择目录安装在别的盘也会占用系统盘大概 5GB 的空间。

(3) 图 1-2 中有完全、自定义这样的安装选项，推荐选择“自定义”安装方式，因为只有这样才可以选择安装的组件。单击“下一步”按钮，这个时候会看到大量的 Visual Studio 2010 的组件，如图 1-3 所示，这里可以选择是否安装 Visual Basic 以及 VC++等。

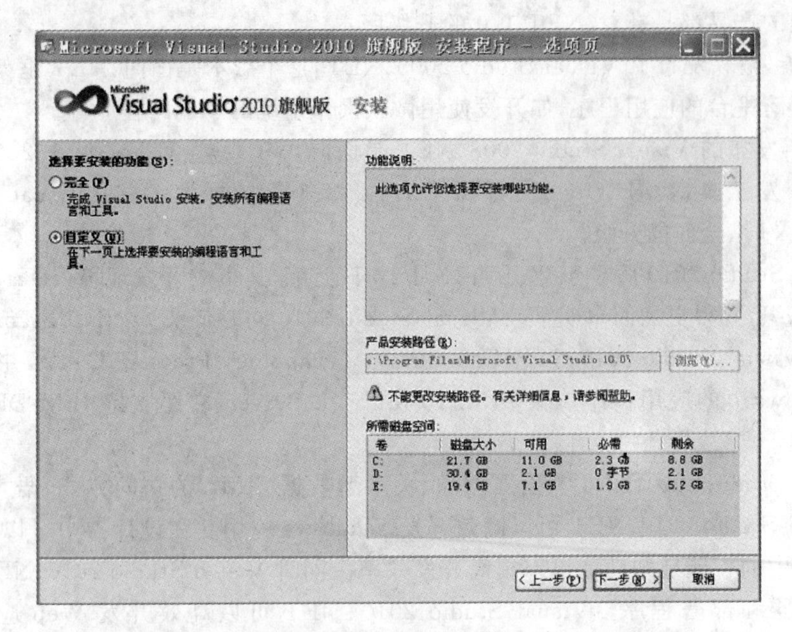

图 1-2 选择"自定义"安装方式

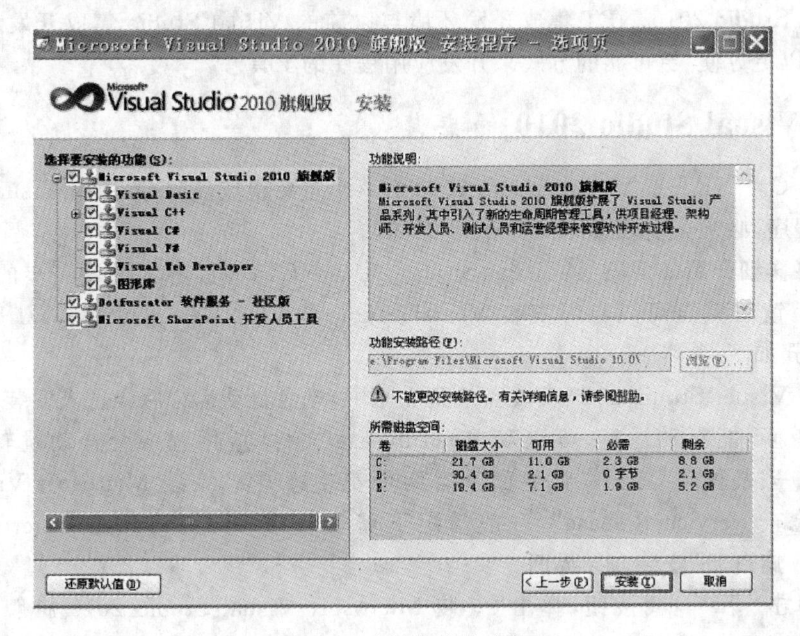

图 1-3 选择安装的功能

(4) 然后就是开始安装了，安装时间比较长，注意安装的时候可能需要重启一两次。最后安装成功。

当安装成功之后，就可以开始使用了，这里教读者做一些常见的配置，当然也可以直接用默认的设置，做这样配置主要是为了方便。

下面通过开始菜单来启动 Visual Studio 2010.NET，如果是第一次启用，那么会让选择默认的环境设置，因为要使用 C#，所以选择 C# 的配置。

运行 Visual Studio 2010.NET，出现起始页则表明软件安装成功了。选择"工具"→"选项”命令，在出现的“选项”对话框中选择“文本编辑器”选项，再选择 C# 选项，选中“显示”选项区域的“行号”复选框，如图 1-4 所示，这样编辑程序的时候程序前面就会显示行号了，方便快速定位错误代码。

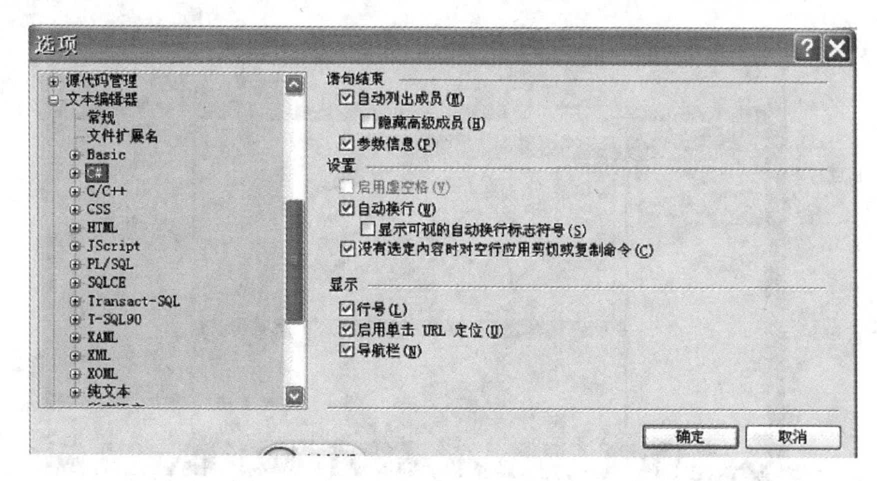

图 1-4 “选项”对话框

在安装 Visual Studio 2010 之前，应该首先检查计算机的软、硬件资源是否符合安装要求，特别是要确保有足够的硬盘空间。完全安装 Visual Studio 2010 后约占 4GB 的硬盘空间。

1.2.2 Visual Studio 2010.NET 的新特性

Microsoft 成功推出了 .NET 4.0，同时将 Visual Studio 2010.NET 推向历史舞台，Visual Studio 2010 在主要功能上与 Visual Studio 2008 差别不大，但是在易用性、方便性、应用程序类型上做了不少改进，Visual Studio 2010 的主要特性如下：

(1) .NET 框架从.NET 3.0 升级到.NET 4.0，同时还可以根据需要选择不同的.NET 版本，包括.NET 2.0、.NET 3.0、.NET 3.5、.NET 4.0，借此创建不同.NET 环境的应用程序。

(2) 新增 WPF、WCF、WWF 应用程序的创建向导。

(3) 增加 WPF 设计器，方便开发 WPF 应用程序。

(4) 新增语言集成查询(LINQ)，可以将查询语句与 C# 和 VB.NET 集成，提高数据查询的开发效率和执行速度。

除了上面这些之外，Visual Studio 2010 的改进还体现在报表应用程序项目、Ajax 开发等重要功能上，同时在 IDE 的外观、性能、操作一致性上都有所改进。

1.2.3 Visual Studio 2010.NET 简介

Visual Studio 2010.NET 是一套完整的开发工具集，用于生成 Windows 桌面应用程序、控制台应用程序、ASP.NET Web 应用程序、XML Web Services 和移动应用程序等。

Visual Studio 2010.NET 集成开发环境是一个集界面设计、代码编写、程序调试和资源管理于一体的工作环境。用户可以依靠环境中提供的控件、窗口和方法进行各种应用程序的开发，减少了代码编写工作量，更注重程序逻辑结构的设计，大大提高了程序开发效率。

Visual Studio 2010.NET 集成开发环境(见图 1-5)与以前的 Visual Studio 集成开发环境非常类似,提供了以更方便、更可靠的方式来开发应用程序的工具。本节将对 Visual Studio 2010 开发环境进行详细介绍。

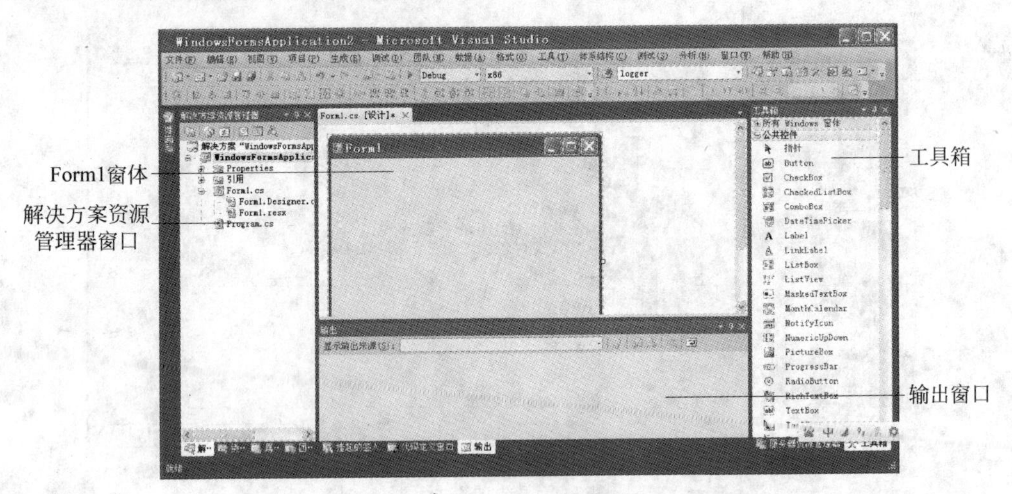

图 1-5　Visual Studio 2010.NET 集成开发环境

Visual Studio 2010.NET 集成开发环境主要包括菜单栏、工具栏、窗体设计器、工具箱、属性窗口、解决方案资源管理器和代码编辑器等。下面将一一进行介绍。

1. 菜单栏

菜单栏包括了 15 个菜单项:文件、编辑、视图、项目、生成、调试、团队(新增的)数据、格式、工具、体系结构(新增的)、测试、分析(新增的)、窗口和帮助,提供了程序设计过程中的所有功能。

2. 工具栏

工具栏以图标形式提供了常用命令的快速访问按钮,单击某个按钮,可以执行相应的操作。Visual Studio 2010.NET 将常用命令根据功能的不同进行了分类,用户在完成不同的任务时可以打开不同类型的工具栏。标准工具栏各主要按钮的功能如表 1-2 所示。

表 1-2　标准工具栏主要按钮

工具栏图标	名　　称	功　　能
	新建项目	新建一个项目,在解决方案资源管理器中显示该项目的结构
	新建网站	新建一个 ASP.NET 网站或 Web 服务
	打开文件	打开 Visual Basic.NET 环境下建立的各种类型的文件
	添加新项	打开右边的下拉列表,在当前项目中添加窗体、控件、各种组件和类等
	保存	保存当前项目中的窗体文件
	全部保存	保存正在编辑的项目的所有模块和窗体
	剪切	当选定内容时可用,把对象或者文本剪切到剪贴板上
	复制	当选定内容时可用,把对象或者文本复制到剪贴板上
	粘贴	当剪贴板上有内容时可用,把剪贴板上的内容粘贴到当前窗口中

续表

工具栏图标	名　称	功　能
	查找	打开"查找"对话框,查找相应的内容,包括快速查找、在文件中查找和查找符号等操作
	启动调试	开始运行当前的项目
	全部中断	中断当前运行的程序,进入中断模式
	停止调试	结束当前程序的运行,返回设计状态
	逐语句	调试程序的一种方法
	逐过程	调试程序的一种方法
	解决方案资源管理器	打开"解决方案资源管理器"窗口
	属性窗口	打开"属性"窗口
	对象浏览器	打开"对象浏览器"窗口
	工具箱	打开"工具箱"窗口
	错误列表	打开"错误列表"窗口

3. 解决方案资源管理器(Solution Explorer)

使用 Visual Studio.NET 开发的每一个应用程序叫解决方案,每一个解决方案可以包含一个或多个项目。一个项目通常是一个完整的程序模块,一个项目可以有多个项。"解决方案资源管理器"子窗口显示 Visual Studio.NET 解决方案的树型结构。在"解决方案资源管理器"中可以浏览组成解决方案的所有项目和每个项目中的文件,可以对解决方案的各元素进行组织和编辑。

一个项目中有非常多的文件,但是大部分的文件,比如 Properties 文件夹中的文件,不需要开发者进行直接编辑。开发者所要做的是双击解决方案资源管理器中的 Properties 文件夹图标,打开属性编辑器来对项目进行配置。现在并不需要对项目属性做任何修改。

解决方案资源管理器标题栏下方有工具栏 ,单击"所有文件"图标 按钮后,可见 bin 目录和 obj 目录,它们在生成项目执行文件的时候会用到。其中,obj 目录中存放的是用来创建最终可执行文件的中间代码(MSIL)。目录 bin 中存放的是"二进制"文件或者应用程序最终的编译版本。要注意的是,把 MSIL 代码称作二进制文件可能会带来误解,因为最终转换为二进制是在运行程序时由 Just in Time Compiler 来完成的。尽管如此,微软仍然把默认的项目编译输出目录称作 bin 目录。

解决方案资源管理器中单击"查看类关系图" 图标 后,显示 Visual Studio .NET 当前项目中的类和类型的层次信息。在"类关系视图"中,可以对类的层次结构浏览、组织和编辑。如果双击"类关系视图"中的某一个类名称,将打开该类定义的代码视图,并定位在该类定义的开始处,如果双击类中的某一成员,将打开该类定义的代码视图,并定位在该成员声明处。

4. 工具箱窗口

工具箱窗口通常位于集成环境的左侧,其中含有许多可视化的控件,用户从中选择相应的控件,将它们添加到窗体中,完成图形用户界面的设计。

工具箱中的控件和各种组件按照功能的不同进行了分组,如图 1-6 所示。通过单击组名称前面的“+”号能展开一个组，显示该组中的所有控件，图 1-7 是展开“公共控件”组后显示出的控件集合。通常组的第一项不是控件，是鼠标指针的形式 指针，单击它可以取消对控件的选择，重新选择其他的控件。表 1-3 列出了工具箱中的公共控件及其功能说明。

图 1-6 工具箱分组

图 1-7 工具箱公共控件

表 1-3 工具箱公共控件按钮

控件图标	名 称	功 能
	指针	工具箱中唯一不是控件对象的图标，用于选择或移动控件对象
	Button	命令按钮控件，用于接受鼠标或键盘事件并完成某种功能
	CheckBox	复选框控件，为用户提供可选择项，可以选择一组选项中的多个
	CheckedListBox	复选列表框控件，在列表框中提供多个复选项，用户可以进行多选
	ComboBox	组合框控件，组合文本框与列表框的功能，既能在文本框中输入信息，也能选取列表框中的内容
	DateTimePicker	允许用户选择日期和时间，并用指定的格式显示日期和时间
	Label	标签控件，用于在窗体上显示只读的文字信息，该文字只能在程序运行时通过代码来修改
	LinkLabel	显示支持超链接功能的标签，在窗体上创建具有 Web 样式的链接
	ListBox	列表框控件，显示用户只能从中进行选择而不能修改的项目列表
	ListView	可以以五种视图方式显示列表中的项
	MaskedTextBox	使用掩码区分正确的和不正确的用户输入
	MonthCalendar	显示日历，用户可从中选择日期
	NotifyIcon	运行期间在 Windows 任务栏右侧的通知区域显示图标
	NumericUpDown	设置微调按钮，用户通过单击控件的上下按钮可以增加或减少数值
	PictureBox	图片框控件，用来显示图像
	ProgressBar	进度条控件，通过一个填充条来指示当前任务执行的进度
	RadioButton	单选按钮控件，允许用户从一组选择项中选择其中的一个
	RichTextBox	提供高级输入和编辑文本功能，能对文本进行字符和段落等格式设置
	TextBox	文本框控件，提供一个输入、编辑和显示文本的区域，可以进行多行编辑和设置密码字符等
	ToolTip	当用户将指针移过控件对象时显示的信息
	TreeView	树状结构控件，显示包含图像的标签项的级层结构，用户可从中选择
	WebBrowser	允许用户在窗体内浏览网页

5. 窗体设计器

在 IDE 的中部是开发环境的主窗口，用来显示指定的窗体。窗体是一小块屏幕区域，通常为矩形，可用来向用户显示信息并接受用户的输入。设计窗体的用户界面的最简单方法是将控件放在其表面上，如图 1-5 所示。默认情况下，窗体是在设计视图状态下。解决方案资源管理器中单击“查看代码”图标后，会切换到程序代码编辑窗口；单击“查看设计器”图标后，会切换到窗体设计视图窗口。

6. 属性(Properties)窗口

属性窗口如图 1-7 所示，在默认情况下位于 Visual Studio.NET 的右下角。与 IDE 的许多其他窗口一样，如果关闭属性窗口，还可以按下 Alt＋Enter 组合键重新打开该窗口。属性窗口同时采用了两种方式管理属性和方法，按分类方式和按字母顺序方式。读者可以根据自己的习惯采取不同的方式。面板的下方还有简单的帮助，方便开发人员对控件的属性和方法进行操作和修改。图 1-8 是按字母顺序方式列出窗体的属性。

窗体和控件都有自己的属性，属性窗口列出了窗体或控件的属性，可以通过属性窗口对控件的属性值进行修改。

例如在窗体设计视图中选择窗体 Form1，此时属性窗口就会显示 Form1 的属性（见图 1-8）。找到 Text 属性，把默认的 Form1 改为“第一个窗体”。一旦接受属性的改变，新值就会显示为窗体的标题。与在其他环境中通过用户界面编辑的属性隐藏在项目的一些二进制或专用部分不同，.NET 属性是在源文件中定义的。因此，尽管属性窗口看起来类似于其他环境，例如 VB 6.0，但在 Visual Studio.NET 中它要强大得多。

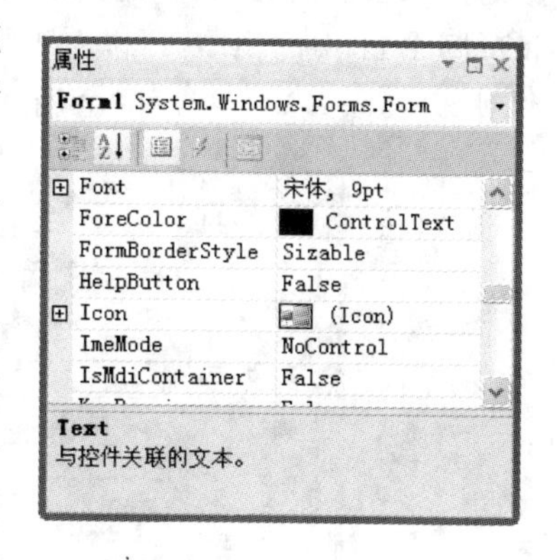

图 1-8　属性窗口

7. 输出窗口

输出窗口用来用于提示项目的生成情况，显示程序运行时产生的信息。这些信息包括编程环境给出的信息，如在编译项目时产生的错误以及在程序设定要输出的信息等。其外观如图 1-9 所示。

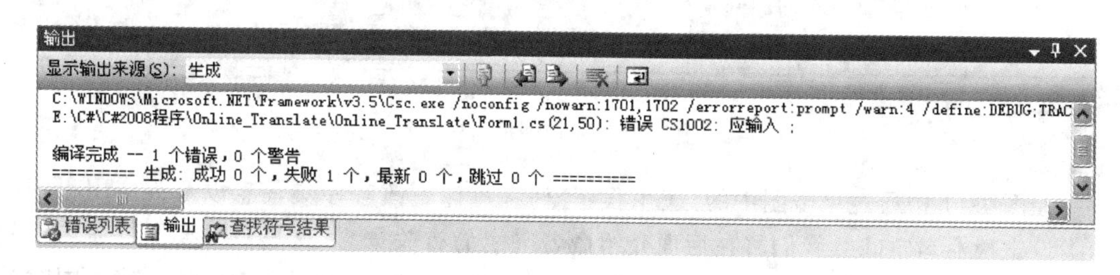

图 1-9　输出窗口

8. 错误列表窗口

错误列表窗口为代码中的错误提供了即时的提示和可能的解决方法。如图 1-10 所示，当某句代码中忘记输入分号作为本句的结束时，错误列表中会显示该错误。

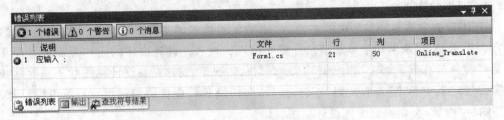

图 1-10　错误列表窗口

1.2.4　Visual Studio 2010.NET 中的其他窗口

1. 属性编辑器窗口

Visual Studio.NET 通过一个垂直的选项卡结构来显示项目的设置信息。开发者所要做的是双击解决方案资源管理器中的 Properties 图标，打开属性编辑器来对项目进行配置。通过图 1-11 中的视图，可以对项目的各个方面进行设置，比如签名、安全、发布、修改程序的类型，以及配置运行程序时会用到的外部支持等。

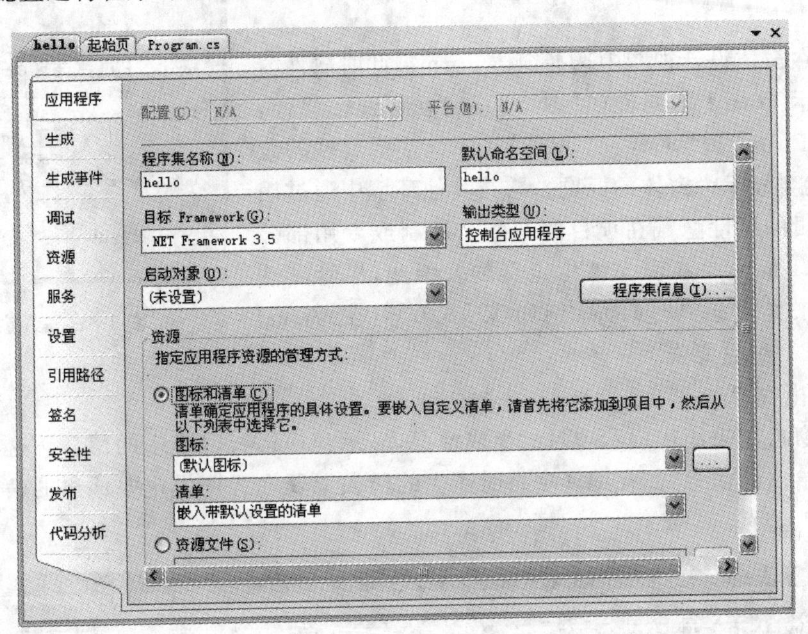

图 1-11　属性编辑器窗口

在图 1-11 中通过单击图中的"应用程序"标签可以更改程序集信息以及为应用程序中的类设定根命名空间。我们将在后面介绍命名空间的有关概念，这里只需要知道命名空间是可以嵌套的。这样做的好处是可以按照逻辑结构来整理类，方便开发人员工作的同时减少可能造成的混乱。与 COM 组件的开发类似，创建自己的根命名空间，并把随后开发的类都归入其中是一个值得提倡的做法。当然，这并不是说项目只用到自己的命名空间，实际上，系统命名空间是一切应用程序的基础。

另外在图 1-11 中单击"程序集信息"按钮可以打开如图 1-12 所示"程序集信息"对话框，可以在该对话框中设置文件属性，比如公司名、版本号等，这些信息在构建项目时会被自动写入生成的文件中。过去开发人员必须在 AssemblyInfo.vb 中手工编写 XML 格式的配置信息,现在可以直接在 Visual Studio.NET 中的对话框中进行相关设置。

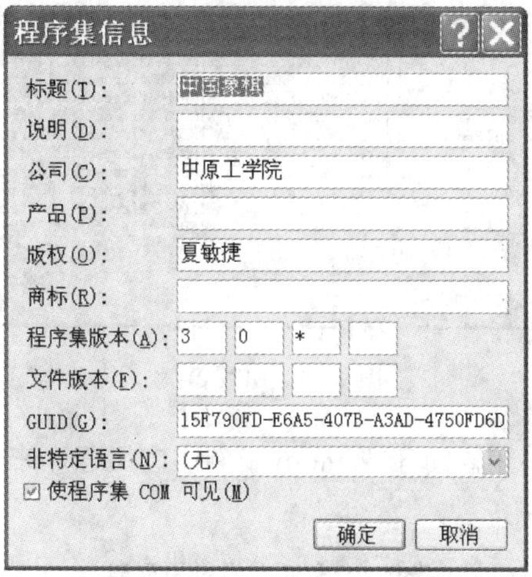

图 1-12 “程序集信息”对话框

程序集属性对应的 AssemblyInfo.cs 文件中包含很多设置程序集信息的属性块。每个属性块都含有一个 assembly 标识符。例如:

```
<Assembly: AssemblyTitle("中国象棋")>
<Assembly: AssemblyDescription("")>
<Assembly: AssemblyCompany("中原工学院")>
<Assembly: AssemblyProduct("")>
<Assembly: AssemblyCopyright("夏敏捷")>
<Assembly: AssemblyTrademark("")>
<Assembly: CLSCompliant(True)>
```

在如图 1-12 所示的对话框中,开发人员可以直接在开发环境中配置程序集信息而不需要手工编写 XML 文件,大大提高了效率。

2. 类视图窗口

“类视图”以树型结构显示 Visual Studio.NET 当前项目中的类和类型的层次信息。在“类视图”中,可以对类的层次结构浏览、组织和编辑。如果双击“类视图”中的某一个类名称,将打开该类定义的代码视图,并定位在该类定义的开始处,如果双击类中的某一成员,将打开该类定义的代码视图,并定位在该成员声明处。

在系统默认情况下,类视图窗口是不显示的。可以选择“视图”→“其他窗口”→“类视图”命令进入“类视图”窗口,如图 1-13 所示。

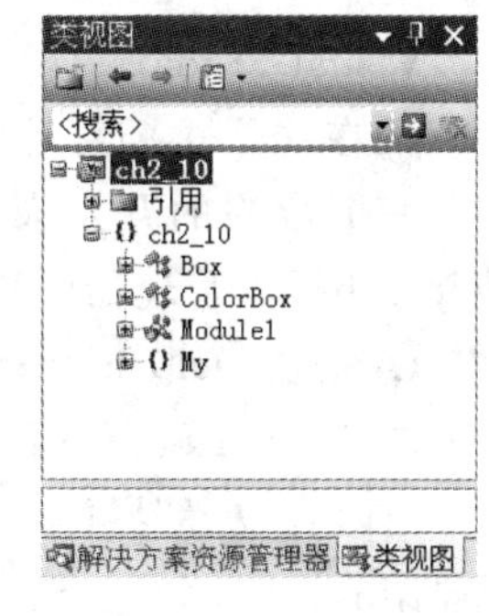

图 1-13 “类视图”窗口

3. 引用窗口

在项目中可以添加引用。选择“项目”→“添加引用”命令,打开如图 1-14 所示的“添加引用”对话框。可以选择要引用的.NET 类库、应用程序以及 COM 组件。甚至可以引用当前解决方案中定义在其他项目中的类。一个新项目有系统默认的文件,与此类似,

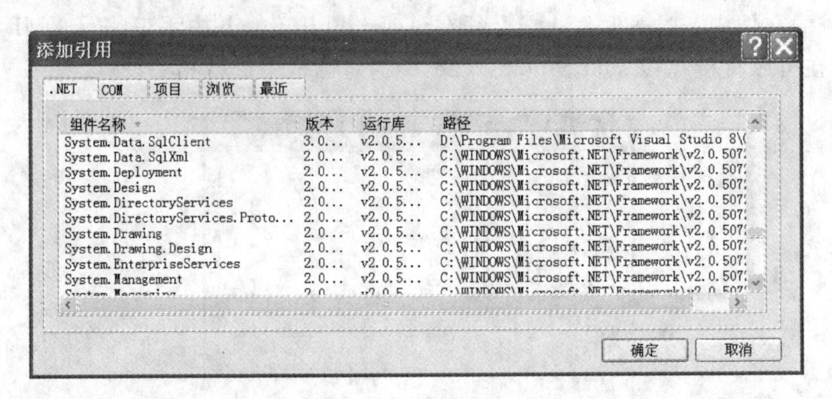

图 1-14　引用窗口

每个项目也会有默认的库引用。对于 Windows 窗体应用程序来说，下面的命名空间将被自动引入，如表 1-4 所示。

表 1-4　命名空间引用列表

命名空间	描　述
System	通常被看作根命名空间。所有的基本数据类型都包含在此命名空间中。System 中还包含一些其他的常用类
System. Collections. Generic	包含定义泛型集合的接口和类，泛型集合允许用户创建强类型集合，它能提供比非泛型强类型集合更好的类型安全性和性能
System. ComponentModel	提供用于实现组件和控件运行时和设计时行为的类。此命名空间包括用于实现属性和类型转换器、绑定到数据源以及授权组件的基类和接口
System. Data	提供对表示 ADO.NET 结构的类的访问。通过 ADO.NET 可以生成一些组件，用于有效管理多个数据源的数据
System. Text	包含表示 ASCII、Unicode、UTF-7 和 UTF-8 字符编码的类；用于将字符块转换为字节块和将字节块转换为字符块的抽象基类；以及操作和格式化 String 对象
System. Drawing	提供 GDI+绘图功能
System. Windows. Forms	用于创建传统的 Windows 应用程序
System. Linq	语言级集成查询

1.2.5　Visual Studio 2010.NET 帮助系统

Visual Studio 2010.NET 提供 MSDN 帮助系统（现在称为 Help Library 管理器，基于 Web 的在线形式），它是微软的文档库，提供了大量的技术文档，是开发人员的左膀右臂。作为一个合格的开发人员，应该学会使用 Help Library 管理器（MSDN）。本节主要介绍 Help Library 管理器（MSDN）帮助系统的基本使用。

1. 安装 Help Library 管理器（MSDN）

在“Visual Studio 2010 安装程序——完成页”窗口中，单击“安装文档”按钮后，进入“设置本地内容位置”界面，单击“浏览”按钮，选择 Microsoft Visual Studio 2010 Help Library 管理器的安装路径。选择好安装位置后，单击“确定”按钮。进入如图 1-15 所示的“Help Library 管理器”的“从磁盘安装内容”界面，在“操作”选项区域添加要安装的内容。

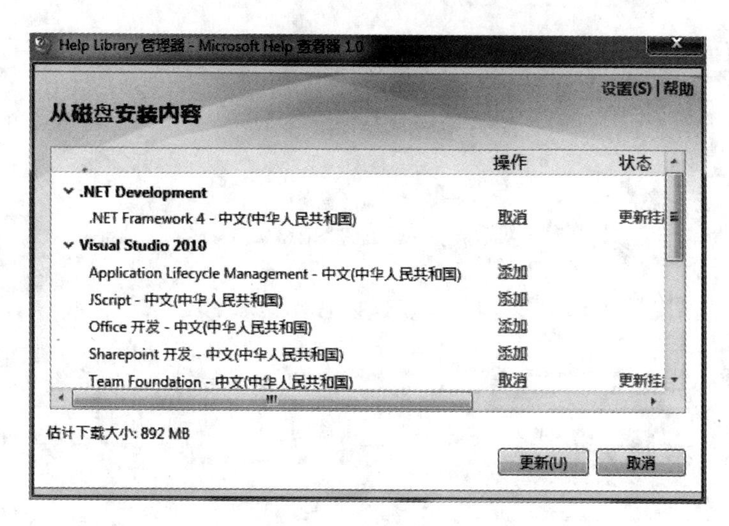

图 1-15　添加要安装的内容

2. 浏览使用 Help Library 管理器

单击“开始”→“程序”→“Visual Studio 2010”→“Visual Studio 2010 文档”命令，即可进入 Help Library 管理器中的文档库。文档库 Library 的浏览是基于 Microsoft Document Explorer 软件的，可以看到 Help Library 管理器的主界面如图 1-16 所示。

图 1-16　Help Library 管理器主界面

3. 搜索 Help Library 文档库

Help Library 管理器为使用者提供了一种强大的搜索功能(见右上角 使用 Bing 搜索 MSDN)，搜索的结果以概要的方式呈现在主界面中，使用者可以根据自己的需要选择不同的文档进行阅读。其使用示意图如图 1-17 所示。

Help Library 管理器实际上就是.NET 语言的超大型词典，可以在该词典中查找.NET 语言的结构、声明以及使用方法，它是一个智能查询软件。Help Library 提供的上述功能为

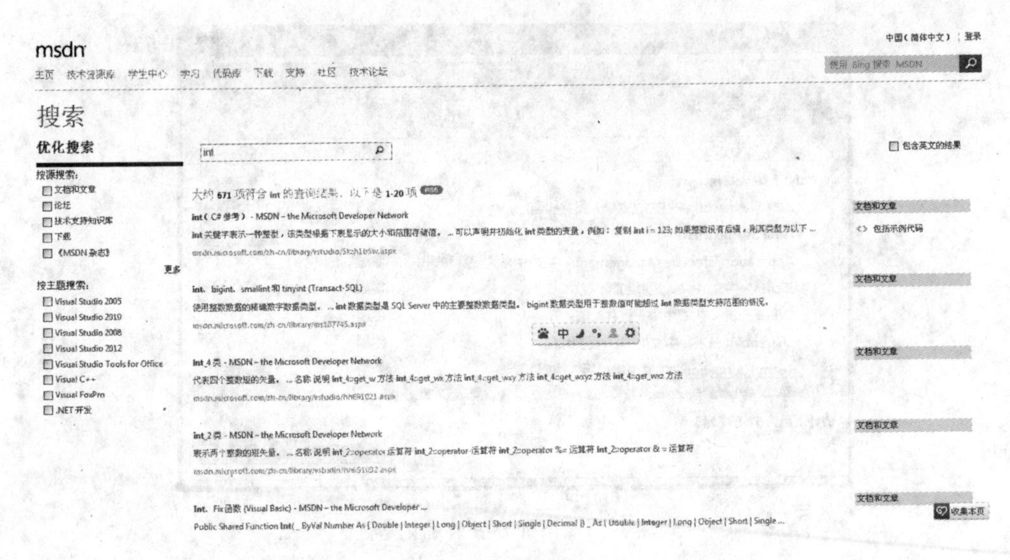

图 1-17 搜索界面

不同需要的使用者提供了不同复杂程度的使用功能。希望读者能够熟练地掌握 Help Library 的使用，在以后的学习中读者将会感受到 Help Library 带来的事半功倍的效果。

1.3 Visual C#.NET 的三种应用程序结构

下面我们介绍在 Visual Studio 2010.NET 集成开发环境及如何创建 Visual C#.NET 的三种应用程序。

1.3.1 Visual C#.NET 编写控制台应用程序

控制台应用程序也叫 Console 应用程序，用于在命令行方式下运行。

【例 1-1】 实现显示 Hello World 的控制台应用程序。

下面是 Visual C#.NET 编写控制台应用程序的基本步骤：

(1) 启动 Visual Studio 2010.NET。选择“文件”→“新建”→“项目”命令后，弹出“新建项目”对话框，如图 1-18 所示。

(2) 将“已安装模板”区设置语言为“Visual C#”。“模板”设置为“控制台应用程序”。

(3) 在“名称”文本框中输入应用程序名称，在“位置”文本框中输入文件保存的位置或通过单击“浏览”按钮选择项目的保存位置文件夹，然后单击“确定”按钮。

(4) 将自动生成的 Program.cs 文件更改为下面的内容：

```
using System;
using System.Collections.Generic;
using System.Linq;
using System.Text;
namespace hello
{
    class Program
```

```
    {
        static void Main(string[ ] args)
        {
            Console.WriteLine("Hello World");
            Console.Read();
        }
    }
}
```

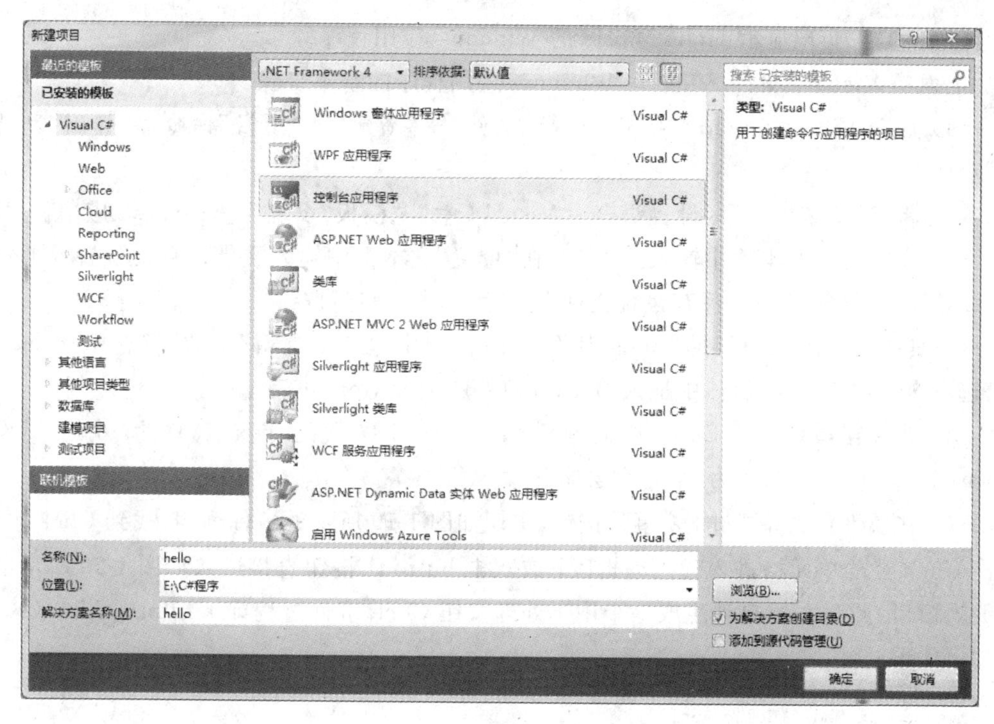

图 1-18 “新建项目”对话框

(5) 单击“启动调试”按钮或按 F5 键，Visual Studio.NET 会自动完成编译工作，并会弹出黑屏窗口显示 Hello World。

(6) 选择菜单“文件”→“全部保存”命令，这样在“E:\C＃程序\”文件夹中就产生了名称为 hello 的文件夹，并在其中创建了 hello. csproj 项目文件、Program. cs 程序文件和 hello. sln 解决方案文件等。

在 Visual C＃.NET 中，所有代码都必须封装在类中。一个类可以有成员变量和方法(函数)。就 Hello World 应用程序来说，Program 类包含一个 Main()方法(函数)。在 Visual C＃.NET 控制台应用程序中 Main()是整个程序的入口。对于主函数 Main()，必须要有限定词 static 这表明 Main()函数是静态的，在内存中只能有一个副本。在写 C＃程序时，必须把程序写在一个命名空间(或叫名称空间)内。

Hello World 应用程序第一行中的“using System”和 C++ 中使用 using namespace std 的含义相似。使用 using 关键字来简化对命名空间内包含的名称的访问。System 命名空间是.NET 应用程序的根命名空间，包含了控制台应用程序所需要的所有基本功能，就如同

C++中的头文件包含在 std 这个命名空间中一样。

“Console. WriteLine ("Hello World!");”是 System 命名空间中的一个类，其有一个 WriteLine 方法，它的作用和 cout 一样，输出一行字符串。

在应用程序加载到内存之后，Main()方法就会接受控制，因此，应该将应用程序启动代码放在此方法中。

1.3.2 Visual C#.NET 编写 Windows 应用程序

【例 1-2】 实现显示 Hello World 的 Windows 应用程序。

下面是 Visual C#.NET 编写 Windows 应用程序的基本步骤：

(1) 启动 Visual Studio .NET。选择“文件”→“新建”→“项目”命令后，弹出“新建项目”对话框。

(2) 将“已安装模板”区设置语言为 Visual C#。“模板”设置为“Windows 应用程序”。

(3) 在“名称”文本框中输入 ch1_02，在“位置”文本框中输入文件保存的位置或通过单击“浏览”按钮选择项目的保存位置文件夹，然后单击“确定”按钮。

(4) 在“Form1. cs(设计)”窗口(如图 1-5 所示)中，从“工具箱”中的“所有 Windows 窗体”选项卡中向 Form1 窗体中拖入 Button 控件产生 button1 按钮。

(5) 属性窗口(Alt＋Enter 快捷键)设置 button1 按钮的 Text 属性为“欢迎”；设置 Form1 窗体的 Text 属性为“第一个窗体”。

(6) 在属性窗口中单击 ⚡ 事件按钮，出现如图 1-19 所示的事件列表，找到 Click 事件，双击 Click 旁的单元格进入代码编辑区；或双击 button1 按钮直接进入如图 1-20 所示的代码编辑窗口，此时系统自动生成一个用于处理按钮 Click 事件过程即 button1_Click ()。填写如下代码：

```
MessageBox.Show("Hello world");
```

图 1-19 显示事件的属性窗口

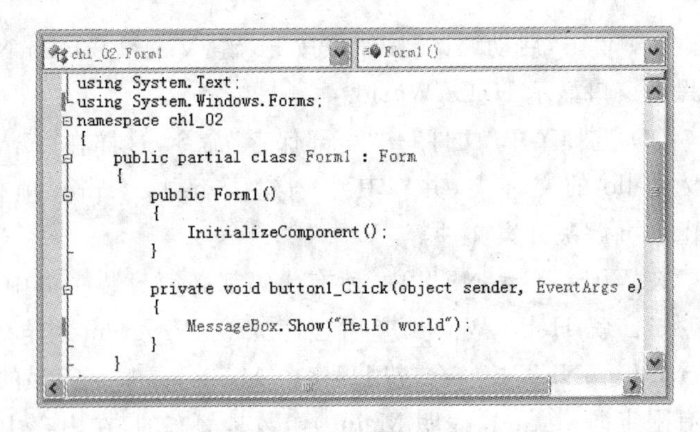

图 1-20 代码编辑窗口

(7) 单击“启动调试”按钮或按 F5 键，Visual Studio.NET 会自动完成编译工作，并生成 Windows 应用程序。程序运行效果如图 1-21 所示。

(8) 选择“文件”→“全部保存”命令后，这样在指定的目录中就产生了名称为 ch1_02 的文件夹,并在里面创建了名称为 ch1_02.csproj 的项目文件。

对于其他的 Windows 程序,其编写的基本步骤是相似的,只不过程序中涉及更多的控件、类和其他的调用。以后 Windows 应用程序例程上述设计过程不再描述。

解决方案资源管理器中可以看到 Form1.cs 窗体类文件,其实它是保存窗体中各控件的属性内容及程序代码的文件。单击"查看代码"按钮 可见如下 Form1.cs 程序源代码:

图 1-21 Hello World 的 Windows 应用程序运行界面

```
using System;
using System.Collections.Generic;
using System.ComponentModel;
using System.Data;
using System.Drawing;
using System.Linq;
using System.Text;
using System.Windows.Forms;
namespace ch1_02
{
    public partial class Form1 : Form
    {
        public Form1()
        {
            InitializeComponent();
        }
        private void button1_Click(object sender, EventArgs e)
        {
            MessageBox.Show("Hello world");
        }
    }
}
```

注意:MessageBox.Show()为弹出消息框。

1.3.3 Visual C#.NET 编写 Web 应用程序

【例 1-3】 创建 ASP.NET 网站。

(1) 启动 Visual Studio 2010 开发环境,首先进入"起始页"界面。在该界面中,单击"创建/网站"链接按钮或者选择"文件"→"新建"→"网站"命令,创建 ASP.NET 网站。

(2) 选择"网站"命令后,将打开"新建网站"窗口。在该窗口的"模板"选项区域内选择"ASP.NET 网站"选项,然后确定网站的位置,并选择编程语言,如图 1-22 所示。

(3) 单击"确定"按钮,创建网站。创建网站的同时,开发环境会自动打开 Default.aspx 页面,窗口的布局如图 1-23 所示。

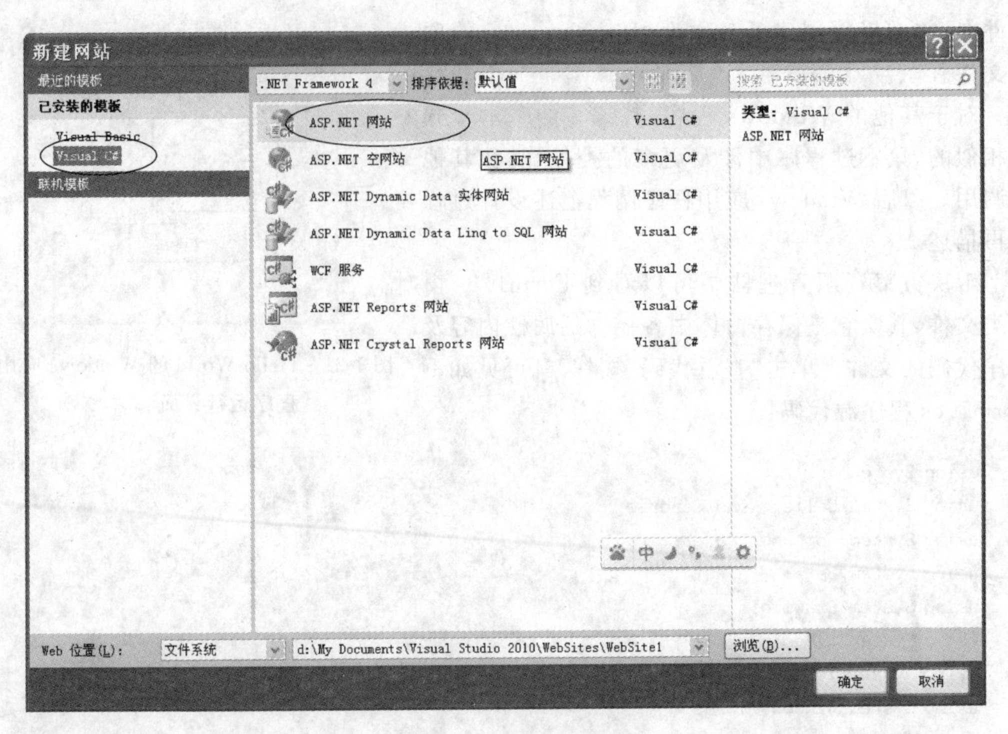

图 1-22 “新建网站”窗口

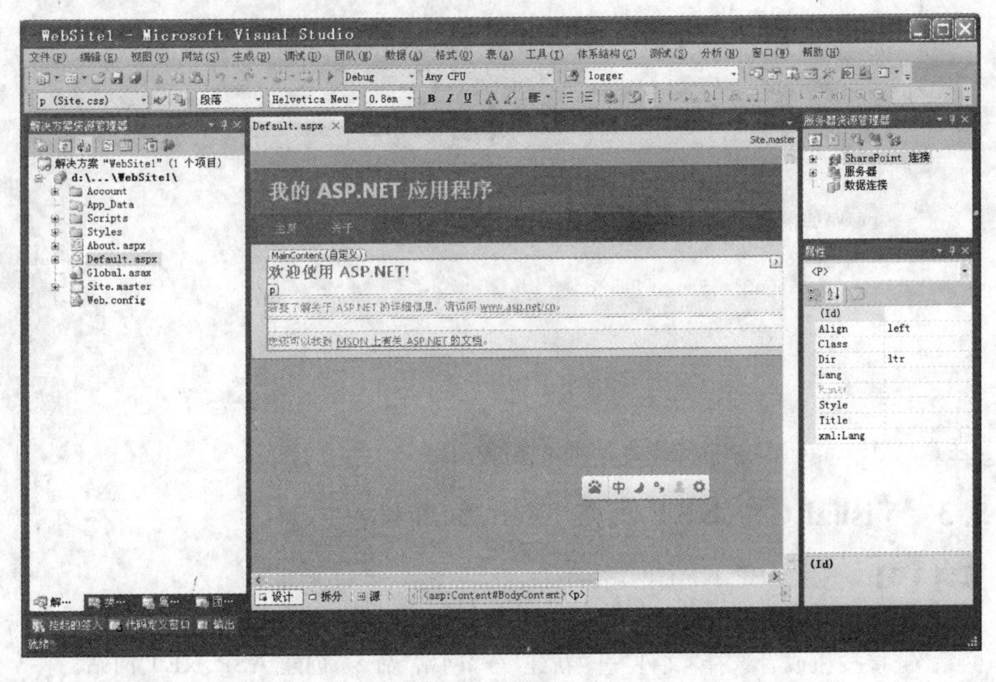

图 1-23 窗口布局

默认情况下,集成开发环境为项目添加一个名为 Default.aspx 的 Web 窗体,并且已在编辑器中将它打开。

(4) 在集成开发环境中,Web 窗体提供三种视图——“设计”、“拆分”和“源”视图,在“设计"视图中把控件从工具箱中拖动到 Web 窗体上,则生成相应控件。如果想使用 HTML 控件,可以选择工具箱中的 HTML 选项卡。如果想使用 Web 服务器控件,可以选择工具箱中的"标准"选项卡。

例如,从工具箱的"标准"选项卡中,把 Button 控件拖动到 Web 窗体上。Web 窗体"源"视图(如图 1-24 所示)中可查看对应标记。

```
<asp:Button ID = "Button1" runat = "server" Text = "Button" />
```

```
客户端对象和事件                    (无事件)
<%@ Page Title="主页" Language="C#" MasterPageFile="~/Site.master" AutoEventWireup="true"
    CodeFile="Default.aspx.cs" Inherits="_Default" %>

<asp:Content ID="HeaderContent" runat="server" ContentPlaceHolderID="HeadContent">
</asp:Content>
<asp:Content ID="BodyContent" runat="server" ContentPlaceHolderID="MainContent">
    <h2>
        欢迎使用 ASP.NET!
    </h2>
    <p>
        若要了解关于 ASP.NET 的详细信息,请访问 <a href="http://www.asp.net/cn" title="ASP.NET 网站">www.asp.net/cn</a>。
    </p>
    <p>
        您还可以找到 <a href="http://go.microsoft.com/fwlink/?LinkID=152368"
            title="MSDN ASP.NET 文档">MSDN 上有关 ASP.NET 的文档</a>。

        <asp:Button ID="Button1" runat="server" Text="Button" />
    </p>
</asp:Content>
```

图 1-24　Web 窗体"源"视图

(5) 在属性窗口中设置控件的相应属性。如为 Button 控件设置字体大小。Text 属性为"提交"。

(6) 单击"启动调试"按钮或按 F5 键,Visual Studio.NET 会自动完成编译工作,并打开一个 IE 窗口运行 ASP.NET Web 应用程序。

当一个新的 Web 应用程序被创建后,系统自动创建的文件中包含以下几个文件:

(1) Default.aspx 文件,这是一个空白的 ASP.NET Web 窗体页面,通常可作为 Web 站点的默认主页。

(2) Default.aspx.cs 文件,这是一个 Default.aspx 网页的源代码文件。

(3) App_Data 文件夹,App_Data 文件夹包含应用程序的本地数据存储。它通常以文件(诸如 Microsoft Access 或 Microsoft SQL Server Express 数据库、XML 文件、文本文件以及应用程序支持的任何其他文件)形式包含数据存储。该文件夹内容不由 ASP.NET 处理。该文件夹是 ASP.NET 提供程序存储自身数据的默认位置。

(4) Web.config 文件,这是 ASP.NET 应用程序的配置文件。

1.4 命名空间

1.4.1 定义命名空间

C# 程序是利用命名空间组织起来的。命名空间既用作程序的"内部"组织系统,也用作"外部"组织系统(一种向其他程序公开自己拥有的程序的方法)。这是一种非常有效的组织系统的方法。比如在 C# 语言中,为了方便编写程序,已经预先提供了名目繁多的类(大约 5000 多个),另外,第三方厂商还在不断开发一些新的类补充进来,此外,各程序员甚至于我们自己也会根据需要在程序中设计自己的类和类库，这样就可能会导致在程序代码中存在两个同名的类，怎么在程序代码中区分这两个类呢？命名空间就能够很好地解决这个问题。它提供一种树状层次结构来组织类，以免类名冲突。

每当在 C# 中新建一个项目，集成开发环境都会自动生成一个与项目名称相同的命名空间。例如，新建一个控制台项目 MyConsoleApp，会自动产生一个命名空间 MyConsoleApp，如下：

```
using System;
namespace MyConsoleApp        //命名空间
{
    …                          //命名空间主体
}
```

命名空间隐式地使用 public 修饰符，在声明时不允许使用任何访问修饰符。命名空间还可以嵌套，比如：

```
namespace N1
{
    namespace N2
    {
        class A{}
        class B{}
    }
}
```

上面这种形式可以采用非嵌套的语法来实现命名空间的嵌套声明：

```
namespace N1.N2
{
    class A{}
    class B{}
}
```

命名空间的成员可以是一个类型(类、结构、接口、枚举或委托)，也可以是另一个命名空间。一个源文件或命名空间主体中可以包含多个成员声明，这些声明给源文件或命名空间主体中添加了新的成员。

1.4.2 导入命名空间

要使用命名空间内的成员时必须要在它们的前面加上一长串的命名空间限定，可以使用下面的语法使用命名空间下某个类的方法：

```
命名空间.命名空间…命名空间.类名称.方法名(参数,…);
```

如：

```
System.Console.WriteLine("hello world");
```

这显然很不方便，为了简洁代码，C#语言中使用 using 语句来导入命名空间。using 语句在一般情况下被放在所有语句的前面。每个源文件中可以使用多个 using 语句，每行一个语句。比如：

```
using System ;
using System.Math ;
using System.Windows.Froms ;
```

这样，就可以在不指明命名空间的情况下引用该空间下的所有类。

上面的例子就可以在程序开头写上：

```
using System;
```

然后，在类中就可以这样写：

```
Console.WriteLine("hello world");
```

1.4.3 常用命名空间

下面介绍常用的命名空间。

1. System 命名空间

System 命名空间包含基本类和基类，这些类定义常用的值和引用数据类型、事件和事件处理程序、接口、属性和异常处理。其他类提供的服务支持数据类型转换、方法参数操作、数学运算、远程和本地程序调用、应用程序环境管理和对托管与非托管应用程序的监控。

2. System.Data 命名空间

主要由构成 ADO.NET 结构的类组成。ADO.NET 结构能够生成可有效管理来自多个数据源的数据的组件。在断开连接的情形中(如 Internet)，ADO.NET 提供在多层系统中请求、更新和协调数据的工具。ADO.NET 结构也在客户端应用程序(如 ASP.NET 创建的 Windows 窗体或 HTML 页)中实现。

3. System.Text 命名空间

System.Text 命名空间包含表示 ASCII、Unicode、UTF-7 和 UTF-8 字符编码的类；用于将字符块转换为字节块和将字节块转换为字符块的抽象基类；以及操作和格式化 String 对象而不创建 String 的中间实例的 Helper 类。

4. System.Web 命名空间

System.Web 命名空间提供使得可以进行浏览器与服务器通信的类和接口。此命名空间包括提供有关当前 HTTP 请求的广泛信息的 HttpRequest 类、管理对客户端的 HTTP 输出的 HttpResponse 类以及提供对服务器端实用工具与进程的访问的 HttpServerUtility 类。System.Web 还包括用于 Cookie 操作、文件传输、异常信息和输出缓存控制的类。

5. System.Drawing 命名空间

通过这个命名空间定义的类，就可以更好地设计对象，处理颜色和大小。

6. System.Windows.Forms 命名空间

System.Windows.Forms 命名空间包含用于创建基于 Windows 的应用程序的类，以充分利用 Microsoft Windows 操作系统中提供的丰富的用户界面功能。

7. System.IO 命名空间

System.IO 命名空间包含允许读写文件和数据流的类型以及提供基本文件和目录支持

的类型。

8. System.Net 命名空间

System.Net 命名空间为当前网络上使用的多种协议提供了简单的编程接口。

1.5 Visual C#.NET应用程序的开发步骤

开发一个 Visual C#.NET 应用程序，通常按照以下步骤来完成：

(1) 需求分析。根据程序需要完成的任务，编写需求分析报告。对于任务整体进行模块划分，细化到每一个功能和相关的控件对象相对应，即该子功能由什么控件对象来控制，通过什么事件来触发，以及编写怎样的事件过程代码来实现该功能。

(2) 新建项目。根据需要创建的应用程序的类型，打开 Visual C#.NET 的集成开发环境，创建项目文件。

(3) 设计应用程序界面。根据需求分析，确定用户界面需要完成的功能，包含哪些控件对象。从工具箱窗口中选择相应的控件，拖放到窗体上，并调整控件的大小，合理布局窗体上各控件的位置。

提示：选择窗体上相应的控件对象，控件周围出现8个矩形控制柄，当鼠标移动到控制柄上变成水平和垂直方向的双向箭头时，拖动鼠标即可从水平和垂直方向改变控件的大小。

(4) 设置控件属性。可以通过属性窗口来设置控件对象的属性，调整对象的外观和启动应用程序界面时的初始状态。

(5) 编写事件过程代码。这是实现应用程序功能的核心步骤。确定在对应用程序进行操作的过程中，用什么事件来触发哪个控件对象，就对该对象编写相应的事件过程。可以在属性窗口中选择要操作的对象和事件，再打开代码编辑窗口编写代码；也可以直接在代码编辑窗口的两个下拉列表中分别选择要操作的对象和事件，再编写相关的事件过程。

(6) 运行与调试。上述步骤完成后，就可以对程序进行调试了。运行和调试是一个反复的过程，是一个发现问题和解决问题的过程。程序员根据开发环境中对错误的提示信息，逐个进行修改，直到运行程序正确，最终得到需要的结果为止。

(7) 保存项目。一个应用程序在设计、调试和运行完成后，通常要进行保存操作，以便将来再次打开使用。选择“文件”→“全部保存”命令，或者单击工具栏中的“全部保存”按钮，都可以实现项目文件的保存。

习　题

1. 试说明.NET 框架的两个主要组成部分。
2. C#应用程序与.NET 框架之间的关系如何？
3. Visual Studio 2010 的“属性”窗口有什么作用？
4. 如何向窗体添加控件和设置其属性？
5. 命名空间含义是什么？如何声明导入命名空间？

第2章 Visual C#.NET编程基础

本章主要介绍C#提供的数据类型(值类型以及引用类型)、常量和变量、表达式以及运算符的优先级,并在此基础上介绍C#的基本控制语句。一个C#程序通过这些常用控制语句的组合才能实现特定的功能。掌握本章介绍的一些常用算法,如辗转相除法等,并初步达到简单程序的编写能力。

2.1 数据类型

为了方便识别和处理,编程语言系统中的不同信息在计算机中具有不同的表示,占用不同的存储空间,这些信息在语言系统中称为数据类型。

C#中的数据类型和C++是类似的。但在C#中数据类型分为两种:值类型和引用类型,如图2-1所示。值类型包括一些数值类型(例如int和float)、char、枚举类型和结构类型。引用类型包括类、接口、委托(delegate)和数组类型。在C#中,内置数据类型除了字符串(string)类型与对象(object)类型外其余均为值类型。

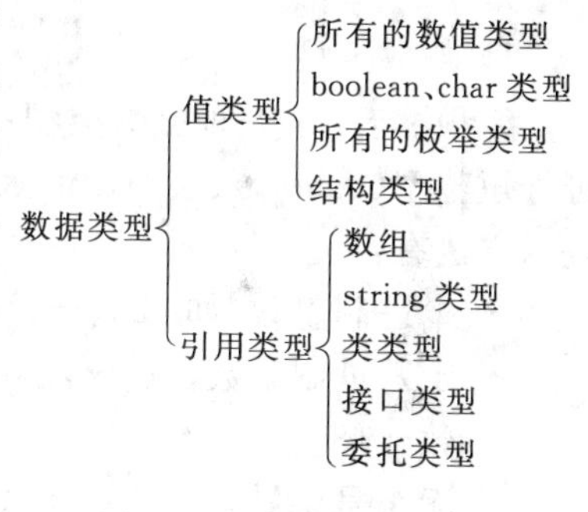

图2-1 数据类型的分类

在计算机中值类型的数据存储使用堆栈,其内存空间中包含实际的数据,而引用类型的数据存储使用堆空间,引用类型中存储的是一个指针,该指针指向存储数据的内存位置。值类型的内存开销小,访问速度快,但是缺乏面向对象的特征;引用类型的内存开销大(在堆上分配内存),访问速度稍慢。

1. 值类型

各种值类型总是含有对应该类型的一个值。每当把一个值赋给一个值类型时,该值实际上被复制了。相比,对于引用类型,仅是引用被复制了,而实际的值仍然保留在原堆内存位置。C#的值类型如表2-1所示。

表2-1 值类型

C#类型	.NET类型	说 明	示 例
sbyte	System. Sbyte	8位有符号整型,取值$-128 \sim 127$	sbyte val=12;
byte	System. Byte	8位无符号整型,取值$0 \sim 255$	byte val=12;
int	System. Int32	32位有符号整型,取值$-2^{31} \sim 2^{31}-1$	int val=12;

续表

C#类型	.NET 类型	说　明	示　例
uint	System. Uint32	32 位无符号整型，取值 $0\sim2^{32}-1$	uint val1=12; uint val2=32U;
short	System. Int16	16 位有符号整型，取值 $-2^{15}\sim2^{15}-1$	short val1=12;
ushort	System. Uint16	16 位无符号整型，取值 $0\sim2^{16}-1$	ushort val1=12;
long	System. Int64	64 位有符号整型，取值 $-2^{63}\sim2^{63}-1$	long val1=12; long val2=12L;

ulong	System. Uint64	64 位无符号整型，取值 $0\sim2^{64}-1$	ulong val1=23;
			ulong val2=23U;
			ulong val3=56L;

char	System. Char	字符型，一个 Unicode 字符	char val='h';
bool	System. Boolean	布尔型，值为 true 或 false	bool val1=true; bool val2=false;
float	System. Float	32 位单精度浮点型，$\pm1.5\times10^{-45}\sim3.4\times10^{38}$，精度为 7 位	float val=12.3F;
double	System. Double	64 位双精度浮点型，$\pm5.0\times10^{-324}\sim1.7\times10^{308}$，精度为 15～16 位	double val=23.12D;
decimal	System. Decimal	128 位小数类型，1.0×10^{-28} 到 $\sim7.9\times10^{28}$，精度为 28～29 位	decimal val=1.23M;

1）整数类型

C#中定义了 8 种整数类型：字节型(sbyte)、无符号字节型(byte)、短整型(short)、无符号短整型(ushort)、整型(int)、无符号整型(uint)、长整型(long)、无符号长整型(ulong)。表示方法有：

- 十进制整数，如 123、-456、0。
- 十六进制整数，以 0x 或 0X 开头，如 0x123 表示十进制数 291，-0X12 表示十进制数-18。
- 无符号整数，可以用正整数表示无符号数，也可以在数字的后面加上 U 或 u，如 125U。
- 长整数，可以在数字的后面加上 L 或 l，如 125L。

2）实数类型

有三种实型：float、double、decimal。其中 double 的取值范围最广，decimal 取值范围其次，但它的精度高。实型数据的表示形式有：

- 十进制数形式，由数字和小数点组成，且必须有小数点，如 0.123、1.23、123.0。
- 科学记数法形式，如 123e3 或 123E3。
- float 型的值，在数字后加 f 或 F，如 1.23f。
- double 型的值，在数字后加 D 或 d，如 12.8d。
- decimal 型的值，在数字后加 M 或 m，如 99.2m。

3）字符类型

字符型变量类型为 char，它在机器中占 16 位，其范围为 0～65 535，每个数字代表一个 Unicode 字符。字符一般是用单引号括起来的一个字符，如'a'、'A'，也可以写成转义字符、十六进制转换码或 Unicode 表示形式。此外，整数也可以显式地转换为字符。常用的转义字符如表 2-2 所示。

表 2-2 常用的转义字符

转义符	字 符 名	字符的 Unicode 值	转义符	字 符 名	字符的 Unicode 值
\'	单引号	0x0027	\f	换页	0x000c
\"	双引号	0x0022	\n	新行	0x000A
\\	反斜杠	0x005c	\r	回车	0x000D
\0	空字符	0x0000	\t	水平制表符	0x0009
\a	警告(产生蜂鸣)	0x0007	\v	垂直制表符	0x000B
\b	退格	0x0008			

例如：

```
char ch1 = 'A';
char ch2 = '\x0058';      //十六进制
char ch3 = (char)88;      //整数转换
char ch4 = '\u0058';      //Unicode 形式
char ch5 = '\r';          //转义字符
```

注意字符型变量不能接受一个整数值。

```
char  c = 13;             //错误,不存在这种写法。
```

4) 布尔类型

布尔型数据只有 true 和 false 两个值，且它们不对应于任何整数值。与 C 和 C++相比，在 C#中，true 值不再为任何非零值。在使用中不能再给它们赋值成整数值。

```
bool  x = 1;             //错误,不存在这种写法
bool  y = 1;             //错误,不存在这种写法
bool  x = true;          //正确,可以被执行
```

5) 枚举类型

枚举(enum)类型是值类型的一种特殊形式，它从 System. Enum 继承而来，并为基础类型的值(如 Byte、Int32 或 UInt64)提供替代名称。枚举类型也是一种自定义数据类型，它允许用符号代表数据。枚举是指程序中某个变量具有一组确定的值，通过“枚举”可以将其值一一列出来。

enum 关键字用于声明枚举类型，基本格式如下：

```
enum 枚举类型名{ 由逗号分隔的枚举数标识符 };
```

枚举元素的默认基础类型为 int。默认情况下，第一个枚举数的值为 0，后面每个枚举数的值依次递增 1。例如：

```
enum Days {Sun,Mon,Tue,Wed,Thu,Fri,sat};      //Sun 为 0,Mon 为 1,Tue 为 2,…
enum Days {Mon = 1,Tue,Wed,Thu,Fri,Sat,Sun}; //第一个成员值从 1 开始, Sun 为 7
enum MonthNames {January = 31,February = 28,March = 31,April = 30};    //指定值
```

在定义枚举类型时，可以选择基类型，但可以使用的基类型仅限于 long、int、short 和 byte。例如：

```
enum MonthNames : byte { January = 31, February = 28, March = 31, April = 30 };
```

注意：下面的写法是错误的。

```
enum num:byte{x1 = 255,x2};
```

这里因为 x1=255，x2 应该是 256，而 byte 型的范围是 0～255。

C# 和 C++ 的枚举类型，定义相同，使用也相同，但要注意 C# 中定义枚举类型时只能放在执行代码外面。

【例 2-1】 使用枚举类型。

```
using System;
using System.Collections.Generic;
using System.Text;
namespace P2_1
{
    class Program
    {
        enum week {monday,tuesday,wednesday,thursday,friday,saturday,sunday};
        static void Main(string[] args)
        {
            week day = week.friday;
            int a = (int)day;
            int b = (int)week.saturday;
            Console.WriteLine("a = {0},b = {1}", a, b);
            Console.ReadLine();
        }
    }
}
```

运行结果如下：

```
a = 4,b = 5
```

枚举元素作为整型是有值的，编译系统按照其在枚举类型定义中的位置顺序对它们进行赋值，默认情况下它们的值依次为 0、1、2 等。所以运行结果为 a=4，b=5。

6）结构类型

结构类型是用户自己定义的一种类型，它是由其他类型组合而成的，可包含构造函数、常数、字段、方法、属性、索引器等。结构与类不同在于结构为值类型而不是引用类型，并且结构不支持继承。关于结构类型的介绍详见 3.2 节。

2. 引用类型

和值类型相比，引用类型不存储它们所代表的实际数据，但它们存储实际数据的引用。在 C# 中引用类型主要包括 object 类型、类、接口、string 类型、数组以及委托。这里先介绍 object，其他内容将在后面介绍。

1) object 类型

object 类是所有类的基类，C＃中所有的类型都是直接或间接地从 object 继承而来。因为它是所有对象的基类，所以可把任何类型的值赋给它，例如：

```
object theObj = 123;
```

当一个值类型被装箱(作为一个对象利用)时，对象类型就被使用了。2.2.2 节将会讨论装箱和拆箱。

2) string 字符串类型

string 类型是字符串类型，它是引用类型，它的使用方法和 C++ 中 string 的使用相似，string 类型其实就是 System.String 类的别名。在程序中使用 string 或 System.String 作用是一样的。C＃将字符串封装成一个类，这样有一些方法和属性可以给我们使用。例如：ToCharArray() 把字符串放入一个字符数组中；Length 属性返回字符串的长度，可以进行"＋"运算等。比如：

```
string str1 = "How " + " are you ?" ;   //" + "运算符用于连接字符串结果为"How are you ?"
string str2 = "Nice to meet you !";
bool b = (str1 == str2);               //" == "运算符用于两个字符串比较,b = false
```

2.2 不同数据类型之间的转换

2.2.1 显式转换与隐式转换

1. 隐式转换

C＃是一个强类型的语言，它的数值类型有一些可以进行隐式转换，其他的必须显式转换，隐式转换的类型只能是长度短的类型转换成长的类型(如表 2-3 所示)，例如 int 可以转换成 long、float、double、decimal；反之必须进行显式的转换。例如：

```
int a = 7;
float b = a;        //隐式转换
a = (int)c;         //显式转换
```

表 2-3 C＃中支持的隐式转换

源类型	目 标 类 型
sbyte	short、int、long、float、double、decimal
byte	short、ushort、int、uint、long、ulong、float、double、decimal
short	int、long、float、double、decimal
ushort	int、uint、long、ulong、float、double、decimal
int	long、float、double、decimal
uint	long、ulong、float、double、decimal
long	float、double、decimal
ulong	float、double、decimal
char	ushort、int、uint、long、ulong、float、double、decimal
float	double

2. 显式转换

显式转换又叫强制类型转换，与隐式转换相反，显式转换需要用户明确地指定转换类型，一般在不存在该类型的隐式转换时才使用。格式如下：

```
(类型标识符) 表达式
```

其作用是将"表达式"值的类型转换为"类型标识符"的类型。例如：

```
(int)1.23            //把 double 类型的 1.23 转换成 int 类型,结果为 1
```

需要提醒注意以下几点：

(1) 显式转换可能会导致错误。进行这种转换时编译器将对转换进行溢出检测。如果有溢出说明转换失败，就表明源类型不是一个合法的目标类型，转换就无法进行。

(2) 对于从 float、double、decimal 到整型数据的转换，将通过舍入得到最接近的整型值，如果这个整型值超出目标类型的范围，则出现转换异常。

使用上面的显示转换不能用在 bool 和 string 类型上，如果希望 string 或者 bool 类型和整数类型之间的转化可以使用一个方法 Convert。格式如下：

```
Convert.方法名 (参数)
```

方法名是 To 数据类型形式，具体含义如表 2-4 所示。

表 2-4 Convert.方法含义

方法名	含义	方法名	含义
ToBoolean	将数据转换成 Boolean 类型	ToNumber	将数据转换成 Double 类型
ToDataTime	将数据转换成日期时间类型	ToObject	将数据转换成 Object 类型
ToInt16	将数据转换成 16 位整数类型	ToString	将数据转换成 String 类型
ToInt32	将数据转换成 32 位整数类型	ToBoolean	将数据转换成 Boolean 类型
ToInt64	将数据转换成 64 位整数类型		

例如：

```
int a = 123;
string str = Convert.ToString(a);        //结果 str = "123"
bool m_bool = Convert.ToBoolean(a);
```

2.2.2 装箱和拆箱

1. 装箱转换

装箱转换是指将一个值类型的数据隐式地转换成一个对象类型的数据。把一个值类型装箱，就是创建一个 object 类型的实例，并把该值类型的值复制给这个 object 实例。例如，下面语句就执行了装箱转换：

```
int i = 123;
object obj = i;      //装箱转换
```

上面的两条语句中，第一条语句先声明一个整型变量 i 并对其赋值，第二条语句则先创建一个 object 类型的实例 obj，然后将 i 的值复制给 obj。图 2-2 给出了装箱操作示意图。

在执行装箱转换时，也可以使用显式转换，如：

```
object obj = (object)i;
```

2. 拆箱转换

拆箱转换是指将一个对象类型的数据显式地转换成一个值类型数据。例如，下面语句就执行了拆箱转换：

```
int i = 123;
object obj = i;
int j = (int)obj;    //拆箱转换
```

图 2-3 给出了拆箱操作示意图。拆箱转换需要(而且必须)执行显式转换，这是它与装箱转换的不同之处。

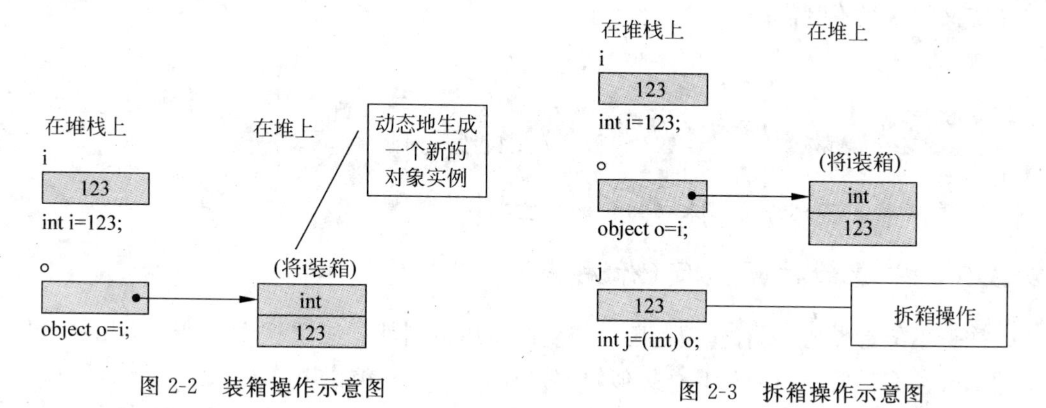

图 2-2　装箱操作示意图　　　　图 2-3　拆箱操作示意图

虽然装箱与拆箱会带来性能上的损失，但是对于使用者来说，这样做的好处是可以使用相同的方式去对待值类型和引用类型。然而，对于装箱与拆箱所产生的性能损失也不能忽略。在没有必要使用此功能的情况下，应尽量避免使用。

2.3　常量和变量

2.3.1　常量

常量就是值在程序整个生命周期内值始终不变的量。在声明常量时，要用到 const 关键字，和 C++类似。常量在使用的过程中，不可以对其进行赋值的改变，否则系统会自动报错。

常量声明的基本语法为：

```
const [int / double / long / bool / string / … ] 常量名;
```

下面是一个具体声明常量的例子：

```
const double PI = 3.1415926;
```

2.3.2 变量

变量代表了存储单元，每个变量都有一个数据类型。这决定了这个变量可以存储什么值。在任何一种语言中，变量的命名都是有一定的规则的，当然 C#.NET 也不例外，若在使用中定义了不符合一定规则的变量，C#.NET 语言系统会自动报错。

变量命名规则如下：

(1) 变量名的第一个字符必须是字母、下划线("_")或者"@"。

(2) 除去第一个字母外，其余的字母可以是字母、数字、下划线的组合。

(3) 不可以使用对 C# 编译器而言有特定含义的名字(即 C# 语言的库函数名称和关键字名称)作为变量名，如 using、namespace、struct 等。

命名规则的第三条其实在写程序的时候系统会自动提示你的错误，所以不必过于担心。

使用变量的一条重要原则是：变量必须先定义后使用。变量可以在定义时赋值，也可以在定义的时候不赋值。

例如：

```
double d;                                //变量在定义时未赋值
string s = "hello CSharp";               //变量在定义时赋值
```

注意：C# 中不允许使用未初始化的变量。

2.3.3 变量的作用范围(作用域)

变量不但有类型，还有作用范围。变量的作用范围就是应用程序中可以使用和操作变量的部分。变量的作用域和 C++类似，分为局部作用域和类作用域。

1. 局部作用域

方法(即函数)中声明的任何变量都具有那个方法的作用域；一旦方法结束，它们也会消失，而且只能由那个方法内部执行的代码来访问。这些变量称为局部变量(local variable)，因为它们局限于声明它们的那个方法，不能在其他任何方法中使用。换言之，不能使用局部变量在不同的方法之间共享信息。例如：

```
class Example
{
    void firstMethod()
    {
        int myVar;
        …
    }
    void anotherMethod()
    {
        myVar = 42;        //错误 - 变量越界
        …
    }
}
```

上述代码将编译失败，因为 anotherMethod 方法试图使用一个越界的 myVar 变量。该变量只能由 firstMethod 方法中的语句使用。

2. 类作用域

在类中(但不在一个方法中)声明的任何变量都具有那个类的作用域。在 C＃中使用字段(field)一词来描述由一个类定义的变量。和局部变量不同,可以使用字段在不同的方法之间共享信息。例如：

```
class Example
{
    int myField = 0;
    void firstMethod()
    {
        myField = 42; //正确
        …
    }
    void anotherMethod()
    {
        myField = 42; //正确
        …
    }
}
```

变量 myField 是在类的内部以及 firstMethod 和 anotherMethod 方法的外部定义的。所以,myField 具有类的作用域,可由类中的所有方法使用。

2.4 运算符与表达式

2.4.1 运算符

运算符指明了进行运算的类型,例如,加号(＋)用于加法、减号(－)用于减法、星号(＊)用于乘法、正斜杠(/)则用于除法等。使用运算符将常量、变量、函数连接起来便构成了表达式。C＃语言中的运算符和表达式继承了 C/C++语言的运算符和表达式语言功能,从而使开发人员能够很快地从 C/C++语言开发转移到 C＃语言开发中来。

1. 算术运算符

算术运算符包括：＊(乘法运算符)、/(除法运算符)、%(求余运算符,如 7%3＝1)、＋(加法运算符)、－(减法运算符)、＋＋(增量运算符)和－－(减量运算符)。

增量和减量运算符都是单目运算符,运算结果是将操作数增 1 或减 1。这两个运算符都有前置和后置两种形式。前置形式是指运算符在操作数的前面,后置是指运算符在操作数的后面。例如：

```
a++;                //等价于 a = a + 1;
++a;                //等价于 a = a + 1;
a--;                //等价于 a = a - 1;
--a                 //等价于 a = a - 1;
```

一般来说,前置操作++a 的意义为：先修改操作数使之增 1,然后将增 1 过的 a 值作为表达式的值。后置操作 a++的意义为：先将 a 值作为表达式的值确定下来，再将 a 增 1。例如：

```
int a = 3;
int b = ++a;            //相当于 a = a + 1 ; b = a;
int c = a++;            //相当于 c = a ; a = a + 1;
```

注意：由于增量和减量操作包含有赋值操作，所以操作数不能是常量，它必须是一个变量。例如：4++是错误的。

注意：

(1) C#语言算术表达式的乘号(*)不能省略。例如：数学式 b^2-4ac 相应的C++表达式应该写成：b*b-4*a*c。

(2) C#语言表达式中只能出现字符集允许的字符。例如：数学公式 πr^2 相应的C++表达式应该写成：PI*r*r。(其中 PI 是已经定义的符号常量)。

(3) C#语言算术表达式只使用圆括号改变运算的优先顺序(不要指望用{}或[])。可以使用多层圆括号，此时左右括号必须配对，运算时从内层括号开始，由内向外依次计算表达式的值。

2. 赋值运算符

赋值运算符包括基本赋值运算符(=)和复合赋值运算符，复合赋值运算符包括：^=、*=、/=、\=、+=、-=、<<=、>>=和 &=。例如：

```
int a = 12, x = 3, y;
a += a;                 //表示   a = (a + a) = (12 + 12) = 24;
y* = x + 2;             //表示   y = y * (x + 2); 而不是 y = y * x + 2;
```

注意：赋值运算符、复合赋值运算符的优先级比算术运算符低。

3. 比较运算符

1) 比较数值

有六种比较运算符可以用于比较数值，包括==(相等)、!=(不等于)、<(小于)、<=(小于或等于)、>(大于)、>=(大于或等于)。

2) is 运算符

is 运算符可以检查对象是否与特定的类型兼容。例如，要检查变量是否与 object 类型兼容。

```
int i = 10;
string m = "china";
if (i is object)
{
    Console.WriteLine("i is an object");
}
if (m is string)
{
    Console.WriteLine("m is an string");
}
```

注意："兼容"表示对象是该类型，或者派生于该类型。

int 和从 object 继承而来的其他 C# 数据类型一样，表达式 i is object 将得到 true，并显示 i is an object 信息。

3) as 运算符

as 运算符用于执行引用类型的显式类型转换。如果要转换的类型与指定的类型兼容，转换就会成功进行；如果类型不兼容，as 运算符就会返回值 null。如下面的代码所示，如果 object 引用不指向 string 实例，把 object 引用转换为 string 就会返回 null：

```
object o1 = "Some String";
object o2 = 5;
string s1 = o1 as string;        //s1 = "Some String"
string s2 = o2 as string;        //s1 = null
```

as 运算符允许在一步中进行安全的类型转换，不需要先使用 is 运算符测试类型，再执行转换。

4. 字符串连接运算符

对于两个字符串类型的变量，可以使用"＋"运算符实现字符串的连接。例如：

```
string strTemp1, strTemp2;
strTemp1 = "Hello";
strTemp2 = "World. ";
MessageBox.Show(strTemp1 + " " + strTemp2);
```

当定义了两个字符串型变量 strTemp1 和 strTemp2 并给它们分别赋值之后，就可以使用第四行的"＋"运算符把它们连接起来，并在中间夹了一个空格，形成"Hello World."字符串。

5. 逻辑运算符

C# 中常用的逻辑运算符有：!(非)、&&(与)、||(或)。计算的结果仍然是布尔类型的 true 或 false。

- 与：C# 中的符号为"&&"，表示必须满足两个条件。语法为"表达式 1 && 表达式 2"。
- 或：C# 中的符号为"||"，表示满足两个条件中的任意一个即可。语法为"表达式 1 || 表达式 2"。
- 非：C# 中的符号为"!"。表示取当前表达式结果的相反结果。如果当前表达式为"true"，则计算结果为"false"。语法为"! 表达式"。

例如：

```
bool test;
test = 12 < 10 && 56 > 43;         //test = false
test = 12 > 10 || 56 < 43;        //test = true
```

6. typeof 运算符

typeof 运算符用于获得系统原型对象的类型，也就是 Type 对象。常与 is 运算符连用，用于判断某个变量是否为某一类型。每一个类都有一个 GetType 方法与它功能很相似。

【例 2-2】 创建控制台程序,演示 typeof 运算符。

```
using System;
namespace P2_2
{
    class Program
    {
        static void Main(string[] args)
        {
            dog a = new dog();
            dog b = new dog();
            Type c = a.GetType();;
            Console.WriteLine(typeof(dog));  //输出 P2_3.dog
            Console.WriteLine(a.GetType());  //输出 P2_3.dog
            if (a is dog)
            {
                Console.WriteLine("true");
            }
            Console.ReadKey();
        }
    }
    class  dog
    {
        void eat()
        {
            Console.WriteLine("Eat Bone");
        }
    }
}
```

运行结果:

```
P2_3.dog
P2_3.dog
true
```

注意:typeof 不能用于表达式,例如:

```
Console.WriteLine(typeof(x));        //错误
Console.WriteLine(typeof(int));      //这样可以,输出 System.Int32
```

x 是一个变量,即一个简单的表达式,所以出错。而 int 对应的.NET Framework 的类型是 System.Int32,所以输出 System.Int32。

7. new 运算符

new 运算符用于创建一个新的类型实例,它有 3 种形式:

(1) 对象创建表达式,用于创建一个类类型或值类型的实例。

(2) 数组创建表达式,用于创建一个数组类型实例。

(3) 委托创建表达式,用于创建一个新的委托类型实例。

注意:new 运算符暗示创建一个类的实例,但不一定必须动态分配内存。

2.4.2 运算符优先级

在一个表达式中出现多种运算时，将按照预先确定的顺序计算并解析各个部分，这个顺序称为运算符优先级。C#中常用的运算符的优先级如表 2-5 所示。

从表 2-5 可见，!（逻辑非）的优先级均高于算术运算符；算术运算符的优先级均高于比较运算符、逻辑运算符（&& 和‖）和位运算符；所有比较运算符它们的优先级均高于逻辑运算符（&& 和‖）和位运算符，但低于算术运算符。逻辑运算符（&& 和‖）的优先级均低于算术运算符和比较运算符。具有相同优先顺序的运算符将按照它们在表达式中出现的顺序从左至右进行计算。

表 2-5 常用的运算符的优先级

优先级	运 算 符	说 明
1	()、.、[ ]、x++、x--、new、checked、unchecked、typeof	初级运算符
2	+、-、!（逻辑非）、~、++x、--x	一元运算符
3	*、/、%	乘/除运算符
4	+、-	加/减运算符
5	<<、>>	移位运算符
6	<、>、<=、>=、is、as	关系运算符
7	== !=（不等于）	比较运算符
8	&	按位 AND 运算符
9	^	按位 XOR 运算符
10	|	按位 OR 运算符
11	&&（逻辑与）	布尔 AND 运算符
12	‖（逻辑或）	布尔 OR 运算符
13	?:	三元运算符
14	=、*=、/=、+=、-=、<<=、>>=、&=、^=、|=	赋值运算符

2.4.3 表达式

表达式是一个或多个运算的组合。C#的表达式与其他语言的表达式没有显著的区别。每个符合 C#规则的表达式的计算都是一个确定的值。对于常量、变量的运算和对于函数的调用都可以构成最简单的表达式。

通常表达式涉及的内容包括赋值计算以及真/假判断等。一个赋值表达式至少应有一个变量，以及一个赋给变量的值。这里要求所有的变量在使用前都必须初始化，否则 C#编译器将对未初始化的变量给出警告。例如：

```
int c,d;
d = c;            //错误 1:使用了未赋值的局部变量"c"
Console.WriteLine("c = {0},d = {1}", c, d);
```

2.4.4 C# 4.0 引入动态关键字 dynamic

为了支持动态变量声明，C# 4.0 引入了关键字 dynamic，dynamic 表示“变量的类型是在运行时决定的”，动态语言运行时（Dynamic Language Runtime，DLR）是 .NET Framework 4 中的一组新的 API，它提供了对 C# 中 dynamic 类型的支持，dynamic 告诉编译器，根本就别理究竟是什么类型，运行时再推断不迟，dynamic 类型并没有跳过类型校验，只是延迟到了运行时。如果在运行时，检测到类型不兼容，照样会抛出异常。

在 C# 中 var 和 dynamic 关键字提供了本地类型含义，不需要在赋值运算符左边指定数据类型，系统会动态绑定正确的类型。但与 dynamic 关键字不同的是，使用 var 时，必须在赋值运算符的右边指定类型。var 表示“变量的类型是在编译时决定的”，var 让在初始化变量时少输入一些字，编译器会根据右值来推断出变量的类型，var 只能用于局部变量的定义，不能把类的属性定义成 var，也不能把方法的返回值类型或者是参数类型定义成 var。dynamic 就没有这些局限了，使用 dynamic 关键字时，不用指定任何类型、变量、属性、方法返回值类型及参数类型。所有类型绑定都在运行时完成。例如：

```
dynamic number = 10;   //动态类型变量
Console.WriteLine(number);
```

下面的代码说明了如何在方法主体中声明动态变量：

```
public  void  Execute()  {
  dynamic  calc   =   GetCalculator();
  int  result   =   calc.Sum(1,  1);
  }
```

如果充分了解由 GetCalculator 方法返回的对象类型，可以声明该类型的变量 calc，也可以作为 var 声明变量，以供编译器了解具体细节。不过，使用 var 或显式静态类型，要求确定 GetCalculator 所返回类型的约定上存在 Sum 方法。如果该方法不存在，就会收到编译器错误提示。

采用动态方法可以推迟到执行时再确定表达式是否正确。只要方法 Sum 存在于变量 calc 所存储的类型中，代码即会得到编译，并在运行时得到解析。

在以下情况下可使用 dynamic：

(1) COM 对象。

(2) 动态语言(如 IronPython、IronRuby 等)对象。

(3) 反射对象。

(4) C# 4.0 中动态创建的对象。

2.5 控制台应用程序与格式化输出

Console 类属于 System 命名空间，表示控制台应用程序的标准输入、输出流和错误流。提供用于从控制台读取单个字符或整行字符串的方法，还提供输出方法将该字符串写入控制台。

2.5.1 控制台输出

Console.WriteLine()方法将指定的数据(后跟换行符)写入标准输出流(屏幕)。

Console.WriteLine()方法类似于C语言的printf函数，可以采用“{N[,M][:格式化字符串]}”的形式来格式化输出项，其中的参数含义如下：

- 花括号{}——用来在输出中插入变量的值。
- N——表示输出变量的序号，变量的序号从0开始。
- [,M]——可选项，其中M表示输出的变量所占宽度和对齐方向。如果M为正数是右对齐，负数则是左对齐。

```
Console.WriteLine("{0,5} {1,5}", 123, 456);          //右对齐
Console.WriteLine("{0, - 5} {1, - 5}", 123, 456);    //左对齐
```

运行结果如下：

```
  123   456
123   456
```

[:格式化字符串]——可选项，在向控制台输出时指定输出项的格式。格式化字符串中字母的含义如表2-6所示。

表2-6　格式化字符串中字母的含义

字　母	含　义
C或c	Currency 货币格式
D或d	Decimal 十进制格式(十进制整数)
E或e	Exponent 指数格式
F或f	Fixed point 固定精度格式
G或g	General 常用格式
N或n	用逗号分割千位的数字，比如1234将会被变成1,234
P或p	Percentage 百分符号格式
X或x	Hex 16进制格式
R或r	Round-trip 圆整(只用于浮点数)保证一个数字被转化成字符串以后可以再被转回成同样的数字

例如：

```
int a = 3,b = 4,c;
Console.WriteLine("a + b = {0}", c);                  //输出结果 a + b = 7
Console.WriteLine("{0} + {1} = {2}",a,b,c);           //输出结果 3 + 4 = 7
Console.WriteLine("{0} + {1} = {2,5}",a,b,c);         //输出结果 3 + 4 =     7
int i = 123456;
Console.WriteLine("{0:C}", i);                        //输出结果 ￥123,456.00
Console.WriteLine("{0:D}", i);                        //输出结果 123456
Console.WriteLine("{0:E}", i);                        //输出结果 1.234560E + 005
Console.WriteLine("{0:F}", i);                        //输出结果 123456.00
Console.WriteLine("{0:G}", i);                        //输出结果 123456
Console.WriteLine("{0:N}", i);                        //输出结果 123,456.00
Console.WriteLine("{0:P}", i);                        //输出结果 12,345,600.00 %
Console.WriteLine("{0:X}", i);                        //输出结果 1E240
```

另外，Console.Write()方法将指定的数据(不换行)写入标准输出流(屏幕)。

2.5.2 控制台输入

Console.ReadLine()方法从标准输入流(键盘)读取下一行字符。

例如:

```
String name = Console.ReadLine();
```

由于ReadLine方法只能输入字符串,为了输入数值,需要进行数据类型的转换。C#中每种数据类型都是一个结构,它们都提供了Parse方法,以用于将数字的字符串表示形式转换为等效数值。例如:

```
int c = int.Parse("12");
int d = int.Parse(Console.ReadLine());
```

Console.Read()方法从标准输入流(键盘)读取下一个字符。或者如果没有更多的可用字符,则为-1。

2.5.3 字符串的格式化输出

字符串格式String.Format作用是形成格式化的字符串,它和WriteLine都遵守同样的格式化规则,采用"{N[,M][:格式化字符串]}"的形式来格式化输出字符串。格式化字符串中字母的含义如表2-6所示。例如:

```
String s = String.Format("123");
String t = String.Format("{0}",123);
String u = String.Format("{0:D3}",123);
Console.WriteLine(s);
Console.WriteLine(t);
Console.WriteLine(u);
```

运行结果如下:

```
Console.WriteLine(123);
Console.WriteLine("{0}",123);
Console.WriteLine("{0:D3}",123);
```

2.6 C#流程控制语句

掌握C#控制语句,可以更好地控制程序流程,提高程序的灵活性。C#中常用语句包括:选择语句(if...else和switch语句)、循环语句(for、foreach、while和do...while语句)和跳转语句(goto、continue和break语句)。一个C#程序通过这些常用语句的组合实现特定的功能。

2.6.1 选择语句

选择语句(条件语句)主要包括两种类型,分别为if语句和switch语句。

1. if 语句

if 语句是最常用的选择语句，它的功能是根据所给定的条件（常由关系、布尔表达式表示）是否满足，决定是否执行后面的操作。常用的 if 语句表达形式有 3 种：

1) if 语句

格式如下：

```
if (表达式) {语句块};
```

功能：如果表达式的值为真（即条件成立），则执行 if 语句所控制的语句块。

2) if… else 语句

格式如下：

```
if (表达式) {语句组 1}
else  {语句组 2}
```

功能：如果表达式成立，则执行语句组 1；如果表达式不成立，则跳过语句组 1，执行语句组 2。

例如：将 a、b 两个数的最大值赋值给 x。

```
if (a > b)
  x = a;
else
  x = b;
```

这个语句和 C++ 没有区别，这里需要注意一个问题，在 C# 中 if 的条件表达式必须为 bool 型，这样做可以增强代码的安全性。

3) 嵌套 if 语句

if 语句中，如果内嵌语句又是 if 语句，就构成了嵌套 if 语句。if 语句可实现二选一分支，而嵌套 if 语句则可以实现多选一的多路分支情况。

```
if (表达式 1)  {语句组 1}
else if (表达式 2) {语句组 2}
else if (表达式 3) {语句组 3}
…
else if (表达式 n - 1) {语句组 n - 1}
else  {语句组 n}
```

功能：当表达式 1 为真时，执行语句组 1，然后跳过整个结构执行下一个语句；当表达式 1 为假时，跳过语句组 1 去判断表达式 2。若表达式 2 为真时，执行语句组 2，然后跳过整个结构去执行下一个语句；若表达式 2 为假时，则跳过语句组 2 去判断表达式 3。依次类推，当表达式 1、表达式 2、……、表达式 n－1 全为假时，则执行语句组 n，再转而执行下一条语句。

【例 2-3】 编写一个求成绩等级的控制台程序。要求输入一个学生的成绩（百分制，0～100），输出其对应的等级。共分为五个等级：90～100 分为“优秀”，80～89 分为“良好”，70～79 分为“中”，60～69 分为及格，60 分以下为不及格。

```
using System;
using System.Collections.Generic;
using System.Linq;
using System.Text;
namespace P2_3
{
    class Program
    {
        static void Main(string[ ] args)
        {
            int  score;
            string  grade;
            Console.Write("请输入学生的成绩：");
            score = Int32.Parse(Console.ReadLine());
            if (score> = 90)
                grade = "优秀";
            else if (score> = 80)
                grade = "良好";
            else if (score> = 70)
                grade = "中";
            else if (score> = 60)
                grade = "及格";
            else
                grade = "不及格";
            Console.WriteLine("该学生的考试成绩等级为：{0}", grade);
            Console.ReadLine();
        }
    }
}
```

运行结果如下：

```
请输入学生的成绩：78
中
```

其中 Int32.Parse()表示将数字的字符串转换为 32 位有符号整数。此处也可以用 Convert.ToInt32 (Console.ReadLine())实现字符串到 32 位有符号整数的转换。

在这种梯形式的 if 结构中，最后的 else 语句经常作为默认条件，就是说如果所有其他条件测试都失败，那么最后的 else 语句会被执行。这里最后的 else 语句不能少，否则不论输入的成绩为多少，输出都为“不及格”。另外，该程序在本处没有对输入数据的合法性做出判断，实际应用时应加上容错代码。

2. switch 语句

当分支情况很多时，虽然 if-else-if 语句可以实现，但多层的嵌套使程序变得冗长且不直观。针对这种情况，C#与 C/C++一样，也提供了 switch 语句，用于处理多分支的选择问题。

switch 语句的一般形式：

```
switch (表达式)
{
```

```
    case 常量表达式 1: 语句组 1; break;
    case 常量表达式 2: 语句组 2; break;
    …
    case 常量表达式 n: 语句组 n; break;
    default : 语句组 n + 1; break;
}
```

其中：

“常量表达式”是“表达式”的计算结果，可以是整型数值、字符或字符串。switch 语句的执行过程：

(1) 首先计算 switch 后面的表达式的值。

(2) 将上述计算出的表达式的值依次与每一个 case 语句的常量表达式的值比较。如果没有找到匹配的值，则进入 default，执行语句组 n+1；如果没有 default，则执行 switch 语句后的语句；如果找到匹配的值，则执行相应的 case 语句组语句，执行完该 case 语句组后，整个 switch 语句也就执行完毕。因此，最多只执行其中的一个 case 语句组，然后将执行 switch 语句后的语句。

【例 2-4】 使用 switch 语句编写一个求成绩等级的控制台程序。

```
using System;
using System.Collections.Generic;
using System.Linq;
using System.Text;
namespace P2_4
{
    class Program
    {
        static void Main(string[ ] args)
        {
            int   score;
            string  grade;
            Console.Write("请输入学生的成绩: ");
            score = Int32.Parse(Console.ReadLine());
            switch (score / 10)
            {
                case 10:
                case 9:
                    grade = "优秀"; break;
                case 8:
                    grade = "良好"; break;
                case 7:
                    grade = "中"; break;
                case 6:
                    grade = "及格"; break;
                default:
                    grade = "不及格";
                    break;
            }
```

```
                Console.WriteLine("该学生的考试成绩等级为: {0}", grade);
                Console.ReadLine();
            }
        }
    }
```

运行结果如下：

```
请输入学生的成绩: 88
中
```

switch语句和C++用法也相当，但是C#中对它的格式更加严格了，每个case语句后面都必须跟上break，不然就是错误的语句。当然如果有多个条件执行相同语句的话，可以省略写成下面的方法：

```
switch (char c)
{
    case  'a':
    case  's':
    case  'e' : string language = "English";break;
}
```

2.6.2 循环语句

使用循环能够多次执行同一个任务，直到完成另一个比较大的任务。这是在开发中经常用到的技术。C#中提供了各种循环语句，用来实现重复性的任务。每一种循环语句都有各自的优点，并用在相应的情况中。没有适用于所有情况的方法，所以一个特定的任务总是可以用很多方法来完成。这里主要介绍四种不同的循环语句：for循环语句、foreach循环语句、while循环语句和do-while循环语句。

C#中的三种循环语句：for、while、do-while和C++中是相同的。但是C#中添加了一种循环语句foreach，在对数组的输出方面的使用非常灵活。

1. while语句

while语句是最常见的、用于执行重复程序代码的语句，在循环次数不固定时相当有效。其声明语法如下：

```
while(表达式)
{
  循环体
}
```

在表达式为true的情况下，会重复执行while循环体中的程序代码。由于while表达式的测试在每次执行循环前发生，因此while循环执行零次或更多次，这与执行一次或多次的do循环不同。while循环非常类似于do循环，但有一个非常重要的区别：while循环中的条件测试是在循环开始时进行，而不是最后。如果测试结果为false，就不会执行循环。程序会直接跳转到循环后面的代码。

【例2-5】 创建控制台程序，输入一个非负的整数，将其反向后输出。例如输入24789，变成 98742 输出。

分析：将整数的各个数位逐个位分开，一个一个分别输出。将整数各位数字分开的方法是，通过对 10 进行求余得到个位数输出，然后将整数缩小十倍，再求余，并重复上述过程，分别得到十位、百位、……，直到整数的值变成 0 为止。

```
using System;
using System.Collections.Generic;
using System.Linq;
using System.Text;
namespace P2_5
{
    class Program
    {
        static void Main(string[ ] args)
        {
            Console.Write("输入一个非负的整数: \n");
            int n;
            n = int.Parse(Console.ReadLine());
            Console.Write("反向后输出: ");
            while (n > 0)
            {
                Console.Write("{0}",  n % 10);
                n = n / 10;
            }
            Console.ReadLine();
        }
    }
}
```

运行结果如下：

```
输入一个非负的整数:
123
反向后输出: 321
```

2. do-while 语句

do-while 循环与 while 循环类似，只要条件表达式为 true，循环体就会不断地重复执行，但 do-while 语句会先执行一次循环体，然后判断条件表达式是 true 或 false。它对应的循环体执行一次(至少一次)或若干次。

其声明语法如下：

```
do
{
  循环体
}while(条件表达式);
```

注意：while 条件表达式后的分号一定要写，否则会出现语法错误。

【例 2-6】 创建控制台程序，输入两个正整数，求它们的最大公约数。

分析：求最大公约数可以用“辗转相除法”，步骤如下：

(1) 比较两数,并使 m 大于 n。

(2) 将 m 作被除数,n 作除数,相除后余数为 r。

(3) 将 m←n,n←r。

(4) 若 r=0,则 m 为最大公约数,结束循环。若 r≠0,则执行步骤(2)和步骤(3)。

程序如下所示:

```
using System;
using System.Collections.Generic;
using System.Linq;
using System.Text;
namespace P2_6
{
    class Program
    {
        static void Main(string[] args)
        {
            int m, n, r, t;
            int m1, n1;
            Console.Write("请输入第 1 个数:");
            m = int.Parse(Console.ReadLine());
            Console.Write("请输入第 2 个数:");
            n = int.Parse(Console.ReadLine());
            m1 = m; n1 = n;
            //保存原始数据供输出使用
            if (m < n)
            { t = m; m = n; n = t; } //m,n 交换值
            do
            {
                r = m % n;
                m = n;
                n = r;
            } while (r != 0);
            Console.Write("{0}和{1}的最大公约数是{2}",m1,n1, m);
            Console.ReadLine();
        }
    }
}
```

说明:

(1) 由于在求解过程中,m 和 n 已经发生了变化,故可以将其保存在另外两个变量 m1 和 n1 中,以便输出时可以显示这两个原始数据。

(2) 求两个数的最小公倍数,只需将两数相乘除以最大公约数,即 m1 * n1/m。

3. for 语句

与 while、do-while 语句不同的是,for 语句是按照预定的循环次数执行循环体。

其声明语法如下:

```
for(初始值; 循环条件; 更新值)
{
```

```
    循环体
}
```

注意：可以使用逗号来分隔多于一个的初始迭代变量。如果更新语句多于一个同样也可以用逗号来分隔。分号用于分隔循环初始值与循环条件、循环条件与更新语句。初始化语句、循环条件和更新语句都是可选的。

```
for(  ; ; )
{
}
```

构建了一个有效的 for 循环，值得一提的是，必须包括两个分号。

【例 2-7】 创建控制台程序，打印出所有的“水仙花数”，所谓“水仙花数”是指一个三位数，其各位数字立方和等于该数本身。例如：153 是一个“水仙花数”，因为 $153=1^3+5^3+3^3$。

分析：利用 for 循环控制 100～999 之间的数，每个数分解出个位、十位和百位，然后判断立方和是否等于该数本身。

```
using System;
using System.Collections.Generic;
using System.Linq;
using System.Text;
namespace P2_7
{
    class Program
    {
        static void Main(string[] args)
        {
            int a, b, c;
            for (int i = 100; i < 1000; i++)
            {
                a = i % 10;          //分解出个位
                b = (i / 10) % 10;  //分解出十位
                c = i / 100;         //分解出百位
                if (a * a * a + b * b * b + c * c * c == i)
                    Console.WriteLine(i);
            }
            Console.ReadLine();
        }
    }
}
```

4. foreach 语句

在 C# 中，新引进了一种循环语句结构 foreach 语句。用于对数组或集合中的每一个元素执行循环体语句。

foreach 的语法格式：

```
foreach (<变量类型> <循环变量>  in  <数组或集合>)
{
```

```
    循环体;
}
```


功能：对数组或集合中的每一个元素执行一遍循环体语句。具体使用的介绍见2.7节。

2.6.3 跳转语句

C#中的跳转语句和C++中一样有：goto，break，continue。

1. break 语句

break语句的一般形式为：

```
break;
```

该语句只能用于两种情况：

(1) 用在switch结构中，当某个case子句执行完后，使用break语句跳出switch结构。

(2) 用在循环结构中，用break语句来结束循环。如果是多重循环，那么break不是使程序跳出所有循环，而只是使程序跳出break本身所在的循环。

2. continue 语句

continue语句的一般形式为：

```
continue;
```

该语句只能用在循环结构中。当在循环结构中遇到continue语句时，则跳过continue语句后的其他语句结束本次循环，并转去判断循环控制条件，以决定是否进行下一次循环。

【例2-8】 输出0～50之间所有不能被3整除的数。

```
using System;
using System.Collections.Generic;
using System.Linq;
using System.Text;
namespace p2_8
{
    class Program
    {
        static void Main(string[ ] args)
        {
            int i;
            for (i = 0; i <= 50; i++)
            {
                if (i % 3 == 0)
                    continue;
                Console.Write("{0},", i);
            }
            Console.ReadLine();
        }
    }
}
```

3. goto 语句

goto 语句和标号语句一起使用，所谓标号语句是用标识符标识的语句。goto 语句控制程序从 goto 语句所在的地方转移到标号语句处。goto 语句会导致程序结构混乱，可读性降低，而且它所完成的功能完全可以用算法的三种基本结构实现，因此一般不提倡使用 goto 语句。

goto 语句最大的好处就是可以一次性跳出多重循环，而 break 却不能做到这点。

【例 2-9】 使用 goto 语句跳出多重循环。

```
using System;
using System.Collections.Generic;
using System.Linq;
using System.Text;
namespace P2_9
{
    class Program
    {
        static void Main(string[] args)
        {
            int  i = 0, j = 0, k = 0;
            for (i = 0;  i < 10;  i++)
            {
                for(j = 0; j < 10;  j++)
                {
                    Console.WriteLine(" i, j : {0},{1}", i, j );
                    if(j == 3)  goto  stop;  //直接跳转到 stop 语句标号
                }
            }
            stop: Console.WriteLine("stoped!  i, j : {0},{1}", i, j );
            Console.ReadLine();
        }
    }
}
```

运行结果如下：

```
i, j : 0,0
i, j : 0,1
i, j : 0,2
i, j : 0,3
stoped!  i, j : 0,3
```

2.6.4 异常处理语句

在编写程序时不仅要关心程序的正常操作，也应该把握在现实世界中可能发生的各类不可预期的事件：比如用户错误的输入，内存不够，磁盘出错，网络资源不可用，数据库无法使用等。在程序中经常采用异常处理方法来解决这类现实问题。

1. C#的异常处理语句——try-catch-finally

C#中的异常提供了一种异常处理语句——try-catch-finally。所谓 try-catch 语句就是由一个 try 块后跟一个或多个 catch 构成，这些 catch 子句指定不同的异常处理程序。try 块包含可能导致异常的程序代码。try 块一直执行到引发异常或成功完成为止。

2. C#异常处理语句的格式

C#异常处理语句的一般形式如下：

```
try
{
    可能引发异常程序代码块;
}
catch(异常类型 1  异常类对象 1)
{
    异常处理代码块;
}
catch(异常类型 n  异常类对象 n)
{
    /处理异常类型 n 的异常控制代码
}
finally
{
    无论是否发生异常,均要执行的代码块;
}
```

在同一个 try-catch 语句中可以使用一个以上的特定 catch 子句。这种情况下 catch 子句的顺序很重要，因为会按顺序检查 catch 子句。

finally 块的作用是不管是否发生异常，即使没有 catch 块，都将执行 finally 块中的语句，也就是说，finally 块始终会执行，而与是否引发异常或者是否找到与异常类型匹配的 catch 块无关。

finally 块通常用来释放资源，而不用等待由运行库中的垃圾回收器来终结对象。在异常处理中 finally 块是可选的块。

【例 2-10】 创建一个控制台应用程序项目，通过 try-catch 语句捕捉整数除零错误。

```
namespace P2_10
{   class Program
    {     static void Main(string[] args)
          {      int x = 5,y = 0;
                   try                                          //try...catch 语句
                   {
                       x = x/y;                                 //引发除零错误
                   }
                   catch (Exception err)                        //捕捉该错误
                   {
                       Console.WriteLine("{0}",err.Message);    //显示错误信息
                   }
          }
    }
}
```

运行时会输出试图除以零错误信息。

【例 2-11】 创建一个控制台应用程序项目,说明 finally 块的作用。

```
namespace P2_11
{     class Program
      {     static void Main(string[ ] args)
            {     int s = 10, i; int[ ] a = new int[5] { 1, 2, 3, 0, 4 };
                  try
                  {     for (i = 0; i < a.Length; i++)
                        Console.Write("{0} ", s / a[i]);
                              Console.WriteLine();
                  }
                  catch (Exception err)
                  {
                              Console.WriteLine("{0}", err.Message);
                  }
                  finally
                  {
                              Console.WriteLine("执行 finally 块");
                  }
            }
      }
}
```

运行结果如图 2-4 所示。

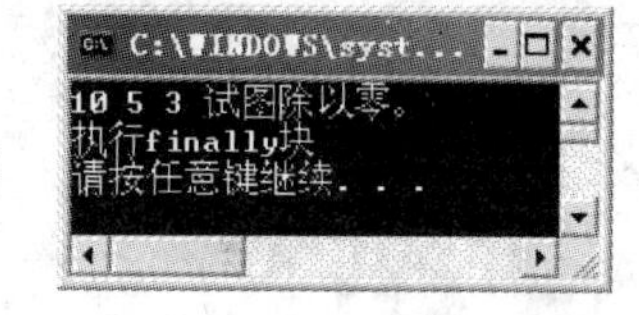

图 2-4 finally 块的作用

3. throw 语句

throw 语句可以抛出一个异常。throw 语句有两种使用方式:

(1) 直接抛出异常。

(2) 在出现异常时,通过含有 catch 块对其进行处理并使用 throw 语句重新把这个异常抛出并让调用这个方法的程序进行捕捉和处理。throw 语句的使用语法格式如下:

```
throw [表达式];
```

其中"表达式"类型必须是 System. Exception 或从 System. Exception 派生的类的类型。

throw 语句也可以不带"表达式",此时只能用在 catch 块中,在这种情况下,它重新抛出当前正在由 catch 块处理的异常。

【例 2-12】 创建一个控制台应用程序演示 try-catch 语句的使用以及再次抛出异常。

```
using System;
using System.Text;
namespace P2_12
{
    class Program
    {
        static void F()
```

```
        {
            try
            {
                G();
            }
            catch (Exception e)
            {
                Console.WriteLine("Exception in F:" + e.Message);
                e = new Exception("F");
                throw;
            }
        }
        static void G()
        {
            throw new Exception("G");
        }
        static void Main()
        {
            try
            {
                F();
            }
            catch (Exception e)
            {
                Console.WriteLine("Exception in Main:" + e.Message);
            }
        }
    }
}
```

F 方法捕捉到了一个异常，向控制台写了一些诊断信息，改变异常变量的内容，然后将该异常再次抛出。这个被再次抛出的异常与最初捕捉到的异常是同一个。因此程序的输出结果如下：

```
Exception in F:G
Exception in Main:G
```

4. 常用的异常类

C#的常用异常类均包含在 System 命名空间中，主要有：

- Exception——所有异常类的基类。
- DivideByZeroException——当试图用整数类型数据除以零时抛出。
- OutOfMemoryException——当试图用 new 来分配内存而失败时抛出。
- FormatException——参数的格式不正确时抛出。
- IndexOutOfRangeException——索引超出范围时抛出。小于 0 或比最后一个元素的索引还大。
- InvalidCastException——非法强制转换，在显式转换失败时引发。
- NotSupportedException——调用的方法在类中没有实现时抛出。

- NullReferenceException——引用空引用对象时引发。
- OverflowException——溢出时引发。
- StackOverflowException——栈溢出时引发。
- TypeInitializationException——错误的初始化类型，静态构造函数有问题时引发。
- NotFiniteNumberException——数字不合法时引发。

2.7 数　组

前面学到的数据类型，如 int、float、double、char、string 等，都属于基本数据类型，尽管这些类型的数据在内存中占用的内存不同，但都只能表示一个大小或者精度不同的数据，每一个数据都是不能分解的。

在实际的编程中，经常遇到要处理相同类型的成批相关数据的情况。例如，要处理 100 个学生的某课程的考试成绩，若采用 100 个简单变量来处理显然是一件十分困难的事，因此，C# 语言提供了一种更有效的类型——数组。

2.7.1 数组的声明与初始化

将一组有序的、个数有限的、数据类型相同的数据组合起来作为一个整体，用一个统一的名字（数组名）来表示，这些有序数据的全体则称为一个数组。简单地说，数组是具有相同数据类型的元素的有序集合。用数组名标识这一组数据，用下标来指明数组中各元素的索引号，在 C# 中，数组元素的索引值是从 0 开始的。

要访问一个数组中的某一个元素必须给出两个要素，即数组名和下标。数组名和下标唯一地标识一个数组中的一个元素。

引入数组就不需要在程序中定义大量的变量，大大减少了程序中变量的数量，使程序精炼，而且数组含义清楚、使用方便，明确地反映了数据间的联系。许多好的算法都与数组有关。熟练地使用数组，可以大大地提高编程和解题的效率，加强了程序的可读性。

像数列一样，能够用一个下标决定元素位置的数组称为一维数组；能够用两个下标决定元素位置的数组称为二维数组，例如矩阵；需要由 N 个下标才能决定元素在数组中的位置，这样的数组称为 N 维数组，例如 N 维向量。

二维和二维以上的数组称为多维数组，常用的是一维和二维数组。

1. 一维数组的声明

在 C# 中声明一个一维数组的一般形式如下：

```
<数组类型> [ ] <数组名>
```

说明：

(1) <数组类型>是指构成数组的元素的数据类型，可以是任何的基本数据类型或自定义类型，如数值型、字符串型、结构等。

(2) 方括号[ ]必须放置在<数组类型>之后，而不是像其他编程语言那样将括号放置在数组名之后。声明数组时不能指定数组的大小（即数组元素的个数）。

(3) <数组名>跟普通变量一样，必须遵循 C# 的合法标识符规则。

例如：以下语句定义了两个一维数组，即整型一维数组 numbers 和字符串一维数组 strs。

```
int[] numbers;
string[] strs;
```

2. 多维数组的声明

多维数组的声明方法与一维数组类似，只是在＜数组类型＞后的方括号中，添加若干个逗号，逗号的个数由数组的维数决定。其一般形式为：

<数组类型>[<若干个逗号>] <数组名>

因为一个逗号能分开两个下标，而二维数组有两个下标，所以声明二维数组需要使用一个逗号，三维或三维以上的多维数组的声明方法，以此类推，若数组是 n 维的，声明时就需要 n－1 个逗号。

例如，以下语句定义了两个二维数组，即整型二维数组 y 和字符串二维数组 z。

```
int[,] y;
string[,] z;
```

例如，以下语句定义了一个三维数组 p。

```
int[,,] p;
```

3. 一维数组的初始化

可以在声明一维数组时使用 new 关键字对其实例化，并将其初始化，例如前面介绍的 numbers 数组和 strs 数组，可以使用以下语句初始化：

```
int[] numbers = new int[10] { 1, 2, 3, 4, 5, 6, 7, 8, 9, 10 };
string[] strs = new string[7] { "A", "B", "C", "D", "E", "F", "G" };
```

上述初始化的代码可以简写成：

```
int[] numbers = new int[] { 1, 2, 3, 4, 5, 6, 7, 8, 9, 10 };
string[] strs = new string[] { "A", "B", "C", "D", "E", "F", "G" };
```

甚至还可以写成：

```
int[] numbers = { 1, 2, 3, 4, 5, 6, 7, 8, 9, 10 };
string[] strs = { "A", "B", "C", "D", "E", "F", "G" };
```

注意：大括号中的值的数量必须与指定的数组大小完全匹配，不能多也不能少。如果给出“数组大小”，则初始值的个数应与“数组大小”相等，否则出错。例如：

```
int[] mya = new int[2] {1,2};          //正确
int[] mya = new int[2] {1,2,3};        //错误
int[] mya = new int[2] {1};            //错误
```

4. 二维数组的初始化

同样的，也可以在声明二维数组时使用 new 关键字对其实例化，并将其初始化，例如前

面介绍的二维数组 nums,可以使用以下语句初始化:

```
int[,] nums = new int[4, 4] { { 1, 3, 5, 7 }, { 2, 4, 6, 8 }, { 3, 5, 7, 9 }, { 4, 6, 8, 10 } };
```

同样,上述代码也可以简写成:

```
int[,] nums = new int[, ]{ { 1, 3, 5, 7 }, { 2, 4, 6, 8 }, { 3, 5, 7, 9 }, { 4, 6, 8, 10 } };
```

或者:

```
int[,] nums = { { 1, 3, 5, 7 }, { 2, 4, 6, 8 }, { 3, 5, 7, 9 }, { 4, 6, 8, 10 } };
```

三维或三维以上的多维数组的初始化方法类似于二维数组的初始化。

2.7.2 创建数组实例

数组是引用类型,数组变量引用的是一个数组实例。第 3 章介绍类时将介绍只有在使用 new 关键字创建类的实例时,才会真正分配内存。数组遵循的是同样的原则,声明一个数组时,不需要指定数组的大小,因此在声明数组时并不分配内存,而只有在创建数组实例时,才指定数组的大小,同时给数组分配相应大小的内存。

创建数组实例的方法与创建类的实例的方法类似,都需要使用 new 关键字,其一般形式如下:

```
<数组名> = new <数据类型>[数组大小]
```

例如:实例化整型一维数组 numbers。

```
int[] numbers;
numbers = new int[10];                    //实例化整型一维数组
```

在创建数组实例时,系统会使用不同数据类型的默认值(0、null、false)对数组元素赋初值。如果不给出初始值部分,numbers 数组各元素取默认值。所以对于整型一维数组 numbers,该数组各数组元素均取默认值 0。

2.7.3 一维数组

1. 访问一维数组中的元素

访问一维数组中的某个元素格式:

```
名称[下标或索引]
```

所有元素下标从 0 开始,到数组长度减 1 为止。例如,以下语句输出数组 myarr 的所有元素值:

```
for (i = 0;i < 5;i++)
    Console.Write("{0} ",a[i]);
```

2. 遍历数组中的元素

C#还提供了 foreach 循环语句。该语句提供一种简单、明了的方法来循环访问数组的元素。使用foreach语句的一般形式如下：

```
foreach(<数据类型> <循环变量> in <数组或集合名>)
{
    //循环体
}
```

说明：

(1) ＜数据类型＞是与数组的元素相匹配的数据类型，例如某数组的数据类型为int，若要使用foreach语句遍历该数组的元素，则在使用foreach语句时，应当指明循环变量的数据类型也为int。

(2) ＜循环变量＞是一个局部变量，它只在foreach语句范围内有效，用来依次循环存放要遍历的数组或集合中的各个元素，并且不能给该循环变量另赋一个新值，否则将发生编译错误。

使用foreach语句必须注意以下几点：

(1) 循环体遍历数组或集合中的每个元素。当对数组或集合中的所有元素完成访问后，则跳出foreach语句，执行foreach块之后的语句。

(2) 可以在foreach语句内使用break关键字跳出循环，或使用continue关键字直接进入下一轮循环。

(3) foreach循环还可以通过goto、return语句跳出。

(4) 在foreach语句中使用循环体语句遍历某个集合或数组以获得需要的信息，但并不修改它们的内容。对于foreach语句，控制循环次数的是集合或数组中元素的个数，而参与循环体运算的变量数值则是数组的每一个元素值。foreach语句可用于为数组中的每一个元素执行一遍循环体中的语句，下面举例说明使用方法。

例如，以下代码定义一个名称为mya的数组，并用foreach语句循环访问该数组。

```
int[] mya = {1,2,3,4,5,6};
foreach (int i in mya)
    System.Console.Write("{0} ",i);
```

输出为：

```
1 2 3 4 5 6
```

不管是一维还是多维数组，操作都一样方便，它会自动知道数组的大小对其操作，我们不需要关心它是否会溢出。注意，foreach语句只能对数据进行输出，而不能改变任何数组元素的值。

foreach的使用例子：

```
int [ ]arry = new int[ ]{0,1,2,5,7,8,11,13,123,43,44};   //定义一维整型数组
foreach (int b in arry)
{
    Console.WriteLine ("{0}",b1);
    b = 3;                                                //编译错误，原因迭代变量被修改
}
```

3. 一维数组的越界

若有如下语句定义并初始化数组 ca：

```
int[] ca = new int[10]{1,2,3,4,5,6,7,8,7,9,10};
```

数组 ca 的合法下标为 0～9，如果程序中使用 ca[10]或 ca[50]，则超过了数组规定的下标，因此越界了。C# 系统会提示以下出错信息：

```
未处理的异常：Syatem.IndexOutOfRangeException:索引超出了数组界限。
```

4. 一维数组的应用

数组是程序设计中最为常用的一种数据类型，离开了数组，许多问题可能会变得较为复杂，或者难以解决。本节从几个最常用的方面介绍数组的实际应用。

【例 2-13】 编写程序，用冒泡法对 10 个数排序（按由小到大顺序）。

冒泡法的思路是：对数组作多轮比较调整遍历，每轮遍历是对遍历范围内的相邻两个数作比较和调整，将小的数调整到前边，大的数调整到后边（设从小到大排序）。定义 int a[10]存储从键盘输入的 10 个整数。对数组 a 的 10 个整数的冒泡排序算法为：

第一轮遍历首先是 a[0]与 a[1]比较，如果 a[0]比 a[1]大，则 a[0]与 a[1]互相交换位置；若 a[0]不比 a[1]大，则不交换。

第 2 次是 a[1]与 a[2]比较，如果 a[1]比 a[2]大，则 a[1]与 a[2]互相交换位置；

第 3 次是 a[2]与 a[3]比较，如果 a[2]比 a[3]大，则 a[2]与 a[3]互相交换位置；

……

第 9 次是 a[8]与 a[9]比较，如 a[8]比 a[9]大，则 a[8]与 a[9]互相交换位置；第一次遍历结束后，使得数组中的最大数被调整到 a[9]。

第二轮遍历和第一轮遍历类似，只不过因为第一轮遍历已经将最大值调整到了 a[9]中，第二轮遍历只需要比较八次，第二轮遍历结束后，使得数组中的次大数被调整到 a[8]。

……

直到所有的数按从小到大的顺序排列。

冒泡排序基本思想如图 2-5 所示，黑体数字表示正在比较的两个数，最左列为最初的情况，最右列为完成后的情况。

A[1]		**8**	5	5	5	5	**5**	2	2	2	**2**	2	2	**2**	
A[2]		**5**	**8**	2	2	2	**2**	**5**	4	4	**4**	**4**	3	**3**	
A[3]		2	**2**	**8**	4	4	4	**4**	**5**	3	3	**3**	4	4	
A[4]		4	4	**4**	**8**	3	3	3	**3**	5	5	5	5	5	
A[5]		3	3	3	**3**	8	8	8	8	8	8	8	8	8	
		第一轮					第二轮				第三轮			第四轮	

图 2-5　冒泡排序示意图

可以推知，如果有 n 个数，则要进行 n－1 轮比较（和交换）。在第 1 轮中要进行 n－1 次两两比较，在第 j 轮中要进行 n－j 次两两比较。

程序如下：

```
using System;
using System.Collections.Generic;
using System.Text;
namespace P2_13
{
    class Program
    {
        static void Main(string[] args)
        {
            int[] nums = new int[10];
            int x;
            bool yes;
            string str = "";
            Random r = new Random();            //产生随机数的 Random 对象 r
            for (int i = 0; i <= 9; i++)
            {
                do
                {
                    x = r.Next(10, 100);    //返回的是 10～99 的整数
                    yes = false;
                    for (int j = 0; j <= i - 1; j++)
                    {
                        if (x == nums[j]) yes = true;
                        break;
                    }
                } while (yes == true);
                nums[i] = x;
                str = str + (nums[i].ToString() + " ");
            }
            Console.WriteLine("随机生成的 10 个整数为: {0}", str.Trim());
            int temp;
            str = "";
            for (int i = 0; i <= 8; i++)
            {
                for (int j = 0; j <= 8 - i; j++)
                {
                    if (nums[j] > nums[j + 1])
                    {
                        temp = nums[j];
                        nums[j ] = nums[j + 1];
                        nums[j + 1] = temp;
                    }
                }
            }
            for (int i = 0; i <= 9; i++)
            {
```

```
                str = str + (nums[i].ToString() + " ");
            }
            Console.WriteLine("经过排序的 10 个整数为: {0}", str.Trim());
            Console.Read();
        }
    }
}
```

运行结果如下：

```
随机生成的 10 个整数为: 85 12 84 70 41 14 83 19 91 38
经过排序的 10 个整数为: 12 14 19 38 41 70 83 84 85 91
```

关于产生随机数的 Random 对象的介绍详见 3.10.6 节内容。

【例 2-14】 用数组来求 Fibonacci 数列问题。Fibonacci 数列是 1,1,2,3,5,8,13,21,34……要求程序每行输出 5 个 Fibonacci 数。

分析：该数列问题的核心是通过前项计算后项,从而将一个复杂的问题转换为一个简单过程的重复执行。由于一个数组本身就包含了一系列变量,因此利用数组可以简化递推算法。可以用 20 个元素代表数列中的 20 个数,从第三个数开始,可以直接用表达式 f[i]=f[i−2]+f[i−1]求出各数。

程序如下：

```
using System;
using System.Collections.Generic;
using System.Text;
namespace P2_14
{
    class Program
    {
        static void Main(string[ ] args)
        {
            int i;
            int [ ]f = new int[20];
            f[0] = 1; f[1] = 1;
            for(i = 2;i < 20;i++)
                f[i] = f[i - 2] + f[i - 1];        //在 i 的值为 2 时 f[2] = f[0] + f[1],以此类推
            for(i = 0;i < 20;i++)                  //此循环的作用是输出 20 个数
            {
              //控制换行,每行输出 5 个数据
              if (i % 5  ==  0 && i!= 0) Console.WriteLine();
              Console.Write("{0, - 8}",f[i]);//每个数据输出时占 8 列宽度且左对齐
            }
            Console.Read();
        }
    }
}
```

运行结果如图 2-6 所示。

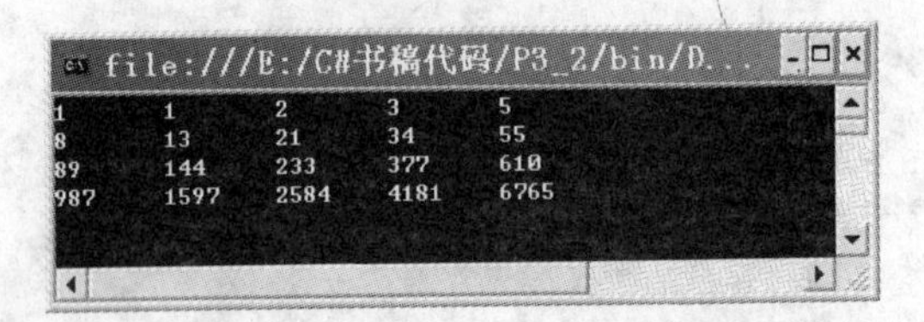

图 2-6 Fibonacci 数列

【例 2-15】 设计一个控制台应用程序,采用二分查找方法在给定的有序数组 a 中查找用户输入的值,并提示相应的查找结果。

```
using System;
namespace P2_15
{
    class Program
    {   static void Main(string[] args)
        {   double [] a = new double[10]{0,1.2,2.5,3.1,4.6,5.0,6.7,7.6,8.2,9.8};
            double k;  int low = 0,high = 9,mid;
            Console.Write("k:");
            k = double.Parse(Console.ReadLine());
            while (low <= high)
            {   mid = (low + high)/2;
                if (a[mid] == k)
                {   Console.WriteLine("a[{0}] = {1}", mid, k);
                    return;
                }
                else if (a[mid] > k)  high = mid - 1;
                else  low = mid + 1;
            }
            Console.WriteLine("未找到{0}",k);
        }
    }
}
```

2.7.4 多维数组

二维和二维以上的数组称为多维数组,常用的多维数组是二维数组。

1. 访问二维数组中的元素

为了访问二维数组中的某个元素,需指定数组名称和数组中该元素的行下标和列下标。例如,以下语句输出数组 arry 的所有元素值。

```
for (i = 0;i < 2;i++)
  for (j = 0;j < 3;j++
    Console.Write("{0} ", arry [i,j]);
Console.WriteLine();
```

对于多维数组,也可以使用 foreach 语句来循环访问每一个元素。foreach 语句可用于二维数组中的每一个元素执行一遍循环体中的语句,以下举例说明使用方法。

【例 2-16】 创建控制台程序,打印二维数组中的各元素及所有元素的和。

```
using System;
using System.Collections.Generic;
using System.Text;
namespace p2_16
{
    class Program
    {
        static void Main(string[] args)
        {
            int sum = 0;
            //定义一个整数类型的二维数组
            int[,] arry = new int[3, 2] { {1, 2}, {3,4}, {5,6}};
            foreach (int elements in arry)      //显示二维数组中各元素
            {
                Console.Write("{0},", elements);
                sum += elements;                //存放数组元素的迭代变量 elements 参与运算
            }
            Console.Write("sum = {0}", sum);
            Console.ReadLine();
        }
    }
}
```

程序输出结果如下:

```
1,2,3,4,5,6,sum = 21
```

本程序中 arry 就代表 foreach 语句中的数组,elements 就是循环变量,并且该变量的数据类型必须与数组元素的数据类型一致为 int 型。根据上述 foreach 语句可知,执行过程是依次从数组 arry 中取出一个元素存放到迭代变量 elements 中显示输出。

2. 二维数组的应用

【例 2-17】 设计一个控制台应用程序,输出九行杨辉三角形。

```
using System;
namespace P2_17
{    class Program
      {    const int N = 10;
           static void Main(string[] args)
           {    int i,j;
                int[,] a = new int[N,N];
                for (i = 1;i < N;i++)                   //1 列和对角线元素均为 1
                {   a[i,i] = 1;  a[i,1] = 1;  }
                for (i = 3;i < N;i++)                   //求第 3~N 行的元素值
                      for (j = 2;j <= i - 1;j++)
                           a[i,j] = a[i - 1,j - 1] + a[i - 1,j];
                for (i = 1;i < N;i++)                   //输出数序
                {     for (j = 1;j <= i;j++)
                           Console.Write("{0, - 2} ",a[i,j]);
```

```
                    Console.WriteLine();
                }
                Console.Read();
            }
        }
    }
```

运行结果如图 2-7 所示。

图 2-7　杨辉三角形

【例 2-18】 设有矩阵：

$$\begin{bmatrix} 1 & 2 & 3 & 4 & 5 \\ 2 & 4 & 6 & 8 & 10 \\ 3 & 6 & 9 & 12 & 15 \\ 4 & 8 & 12 & 16 & 20 \\ 5 & 10 & 15 & 20 & 25 \end{bmatrix}$$

编写程序，计算并输出所有元素的平均值，以及两对角线的元素之和。

分析：处理该矩阵时，假设使用二维数组 numbers 来表示，则各元素的值可以由通式“numbers[i, j] = (i + 1) * (j + 1)”得到。

```
using System;
using System.Collections.Generic;
using System.Text;
namespace P2_18
{
    class Program
    {
        static void Main(string[] args)
        {
            int i, j, sum, sum1, sum2;
            sum = 0;
            sum1 = 0;
            sum2 = 0;
            float average;
            int[,] numbers;
            numbers = new int[5, 5];                       //创建数组实例
            for (i = 0; i < 5; i++)
            {
                for (j = 0; j < 5; j++)
                {
                    numbers[i, j] = (i + 1) * (j + 1);     //给数组元素赋值
                    sum += numbers[i, j];
                }
            }
            average = (float)(sum / 25.0);
            for (i = 0; i < 5; i++)
            {
                sum2 += (numbers[i, i] + numbers[i,4 - i]); //累加两对角线元素
```

```
            }
            sum2 -= numbers[2, 2];                          //减去重加的元素
            Console.WriteLine("所有元素的平均值：{0}", average);
            Console.WriteLine("两对角线的元素之和：{0}", sum2);
            Console.Read();
        }
    }
}
```

运行结果如下：

```
所有元素的平均值：9
两对角线的元素之和：81
```

2.7.5 交错数组

交错数组是元素为数组的数组，每个元素（又是数组）的维度和大小可以不同。而多维数组是每个元素（又是数组）的维度和大小的均相同。

1. 交错数组的定义和初始化

以下语句定义了一个由3个元素组成的一维数组arrj，其中每个元素都是一个一维整数数组：

```
int[][] arrj = new int[3][];
```

必须初始化arrj的元素后才可以使用它。可以如下方式初始化该元素：

```
arrj[0] = new int[5];
arrj[1] = new int[4];
arrj[2] = new int[2];
```

2. 访问交错数组中的元素

交错数组元素的访问方式与多维数组类似，通常使用Length方法返回包含在交错数组中的数组的数目，例如，以下程序定义了一个交错数组myarr并初始化，最后输出所有元素的值。

```
int[][] myarr = new int[3][];
myarr[0] = new int[] {1,2,3,4,5,6};
myarr[1] = new int[] {7,8,9,10};
myarr[2] = new int[] {11,12};
for (int i = 0; i < myarr.Length; i++)
{    Console.Write("myarr({0}): ", i);
     for (int j = 0; j < myarr[i].Length; j++)
         Console.Write("{0} ", myarr[i][j]);
     Console.WriteLine();
}
```

运行结果如下：

```
myarr(0): 1 2 3 4 5 6
myarr(1): 7 8 9 10
myarr(2): 11 12
```

2.7.6 数组的方法和属性

在C# 中,数组实际上是对象。System.Array是所有数组类型的抽象基类型。提供创建、操作、搜索和排序数组的方法,因而在公共语言运行库中用作所有数组的基类。

1. Length属性

Length属性是只读的,用于返回数组所有维数中元素个数的总数,即数组的大小。使用Length属性的一般形式为:

```
<数组名>.Length
```

2. Rank属性

Rank属性是只读属性,用于返回数组的维数。使用Rank属性的一般形式为:

```
<数组名>.Rank
```

3. Sort方法

Sort方法用于对一维数组排序,它是Array类的静态方法。Sort方法按照从小到大的顺序排序,例如,对于数值型数组,按数值大小排序;对于字符串数组,则按字符编码的大小排序,首先比较字符串的第一个字符,如第一个字符相同则比较第二个字符,以此类推,直到分出大小为止。Sort方法的语法格式为:

```
Array.Sort(<数组名>)
```

4. Reverse方法

Reverse方法用于反转一维数组。即第一个元素变成新数组的最后一个元素,第二个元素变成新数组的倒数第二个元素,以此类推。Reverse方法的语法格式为:

```
Array.Reverse(<数组名>)
```

5. GetLowerBound与GetUpperBound方法

GetLowerBound方法和GetUpperBound方法用于返回数组指定维度的下限与上限,其中维度是指数组的维的索引号,同样的维度的索引也是从0开始的,即第一维的维度为0,第二维的维度为1,以此类推。GetLowerBound方法和GetUpperBound方法的语法格式分别为:

```
<数组名>.GetLowerBound(<维度>)  和  <数组名>.GetUpperBound(<维度>)
```

6. Clear方法

清除数组中所有元素的值,重新初始化数组中所有的元素。即把数组中的所有元素设置为0、false或null,其语法格式为:

```
Array.Clear(<要清除的数组名>,<要清除的第一个元素的索引>,<要清除元素的个数>)
```

7. Copy方法

Copy方法System.Array类提供的一个静态方法,其作用是将一个数组的部分元素内容复制给另外一个数组,并指定复制元素的个数,其语法格式为:

```
Array.Copy(<被复制的数组>, <目标数组>, <复制元素的个数>)
```

8. CopyTo 方法

CopyTo 方法与 Copy 方法一样，其作用是将一个数组的所有元素复制给另外一个数组，并从指定的索引处开始复制，其语法格式为：

<被复制的数组>.CopyTo(<目标数组>, <复制的起始索引>)

9. Clone 方法

Clone 方法是实例方法，使用 Clone 方法，可以在一次调用中创建一个完整的数组实例并完成复制。

【例 2-19】 设计一个控制台应用程序，产生 10 个 0～19 的随机整数，对其递增排序并输出。

```
using System;
namespace P2_19
{
    class Program
    {
        static void Main(string[] args)
        {
            int i,k;
            int[] myarr = new int[10];          //定义一个一维数组
            Random randobj = new Random();      //定义一个随机对象
            for (i = 0;  i <= myarr.GetUpperBound(0); i++)
            {   k = randobj.Next() % 20;        //返回一个 0～19 的正整数
                myarr[i] = k;                   //给数组元素赋值
            }
            Console.Write("随机数序:");
            for (i = 0; i <= myarr.GetUpperBound(0); i++)
                Console.Write("{0} ", myarr.GetValue(i));
            Console.WriteLine();
            Array.Sort(myarr);                  //数组排序
            Console.Write("排序数序:");
            for (i = 0; i <= myarr.GetUpperBound(0); i++)
                Console.Write("{0} ", myarr.GetValue(i));
            Console.WriteLine();
        }
    }
}
```

运行结果如下：

```
随机数序:3 14 19 16 2 8 14 9 12 11
排序数序:2 3 8 9 11 12 14 14 16 19
```

习　　题

1. Visual C#.NET 中有哪些数据类型？
2. Visual C#.NET 中有哪些循环语句？它们之间有哪些区别？

3. 输入一个整数 n,判断其能否同时被 5 和 7 整除,如能,则输出"xx 能同时被 5 和 7 整除",否则输出"xx 不能同时被 5 和 7 整除"。要求"xx"为输入的具体数据。

4. 输入一个百分制的成绩,经判断后输出该成绩的对应等级。其中,90 分以上为"A",80~89 分为"B",70~79 分为"C",60~69 分为"D",60 分以下为"E"。

5. 某百货公司为了促销,采用购物打折的办法。1000 元以上者,按九五折优惠;2000 元以上者,按九折优惠;3000 元以上者,按八五折优惠;5000 元以上者,按八折优惠。编写程序,输入购物款数,计算并输出优惠价。(要求用 switch 语句编写)

6. 编写一个求整数 n 阶乘($n!$)的程序,要求显示的格式如下:

```
1:      1       2:  2       3:  6
4:     24       5: 120      6: 720
```

7. 编写程序,求 1! +3! +5! +7! +9!。

8. 编写程序,计算下列公式中 s 的值(n 是运行程序时输入的一个正整数)。

$$s = 1 + (1 + 2) + (1 + 2 + 3) + \cdots + (1 + 2 + 3 + \cdots + n)$$

$$s = 12 + 22 + 32 + \cdots + (10 \times n + 2)$$

$$s = 1 \times 2 - 2 \times 3 + 3 \times 4 - 4 \times 5 + \cdots + (-1)^{(n-1)} \times n \times (n + 1)$$

$$s = 1 + \frac{1}{1+2} + \frac{1}{1+2+3} + \cdots + \frac{1}{1+2+3+\cdots+n}$$

9. 有一个数列,其前三项分别为 1、2、3,从第四项开始,每项均为其相邻的前三项之和的 1/2,问:该数列从第几项开始,其数值超过 1200。

10. 找出 1~100 之间的全部"同构数"。"同构数"是这样一种数,它出现在它的平方数的右端。例如:5 的平方是 25,5 是 25 中右端的数,5 就是同构数;25 也是一个同构数,它的平方是 625。

11. 从键盘输入 10 个数据,找出其中的最大值、最小值和平均值,并输出高于平均值的数据及其个数。

12. 设有一个 5×5 的方阵,分别计算两条对角线上的元素之和。

13. 编写控制台程序,将一个数组中的值按逆序重新存放并输出。例如,原来顺序为"8,6,5,4,1",要求改为"1,4,5,6,8"。

14. 随机产生 20 个学生的计算机课程的成绩(0~100),按照从大到小的顺序排序,分别显示排序前和排序后的结果。

第3章 面向对象的编程基础

C♯是一种面向对象程序设计语言，为面向对象技术提供了全面的支持。学习C♯语言首先要认识类和对象，类是面向对象程序设计的基础，也是C♯封装的基本单元，对象是类的实例。本章主要介绍类和对象的基本概念、类的声明和使用以及类的方法成员、属性与索引器成员。让读者初步具备使用类的思想编写面向对象程序的能力。

3.1 类

在面向对象的程序设计中，类是面向对象程序设计的核心。在面向对象的概念中，现实世界个体的数据抽象化为对象的数据成员(字段)，个体的特性抽象化为对象的属性，个体的行为及处理问题的方法抽象化为对象的方法或事件。类是对某一类对象的抽象，而对象是某一种类的实例。对象可以执行类定义的方法来访问其属性、事件和字段。C♯与C++的类不同在于不支持多重继承，但C♯可以通过接口(interface)可实现多重继承。

C♯类中包含了程序所要用到的数据和所要执行的方法的定义。每个类中可以有字段变量、构造函数、方法、属性、索引(index)、事件等。

3.1.1 C♯类的声明和对象的创建

C♯类的一般声明格式如下：

```
[访问修饰符] class  <类名>
{
    字段变量声明
    构造函数
    方法
    …
};
```

其中，class是定义类的关键字。访问修饰符用于控制类中数据和方法的访问权限，C♯语言中有以下几种访问权限：

(1) public——任何外部的类都可以不受限制的存取这个类的方法和数据成员。

(2) private——类中的所有方法和数据成员只能在此类中使用，外部无法存取。

(3) protected——除了让本身的类可以使用之外，任何继承自此类的子类都可以存取。

(4) internal——在当前项目中都可以存取。该访问权限一般用于基于组件的开发，因为它可以使组件以私有方式工作，而该项目外的其他代码无法访问。

(5) protected internal——只限于当前项目，或者从该项目的类继承的类才可以存取。

【例 3-1】 职工类的声明程序。

```
using System;
using System.Text;
namespace P3_1
{
    public class employee                    //声明 employee 类
    {
        private int No;                      //定义私有数据成员
        private string name;
        private char sex;
        private string address;
        public employee(int n, string na, char s, string addr)     //定义公有方法
        {
            No = n; name = na;
            sex = s; address = addr;
        }
        public void disp()
        {
            Console.WriteLine("职工号: {0} 职工姓名: {1}", No, name);
            Console.WriteLine("性别: {0} 住址: {1}", sex, address);
        }
    }
    class Program
    {
        static void Main(string[ ] args)
        {
            employee p1 = new employee(9901,"赵大强",'男',"上海中山大道 109 号");
            p1.disp();                       //调用方法
        }
    }
}
```

声明类 employee 后，需要通过 new 关键字创建类的实例（也就是对象）。类的实例相当于一个引用类型的变量。创建类实例的格式如下：

```
类名 实例名 = new 类名(参数);
```

new 关键字调用类的构造函数来完成实例的初始化工作。例如：

```
employee p1 = new employee(9901,"赵大强",'男',"上海中山大道 109 号");
```

也可以使用下述两条语句：

```
employee  p1;
p1 = new employee(9901,"赵大强",'男',"上海中山大道 109 号");
```

在 Visual Studio.NET 集成环境中的，工具箱中的一个控件，是被图形文字化的可视类，而把这些控件添加到窗体设计器中后，窗体设计器中的控件则是对象，即由工具箱中的类创建的对象。

3.1.2 类的成员

类的成员分为数据成员(常量、字段)和函数成员(方法、属性、事件、构造函数、析构函数等)。

类的成员具体含义如下:

(1) 常量——它代表了与类相关的常数数据。

(2) 字段(或称域)——字段是表示与对象或类关联的变量,如例3-1中公有类employee中的No、name、sex和address。

(3) 方法——方法是实现可以由对象或类执行的计算或操作的成员。如例3-1中employee类中disp()方法。

(4) 属性——属性是对象或类的特性。与字段不同,属性有访问器,这些访问器指定要在它们的值被读取或写入时执行的语句。这些语句可以对字段属性进行计算,并将计算结果返回给相关字段。

(5) 事件——它定义了由类产生的通知,用于说明发生什么事情。

(6) 实例构造函数——它执行需要对类的实例进行初始化的操作。

(7) 析构函数——它执行在类的实例要被永远丢弃前要完成的操作。

(8) 静态构造函数——执行静态构造函数主要用来初始化类的静态成员。静态构造函数只在.NET运行时加载类时执行一次,以初始化静态字段。它没有访问修饰符,也没有参数,也只能有一个,因为C#代码从来不会调用它。不能保证静态构造函数何时执行,但肯定会再类实例创建之前。如果类中有readonly字段,且该字段需要初始化,那就要有一个static的静态构造函数来初始化它,因为readonly字段被认成static。

对类中的成员有五种访问权限:

- public——该成员可以被所有代码访问。
- protected——该成员只可以被继承类访问。
- internal——该成员只可以被同一个项目的代码访问。
- protected internal——该成员只可以被同一个项目的代码或继承类访问。
- private——该成员只可以被本类中的代码访问。

类成员的默认访问权限是private。

3.1.3 类的构造函数和析构函数

构造函数和析构函数是在类体中说明的两种特殊的成员函数。构造函数的功能是在创建实例(也就是对象)时,使用给定的值来将实例初始化。析构函数的功能是用来从内存中释放一个实例的,在删除实例前,用它来做一些清理工作,它与构造函数的功能正好相反。

构造函数的特点如下:

(1) 构造函数是成员函数,该函数的名字与类名相同。

(2) 构造函数是一个特殊的函数,该函数无数据类型,它没有返回值,void也不能写。构造函数可以重载,即可以定义多个参数个数不同的构造函数。

(3) 构造函数访问权限总是public。如果是private,则表示着该类不能被实例化,这通常在只含有静态成员的类中。

(4) 程序中不能直接调用构造函数,在创建实例时系统自动调用构造函数。

(5) 如果类没有为对象提供构造函数,则默认情况下 C#将创建一个默认的构造函数,该构造函数实例化对象,并将所有成员变量设置为相应的默认值。

析构函数的特点如下:

(1) 析构函数是成员函数,函数体可写在类体内,也可定在类体外。

(2) 析构函数也是一个特殊的函数,它的名字同类名,并在前面加"～"字符,用来与构造函数加以区别。析构函数不能有参数,无数据类型。

(3) 一个类中只可能定义一个析构函数。当撤销对象时,析构函数自动被调用。析构函数不能被继承和重载。

【例 3-2】 设计一个坐标点 TPoint1 类的控制台应用程序,说明调用构造函数和析构函数的过程。

```
using System;
namespace P3_2
{
    public class TPoint1                        //声明类 TPoint1
    {
        int x, y;                               //类的私有变量
        public TPoint1() { }                    //默认的构造函数
        public TPoint1(int x1, int y1)          //带参数的构造函数
        { x = x1; y = y1; }
        public void dispoint()
        { Console.WriteLine("({0},{1})", x, y); }
        ～TPoint1()                             //析构函数
        { Console.WriteLine("点 =>({0},{1})", x, y); }
    }
    class Program
    {
        static void Main(string[ ] args)
        {
          TPoint1 p1 = new TPoint1();           //调用默认的构造函数
          Console.Write("第一个点 =>");
          p1.dispoint();
          TPoint1 p2 = new TPoint1(8, 3);       //调用带参数的构造函数
          Console.Write("第二个点 =>");
          p2.dispoint();
        }
    }
}
```

运行结果如下:

```
第一个点 =>(0,0)
第二个点 =>(8,3)
点 =>(8,3)
点 =>(0,0)
```

程序 Main()中创建类实例 p1 对象,p1 调用 dispoint()方法显示出第一行信息;创建类实例 p2 对象,p2 调用 dispoint()方法显示出第二行信息。Main()结束运行时,对象 p1、p2 被系统销毁,所以自动调用类的析构函数显示出第 3 行和第 4 行信息。注意析构函数的调

用顺序与构造函数相反,先定义的对象的析构。

3.1.4 静态成员和实例成员

类的成员要么是静态成员,要么是实例成员(非静态成员)。当用 static 修饰符声明后,则该成员是静态成员。如果没有 static 修饰符,则该成员是实例成员。两者的不同在于静态成员属于类所有,为这个类所有实例共享。而实例成员属于类的某个实例所有。

【例 3-3】 下面举一个例子,说明实例成员和静态数据成员的应用。

```
using System;
namespace P3_3
{
    public class Myclass
    {
        private int A, B, C;                    //实例成员
        private static int Sum;                 //静态成员
        public Myclass(int a, int b, int c)
        {
            A = a;
            B = b;
            C = c;
            Sum += A + B + C;
        }
        public Myclass()
        {
        }
        public void GetNumber()
        {
            Console.WriteLine("Number = {0},{1},{2} ", A, B, C);
        }
        public void GetSum()
        {
            Console.WriteLine("Sum = {0} ", Sum);
        }
    }
    class Program
    {
        static void Main(string[] args)
        {
            Myclass M = new Myclass(3, 7, 10);
            Myclass N = new Myclass(14, 9, 11);
            M.GetNumber();
            N.GetNumber();
            M.GetSum();
            N.GetSum();
            Console.Read();
        }
    }
}
```

编译程序并运行可得到下面的输出：

```
Number = 3,7,10
Number = 14,9,11
Sum = 54
Sum = 54
```


从输出结果可以看到 Sum 的值对 M 对象和对 N 对象都是相等的。这是因为在初始化 M 实例时，将 M 实例的三个 int 型数据成员的值求和后赋给了 Sum，于是 Sum 保存了该值。在初始化 N 实例时，将 N 对象的三个 int 型数据成员的值求和后又加到 Sum 已有的值上，于是 Sum 将保存加后的值 54。所以，不论是通过实例 M 还是通过实例 N 来引用的值都是一样的，即为 54。注意静态成员 Sum 为 M 对象和 N 对象所共有。

3.1.5 方法

方法是表现对象或类行为的成员函数。方法必须放在类定义中。方法同样遵循先声明后使用的规则。C#语言中的方法相当于其他编程语言（如 VB.NET）中的通用过程（Sub 过程）或函数过程（Function 过程）。C#中的方法必须放在类定义中声明，也就是说，方法必须是某一个类的方法。

1. 方法的定义与调用

方法定义格式：

```
方法修饰符 返回类型 方法名(形式参数列表)
{
  方法实现部分;
}
```

方法修饰符包括 public、protected、internal、private、abstract、sealed 及 static、virtual、override 和 extern 修饰符。方法的返回类型指定返回值的数据类型。如果方法不返回值，那么返回类型就是 void。

方法的参数在方法的形式参数列表中声明。方法有四种形式参数：

- 数值参数——它不用任何修饰符声明。
- 引用参数——它用 ref 修饰符声明。
- 输出参数——它用 out 修饰符声明。
- 参数数组——它用 params 修饰符声明。

1）数值参数

数值参数在该方法被调用时创建，并将实参的值复制给数值参数。数值参数接受实参的值后与实参已不存在任何联系。在方法中对数值参数的修改不会影响对应的实参。

2）引用参数

用 ref 修饰符声明的参数是一个引用参数。与数值参数不同，引用参数不被分配新的存储位置，而是使用相应的与实参相同的存储位置，达到直接引用实参。因此对引用参数的修改会影响对应的实参，这种传递方式称为引用传递。

在调用方法前，引用参数对应的实参必须被初始化，同时对应引用参数的实参也必须使用 ref 修饰。

【例 3-4】 引用参数程序清单。

```
using System;
namespace P3_4
{
    class Test
    {
        static void Swap1(int x, int y)          //数值参数
        {
            int temp = x;
            x = y;
            y = temp;
        }
        static void Swap2(ref int x, ref int y) //引用参数
        {
            int temp = x;
            x = y;
            y = temp;
        }
        static void Main()
        {
            int a = 3, b = 4;
            Swap1(a, b);
            Console.WriteLine("a = {0}, b = {1}", a, b);
            a = 13; b = 14;
            Swap2(ref a, ref b);              //实参使用 ref 修饰
            Console.WriteLine("a = {0}, b = {1}", a, b);
            Console.Read();
        }
    }
}
```

运行结果如下：

```
a= 3, b = 4
a= 14, b = 13
```

对于 Main()方法中的 Swap2 的调用，x 代表 a 而 y 代表 b。这样，这个调用就有把 a 和 b 的数值交换的效果。而在调用 Swap1 时，当 a 的值传递给 x 后，a 与 x 无任何联系，同理 b 与 y 无任何联系，所以不能完成把 a 和 b 的数值交换。

注意：*Main()方法比较特殊，它是程序的入口点，是个静态方法。因为在静态方法中只能访问静态属性或方法，但是非静态属性或方法都可以访问静态属性或方法。所以 Swap1()和 Swap2 ()必须要用 static 进行修饰。*

在一个有引用参数的方法中，多个变量使用相同的存储位置是允许的。

【例 3-5】 多个变量使用相同的存储位置程序清单。

```
using System;
namespace P3_5
```

```
{
    public class same_ref
    {
        public string s;
        public void F(ref string a, ref string b)
        {
            a = "Two";
            b = "Three";
        }
        static void Main()
        {
            same_ref c = new same_ref();
            c.F(ref c.s, ref c.s);
            Console.WriteLine("s = {0}", c.s);
        }
    }
}
```

运行结果如下：

```
s = Three
```

Main中F方法的调用为a和b都传送了一个引用s。因此，对于那个调用，名称s、a和b都指向相同的存储位置，并且三个赋值都修改了实例字段s。

3）输出参数

用out修饰符声明的参数是一个输出参数。与引用参数相似，输出参数不被分配新的存储位置，而是使用相应的实参一样相同的存储位置。一个变量在它被作为一个输出参数对应的实参传送前不需要被明确赋值。方法的每个输出参数必须在方法返回前被明确赋值。

输出参数典型地应用于方法产生多个返回数值。

【例3-6】 输出参数应用程序清单。

```
using System;
namespace P3_6
{
    class Program
    {
        static void SplitPath(string path, out string dir, out string name)
        {
            int i = path.Length;
            while (i > 0)
            {
                char ch = path[i - 1];
                if (ch == '\\') break;
                i--;
            }
            dir = path.Substring(0, i);
            name = path.Substring(i);
```

```
        }
        static void Main()
        {
            string dir, name;
            //输出参数的实参必须使用 out 修饰
            SplitPath("c:\\Windows\\System\\hello.txt", out dir, out name);
            Console.WriteLine(dir);
            Console.WriteLine(name);
        }
    }
}
```

运行结果如下：

```
c:\Windows\System\
hello.txt
```

注意：*dir 和 name 变量在它们被传送到 SplitPath 方法前可以是未被赋值的，并且它们在这个方法调用后要被明确赋值。*

4）参数数组

用 params 修饰符声明的参数是参数数组。一个参数数组必须是形式参数列表中的最后一个，而且参数数组必须是一维数组类型。例如，类型 int[]和 int[][]可以被用作参数数组，但是类型 int[,]不能用作这种方式。不能将 params 修饰符与 ref 和 out 修饰符组合起来使用。

与参数数组对应的实参可以是同类型的数组名，也可以是任意多个与该数组的元素属于同一类型的简单变量。如果实参是数组，则按引用传递数值；若实参是变量或表达式，则按值传递。

【例 3-7】 使用参数数组应用程序清单。

```
using System;
namespace  P3_7
{
    class Program
    {
        static void F(params int[] a)
        {
            Console.WriteLine ("a contains {0} items:", a.Length);
            for (int i = 0;i< a.Length;i++)
            {
                a[i] = a[i] + 1;
                Console.Write ("a[{0}] = {1}   ",i, a[i]);
            }
            Console.WriteLine();
        }
        static void Main()
        {
            int i = 1, j = 2, k = 3;
            int[] v= {5, 6,7,8,9};
```

```
            F(v);
            for (int m = 0;m< v.Length;m++)
            {Console.Write ("v[{0}] = {1}  ",m, v[m]);}
            Console.WriteLine();
            F(i, j, k); //值传递
            Console.Write ("i = {0}   j = {1}  k = {2} ",i, j,k);
            string a1;
            a1 = Console.ReadLine();
        }
    }
}
```

运行结果如下：

```
a contains 5 items:
a[0] = 6   a[1] = 7  a[2] = 8  a[3] = 9   a[4] = 10
v[0] = 6   v[1] = 7  v[2] = 8  v[3] = 9   v[4] = 10
a contains 3 items:
a[0] = 2     a[1] = 3   a[2] = 4
i = 1        j = 2         k = 3
```

类中方法 F 有一个类型 int[]的参数数组。在方法 Main 中，两次调用方法 F。在第一个调用中，实参是一个 int 类型的数组参数。在第二个调用中，F 被三个 int 类型的变量参数调用，由于实参是变量，则按值传递，所以 i、j、k 的值不发生变化。

2. 静态方法和非静态方法

静态方法属于类所有，是所有对象实例公用的方法，只能用类名调用静态方法。它不属于某一个具体的对象实例，因此静态方法中没有隐含的 this，也就是说，不能通过 this 获得调用该方法的对象。既然找不到这个对象实例，就不能在其方法中访问该对象实例的成员，这和非静态方法是不一样的。

类的静态方法中不能直接访问类的非静态成员而只能访问类的静态成员，类的非静态方法可以访问类的所有成员和方法，因为静态方法属于类，而非静态方法属于类的实例。

【例 3-8】 演示静态方法和非静态方法的规则。

```
using System;
namespace  P3_8
{
    class Test
    {
        private int x;
        static private int y;
        public void Fn()              //非静态方法
        {
            x = 1;                    //相当于 this.x = 1
            y = 1;                    //相当于 Test.y = 1
            Console.WriteLine("x = {0}; y={1}" , x , y);
        }
        public static void Gn()       //静态方法
        {
```

```
            //x = 2;              //出现错误，静态方法不能访问非静态成员 x
            y = 2;
            Console.WriteLine(" y = {0}" ,  y);
        }
        static void Main()
        {
            Test t = new Test();
            t.Fn();
            Test.Gn();
            t.x = 2;              //Ok
            //t.y = 1;            //出现错误，不能通过实例访问静态成员
            //Test.x = 1;         //出现错误，不能通过类名访问实例成员
            Test.y = 2;           //Ok
            Console.WriteLine("x = {0}; y = {1}" , t.x , Test.y);
            Console.ReadLine();
        }
    }
}
```

运行结果如下：

```
x = 1; y = 1
y = 2
x = 2; y = 2
```

3. 方法的重载

所谓方法重载，就是指同一个方法名有多个不同的实现方法。具体地讲，定义方法重载时要求方法的参数类型、个数或者顺序至少有一个类型不同。而对于返回值的类型没有要求，可以相同，也可以不同。那种参数个数和类型都相同、仅仅返回值不同的重载定义是非法的。因为编译程序在选择相同名字的重载定义时仅考虑参数表，这就是说要依赖方法的参数表中参数个数或参数类型的差异进行选择。由此可以看出，方法重载的意义在于它可以用相同的方法名字访问一组相互关联的方法，由编译程序来进行选择，因而这将有助于解决程序复杂性问题。如在定义类时，构造函数的重载给初始化带来了多种方式，为用户提供了更大的灵活性。

【例 3-9】 求体积 volume 方法中使用重载。

```
using System;
namespace  P3_9
{
    public class TestMethod
    {
        public double volume (double x)                          //立方体体积
        {return  x * x * x; }
        public double volume (double r, double h)                //圆柱体体积
        { return  Math.PI * r * h; }
        public double volume (double a, double b, double c)      //长方体体积
        { return  a * b * c; }
        public static void Main()
```

```
        {
            TestMethod t1 = new  TestMethod();
            Console.WriteLine("cube volume = {0}" , t1. volume (2.5));
            Console.WriteLine("cylinder volume = {0}" , t1. volume (2,4));
            Console.WriteLine("cuboid volume = {0}" , t1. volume (5,3,4));
        }
    }
}
```

运行结果如下：

```
cube volume = 15.625
cylinder volume = 25.1327412287183
cuboid volume = 60
```

3.1.6 属性与索引器

1. 属性

为了实现良好的数据封装和数据隐藏，类的字段成员的访问权限一般设置成 private 或 protected，这样在类的外部就不能直接读和写这些字段成员了。如果需要访问私有的或受保护的字段，通常的办法是提供 public 访问权限的方法。

C# 提供了属性(property)这个更好的方法，把字段和访问它们的方法相结合。C# 中的属性更充分地体现了对象的封装性，属性不直接操作类的字段，而是通过访问器进行访问。

1) 声明属性

在类定义中声明属性的语法格式为：

```
访问修饰符 类型 <属性名>
{
    get { … }  //get 访问器
    set { … }  //set 访问器
}
```

例如：

```
class Student             //类名为 Student
{
    private string name;  //声明字段
    public string Name    //对应 name 的属性
    {
        get
        {  return name; }
        set
        {  name = value; }
    }
}
```

属性可以说是 C# 语言的一个创新。充分体现了对象的封装性，把要访问的字段设为

private，不直接操作类的字段，而是通过访问器进行访问，即借助于 get 和 set 访问器对属性的值进行设置或访问（即读写）。

get 访问器没有参数，set 访问器有一个隐含的参数 value。属性的 get 访问器都通过 return 来读取属性的值，set 访问器都通过 value 来设置属性的值。

2）声明只读或只写属性

在属性声明中，如果只有 get 访问器，则该属性为只读属性。例如：

```
public string Sex  //只读属性
{
    get
    {
        return sex;
    }
}
```

在属性的访问声明中，只有 set 访问器，表明该属性是只写的。只有 get 访问器，表明该属性是只读的。既有 set 访问器，又有 get 访问器，表明该属性是可读可写的。

3）使用属性

属性成员的使用就如同公有字段数据成员的使用一样。可以为可写的属性赋值，可以用可读的属性为其他变量赋值。

访问对象的属性（间接调用 get、set）的方式如下：

```
对象.属性 = 值  (调用 set)
变量 = 对象.属性(调用 get)
```

【例 3-10】 通过属性访问器访问类的属性。

```
using System;
namespace  P3_10
{
    public class Button
    {
        private string caption;
        public string Caption
        {
            get
            {                                      //get 访问器
                return caption;
            }
            set
            {                                      //set 访问器
                caption = value;
            }
        }
        public static void Main()
        //有了上面的定义，就可以对 Button 进行读取和设置它的 Caption 属性
        {
            Button b = new Button();
```

```
            b.Caption = "china";         //设置 Caption
            string s = b.Caption;        //读取 Caption
            b.Caption += "people";       //读取且设置
        }
    }
}
```

2. 索引器

1）什么是索引器

索引器(indexer)允许类或结构的实例按照与数组相同的方式进行索引。索引器类似于属性，不同之处在于它们的访问器采用参数。

在类或结构中声明索引器要使用 this 关键字，其一般形式如下：

```
访问修饰符 数据类型 this[索引类型 <索引形参>]
{
    get
    {
        //返回值语句组
    }
    set
    {
        //分配值语句组
    }
}
```

说明：

(1) 访问修饰符表示索引器的可访问性，如 public 等。

(2) this 关键字用于定义索引器。

(3) get 访问器用于返回值，set 访问器用于设置值，set 访问器中必须有 value 关键字，它用于定义由 set 访问器所设置的值，这与属性的 value 是一致的。

(4) 索引器不一定要根据整数值进行索引，可以由用户决定如何定义特定的查找机制。

(5) 索引器可以被重载，索引器可以有多个形参。

(6) 一个类中可以声明多个索引器，如果在同一类中声明两个或者两个以上的索引器，则它们必须具有不同的签名，索引器的签名由其形参的数量和类型组成，它不包括索引器类型或形参名。

(7) 索引器值不归类为变量，因此，不能将索引器值作为 ref 或 out 参数来传递。

2）使用整数索引

通过索引器可以存取类的实例的数组成员，操作方法和数组相似，一般形式如下：

```
对象名[<索引>]
```

其中索引的数据类型必须与索引器的索引类型相同。

【例 3-11】 使用整数索引访问对象的示例。

本示例说明如何声明索引器，使用索引器可直接访问类的实例的数组成员 a。本示例提供的方法效果类似于将数组 a 声明为 public 成员并直接使用下标访问数组元素。

```
using System;
namespace P3_11
{
    class IndexerArr
    {
        private int[] a = new int[5];
        public int this[int index]                              //声明索引器
        {
            get
            {
                if (index < 0 || index >= 5)
                {
                    return 0;
                }
                else
                {
                    return a[index];
                }
            }
            set
            {
                if (index > 0 && index <= 4)
                {
                    a[index] = value;
                }
            }
        }
    }
    class Program
    {
        public static void Main()
        {
            string strShow = "";
            IndexerArr n = new IndexerArr();
            n[2] = 8;                                           //使用索引器访问对象
            n[4] = 64;                                          //使用索引器访问对象
            for (int i = 0; i <= 4; i++)
            {
                strShow = strShow + n[i] + "     ";
            }
            Console.WriteLine(strShow.Trim());
            Console.Read();
        }
    }
}
```

运行结果如下：

```
0   0   8   0   64
```

3）使用其他值索引

Visual C#并不将索引类型限制为整数。例如，对索引器使用字符串类型的索引，通过搜索集合内的字符串并返回相应的值，从而实现相应的功能。

【例 3-12】 使用字符串索引访问对象的示例。

```
using System;
namespace P3_12
{
    class SeasonCollection
    {
        string[] seasons = { "spring", "summer", "autumn", "winter" };
        private int GetSeason(string testSeason)
        {
            int i = 0;
            foreach (string season in seasons)
            {
                if (season == testSeason)
                {
                    return i;
                }
                i++;
            }
            return -1;
        }
        public int this[string season]                    //定义索引器
        {
            get
            {
                return (GetSeason(season));
            }
        }
    }
    class Program
    {
        static void Main(string[] args)
        {
            string season;
            season = Console.ReadLine();
            SeasonCollection year = new SeasonCollection();
            Console.WriteLine(year[season].ToString());   //使用索引器访问
            Console.Read();
        }
    }
}
```

输入 winter 后运行结果如下：

```
3
```

4）属性与索引器的区别

通过前面的学习可以看出，索引器与属性非常类似。表3-1总结了属性与索引器的差别。

表3-1 属性与索引器的区别

属　性	索　引　器
允许调用方法，类似于公共数据成员	允许调用对象上的方法，如同对象是一个数组，类似于一个数组
可通过简单的名称进行访问	可通过索引器进行访问
可以为静态成员或实例成员	必须为实例成员
属性的get访问器没有参数	索引器的get访问器具有与索引器相同的形参表
属性的set访问器包含隐式value参数	除了value参数外，索引器的set访问器还具有与索引器相同的形参表

3.1.7 分部类

分部类可以将类（结构或接口等）的声明拆分到两个或多个源文件中。

若要拆分类的代码，被拆分类的每一部分的定义前边都要用partial关键字修饰。分部类的每一部分都可以存放在不同的文件中，编译时会自动将所有部分组合起来构成一个完整的类声明。

```
public partial class Myclass    //文件1 a.cs
{
  //代码1略
}
public partial class Myclass    //文件2  b.cs
{
  //代码2略
}
```

将Myclass类的代码拆分成到文件1和文件2中，这样的写法在窗体程序中经常可以见到。窗体程序中用户写的class Form1部分代码放在一个Form1.cs文件中，而开发环境自动生成的class Form1部分代码放在Form1.Designer.cs。

3.2 结构类型

结构类型是用户自己定义的一种类型，它是由其他类型组合而成的，可包含构造函数、常数、字段、方法、属性、索引器、运算符、事件等，同C#中的类基本相同。

结构和类的区别就是结构不能继承，而且类是引用类型，结构是值类型，结构在栈中创建的空间，所以结构最好是对小量的数据对象进行操作，如Point和FileInfo等等。用结构的主要目的是用于创建小型数据对象，这可以节省内存，因为没有如类对象所需的那样有额外的引用产生。

3.2.1 结构类型的声明

struct关键字用于声明结构类型，基本格式如下：

```
struct 结构类型名
{
    成员声明;
}
```


例如：声明颜色结构体 myColor。

```
struct myColor
{
  public int Red;
  public int Green;
  public int Blue;
}
```

我们看这个声明很像一个类。可以这样来使用所定义的这个结构。结构与类一样，在通常情况下，并不提倡将其字段成员声明为 public，而将其声明为 private，然后为结构添加构造函数和方法来访问这些私有字段。也可以像类那样，使用属性成员来访问。这样更具有安全性和可靠性。

3.2.2 结构变量

声明了一个结构类型后，可以像使用其他类型（如 int、double、bool 等）一样定义结构体变量来使用它。

1. 定义结构变量

定义结构变量的一般形式如下：

```
结构类型名 <结构变量名> [ = new  结构类型名(参数列表)]
```

说明：

(1) 结构类型名是指声明的结构类型名称，而不是"struct"。

(2) 结构变量名遵循 Visual C#的合法标识符规则。

(3) "new　结构类型名(参数列表)"为可选项，但根据结构类型的规则，如果要调用构造函数，则必须使用该项。

例如：

```
myColor mc;   //mc 就是一个 myColor 结构类型的变量。
```

2. 使用结构变量

定义了结构变量后，就可以访问其中的字段和方法成员，访问结构成员的方法非常简单，其一般形式如下：

```
<结构变量名>.<字段>                //访问字段成员
<结构变量名>.<方法名()>            //访问方法成员
<结构变量名>.<属性名>              //访问属性成员
```

例如：mc 是一个 myColor 结构类型的变量，则可以如下方式访问字段成员：

```
mc.Red = 255;
```

```
mc.Green = 0;
mc.Red = 0;
```

【例 3-13】 使用结构类型。程序中包含一个命名为 IP 的简单结构，它表示一个使用 byte 类型的 4 个字段的 IP 地址（代表 IP 地址，如 202.196.32.3）。

```
using System;
namespace P3_13
{
    struct IP
    {
        public byte b1, b2, b3, b4;
    }
    class Program
    {
        public static void Main()
        {
            IP myIP;
            myIP.b1 = 192;
            myIP.b2 = 168;
            myIP.b3 = 1;
            myIP.b4 = 101;
            Console.Write("{0}.{1}.", myIP.b1, myIP.b2);
            Console.Write("{0}.{1}", myIP.b3, myIP.b4);
        }
    }
}
```

编译程序并运行可得到下面的输出：

```
192.168.1.101
```

3.3 类的继承

继承——面向对象的程序设计极其重要的特性，它是指建立一个新的类，新类从一个或多个已定义的父类（基类）中继承已有的成员，并可以重新定义或添加新的成员，从而建立类的层次结构。例如交通工具的层次结构如图 3-1 所示。

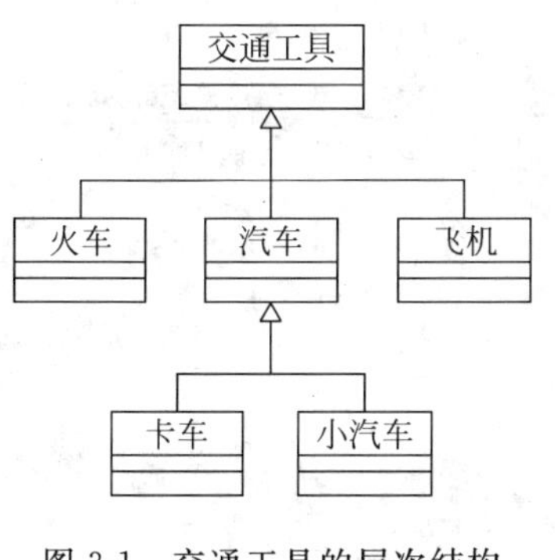

图 3-1 交通工具的层次结构

交通工具是一个基类（也称做父类），通常情况下所有交通工具所共同具备的特性是速度与额定载人的数量，按照常规继续给交通工具细分类的时候，有汽车类、火车类和飞机类，等等，汽车类、火车类和飞机类同样具备速度和额定载人数量这样的特性，而这些特性是所有交通工具所共有的，那么当建立汽车类、火车类和飞机类的时候无须再定义基类已经有的数据成员，而只需要描述汽车类、火车类和飞机类所特有的特性即可。飞机类、火车类和汽车类的特性是在交通工具类原有特性基础上增加而来的，就是交通工具类的派生类(也称做子类)。以此类推,层层递增,这种子类获得父类特性的概念就是继承。继承是实现软件重用的一种方法。

3.3.1 继承

一个类可以从它的父类(基类)继承成员。继承意味着这个类隐含地包含除了构造函数和析构函数的父类的所有成员。继承常用于在一个现有父类的基础上的功能扩展,往往是将几个类中相同的成员提取出来放在父类中实现,然后在各个子类(派生类)中加以继承。

1. 继承的特点

继承的重要性质如下:

- C#的继承是单一继承,不允许C++中的多重继承载,即只能有一个父类。
- C#的继承是可传递的。如果C类从B类派生,并且B类从A类派生,那么C类继承在B类中声明的成员同时也继承载A中声明的成员。
- 派生类可以对父类的功能进行扩展。即一个派生类可以添加自己的新成员,但是不能删除从父类继承的成员,只能不予使用或隐藏。
- 构造函数和析构函数不能被继承,但是所有其他成员可以,不管它们的可访问性。
- 一个派生类可以通过用同名的新成员的方法隐藏继承的父类成员,父类该成员在派生类中就不能被直接访问,只能通过"base.基类方法名"的形式来访问。

2. 继承的定义格式

继承的定义格式如下:

```
[访问修饰符] class  派生类名  [: 父类类名]
{
<派生类新定义成员>
}
```

C#中派生类可以从它的基类中继承字段、属性、方法、事件、索引器等。实际上除了构造函数和析构函数,派生类隐式地继承了基类的所有成员。

【例 3-14】 从Box类派生ColorBox类。

```
using System;
namespace  P3_14
{
    public  class  Box                //基类
    {
        private int width,height;
        public void SetWidth(int w)
        {
            width = w;
        }
        public void SetHeight(int h)
        {
            height = h;
        }
        public void print( )
```

```
        {
         Console.WriteLine("Box Width: {0}, Height: {1}", width,height);
        }
    }
    public  class ColorBox: Box        //子类 ColorBox
    {
        private int color;
        public void SetColor(int c)
        {
            color = c;
        }
        public void c_print( )
        {
            Console.WriteLine("ColorBox color: {0}", color);
        }
    }
    public  class  Test
    {
        public static void Main()
        {
            Box e1  =  new Box ();
            e1.SetWidth(20);
            e1.SetHeight(30);
            e1.print();
            ColorBox e2  =  new ColorBox ();
            e2.SetWidth(25);
            e2.SetHeight(35);
            e2.SetColor(1);
            e2.print();
            e2.c_print();
        }
    }
}
```

运行结果如图 3-2 所示。

现在的 ColorBox 类继承了 Box 基类的全部数据成员(width、height)、方法成员(SetHeight、SetWidth、print)。添加自己的新成员——数据成员 color 和 SetColor 以及 c_print 方法。

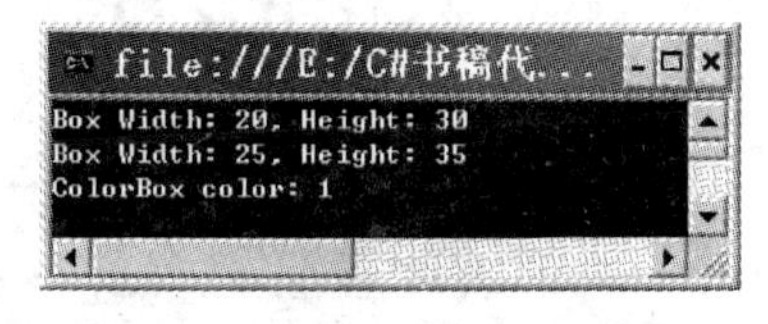

图 3-2 从 Box 类派生 ColorBox 类运行结果

【例 3-15】 编写一个学生信息和教师信息输入和显示的管理程序。其中学生信息有编号、姓名、性别、生日和各门(5 门)课程的成绩；教师信息有编号、姓名、性别、生日和职称、部门。要求将学生和教师信息的共同特性设计成一个类(CPerson 类)，作为学生 CStudent 类和教师 CTeacher 类的基类，其相互关系如图 3-3 所示。

分析：根据题目要求，可以将编号、姓名、性别、生日作为基类 CPerson 类的数据成员，为实现输入和显示这些信息，在基类 CPerson 类设计 Input()和 PrintCPersonInfo()这两个成员函数实现。在派生类 CStudent 类和 CTeacher 类中主要考虑自有信息输入和显示即可。

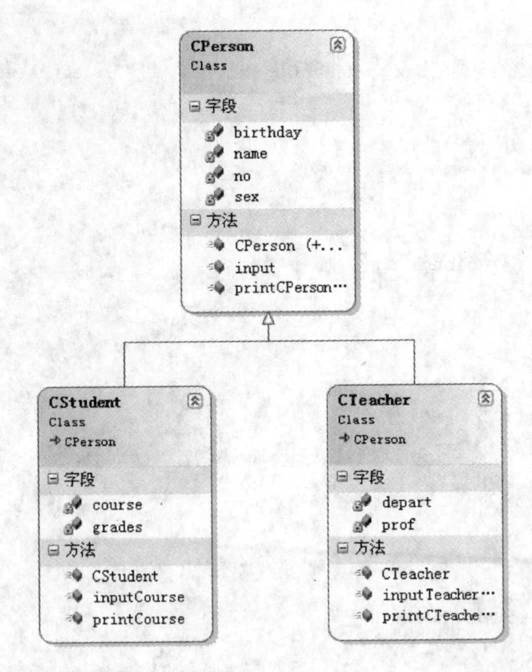

图 3-3　CPerson 基类以及 CStudent 类和 CTeacher 类的类图及关系

```
using System;
namespace  P3_15
{
    //基类 CPerson
    class CPerson
    {
        private long no;
        private String name;
        private String sex;
        private DateTime birthday;
        public CPerson()
        { }
        public CPerson(long no ,String name ,String sex ,DateTime birthday)
        {
            this.no = no;
            this.name = name;
            this.sex = sex;
            this.birthday = birthday;
        }
        public void input()
        {
            Console.Write("请输入编号:");
            no = long.Parse(Console.ReadLine());
            Console.Write("姓名:");
            name = Console.ReadLine();
            Console.Write("性别:");
            sex = Console.ReadLine();
```

```
            Console.Write("生日:");
            birthday = DateTime.Parse(Console.ReadLine().Trim());

        }
        public void printCPersonInfo()
        {
            Console.WriteLine("编号:{0};姓名:{1};性别:{2}; 生日:{3}", no, name, sex, birthday);
        }
    }
    //派生类 CStudent
    class CStudent:CPerson
    {
        private String[] course = {"数学 ", "语文", "政治 ", "体育", "自然" };
        private int[] grades = new int[5];
        public CStudent()
        {
        }
        public void inputCourse()
        {
            Console.WriteLine("input your scores; ");
            for (int i = 0; i < course.Length; i++)
            {
                Console.Write(course[i] + ":");
                grades[i] = int.Parse(Console.ReadLine());
            }
        }
        public void printCourse()
        {
            Console.WriteLine("student's courses score are: ");
            for (int i = 0; i < course.Length; i++)
            {
                Console.Write(course[i]);
                Console.WriteLine("is :{0}", grades[i]);
            }
        }
    }
    //派生类 CTeacher
    class CTeacher : CPerson
    {
        private String depart;
        private String prof;
        public CTeacher()
        {
        }
        public void inputTeacherInfo()
        {
            Console.Write("请输入部门:     ");
            depart = Console.ReadLine();
            Console.Write("职称:  ");
            prof = Console.ReadLine();
```

```
            Console.WriteLine();
        }
        public void printCTeacherInfo()
        {
            Console.WriteLine("所在部门:{0};职称是:{1}", depart, prof);
        }
    }
    class Program
    {
        static void Main(string[] args)
        {
            CStudent s1 = new CStudent();
            s1.input();                              //调用基类的 input 成员函数
            s1.inputCourse();
            s1.printCPersonInfo();                   //调用基类的 printCPersonInfo()
            s1.printCourse();
            CTeacher t1 = new CTeacher();
            t1.input();                              //调用基类的 input 成员函数
            t1.inputTeacherInfo();
            t1.printCPersonInfo();                   //调用基类的 printCPersonInfo()
            t1.printCTeacherInfo();
            Console.ReadLine();
        }
    }
}
```

运行结果如图 3-4 所示。

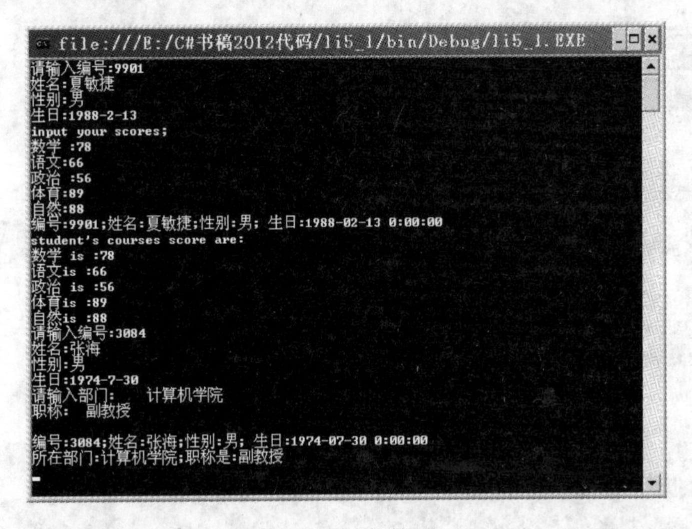

图 3-4 运行结果

在软件实际开发中,往往需要用户从键盘输入具体数据。在 CStudent 类 input()成员函数中为实现从基类继承的编号、姓名、性别、生日这些数据成员的输入,直接调用基类的 input()方法实现,同理为显示这些信息调用基类的 printCPersonInfo(),这样可简化程序的开发复杂度。

在C#中通过继承，派生类将拥有除基类的构造函数和析构函数以外的所有的成员。派生类将获取基类的所有非私有数据和行为。如果希望在派生类中不可访问(不可见)某些基类的成员，可以在基类中将这些成员设为private访问成员。表3-2列出了基类成员在派生类的可访问性。

表3-2 基类成员在派生类的可访问性

访问修饰符	基类内部	子类	其他类
public成员	可以访问	可以访问	可以访问
private成员	可以访问	不可访问	不可访问
protected成员	可以访问	可以访问	不可访问

3. 按次序调用构造函数和析构函数

前面介绍过，构造函数的作用是对类中的成员进行初始化。派生类的数据成员是由基类中的数据成员和派生类中新增的数据成员共同构成。而在继承机制下，构造函数不能够被继承。因此，对继承过来的基类成员的初始化工作也得由派生类的构造函数完成。也就是说在定义派生类的构造函数时，既要初始化派生类新增数据，又要初始化基类的成员。与一般非派生类相同，系统会为派生类定义一个默认(无参数、无数据成员初始化代码)构造函数用于完成派生类对象创建时的内存分配操作。

如果类是从一个基类派生出来的，那么在调用这个派生类的默认构造函数之前会调用基类的默认构造函数。调用的次序将从最远的基类开始。

当销毁对象时，它会按照相反的顺序来调用析构函数。首先调用派生类的析构函数，然后是最近基类的析构函数，最后才调用那个最远的析构函数。

例如：

```
class A                    //基类
{
    public A() {     Console.WriteLine("调用类A的构造函数");}
    ~A() {       Console.WriteLine("调用类A的析构函数");}
}
class B : A                //从A派生类B
{
    public B() { Console.WriteLine("调用类B的构造函数"); }
    ~B() { Console.WriteLine("调用类B的析构函数"); }
}
class C:B                  //从B派生类C
{
    public C() { Console.WriteLine("调用类C的构造函数"); }
    ~C() { Console.WriteLine("调用类C的析构函数"); }
}
```

在Main( )中仅执行以下一条语句：

```
C b = new C();             //定义对象并实例化
```

运行结果如下：

```
调用类 A 的构造函数
调用类 B 的构造函数
调用类 C 的构造函数
调用类 C 的析构函数
调用类 B 的析构函数
调用类 A 的析构函数
```

从结果看到，当创建类 C 的实例对象时，先调用最远类 A 的默认构造函数，再调用类 B 的默认构造函数，最后调用类 C 的默认构造函数。按照这种调用顺序，C＃能够保证在调用派生类的构造函数之前，把派生类所需的资源全部准备好。当执行派生类构造函数时，基类的所有字段都初始化了。

创建类 C 的实例对象后，当它被销毁时，先调用类 C 的析构函数，再调用类 B 的析构函数，最后调用类 A 的析构函数。按照这种调用顺序，C＃能够保证任何被派生类使用的基类资源，只有在派生类销毁之后才会被释放。

但如果在派生类对象创建时需要调用基类的重载构造函数（非默认构造函数）使基类数据成员得以初始化，则需使用 base 关键字。base 关键字主要是为派生类调用基类成员提供一个简写的方法，可以在子类中使用 base 关键字访问的基类成员。

调用基类中重载构造函数的方法是将派生类的重载构造函数设计如下：

```
public 派生类名(参数列表 1):base(参数列表 2)
{

}
```

其中，“参数列表 1”中包括基类构造函数所需的参数和派生类新增的数据成员初始化所需的参数。“参数列表 2”中包括基类构造函数所需的参数，“参数列表 2”和“参数列表 1”存在对应关系。

在通过“参数列表 1”创建派生类的实例对象时，先以“参数列表 2”调用基类的构造函数，再调用派生类的构造函数。

【例 3-16】 演示派生类的构造函数执行顺序。

```
using System.Text;
namespace P3_16
{
    class Parent
    {
        private int x, y;
        public Parent(int a, int b)                     //基类构造函数
        {
            x = a;
            y = b;
            Console.WriteLine("调用基类的重载构造函数 Parent()");
        }
```

```
        public void print()
        {
            Console.WriteLine("基类的 x = {0},y = {1}", x, y);
        }

    };
    class Child: Parent
    {
        private int z;
        public Child(int a,int b,int c): base(a,b)                //派生类的构造函数
        {
            z = c;                                                 //初始化派生类新增数据成员
            Console.WriteLine("执行派生类构造函数 child()");
        }
        public void print_1()
        {
            print();                                        //调用继承基类的成员方法 print() *
            Console.WriteLine("派生类新增数据成员 z = {0}",z);
        }

    };
    class Program
    {
        static void Main(string[] args)
        {
            Child ob = new Child(1,2,3);
            ob.print_1();
            Console.ReadLine();
        }
    }
}
```

运行结果如下：

```
调用基类的重载构造函数 Parent()
执行派生类构造函数 child()
基类的 x = 1, y = 2
派生类新增数据成员 z = 3
```

由例 3-16 派生类构造函数的首行可以看出，派生类构造函数名(child)后面括号内的参数名表中包括参数类型和参数名(如 int a)，而冒号后 base 括号内的参数只有名而不包括类型(如 a)，这说明在这里不是定义基类的构造函数而是调用基类的构造函数，请读者注意。在 Main()方法中定义派生类对象 child ob(1,2,3)将去调用派生类的构造函数，那么应该是先调用基类的构造函数还是先调用派生类的构造函数呢？由程序运行结果可以看出：在 C# 中，简单派生类构造函数的执行次序为：先调用基类构造函数，再调用派生类自己的构造函数。

【例 3-17】 假如 C 类从 B 类派生，并且 B 类从 A 类派生，演示 C 类对象创建时，派生类的构造函数执行顺序。

```
using System;
namespace P3_17
{
    class A
    {
        private int x;
        public A() { Console.WriteLine("调用类 A 的构造函数"); }
        public A(int x1)
        {
            x = x1;
            Console.WriteLine("调用类 A 的重载构造函数");
        }
        ~A() { Console.WriteLine("A:x = {0}", x); }
    }
    class B : A
    {
        private int y;
        public B() { Console.WriteLine("调用类 B 的构造函数"); }
        public B(int x1, int y1): base(x1)
        {
            y = y1;
            Console.WriteLine("调用类 B 的重载构造函数");
        }
        ~B() { Console.WriteLine("B:y = {0}", y); }
    }
    class C : B
    {
        private int z;
        public C() { Console.WriteLine("调用类 C 的构造函数"); }
        public C(int x1, int y1, int z1): base(x1, y1)
        {
            z = z1;          //初始化派生类新增数据成员
            Console.WriteLine("调用类 C 的重载构造函数");
        }
        ~C() { Console.WriteLine("C:z = {0}", z); }
    }
    class Program
    {
        static void Main(string[ ] args)
        {
            C c = new C(1, 2, 3);
        }
    }
}
```

运行结果如图 3-5 所示。

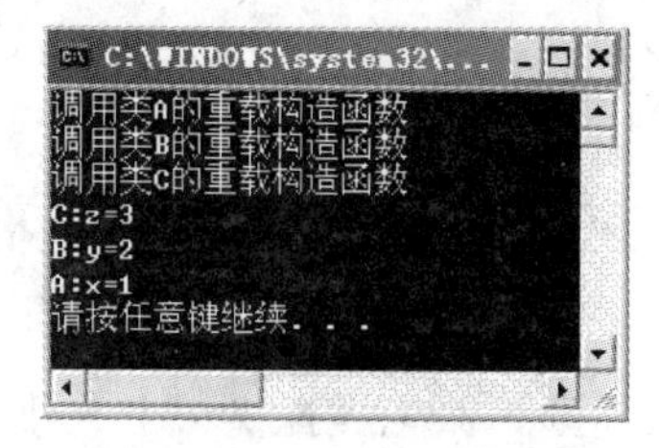

图 3-5　派生类的构造函数执行顺序演示

3.3.2　抽象类和密封类

我们可以用类修饰关键字 abstract 和 sealed 来控制类继承时的行为。

1. 抽象类

一般用于为子类提供公共接口。在声明类时，使用 abstract 修饰符则表示该类为抽象类。抽象类只能被子类继承，而不能被实例化。抽象类可以被抽象类所继承，结果仍是抽象类。

【例 3-18】 演示抽象类。

```
using System;
namespace P3_18
{
    public abstract class shape          //形状类
    {
        public double area()             //公共接口，求面积
        {return(0);}
    }
    public class circle:shape            //圆类
    {
        private double a;
        public  circle (double r)
        {a = r; }
        public new double area()         //求面积，new 表示覆盖基类的方法
        { return Math.PI * a * a; }
    }
    public class rectangle:shape         //长方形类
    {
        private double a,b,c;
        public  rectangle (double a1,double b1,double c1)
        {a = a1;b = b1;c = c1; }
        public new double area()         //求面积，new 表示覆盖基类的方法
        { return a * b * c; }
    }
    class Program
    {
        static void Main()
        {
            circle c1 = new circle(5);
            rectangle r2 = new rectangle (2,3,4);
```

```
            Console.WriteLine("circle area = {0}" , c1. area ());
            Console.WriteLine("rectangle area = {0}" , r2. area ());
        }
    }
}
```

shape 形状类中的 area()仅起到为派生类提供一个一致的接口的作用，由于在 shape 形状类中不能对面积计算做出决定，派生类中重定义的 area()用于决定以什么样的方式计算面积。

抽象类可以包含抽象方法、抽象访问器和存在非抽象的方法。从抽象类派生的非抽象类必须包括继承的所有抽象方法的实现。

在方法声明中使用 abstract 修饰符以指示方法不包含实现的，即为抽象方法。因为抽象方法声明不提供实际的实现，所以没有方法体；方法声明只是以一个分号结束，并且在签名后没有大括号{}。

抽象方法具有以下特性：

- 只允许在抽象类中使用抽象方法声明，一个类中可以包含一个或多个抽象方法。
- 声明一个抽象方法使用 abstract 关键字。抽象方法是隐式的虚方法。
- 抽象方法实现在非抽象派生类提供一个重写方法，实现重写抽象方法用 override 关键字。
- 在抽象方法声明中使用 static 或 virtual 修饰符是错误的。

【例 3-19】 演示抽象类可以包含抽象方法。

```
using System;
namespace P3_19
{
    abstract class A                    //抽象类声明
    {
        abstract public int fun();      //抽象方法声明
    }
    class B : A
    {
        int x, y;
        public B(int x1, int y1)
        {
            x = x1; y = y1;
        }
        public override int fun()       //抽象方法实现,使用 override 关键字
        {
            return x * y;
        }
    }
    class Program
    {
        static void Main(string[ ] args)
        {
            B b = new B(2, 3);
```

```
            Console.WriteLine("{0}", b.fun());
            Console.ReadLine();
        }
    }
}
```

运行结果如下：

```
6
```

2. 密封类

在声明类时，使用 sealed 修饰符则表示该类为密封类。sealed 不允许该类被继承，使得继承"到此为止"。例如：

```
sealed class 类名
{
   …
}
```

这样就不能从该类派生任何子类。

3.4 多　　态

在类的继承中，C# 允许在基类与派生类中声明具有同名的方法，而且同名的方法可以有不同的代码，也就是说，在基类与派生类的相同功能中可以有不同的具体实现，从而为解决同一问题提供多种途径。

多态性就是指在程序运行时，执行的虽然是一个调用方法的语句，却可以根据派生类对象的类型不同完成方法的不同的具体实现。在 C# 中的多态性是通过继承和虚方法实现的。本节介绍采用虚方法实现多态性。

3.4.1 隐藏基类方法

当派生类从基类继承时，它会获得基类的所有方法、字段、属性和事件。若要更改基类的数据和行为(在基类与派生类中声明具有同名方法)，有两种选择：可以使用新的派生成员替换基成员或者可以重写虚拟的基类成员。本节介绍前一种方法，在下一节介绍后一种方法。

在使用新的派生方法替换基方法时应使用 new 关键字。在派生类中用 new 关键字声明与基类同名的方法的格式如下：

```
new public 方法名称(参数列表){ }
```

new 关键字可以使子类在继承的时候屏蔽同名的父类成员，下面的例子清晰地说明了这一点。

```
public class Box                          //基类
{
    private int width, height;
```

```
        public void SetWidth(int w)
        {
            width = w;
        }
        public void SetHeight(int h)
        {
            height = h;
        }
        public void print()
        {
            Console.WriteLine("Box Width: {0}, Height: {1}", width, height);
        }
    }
    public class ColorBox: Box         //子类
    {
        private int color;
        public void SetColor(int c)
        {
            color = c;
        }
        new public void print( )
        {
            Console.WriteLine("ColorBox Width:{0},Height{1}", width,height);
            Console.WriteLine("ColorBox color: {0}", color);
        }
    }
```

new 关键字可以使子类在继承的时候屏蔽同名的父类成员，注意这里屏蔽的意思同样是“不可见”，而非“删除”。在子类 ColorBox 类中，屏蔽了父类成员 print 方法。如果确实需要在子类中调用父类的成员，可以使用 base 关键字访问父类的成员。

下面的例子清晰地说明在子类中 print( )方法调用父类的方法 print 成员：

```
public   class ColorBox: Box
{
    private int color;
    public void SetColor(int c)
    {
        color = c;
    }
    new public void print( )
    {
        base.print();            //在子类中调用父类的方法 print
        Console.WriteLine("ColorBox color: {0}", color);
    }
}
```

3.4.2 声明虚方法

在基类中的声明格式：

```
public virtual 方法名称(参数列表){ }
```

在派生类中的声明格式：

```
public override 方法名称(参数列表){ }
```

一般要求基类中说明了虚方法后，子类中重载的虚方法应该与父类中虚函数的参数个数相等，对应参数的类型完全相同。在子类中重载虚方法时，要在方法名前加 override 修饰符。注意 virtual 修饰符不能与 static、abstract 和 override 修饰符一起使用。

【例 3-20】 分析以下程序的运行结果。

```
using System;
namespace P3_20
{   class Student
    {     protected int no;                       //学号
           protected string name;                 //姓名
           protected string tname;                //班主任或指导教师
           public void setdata(int no1, string name1,string tname1)
           {
                 no = no1; name = name1;tname = tname1;
           }
           public virtual void dispdata()      //虚方法
           {     Console.WriteLine("本科生  学号:{0} 姓名:{1} 班 主 任:{2}",
                no,name,tname);
           }
      }
      class Graduate : Student
      {    public override void dispdata()    //重写方法
           {   Console.WriteLine("研究生  学号:{0} 姓名:{1} 指导教师:{2}",
                no, name, tname);
           }
      }
      class Program
      {    static void Main(string[ ] args)
             {   Student s = new Student();
                 s.setdata(101, "王华","李量");
                 s.dispdata();
                 Graduate g = new Graduate();
                 g.setdata(201,"张华","陈军");
                 g.dispdata();
             }
      }
}
```

运行结果如图 3-6 所示。可见 Student 对象实例 s 调用的是 Student 的 dispdata()方法，而 Graduate 对象实例 g 调用的是 Graduate 的 dispdata()方法而不是基类的 dispdata()方法。

图 3-6　运行结果

3.4.3 实现多态性

要实现多态性,通常是在基类与派生类定义之外再定义一个含基类对象形参的方法。多态性的关键就在于该方法中的形参对象在程序运行前根本就不知道是什么类型的对象,要一直到程序运行时,该方法被调用,接收了对象参数,才会知道是什么类型的对象。因为基类对象不仅可以接收本类型的对象实参,也可以接收其派生类类型或派生类的派生类类型的实参,并且可以根据接收的对象类型不同调用相应类定义中的方法,从而实现多态性。

【例 3-21】 通过虚方法实现运行时的多态性。比如现在有一个 Vehicle 的类需要调用 Drive 方法,不管有什么样的车——Bike、Car、Jeep,尽管它们的 Drive 方式不同,但如果它们传递给 Vehicle 类实例,通过运行时的多态性,就可以调用它们自己的 Drive 方法。

```
using System;
namespace P3_21
{
    public class Vehicle
    {
        protected float speed;
        public Vehicle(float s)
        {
            speed = s;
        }
        public Vehicle()
        {
        }
        public void ShowSpeed()         //定义基类的非虚方法
        {
            Console.WriteLine("Vehicle speed: {0}  ", speed);
        }
        public virtual void Drive()    //定义基类的虚方法
        {
            Console.WriteLine("drive ");
        }
    }
    public class Car : Vehicle
    {
        public Car(int s)
        {
            speed = s;
        }
        public override void Drive()   //定义子类的虚方法
        {
            Console.WriteLine("car drive by four wheel");
        }
        new public void ShowSpeed()
        {
            Console.WriteLine("car speed: {0}  ", speed);
        }
    }
```

```
    class Bike : Vehicle
    {
        new public void Drive()            //定义子类的虚方法
        {
            Console.WriteLine("car drive by two wheel ");
        }
    }
    public class Program
    {
        public static void test(Vehicle c)
        {
            c.Drive();                     //调用虚方法
            c.ShowSpeed();                 //调用 Vehicle类自身的非虚方法
        }
        public static void Main()
        {
            Vehicle a = new Vehicle(120);
            Car b = new Car(140);
            test(a);
            test(b);
            string a1 = Console.ReadLine();
        }
    }
}
```

编译程序并运行可得到下面的输出：

```
drive
Vehicle speed:120
car drive by four wheel
Vehicle speed:140
```

子类 car 的实例 b 赋给了父类 Vehicle 的实例 c，由于 Drive()是虚方法，那么 c. Drive()究竟调用父类还是子类的 drive()方法不是在编译时确定的，故不同的实例调用它们自己的 Drive 方法。而 ShowSpeed 是非虚方法，则 c. ShowSpeed()总是调用父类的 ShowSpeed 方法。

注意：C# 中派生类对象也是基类的对象，但基类对象却不一定是基派生类的对象。也就是说，基类的变量可以引用派生类对象，而派生类的变量不可以引用基类对象。

例如：如果 C 从 B 派生，并且 B 从 A 派生，注意以下程序正误。

```
A a1 = new A();
B b1 = new B();
C  c1 = new C();
a1 = b1;            //ok; 基类的变量可以引用派生类对象
b1 = c1;            //ok; 基类的变量可以引用派生类对象
b1 = a1;            //error; 派生类的变量不可以引用基类对象
```

3.5 接　口

接口(interface)用来定义类的标准和规范，是一种约束形式。主要目的是为不相关的类提供通用的处理服务，由于C#中只允许单一继承，即一个类只能有一个父类，所以接口是让一个类具有两个以上基类的唯一方式。实现接口的类要与接口的定义严格一致。接口可以从多个基接口继承，接口可以包含方法、属性、事件和索引器声明，接口本身不提供它所定义的成员的实现，这也是接口中为什么不能包含字段成员变量的原因。

3.5.1 定义接口

定义接口语法格式是：

```
[访问修饰符] interface 接口名称 [基接口]
{
    //接口体
}
```

一般情况下，以大写的"I"开头指定接口名，表明这是一个接口。interface 为定义接口的关键字，就像定义类时使用的 class 关键字一样。

接口可以从多个基接口继承。在接口中，可以定义方法、属性、事件和索引器，但接口本身不提供它所定义的成员的实现，而只指定实现该接口的类必须提供的成员。

3.5.2 实现接口

任何继承了一个接口的类都要负责实现该接口所定义的成员。一个接口是一批需要在派生类中实现的相关方法。接口的成员隐式地被定义成公共的，它在类中的实现也必须是公共类型。

【例 3-22】 接口示例。

```
using System;
namespace P3_22{
    interface IMyExample1
    {
        int add(int x,int y);
    }
    interface IMyExample2
    {
        string Point { get; set; }
    }
    class mytest : IMyExample1, IMyExample2          //mytest 类继承两个接口
    {
        private string mystr;
        public mytest(string s)
        { mystr = s; }
        //实现接口 IMyExample1 中 add(int x,int y)方法
        public int add(int x,int y)
        {
            return x + y;
        }
```

```
            //实现接口 IMyExample2 中 Point 属性
            public string Point
            {
                get{return mystr;}
                set{mystr = value;}
            }
        }
        class TestClass
        {
            static void Main(string[] args)
            {
                mytest a = new mytest("hello");
                Console.WriteLine(a.add(23, 4));
                Console.WriteLine(a.Point);
                Console.ReadLine();
            }
        }
    }
```

运行结果如下：

```
27
hello
```

说明：

(1) C#中的接口和类都可以继承多个接口。

(2) 类可以继承一个基类，而接口不能继承类。这种模型避免了C++的多继承问题，C++中不同基类中的实现可能出现冲突。因此也不再需要诸如虚拟继承这类复杂机制。C#的简化接口模型有助于加快应用程序的开发。

(3) 接口只包含方法、委托或事件说明，但没有实现代码，方法的实现是在实现接口的类中实现。这就说明了不能实例化一个接口，只能实例化一个派生自该接口的类。

(4) 接口可以定义方法、属性和索引。所以，对比一个类，接口的特殊性是：当定义一个类时，可以派生自多个接口，而只能从仅有的一个类派生。

3.5.3 显式接口成员实现

当类实现接口时，如给出了接口成员的完整名称即带有接口名前缀，则称这样实现的成员为显式接口成员，其实现被称为显式接口成员实现。

显式接口成员实现中使用访问修饰符属于编译时错误，即不能包含 public、abstract、virtual、override 或 static 等修饰符。

显式接口成员实现具有与其他成员不同的可访问性特征，不能直接访问“显式接口成员实现”的成员，即使用它的完全限定名也不行。“显式接口成员实现”的成员只能通过接口实例访问，并且在通过接口实例访问时，只能用该接口成员的简单名称来引用。

【例 3-23】 接口成员显式实现示例。

```
using System;
namespace P3_23
```

```
{
    interface Ia                                         //声明接口 Ia
    {
        float getarea();                                 //接口成员声明
    }
    public class Rectangle : Ia                          //类 Rectangle 继承接口 Ia
    {   float x,y;
        public Rectangle(float x1, float y1)             //构造函数
        {
            x = x1; y = y1;
        }
        float Ia.getarea()                  //显式接口成员实现,带有接口名前缀,不能使用 public
        {
            return x * y;
        }
    }
    class Program
    {
        static void Main(string[ ] args)
        {    Rectangle box1 = new Rectangle(2.5f, 3.0f);          //定义一个类实例
             Ia ia = (Ia)box1;                                    //定义一个接口实例
             Console.WriteLine("长方形面积: {0}", ia.getarea());
        }
    }
}
```

运行结果如下：

```
长方形面积:7.5
```

3.6 委托与事件

3.6.1 委托

1. 定义和使用委托

委托(delegate),顾名思义就是中间代理人的意思。C#中的委托允许将一个类中的方法传递给另一个能调用该方法的类的某个对象。程序员可以将类A中的一个方法m(被包含在某个委托中了)传递给一个类B,这样类B就能调用类A中的方法m了。所以这个概念和C++中的以函数指针为参数形式调用其他类中的方法的概念是十分类似的。

简单说,委托(delegate)类型就是面向对象函数指针。与函数指针不同,委托是面向对象的,类型安全并且是可靠的。

委托是引用类型,一个委托声明定义了一个从类System.Delegate延伸的类。委托除了可以指向静态的方法之外,还可以指向对象实例的方法。一个委托实例封装一个方法及可调用的实体。

定义和使用委托分为三步：声明、实例化和调用。

具体步骤如下：

(1) 声明一个委托类型，其参数形式一定要和要包含的方法的参数形式一致。

在声明委托时只需要指定委托指向的方法(函数)的参数类型和返回类型。委托类型的定义格式如下。

```
delegate 数据类型  委托类型名(参数);
```

例如，若要声明一个委托 MyDelegate 指向无返回值且有一个 string 类型参数的方法，可使用如下语句：

```
delegate void MyDelegate (string input);
```

(2) 定义所要调用的方法，其参数形式和第一步中声明的委托类型的参数形式必须相同。

例如，定义一个无返回值且有一个 string 类型参数的方法 delegateMethod1()。

```
void delegateMethod1(string input){
  Console.WriteLine("This is delegateMethod1 and the input is {0}",input);
}
```

(3) 定义一个委托类型的实例变量(委托对象)，让该实例变量指向某一个要调用具体的方法。其一般格式如下：

```
委托类型名  委托对象名 = new 委托类型名(要调用方法名);
```

例如定义一个委托对象 d1：

```
MyDelegate d1 = new MyDelegate(delegateMethod1);     //MyDelegate 为委托类型
```

d1 指向 delegateMethod1 方法的程序代码段。

(4) 通过委托对象调用调用委托类型变量指向的方法。其一般格式如下：

```
委托对象名(实参列表);
```

例如：

```
d1("hello");    //相当于 delegat Method1("hello")
```

该语句实际上是执行 delegateMethod1 方法的程序代码段。

【例 3-24】 实现委托机制的 C# 例子。

```
using System;
namespace P3_24
{
    //步骤 1: 声明一个委托 MyDelegate
    public delegate void MyDelegate(string input);
    //步骤 2: 定义 2 个方法,其返回类型与参数形式和步骤 1 中声明的委托的参数必须相同
    class MyClass1
    {
        public void delegateMethod1(string input)
        {
```

```
            Console.WriteLine("This is delegateMethod1 and the input is {0}", input);
        }
        public void delegateMethod2(string input)
        {
            Console.WriteLine("This is delegateMethod2 and the input is {0}", input);
        }
    }
    //步骤 3：创建一个委托对象 d3 并将上面的方法包含其中
    class MyClass2
    {
        public MyDelegate createDelegate()
        {
            MyClass1 c2 = new MyClass1();
            MyDelegate d1 = new MyDelegate(c2.delegateMethod1);
            MyDelegate d2 = new MyDelegate(c2.delegateMethod2);
            MyDelegate d3 = d1 + d2;    //创建委托对象,将 d1,d2 的方法包含其中
            return d3;
        }
        //步骤 4：通过委托对象 d 调用包含在其中的方法
        public void callDelegate(MyDelegate d, string input)
        {
            d(input);
        }
    }
    class Driver
    {
        static void Main(string[] args)
        {
            MyClass2 c2 = new MyClass2();
            MyDelegate d = c2.createDelegate();
            c2.callDelegate(d, "Calling the delegate");
            Console.ReadLine();
        }
    }
}
```

运行结果如下：

```
This is delegateMethod1 and the input is Calling the delegate
This is delegateMethod2 and the input is Calling the delegate
```

2. 委托对象调用多个方法

委托对象可以调用多个方法，这些方法的集合称为调用列表。委托使用“＋”、“－”、“＋＝”和“－＝”等运算符向调用列表中增加或移除事件处理方法。

【例 3-25】 设计一个控制台应用程序，说明委托对象同时调用多个方法的使用。

```
using System;
namespace P3_25
{
    delegate void mydelegate(double x, double y);  //声明委托类型
```

```
    class MyDeClass
    {
        public void add(double x, double y)
        {
            Console.WriteLine("{0} + {1} = {2}", x, y, x + y);
        }
        public void sub(double x, double y)
        {
            Console.WriteLine("{0} - {1} = {2}", x, y, x - y);
        }
        public void mul(double x, double y)
        {
            Console.WriteLine("{0} * {1} = {2}", x, y, x * y);
        }
        public void div(double x, double y)
        {
            Console.WriteLine("{0}/{1} = {2}", x, y, x / y);
        }
    }
    class Program
    {
        static void Main(string[] args)
        {
            MyDeClass obj = new MyDeClass();
            mydelegate p, a;
            a = obj.add;                    //或者 a = new mydelegate(obj.add);
            p = a;                          //将 add 方法添加到调用列表中
            a = obj.sub;                    //或者 a = new mydelegate(obj.sub);
            p += a;                         //将 sub 方法添加到调用列表中
            a = obj.mul;                    //或者 a = new mydelegate(obj.mul);
            p += a;                         //将 mul 方法添加到调用列表中
            a = obj.div;                    //或者 a = new mydelegate(obj.div);
            p += a;                         //将 div 方法添加到调用列表中
            p(5, 8);
            Console.ReadLine();
        }
    }
}
```

运行结果如图 3-7 所示。

在 Main()主方法中，将与 4 个方法关联的委托对象添加到调用列表 p 中，通过调用 p(5,8)执行所有其中的委托。

p(5,8)语句的执行过程是：p 是一个委托对象，它已指向 obj 对象的 4 个方法，将参数 5 和 8 传递给这 4 个方法，分别执行这些方法，相当于执行 obj.add(5,8)、obj.sub(5,8)、obj.mul(5,8)和 obj.div(5,8)。

图 3-7　演示委托对象同时调用多个方法

3.6.2 事件

事件有很多,比如说鼠标的事件 MouserMove、MouserDown 等,键盘的事件 KeyUp、KeyDown、KeyPress。有事件,就会有对事件进行处理的方法,而事件和处理方法之间是怎么联系起来的呢?委托就是它们中间的桥梁,事件发生时,委托会知道,然后将事件传递给处理方法,处理方法进行相应处理。

1. 为事件创建一个委托类型

所有事件是通过委托来激活的,其返回值类型一般为 void 型。为事件创建一个委托类型的语法格式如下:

```
delegate  void  委托类型名([触发事件的对象名,事件参数]);
```

C# 中的 EventHandler 以及其他系统定义的事件委托(如鼠标事件委托 MouseEventHandler)都是一类特殊的委托,它们有相同的形式:

```
public delegate void 事件委托名(object sender,EventArgs e);
```

如:

```
public delegate void MyEventHandler (object sender, EventArgs e);
```

定义了一个委托类型 MyEventHandler,其中第一个参数 sender 指明了触发该事件的对象,第二个参数 e 包含了在事件处理函数中可以被运用的一些数据。EventArgs 类是一个运用广泛的类,它是 MouseEventArgs 类、ListChangedEventArgs 类等的基类。对于基于 GUI 的事件,可以运用这些已经被定义好了的类来完成处理;而对于那些基于非 GUI 的事件,必须要从 EventArgs 类派生出自己的类,并将所要包含的数据传递给委托对象。

2. 事件的声明

事件的声明,必须关键字 event,定义格式如下:

```
访问修饰符 event 委托类型  事件名;
```

例如:

```
public event MyEventHandler MyEvent;
```

一般在声明事件的类中包含触发事件的方法。例如,以下 EventClass 类包含 CustomEvent 事件声明和触发该事件的方法 InvokeEvent()。

```
public class EventClass
{
    //首先声明一个委托类型 CustomEventHandler
    public delegate void CustomEventHandler(object sender, EventArgs e);
    //用委托类型声明事件 CustomEvent
    public event CustomEventHandler CustomEvent;
    public void InvokeEvent()                        //调用这个方法来触发事件 CustomEvent
    {
        if (CustomEvent != null)                     //判断事件与事件处理方法是否联系起来
            CustomEvent(this, EventArgs.Empty);      //调用事件
```

```
        }
    }
```

3. 事件与相应的事件处理方法联系起来

事件与相应的处理方法联系起来，是通过向事件中添加事件处理方法的一个委托实现的，这个过程称为订阅事件，这个过程通常是在主程序中进行的。

首先必须声明一个事件所在类的对象，然后将事件处理方法和该对象关联起来，其格式如下：

```
事件所在类对象名.事件名 + = new 委托类型名(事件处理方法);
```

其中，还可以使用"一="、"+"、"一"等运算符添加或删除事件处理方法。最后调用触发事件的方法便可触发事件。

比如在窗体中最常见的是按钮的 Click 事件，它是这样委托的：

```
this.button1.Click += new System.EventHandler(this.button1_Click);
```

单击按钮后就会触发 button1_Click 方法进行处理。EventHandler 就是系统类库里已经声明的一个委托。上述代码实现按钮 button1 的 Click 事件与 button1_Click()联系起来。

例如，以下语句就是触发前面创建的事件 CustomEvent：

```
EventClass my = new EventClass();
//将事件 CustomEvent 与事件处理方法 CustomEvent1 联系起来
my.CustomEvent += new EventClass.CustomEventHandler(CustomEvent1);
my.InvokeEvent();            //调用触发事件的方法触发 CustomEvent 事件
```

【例 3-26】 使用 C#事件机制实现在屏幕上显示当前时间。

```
using System;
namespace P3_26
{
    public class EventClass
    {
        //首先声明一个委托类型 CustomEventHandler
        public delegate void CustomEventHandler(object sender, EventArgs e);
        //用委托类型声明事件 CustomEvent
        public event CustomEventHandler CustomEvent;
        public void InvokeEvent()
        {
            if (CustomEvent != null)             //判断事件与事件处理方法是否联系起来
                CustomEvent(this, EventArgs.Empty); //调用事件
        }
    }
    class TestClass
    {
        //创建事件处理方法，即事件要完成的功能
        private static void CustomEvent1(object sender, EventArgs e)
        {
```

```
            Console.WriteLine("Fire Event1 is{0}", DateTime.Now);
        }
        private static void CustomEvent2(object sender, EventArgs e)
        {
            Console.WriteLine("Fire Event2 is{0}", DateTime.Now);
        }
        static void Main(string[] args)
        {
            EventClass my = new EventClass();
            //将事件 CustomEvent 与事件处理方法 CustomEvent1 联系起来
            my.CustomEvent += new EventClass.CustomEventHandler(CustomEvent1);
            my.InvokeEvent();          //引发事件
            //将事件 CustomEvent 与事件处理方法 CustomEvent2 的联系取消
            my.CustomEvent -= new EventClass.CustomEventHandler(CustomEvent1);
            my.InvokeEvent();          //引发事件,不产生任何结果
            System.Threading.Thread.Sleep(1000);     //延时 1 秒
            my.CustomEvent += new EventClass.CustomEventHandler(CustomEvent2);
            my.InvokeEvent();          //引发事件
            Console.ReadLine();
        }
    }
}
```

运行结果如下：

```
Fire Event1 is 2011 - 8 - 15 18:47:48
Fire Event2 is 2011 - 8 - 15 18:47:49
```

在包含事件声明的类 EventClass 中，声明一个委托类型 CustomEventHandler，它有两个参数(sender 和 e)；在类 TestClass 中应当根据委托类型的签名来生成响应事件的方法签名，比如两者都有哪些类型的参数、返回值的类型，也就是说事件处理函数的参数形式必须和委托的参数形式相一致。同时，要正确地使用 C# 中的委托，就必须保持三个步骤：声明委托类型——实例化——调用。

在上面的代码中，EventClass 类就体现了这个原则：

(1) 声明委托类型。

```
public delegate void CustomEventHandler(object sender, EventArgs e);
```

(2) 创建 CustomEventHandler 委托类型的实例 CustomEvent。

```
public event CustomEventHandler CustomEvent;
```

(3) 在 InvokeEvent()方法中实现了对该事件的调用，引用事件。

3.7 反　　射

反射(Reflection)是.NET 中获取运行时类型信息的方式。通过这种反射机制可以知道一个未知类型的类型信息。

比如有一个对象 a,这个对象不是我们定义的,也许是通过网络捕捉到的,也许是使用泛型定义的,但我们想知道这个对象的类型信息,想知道这个对象有哪些方法或者属性,甚至想进一步调用这个对象的方法。关键是现在只知道它是一个对象,不知道它的类型(class),自然不会知道它有哪些方法等信息。这时该怎么办?反射机制就是解决这个问题的,通过反射机制可以知道未知类型对象的类型信息.

再比如,有一个.dll 类库文件,想调用里面的类。现在假设这个.dll 文件中的类的定义,类的数量等不是固定的,是经常变化的。现在关键是在另一个程序集中要调用这个 dll,程序必须能够适应这个 dll 的变化,也就是说,即使改变了 dll 文件的定义也不需要改变程序集。这时候就会使用一个未知 dll,同样反射机制帮助了我们,可以通过反射来实现。

3.7.1 System.Reflection 命名空间

.NET 的应用程序由几个部分——程序集(Assembly)、模块(Module)、类(class)组成,而反射提供一种编程的方式,让程序员可以在程序运行期获得这几个组成部分的相关信息。例如:

- Assembly 类可以获得正在运行的装配件信息,也可以动态的加载装配件,以及在装配件中查找类型信息,并创建该类型的实例。
- Type 类可以获得对象的类型信息,此信息包含对象的所有要素:方法、构造器、属性等等,通过 Type 类可以得到这些要素的信息,并且调用之。
- MethodInfo 类包含方法的信息,通过这个类可以得到方法的名称、参数、返回值等,并且可以调用之。诸如此类,还有 FieldInfo、EventInfo 等,这些类都包含在 System.Reflection 命名空间下。

3.7.2 如何使用反射获取类型

System.Type 类可获取类型,它在反射中起着核心的作用。当反射请求加载的类型时,公共语言运行库将为它创建一个 Type。可以使用 Type 对象的方法、字段、属性来查找有关该类型的所有信息。获取类型可采用两种方法:

一种是通过实例对象获取类型信息。这个时候仅仅是得到这个实例对象,得到的方式也许是一个 object 的引用,但是我们并不知道它的确切类型,那么就可以通过调用 System.Object 的方法 GetType 来获取实例对象的 Type 类型对象。

比如在某个方法内,需要判断传递进来的参数对象是否实现了 Itest 接口,如果实现了,则调用该接口的一个方法:

```
public void  Process(object   processObj)
{
    Type t = processsObj.GetType();
    if(t.GetInterface("ITest")!= null)
    {
      //调用 ITest 接口的一个方法...
    }
}
```

另外一种获取类型的方法是以类名为参数通过 Type.GetType 以及 Assembly.

GetType 方法获取，如：

```
Type  t= Type.GetType("System.String");
```


【例 3-27】 创建控制台程序，获取 MyClass 类型信息。

```
namespace 反射练习
{
    class Program
    {
        static void Main(string[] args)
        {
            MyClass m = new MyClass();
            Type type = m.GetType();                              //通过实例对象获取类型
            Console.WriteLine("类型名:" + type.Name);
            Console.WriteLine("类全名: " + type.FullName);
            Console.WriteLine("命名空间名:" + type.Namespace);
            Console.WriteLine("程序集名: " + type.Assembly);
            Console.WriteLine("基类名: " + type.BaseType);
            Console.WriteLine("是否类: " + type.IsClass);
            Console.WriteLine("MyClass 类的公共成员: ");
            MemberInfo[] memberInfos = type.GetMembers();    //得到所有公共成员
            foreach (var item in memberInfos)
            {
                Console.WriteLine("{0}:{1}",item.MemberType,item);
            }
        }
    }
    class MyClass
    {
        private string m;
        public void test(){ }
        public int MyProperty { get; set; }
    }
}
```

运行结果如下：

```
类型名:MyClass
类全名: 反射练习.MyClass
命名空间名:反射练习
程序集名: 反射练习, Version=1.0.0.0, Culture=neutral, PublicKeyToken=null
基类名: System.Object
是否类: True
MyClass 类的公共成员:
Method:Void test()
Method:Int32 get_MyProperty()
Method:Void set_MyProperty(Int32)
Method:System.String ToString()
Method:Boolean Equals(System.Object)
Method:Int32 GetHashCode()
```

```
Method:System.Type GetType()
Property:Int32 MyProperty
```

3.7.3 获取程序集元数据

Assembly类主要获得一个程序集的信息,因为程序集中是使用元数据进行自我描述的,所以能通过其元数据得到程序集内部的构成。结合Assembly和反射能够获取程序集的元数据,但是首先要将程序集装入内存中。

【例3-28】 创建控制台程序,显示程序集的信息。

将例3-27中的Main()改成如下代码:

```
public static void Main()
{
    //获取当前执行代码的程序集
    Assembly assem = Assembly.GetExecutingAssembly();
    Console.WriteLine("程序集全名:" + assem.FullName);
    Console.WriteLine("程序集的版本: " + assem.GetName().Version);
    Console.WriteLine("程序集初始位置:" + assem.CodeBase);
    Console.WriteLine("程序集位置: " + assem.Location);
    Console.WriteLine("程序集入口: " + assem.EntryPoint);
    Type[] types = assem.GetTypes();
    Console.WriteLine("程序集下包含的类型:");
    foreach (var item in types)
    {
        Console.WriteLine("类: " + item.Name);
    }
}
```

运行结果如下:

```
程序集全名:反射练习, Version=1.0.0.0, Culture=neutral, PublicKeyToken=null
程序集的版本: 1.0.0.0
程序集初始位置:file:///E:/C#书稿代码/反射练习/bin/Debug/反射练习.exe
程序集位置: E:\C#书稿代码\反射练习\bin\Debug\反射练习.exe
程序集入口: Void Main()
程序集下包含的类型:
类: Program
类: MyClass
```

3.8 序列化与反序列化

序列化是将对象状态转换为可保持或传输的格式的过程。与序列化相对的是反序列化,它将序列化后的内容再转换为对象。两个过程结合可以存储和传输数据。其实通俗一点来说,序列化就是把一个对象保存到一个文件中去,反序列化就是在适当的时候把这个文件再转化成原来的对象使用。

对象存储、远程服务甚至网络数据流都运用了序列化技术。本节对序列化技术的相关内容进行说明，并探讨如何运用类库所提供的序列化类，来完成对象的分解和重组等操作。

.NET框架提供了两种格式的序列化：二进制序列化和XML序列化。

3.8.1 二进制序列化与反序列化

二进制序列化相应类为BinaryFormatter，它将对象的状态分解成为简单的二进制格式。在此过程中，对象的公共字段和私有字段以及类的名称（包括包含该类的程序集）都被转换为字节流，然后写入数据流、磁盘或内存。这种类型的序列化并不会遗失原来的对象数据。

BinaryFormatter类用Serialize()方法将对象进行二进制序列化，并能将二进制格式用Deserialize()方法反序列化来组合还原对象。方法格式为：

```
public void Serialize(Stream,object);
```

功能：将objec类型对象序列化后，传递到Stream的数据流对象。

```
public object Deserialize(Stream serializationStream)
```

功能：将serializationStream数据流对象重新组合还原被序列化分解的对象。

使用上述方法需引入命名空间：

```
using System.Runtime.Serialization;
using System.Runtime.Serialization.Formatters.Binary;
```

【例3-29】 把一个Book对象进行二进制序列化和反序列化。

```
using System;
using System.Collections;
using System.Text;
using System.IO;
using System.Runtime.Serialization;
using System.Runtime.Serialization.Formatters.Binary;
namespace 序列化
{
    [Serializable]
    public class Book                                   //Book类
    {
        public string strBookName;
        [NonSerialized]
        private string bookID;                          //_bookID不被序列化
        public string BookID
        {
            get { return bookID; }
            set { bookID = value; }
        }
        private string bookPrice;
        public void SetBookPrice(string price)
        {
            bookPrice = price;
```

```
        }
        public void Write()
        {
            Console.WriteLine("Book ID:" + BookID);
            Console.WriteLine("Book Name:" + strBookName);
            Console.WriteLine("Book Price:" + bookPrice);
            Console.Read();
        }
    }
    class Program
    {
        static void Main(string[] args)
        {
            //给 Book 类赋值
            Book book = new Book();
            book.BookID ="1";
            book.strBookName = "C#应用编程";
            book.SetBookPrice("50.00");
            string strFile = "c:\\book.data";
            FileStream fs = new FileStream(strFile, FileMode.Create);
            BinaryFormatter formatter = new BinaryFormatter();
            formatter.Serialize(fs, book); //进行序列化到一个文件中
            fs.Close();
            fs = new FileStream(strFile, FileMode.Open);
            Book book2 = (Book)formatter.Deserialize(fs);  //反序列化
            fs.Close();
            book2.Write();
        }
    }
}
```

Book 类定义了一些字段和一个可读写的属性 BookID,一个标记为[NonSerialized]的字段 bookID 将不会序列化。当要将一个类的实例对象进行序列化之前,首先要确认是否可以进行序列化,一个类通常通过属性[Serializable]将其标注为可序列化。所以 Book 类使用[Serializable]特性方式声明 book 类可以序列化。

1. 二进制序列化

```
string strFile = "c:\\book.data";
FileStream fs = new FileStream(strFile, FileMode.Create);
//进行序列化到一个文件中
BinaryFormatter formatter = new BinaryFormatter();
formatter.Serialize(fs, book);
fs.Close();
```

主要就是调用 System. Runtime. Serialization. Formatters. Binary 空间下的 BinaryFormatter 类进行序列化,以二进制格式写到 C 盘的 book. data 文件中去,速度比较快,而且写入后的文件已二进制保存有一定的保密效果。

2. 二进制反序列化

```
fs = new FileStream(strFile, FileMode.Open);
Book book2 = (Book)formatter.Deserialize(fs);  //反序列化
fs.Close();                                    //文件关闭
```

调用反序列化后的运行效果如下：

```
Book ID:
Book Name: C#应用编程
Book Price: 50.00
```

可见，除了标记为 NonSerialized 的成员 BookID 没有被序列化，所以没有 BookID 信息，而其他所有成员都能序列化。

3.8.2 XML 序列化与反序列化

XML（eXtensible Markup Language，可扩展标记语言）是一种能定义各种数据结构的文本表示形式。XML 最初设计的目的是弥补 HTML 的不足，以强大的扩展性满足网络信息发布的需要，后来逐渐用于网络数据的转换和描述。

XML 序列化中最主要的类是 XnllSerializer 类，它用于将对象序列化为 XML 格式以及还原序列化对象，这种格式的序列化，只会序列化对象中的公有(public)属性和字段内容。

该类同样提供了 Serialize()及 Deserialize()方法。

【例 3-30】 把一个 Book 对象进行 XML 序列化和反序列化。

将上例的引入的命名空间改为：

```
using System.IO;
using System.Xml.Serialization;
```

Main 方法修改如下：

```
static void Main(string[] args)
{
    //给 Book 类赋值
    Book book = new Book();
    //Book book2 = new Book();
    book.BookID = "1";
    book.strBookName = "C#应用编程";
    book.SetBookPrice("50.00");
    string strFile = "c:\\book.xml";
    FileStream fs = new FileStream(strFile, FileMode.Create);
    //构造 XmlSerializer 对象
    XmlSerializer mySerializer = new XmlSerializer(typeof(Book));
    //调用 serialize 方法实现序列化
    mySerializer.Serialize(fs, book);
    fs.Close();
    fs = new FileStream(strFile, FileMode.Open);
    //构造 XmlSerializer 对象
    mySerializer = new XmlSerializer(typeof(Book));
```

```
    //调用 serialize 方法实现反序列化
    Book book2 = (Book)mySerializer.Deserialize(fs);
    fs.Close();
    book2.Write();
}
```

1. 序列化 XML 对象

首先，创建要序列化的对象并设置它的公共属性和字段，而且必须确定用来存储 XML 流的传输格式（或者作为流，或者作为文件）。例如，如果 XML 流必须以永久形式保存，则创建 FileStream 对象。当反序列化对象时，传输格式将确定创建流还是文件对象。确定了传输格式后，就可以根据需要调用 Serialize 或 Deserialize 方法。

其次，使用该对象的类型构造 Xmlserializer。最后，调用 Serialize 方法以生成对象的公共属性和字段的 XML 流表示形式或文件表示形式。

在本例中是使用文件形式永久形式保存要序列化的对象 book，所以创建 FileStream 对象完成对文件的写操作。

```
string strFile = "c:\\book.xml";
FileStream fs = new FileStream(strFile, FileMode.Create);
//构造 XmlSerializer 对象
XmlSerializer mySerializer = new XmlSerializer(typeof(Book));
//调用 serialize 方法实现序列化
mySerializer.Serialize(fs, book);
fs.Close();
```

2. 反序列化 XML 对象

首先，构造反序列化的对象 XmlSerializer 对象。其次，调用 Deserialize 方法以产生该对象的副本。在反序列化时，必须将返回的对象强制转换为原始对象的类型。

```
fs = new FileStream(strFile, FileMode.Open);
//构造 XmlSerializer 对象
mySerializer = new XmlSerializer(typeof(Book));
//调用 serialize 方法实现反序列化
Book book2 = (Book)mySerializer.Deserialize(fs);
```

程序运行后 C 盘产生 book.xml 文件，内容如下：

```
<?xml version = "1.0"?>
< Book xmlns:xsi = "http://www.w3.org/2001/XMLSchema - instance" xmlns:xsd = "http://www.w3.org/2001/XMLSchema">
  < strBookName > C# 应用编程</strBookName >
  < BookID > 1 </BookID >
</Book >
```

该文件保存的就是 book 对象的值，bookPrice 成员没有被存储。可见 XML 序列化仅将对象的公共字段和属性值序列化为 XML 流，而不转换方法、索引器、私有字段或只读属性（只读集合除外）。

3.9 .NET 泛型编程

在编写程序时,经常遇到两个模块的功能非常相似,只是一个用于处理 int 数据,另一个用于处理 string 数据,或者其他自定义的数据类型,但没有办法,只能分别写多个方法处理每个数据类型,因为方法的参数类型不同。有没有一种办法,在方法中传入通用的数据类型,这样不就可以合并代码了吗?泛型的出现就是专门解决这个问题的。

3.9.1 为什么要使用泛型

先看下面的代码,代码省略了一些内容,但功能是实现一个栈,这个栈只能处理 int 数据类型:

```
public class stack
{
  private int[] m_item;
  private int top = 0;
  public int Pop() {top -- ; int m = m_item[top];return m; }
  public void Push(int item) { m_item[top] = item; top++; }
  public stack(int i)
  {
    this.m_item = new int[i];
  }
}
```

上面代码运行得很好,但是,当需要一个栈来保存 string 类型时,该怎么办呢?很多人都会想到把上面的代码复制一份,把 int 改成 string 不就行了。当然,这样做本身是没有任何问题的,但一个优秀的程序员是不会这样做的,因为他想到若以后再需要 long、Node 类型的栈该怎样做呢?还要再复制吗?优秀的程序员会想到用一个通用的数据类型 object 来实现这个栈:

```
public class stack
{
  private object[] m_item;
  private int top = 0;
  public object Pop() { top -- ; object m = m_item[top]; return m; }
  public void Push(object item) { m_item[top] = item; top++; }
  public stack(int i)
  {
    this.m_item = new object[i];
  }
}
static void Main(string[] args)
{
    stack s = new stack(5);
    s.Push(1);                    //装箱操作
    s.Push(2);                    //装箱操作
```

```
    int n = (int)s.Pop();           //拆箱操作
}
```

这个栈写得不错，它非常灵活，可以接收任何数据类型，可以说是一劳永逸。但全面地讲，也不是没有缺陷的，主要表现在：

当 Stack 处理值类型时，会出现装箱、拆箱操作，这将在托管堆上分配和回收大量的变量，若数据量大，则性能损失非常严重。

在处理引用类型时，虽然没有装箱和拆箱操作，但将用到数据类型的强制转换操作，增加处理器的负担。

在数据类型的强制转换上还有更严重的问题(假设 s 是 stack 类的一个实例)：

```
Node1 x = new Node1();
s.Push(x);
Node2 y = (Node2)stack.Pop();
```

上面的代码在编译时是完全没问题的，但由于 Push 了一个 Node1 类型的数据，但在 Pop 时却要求转换为 Node2 类型，这将出现程序运行时的类型转换异常，但却逃避了编译器的检查。

针对 object 类型栈的问题，.NET Framework 2.0 中引入泛型(Generics)解决这些问题。泛型用一个可替代的数据类型 T 来代替 object，在类实例化时指定 T 的类型，运行时(Runtime)自动编译为本地代码，运行效率和代码质量都有很大提高，并且保证数据类型安全。.NET Framework 2.0 以上提供了很多泛型类供编程使用。

泛型基本概念是定义一个方法或类，并指定可替代的数据类型作为"类型参数"。习惯情况下，都使用大写字符 T。最后，当使用该方法或类时，指明一种具体数据类型给"类型参数"T。泛型的典型用法是把数据类型与通用算法分离开来。

3.9.2 定义泛型方法

要定义一个泛型方法需要有尖括号＜ ＞以及一个或多个描述泛型的"类型参数"。一般以 T(Type parameter)来代表类型参数。类型参数可以让开发人员自由设计类和方法。这些类和方法将一个或多个类型的指定推迟到代码声明并实例化该类或方法的时候。

【例 3-31】 演示定义和调用泛型 Swap 方法的控制台应用程序。泛型 Swap 方法可交换两种任何类型的参数。

建立控制台程序，添加如下代码：

```
using System;
using System.Collections.Generic;
using System.Linq;
using System.Text;
namespace P3_31
{
    class Program
    {
        static void Main(string[] args)
        {
```

```
            int I = 5;
            int J = 7;
            Swap<int>(ref I, ref J);
            Console.WriteLine("I = " + I);
            Console.WriteLine("J = " + J);
            string S = "Paul";
            string R = "Lori";
            Swap<string>(ref S, ref R);
            Console.WriteLine("S = " + S);
            Console.WriteLine("R = " + R);
            Console.ReadLine();
        }
        public static void Swap<T>(ref T a, ref T b)
        {
            //泛型 Swap 方法
            T temp;
            temp = a;
            a = b;
            b = temp;
        }
    }
}
```

运行结果如下：

```
I = 7
J = 5
S = Lori
R = Paul
```

在方法名 Swap 的后面的<T>中描述泛型的类型参数是 T。调用泛型 Swap 方法 Swap<int>(ref I, ref J)可实现有两个整数参数的 Swap 方法。

3.9.3 定义泛型类

要创建泛型类，只需在类定义中包含尖括号语法，例如：

```
class MyGenericClass<T>
{
  …
}
```

其中 T 可以是任意标识符，只要遵循通常的 C#命名规则即可，例如不以数字开头等。泛型类可以在其定义中包含任意多个类型，它们用逗号分隔开，例如：

```
class MyGenericClass<T1,T2>
{
  …
}
```

定义了这些类型之后，就可以在类定义中像使用其他类型那样使用它们。可以把它们用作成员变量的类型、属性或方法等成员的返回类型、方法的参数类型等。例如：

```
class MyGenericClass < T1 >
{
  private T1 innerT1Object;
  public MyGenericClass(T1  item)
  {
      innerT1Object = item;
  }
  public T1 InnerT1Object
  {
      get
      {
        return innerT1Object;
      }
  }
}
```

其中，类型 T1 的对象可以传递给构造函数，这个对象只能通过 InnerT1Object 属性进行只读访问。

通过在类名后面使用一对尖括号，中间放一个称为类型参数的 T，并且，在索引器和方法声明中，在本来应该放置具体类型的地方放置了类型参数 T，这是 C# 中声明泛型的方法。

Visual Studio 2010 的 IntelliSense 功能为泛型的声明和使用提供了强大的支持。在使用刚才定义的泛型类时，只要为类型参数传入一个指定的类型，以后使用类中的方法时，IntelliSense 将智能地提示使用相应的类型。

下面的代码是用泛型来重写上面的栈，用一个通用的数据类型 T 来作为一个占位符，等待在实例化时用一个实际的类型来代替。下面来看看泛型的威力：

```
public class Stack < T >
{
  private T[ ] m_item;
  private int top = 0;
  public int Pop()
  {
    top -- ; T m = m_item[top];return m;
  }
  public void Push(T item)
  {
    m_item[top] = item; top++;
  }
  public Stack(int i)
  {
    this.m_item = new T[i];
  }
}
```

类的写法不变，只是引入了通用数据类型 T 就可以适用于任何数据类型，并且类型安全的。这个类的调用方法：

```
Stack<int> a = new Stack<int>(100);//实例化只能保存 int 类型的类
a.Push(10);
a.Push("8888");                        //这一行编译不通过,因为类 a 只接收 int 类型的数据
int x = a.Pop();
Stack<string> b = new Stack<string>(100);  //实例化只能保存 string 类型的类
b.Push(10);                            //这一行编译不通过,因为类 b 只接收 string 类型的数据
b.Push("8888");
string y = b.Pop();
```

这个类和 object 实现的类有截然不同的区别：

(1) 它是类型安全的。实例化了 int 类型的栈，就不能处理 string 类型的数据，其他数据类型也一样。

(2) 无须装箱和拆箱。这个类在实例化时，按照所传入的数据类型生成本地代码，本地代码数据类型已确定，所以无须装箱和拆箱。

(3) 无须类型转换。

3.9.4 使用泛型集合类

实际上不需要程序员自己定义泛型类，System.Collections.Generic 命名空间已定义好了许多典型数据结构的泛型类，例如 List、Queue 和 Stack 泛型类。使用时仅需要简单地导入该命名空间并声明一个需要的类型的实例即可。与 3.11 节介绍的集合类相对应的泛型集合类如表 3-3 所示。

表 3-3 泛型集合类与非泛型集合类的对比

非泛型类(System.Collections)	对应的泛型类(System.Collections.Generic)
ArrayList	List
Hashtable	Dictionary
Queue	Queue
Stack	Stack
SortedList	SortedList

泛型集合类与对应的非泛型集合类在构造或者使用方法上有一些变化，下面对每种泛型集合类的用法都单独举一个例子进行说明，请读者注意泛型集合类的使用与非泛型集合类之间的区别。

示例一：使用 List<T>替换 ArrayList，代码如下所示。

```
static void Main(string[] args)
{
    List<string> ls = new List<string>();
    ls.Add("泛型集合元素一");
    ls.Add("泛型集合元素二");
    ls.Add("泛型集合元素三");
    foreach (string s in ls)
    {
        Console.WriteLine(s);
    }
```

```
    Console.ReadLine();
}
```

示例二：使用 Dictionary＜Tkey，Tvalue＞，代码如下所示。

```
Console.WriteLine("Dictinary泛型集合类举例");
Dictionary<string, string> dct = new Dictionary<string, string>();
dct.Add("键一", "值一");
dct.Add("键二", "值二");
dct.Add("键三", "值三");
foreach (KeyValuePair<string, string> kvp in dct)
{
    Console.WriteLine("{0}:{1}",kvp.Key, kvp.Value);
}
```

示例三：使用 Queue＜T＞，代码如下所示。

```
Console.WriteLine("Queue泛型集合类举例");
Queue<string> que = new Queue<string>();
que.Enqueue("这是队列元素值一");
que.Enqueue("这是队列元素值二"); //Enqueue()往队列中加入一项
que.Dequeue();                  //Dequeue()从队列首删除一项
foreach (string s in que)
{
    Console.WriteLine(s);
}
```

示例四：使用 Stack＜T＞，代码如下所示。

```
Console.WriteLine("Stack泛型集合类举例");
Stack<string> stack = new Stack<string>();
stack.Push("这是堆栈元素值一");
stack.Push("这是堆栈元素值二");
foreach (string s in stack)
{
    Console.WriteLine(s);
}
```

示例五：使用 SortedList＜Tkey，Tvalue＞，代码如下所示。

```
Console.WriteLine("SortedList泛型集合举例");
SortedList<string, string> sl = new SortedList<string, string>();
sl.Add("key1", "value1");
sl.Add("key4", "value4");
sl.Add("key3", "value3");
sl.Add("key2", "value2");
foreach (KeyValuePair<string, string> kv in sl)
{
    Console.WriteLine("{0}:{1}", kv.Key, kv.Value);
}
```

上面示例的输出结果如下：

```
SortedList 泛型集合举例
key1:value1
key2:value2
key3:value3
key4:value4
```

【例 3-32】 使用泛型 Queue 类（System. Collections. Generic. Queue）创建两个队列对象，这两个对象容纳不同数据类型的项。向每个队列的结尾添加项，然后从每个队列的首删除并显示该项。

建立控制台程序，添加如下代码：

```
using System;
using System.Collections.Generic;
namespace P3_32{
static class Program
{
    public static void Main()
    {
        Queue<double> queueDouble = new Queue<double>();
        Queue<string> queueString = new Queue<string>();
        queueDouble.Enqueue(1.1);           //Enqueue()往队列中加入一项
        queueDouble.Enqueue(2.378);
        queueDouble.Enqueue(5.33);
        queueDouble.Enqueue(4.4);
        queueString.Enqueue("china");
        queueString.Enqueue("Japan");
        queueString.Enqueue("American");
        string s = "Double 队列数据项个数:" + queueDouble.Count.ToString();
        while(queueDouble.Count>0) {
            s += "\n" + queueDouble.Dequeue().ToString();
        }
        s += "\n" + "String 队列数据项个数:"
                + queueString.Count.ToString();
        while(queueString.Count>0) {
            s += "\n" + queueString.Dequeue();
            //Dequeue()从队列首删除一项
        }
        Console.WriteLine(s);
        Console.Read();
    }
}}
```

上面示例的输出结果如下：

```
Double 队列数据项个数:4
1.1
2.378
5.33
```

```
4.4
String 队列数据项个数:3
china
Japan
American
```

泛型技术提供了很多好处。首先，泛型类是强类型的，这就确保所有的错误在编译时能够发现。强类型还可以让智能感知提供更多方便。泛型还能简化代码，让算法可以作用于多种类型。最后，泛型集合要比以 Object 为基础的集合快得多，特别是用于值类型时，使用泛型可以避免装箱拆箱带来的性能开销。

3.10 Visual C#.NET 常用类

3.10.1 Console 类

位于 System 命名空间下，用于控制台应用程序的输入输出，此类无法继承。

Console 类成员有：

(1) Console.WriteLine 方法。

将指定的数据(后跟换行符)写入标准输出流(屏幕)。例如：

```
Console.WriteLine("hello world");
```

(2) Console.Write 方法。

将指定的数据写入标准输出流(屏幕)。例如：

```
Console.Write(格式字符串,输出项,输出项,…)方法
```

将指定的格式字符串中的每个格式项替换为相应输出项的值。例如：

```
Console.WriteLine("Box Width: {0}, Height{1}", width,height);
```

(3) Console.ReadLine 方法。

从标准输入流(键盘)读取下一行字符。例如：

```
String name = Console.ReadLine();
```

(4) Console.Read 方法。

从标准输入流(键盘)读取下一个字符。或者如果没有更多的可用字符，则为－1。

```
char c = Console.ReadLine();
```

3.10.2 String 类和 StringBuilder 类

1. String 类

String 字符串类位于 System 命名空间下，是 Unicode 字符的有序集合。String 对象的值是该有序集合的内容，并且该值是不可变的。

```
String myString = "some text";
```

String 对象是“不可变的”，因为无法直接修改给该字符串分配的堆中的字符串。


```
myString += " and a bit more";
```

其实际操作并不是在原来 myString 所占内存空间的后面直接附加上第二个字符串，而是返回一个新 String 对象，即重新为新字符串分配内存空间。如果需要修改字符串对象的实际内容，请使用 System. Text. StringBuilder 类。

String 类提供的以下操作：

(1) Compare、Equals 方法进行 String 对象比较。

```
str1.Equals(str2); //检测字串 str1 是否与字串 str2 相等,返回布尔值
```

(2) IndexOf(string)返回指定子字符串的第一个匹配项的位置。LastIndexOf(string)返回指定子字符串的最后一个匹配项的位置。例如：

```
String str1 = "子字符串";
str1.IndexOf("字");         //查找“字”在 str1 中的索引值(位置)
str1.IndexOf("字串");       //查找“字串”的第一个字符在 str1 中的索引值(位置)
str1.IndexOf("字串",3,2); //从 str1 第 4 个字符起,查找 2 个字符,查找“字串”的第一个在
                          //str1 中匹配的索引值(位置)
```

(3) 使用 Copy(String str)创建一个与指定的 String 字符串具有相同值的新 String 实例。使用 CopyTo(int sourceIndex, char[] destination, int destinationIndex, int count)可将字符串或部分字符串复制到 Char 类型的数组的指定位置。例如：

```
String str1 = "abc";
String str2 = "xyz";
Console.WriteLine("Copy...");
str2 = String.Copy(str1);
```

例如：

```
string strSource = "changed";
char[] destination = { 'T', 'h', 'i', 's', ' ', 'i', 's',' ', 'a', ' ', 'b', 'o', 'o', 'k'};
Console.WriteLine( destination );          //输出 This is a book
//复制全部源串 strSource 到 destination 数组(第 4 元素位置开始存放)
strSource.CopyTo ( 0, destination, 4, strSource.Length );
Console.WriteLine( destination );          //输出 Thischangedook
strSource = "A different string";
//复制部分源串 strSource 到 destination 数组
strSource.CopyTo ( 2, destination, 3, 9 );
Console.WriteLine( destination );          //输出 Thidifferentok
```

(4) 使用 Split(char[] separator)方法可通过将字符串按 separator 指定字符分隔为子字符串，从而将 String 对象拆分为字符串数组。

```
String str = "This is a book";
String[] a = str.Split(' ');            //按空格'字符分割
```

```
for(int i = 0;i < a.Length ;i++)
    Console.WriteLine(a[i]);
```

输出结果如下：

```
This
is
a
book
```

(5) 还有使用 Insert、Replace、Remove、PadLeft、PadRight、Trim 、TrimEnd 和 TrimStart 可修改字符串的全部或部分。使用 Length 属性可获取字符串中 Char 的数量。

2. StringBulider 类

StringBuilder 类位于 System. Text 命名空间下，使用 StringBuilder 类每次重新生成新字符串时不是再生成一个新实例，而是直接在原来字符串占用的内存空间上进行处理，而且它可以动态分配所占用的内存空间。因此，在字符串处理操作比较多的情况下，使用 StringBuilder 类可以大大提高系统的性能。

例如，当在一个循环中将许多字符串连接在一起时，使用 StringBuilder 类可以提升性能。通过用一个重载的构造函数方法初始化变量，可以创建 StringBuilder 类的新实例，正如以下示例中所阐释的那样。

```
StringBuilder MyStringBuilder = new StringBuilder("Hello World!");
```

虽然 StringBuilder 对象是动态对象，允许扩充它所封装的字符串中字符的数量，但是可以为它可容纳的最大字符数指定一个值。此值称为该对象的容量，不应将它与当前 StringBuilder 对象容纳的字符串长度混淆在一起。例如，可以创建 StringBuilder 类的带有字符串"Hello"(长度为 5)的一个新实例，同时可以指定该对象的最大容量为 25。当修改 StringBuilder 时，在达到容量之前，它不会为其自己重新分配空间。当达到容量时，将自动分配新的空间且容量翻倍。可以使用重载的构造函数之一来指定 StringBuilder 类的容量。以下代码示例指定可以将 MyStringBuilder 对象扩充到最大 25 个字符。

```
StringBuilder MyStringBuilder = new StringBuilder("Hello World!", 25);
```

另外，可以使用读/写 Capacity 属性来设置对象的最大长度。以下代码示例使用 Capacity 属性来定义对象的最大长度。

```
MyStringBuilder.Capacity = 25;
```

StringBuilder 类的几个常用方法：

(1) Append 方法可用来将文本或对象的字符串表示形式添加到由当前 StringBuilder 对象表示的字符串的结尾处。以下示例将一个 StringBuilder 对象初始化为" Hello World"，然后将一些文本追加到该对象的结尾处。将根据需要自动分配空间。

```
StringBuilder MyStringBuilder = new StringBuilder("Hello World!");
MyStringBuilder.Append(" What a beautiful day.");
Console.WriteLine(MyStringBuilder);
```

此示例将 Hello World! What a beautiful day. 显示到控制台。

（2）AppendFormat 方法将文本添加到 StringBuilder 的结尾处，而且实现了 IFormattable 接口，因此可接受格式化部分中描述的标准格式字符串。可以使用此方法来自定义变量的格式并将这些值追加到 StringBuilder 的后面。以下示例使用 AppendFormat 方法将一个设置为货币值格式的整数值放置到 StringBuilder 的结尾。

```
int MyInt = 25;
StringBuilder MyStringBuilder = new StringBuilder("Your total is ");
MyStringBuilder.AppendFormat("{0:C} ", MyInt);
Console.WriteLine(MyStringBuilder);
```

此示例将 Your total is ＄25.00 显示到控制台。

（3）Insert 方法将字符串或对象添加到当前 StringBuilder 中的指定位置。以下示例使用此方法将一个单词插入到 StringBuilder 的第六个位置。

```
StringBuilder MyStringBuilder = new StringBuilder("Hello World!");
MyStringBuilder.Insert(6,"Beautiful ");
Console.WriteLine(MyStringBuilder);
```

此示例将 Hello Beautiful World! 显示到控制台。

（4）可以使用 Remove 方法从当前 StringBuilder 中移除指定数量的字符，移除过程从指定的从零开始的索引处开始。以下示例使用 Remove 方法缩短 StringBuilder。

```
StringBuilder MyStringBuilder = new StringBuilder("Hello World!");
MyStringBuilder.Remove(5,7);
Console.WriteLine(MyStringBuilder);
```

此示例将 Hello 显示到控制台。

（5）使用 Replace 方法，可以用另一个指定的字符来替换 StringBuilder 对象内的字符。以下示例使用 Replace 方法来搜索 StringBuilder 对象，查找所有的感叹号字符（!），并用问号字符（?）来替换它们。

```
StringBuilder MyStringBuilder = new StringBuilder("Hello World!");
MyStringBuilder.Replace('!', '?');
Console.WriteLine(MyStringBuilder);
```

此示例将 Hello World? 显示到控制台。

3.10.3 DateTime 类和 TimeSpan 类

DateTime 类可以表示范围在 0001 年 1 月 1 日午夜 12:00:00 到 9999 年 12 月 31 日晚上 11:59:59 之间的日期和时间，最小时间单位等于 100 毫微秒。

TimeSpan 类可以表示一个时间间隔。其范围可以在 Int64.MinValue 到 Int64.MaxValue 之间。

【例 3-33】 求 2006 年 1 月 1 日到今天已经过了多少天？

```
using System;
public class Test
```

```
{
    public static void Main()
    {
        string[] weekDays = {"星期日","星期一","星期二","星期三",
                            "星期四","星期五","星期六"};
        DateTime now = DateTime.Now;
        Console.WriteLine("{0:现在是 yyyy 年 M 月 d 日,H 点 m},{1}",
                    now,weekDays[(int)now.DayOfWeek]);
        DateTime start = new DateTime(2006,1,1);
        TimeSpan times = now - start;
        Console.WriteLine("从 2006 年 1 月 1 日起到现在已经过了{0}天!",
                    times.Days);
        Console.Read();
    }
}
```

3.10.4 Math 类

位于 System 命名空间下,提供常数和三角函数、对数函数和其他通用数学函数方法。使用 Math 类的方法的格式为:

```
Math.方法名(参数)
```

Math 类的几个常用方法:

- Math.Abs(x) 方法——返回指定数字的绝对值。
- Math.Ceiling(x) 方法——返回大于或等于指定数字的最小整数。例如:Ceiling(1.10) 返回 2。
- Math.Log (Double) 方法——返回指定数字的自然对数(底为 e)。
- Math.Log10(Double)方法——返回指定数字以 10 为底的对数。
- Math.Sqrt (Double)方法——返回指定数字的平方根。

3.10.5 Convert(转换)类

在 System 命名空间中,有一个 Convert(转换)类,该类提供了一个基本数据类型转换为另一个基本数据类型一系列静态方法如表 3-4 所示。其中最常用是由字符串类型转换为相应其他基本数据类型的静态方法。

表 3-4 Convert(转换)类的静态方法

方　法	说　明
ToBase64CharArray()	将 8 位无符号整数数组的子集转换为用 Base64 数字编码的 Unicode
ToBase64String()	将 8 位无符号整数数组转换为其等效 String 表示形式
ToBoolean()	将指定的值转换为等效的布尔值
ToByte()	将指定的值转换为 8 位无符号整数
ToChar()	将指定的值转换为 Unicode 字符
ToDateTime()	将指定的值转换为 DateTime 类型
ToDecimal()	将指定的值转换为 Decimal 数字

续表

方法	说明
ToDouble()	将指定的值转换为双精度浮点数字
ToInt16()	将指定的值转换为 16 位有符号整数
ToInt32()	将指定的值转换为 32 位有符号整数
ToInt64()	将指定的值转换为 64 位有符号整数
ToSByte()	将指定的值转换为 8 位有符号整数
ToSingle()	将指定的值转换为单精度浮点数字
ToString()	将指定的值转换为与其等效的 String 形式
ToUInt16()	将指定的值转换为 16 位无符号整数
ToUInt32()	将指定的值转换为 32 位无符号整数
ToUInt64()	将指定的值转换为 64 位无符号整数
ToInt64()	将指定的值转换为 64 位有符号整数
ToSByte()	将指定的值转换为 8 位有符号整数
ToSingle()	将指定的值转换为单精度浮点数字
ToString()	将指定的值转换为与其等效的 String 形式
ToUInt16()	将指定的值转换为 16 位无符号整数
ToUInt32()	将指定的值转换为 32 位无符号整数
ToUInt64()	将指定的值转换为 64 位无符号整数

类型转换方法最常用的调用格式之一是:

```
Convert.静态方法名(字符串类型数据)
```

(1) Convert. ToInt64、Convert. ToInt32、Convert. ToInt16 和 Convert. ToSingle 方法。其功能是转换为整数。

例如:

```
int x = Convert.ToInt32("123");    //x = 123
```

(2) Convert. ToChar 方法。

- Convert. ToChar(Int16)方法的功能是将 16 位有符号整数转换为它的等效 Unicode 字符。
- Convert. ToChar(String)方法的功能是将 String 的第一个字符转换为 Unicode 字符。

(3) Convert. ToBoolean 方法:将指定的值转换为等效的布尔值。

例如:

```
int x = 0;
bool y;
y = Convert.ToBoolean(x);//y = false
```

3.10.6 Random 类

.NET Framework 提供了一个专门产生随机数的类 System. Random,它是最常用的伪随机数生成器。System. Random 类默认情况下已被导入，在编程过程中可以直接使用。计算机并不能产生完全随机的数字，所以它生成的数字被称为伪随机数。

初始化一个随机数发生器有两种方法：第一种方法不指定随机种子，系统自动选取当前时间作为随机种子；第二种方法是指定一个 int 型的参数作为随机种子。

Random 类可以产生一个随机数，它有的三个方法：Next、NextBytes 和 NextDouble 方法。

(1) Next 方法用在随机类初始化后，产生随机数。

调用 Next 有三种方式：

- 不带任何参数。
- 带一个整数参数，这个参数是返回随机数的最大值。
- 带两个整数参数，前一个参数是返回随机数的最小值，后一个是返回随机数的最大值；可以看下面的代码例：

```
Random Rnd1 = new Random();
int num1 = Rnd1.Next();         //num1 每次是不同的,因为它的种子是系统时间
int num2 = Rnd1.Next(100);      //返回的是 0～99 的整数
int num3 = Rnd1.Next(10, 100); //返回的是 10～99 的整数
```

(2) NextBytes 方法需要一个 byte 数组参数。NextBytes 方法用随机数填充这个数组。

```
Random Rnd1 = new Random();
byte[] bArray = new byte[10];
Rnd1.NextBytes(bArray);
```

(3) NextDouble 方法。NextDouble 方法没有参数，返回一个 double 精度的浮点数。

```
Random Rnd1 = new Random();
double dbl = Rnd1.NextDouble();
```

3.10.7 与窗体应用程序相关的类

与窗体应用程序相关的类主要用于生成窗体和控件，常用的有：

- System. Windows. Forms. Form 类——窗体类，用于生成窗体。
- System. Windows. Forms. Label 类——文字标签类，用于在窗口上生成标签。
- System. Windows. Forms. Button 类——按钮类，用于在窗口上生成一个命令按钮。
- System. Windows. Forms. ListBox 类——列表框类，用于在窗口上生成一个列表框。

还有其他的控件类就不一一列举了。

3.11 集 合

集合好比容器，将一系列相似的项组合在一起，集合中包含的对象称为集合元素。在 .NET 2.0 以上中，集合可分为泛型集合类和非泛型集合类。泛型集合类一般位于 System.

Collections. Generic 命名空间，非泛型集合类位于 System. Collections 命名空间，除此之外，在 System. Collection. Specialized 命名空间中也包含了一些有用的集合类。

System. Collections 命名空间包含接口和类，这些接口和类定义各种集合（例如列表、队列、位数组、哈希表和字典）见表 3-5。它们之间稍有差异，并且都有各自的优缺点。

表 3-5　System. Collections 命名空间中的集合

集　合	说　明
ArrayList	使用大小可按需动态增加的数组
BitArray	管理位值的数组，该值表示为布尔值，其 true 表示位是打开(1)，false 表示位是关闭(0)
DictionaryBase	键/值对的强类型集合
Hashtable	表示键/值对的集合，这些键/值对根据键的哈希代码进行组织
Queue	表示对象的先进先出集合
SortedList	表示键/值对的集合，这些键值对按键排序并可按照键和索引访问
Stack	表示对象的简单的后进先出非泛型集合

3.11.1　ArrayList 数组列表

数组列表(ArrayList)主要用于对一个数组中的元素进行各种处理。在某些情况下，普通数组可能显得不够灵活。

ArrayList 类可以视作是 Array 与 Collection 对象的结合。该类既有数组的特征又有集合的特性，例如，既可以通过下标进行元素访问，对元素排序、搜索，又可以像处理集合一样添加、在指定索引插入及删除元素。

由于 ArrayList 中元素的类型默认为 object 类型，因此，在获取集合元素时需要进行强制类型转换。并且 object 是引用类型，在与值类型进行转换时，会引起装箱和拆箱的操作，需要付出一些性能代价。

1. 创建列表

为了创建 ArrayList，可以使用三种重载构造函数中的一种，还可以使用 ArrayList 的静态方法 Repeat 创建一个新的 ArrayList。这三个构造函数的声明如下。

(1) public ArrayList();

使用默认的初始容量创建 ArrayList，该实例并没有任何元素。

(2) public ArrayList(ICollection c);

使用实现了 ICollection 接口的集合类来初始化新创建的 ArrayList，该新实例与参数中的集合具有相同的初始容量。

(3) public ArrayList(int capacity);

由指定一个整数值来初始化 ArrayList 的容量。

2. 添加元素

有两种方法可用于向 ArrayList 添加元素：Add 和 AddRange。

(1) Add 方法。

```
public virtual int Add (Object value)
```

功能：将单个元素 value 添加到列表的尾部。

(2) AddRange 方法。

```
public virtual void AddRange (ICollection c)
```

功能：将一个实现 ICollection 接口的集合实例 c(例如 Array、Queue、Stack 等)，按顺序添加到列表的尾部。

下面代码演示了如何向 ArrayList 添加元素。

```
static void Main(string[] args)
{
    //声明一个包括 20 个元素的 ArrayList
    ArrayList al = new ArrayList(20);
    //使用 ArrayList 的 Add 方法添加集合元素
    al.Add("我是元素一");
    al.Add("我是元素二");
    al.Add("我是元素三");
    al.Add("我是元素四");
    string[] strs = { "我是元素五", "我是元素六", "我是元素七" };
    al.AddRange(strs);          //AddRange 方法将数组参数 strs 中元素顺序添加
    foreach (string str in al)
    {
        Console.Write(str);
    }
    Console.ReadLine();
}
```

运行结果如下：

```
我是元素一我是元素二我是元素三我是元素四我是元素五我是元素六我是元素七
```

注意：*为了实现上面的例子，必须在 using 区添加 System. Collections 命名空间。*

3. 插入元素

插入元素也是向集合中增加元素，与添加(Add 或 AddRange)元素不同的是，插入元素可以指定要插入的位置的索引，而添加只能在集合的尾部顺序添加。插入元素也有两种方法：Insert 和 InsertRange。

(1) Insert 方法。

```
public virtual void Insert(int index, object value);
```

功能：在指定的索引位置 index 添加单个元素值 value。

(2) InsertRange。

```
public virtual void InsertRange(int index, ICollection c);
```

功能：在指定的索引位置 index 处添加实现了 ICollection 接口的集合实例

4. 删除元素

ArrayList 提供了三种方法将指定元素从集合中移除，这三种方法是 Remove、RemoveAt 和 RemoveRange 方法。

(1) Remove 方法。

```
public virtual void Remove(object obj);
```

功能：从 ArrayList 实例中删除与 obj 值匹配的第一个元素

(2) RemoveAt 方法。

```
public virtual void RemoveAt(int index);
```

功能：删除指定索引位置 index 的集合元素。

(3) RemoveRange 方法。

```
public virtual void RemoveRange(int index, int count);
```

功能：RemoveRange 方法从集合中移除指定索引位置 index 开始的 count 个元素。

下面示例演示了如何使用 Remove 方法。

```
using  System;
using  System.Collections;
static void Main(string[] args)
{
    ArrayList al = new ArrayList(20);
    al.AddRange(new string[8] { "元素一", "元素二", "元素三", "元素四", "元素五","元素
六","元素七","元素八" });
    al.Remove("元素二");   //调用 Remove 方法删除配置元素
    al.RemoveAt(2);        //调用 RemoveAt 方法删除指定索引位置元素
    al.RemoveRange(3, 2);  //调用 RemoveRange 方法删除指定范围的元素
    foreach (string s in al)
    {
        Console.WriteLine(s);
    }
    Console.ReadLine();
}
```

示例程序的输出结果如下：

```
元素一
元素三
元素五
元素八
```

5. 简单排序

使用 Sort 方法，可以对集合中的元素进行排序。Sort 有三种重载方法，声明代码如下所示。

第一种：

```
public virtual void Sort();
```

功能：使用集合元素的比较方式进行排序。

第二种：

```
public virtual void Sort(IComparer comparer);
```

功能：使用自定义比较器进行排序。

第三种：

```
public virtual void Sort(int index, int count, IComparer comparer)
```

功能：使用自定义比较器进行指定范围的排序。

6. 查找元素

为了在数组列表中查找元素，最常使用的是 IndexOf 或 LastIndexOf 方法，另外，还可以使用 BinarySearch 方法执行搜索。

（1）IndexOf 方法。

IndexOf 方法从前向后搜索指定的字符串，如果找到，返回匹配的第一项的自 0 开始的索引，否则，返回－1。

（2）LastIndexOf 方法。

LastIndexOf 方法从后向前搜索指定的字符串，如果找到，返回匹配的最后一项的自 0 开始的索引，否则，返回－1。

（3）BinarySearch 方法。

BinarySearch 使用二分算法从集合中搜索指定的值，并返回找到的从 0 开始的索引，否则，返回－1。下面的示例代码将演示如何使用这些方法来查找数组中的元素。

```
static void Main(string[] args)
{
    string[] str = { "元素一", "元素二", "元素三", "元素四", "元素五", "元素六" };
    ArrayList al = new ArrayList(str);
    int i = al.IndexOf("元素三");
    Console.WriteLine("元素三在集合中的位置是" + i);
    i = al.LastIndexOf("元素五");
    Console.WriteLine("元素五在集合中的位置是" + i);
    int j = al.BinarySearch("元素三");
    if (j > 0)
        Console.WriteLine("元素三在集合中的位置是" + j);
    else
        Console.WriteLine("没有找到元素三");
    Console.ReadLine();
}
```

运行结果如下：

```
元素三在集合中的位置是 2
元素五在集合中的位置是 4
元素三在集合中的位置是 2
```

3.11.2 Stack 堆栈

堆栈（Stack）用于实现一个后进先出（Last In First Out，LIFO）的机制。元素在堆的顶部进入堆栈(push 或者入栈操作),也从顶部离开堆栈(pop 或者出栈操作)。也就是说,最后一个进入堆栈的数据总是第一个离开堆栈。下面介绍如何创建堆栈,以及如何向堆栈中添加、移除元素。

1. 创建堆栈

为了创建 Stack 类的实例,需要调用 Stack 类提供的构造函数。Stack 类的构造函数提供了三种重载形式,声明代码如下所示。

第一种:

```
public Stack();
```

使用默认的初始容量创建 Stack 类的新实例

第二种:

```
public Stack(ICollection col);
```

使用从 ICollection 集合复制的元素来创建 Stack 类的实例,并具有与集合元素数目相同的初始容量。

第三种:

```
public Stack(int initialCapacity);
```

通过指定初始容量来创建 Stack 类的实例。

下面的代码示范了这三种构造函数的使用方法。

```
Stack sack = new Stack();        //使用默认容量
//使用由 string 数组中的集合元素初始化堆栈对象
Stack sack1 = new Stack(new string[5] { "堆栈元素一", "堆栈元素二", "堆栈元素三", "堆栈元素四", "堆栈元素五" });
//创建堆栈对象并指定 20 个元素
Stack sack2 = new Stack(20);
```

2. 元素入栈

为了将元素压入堆栈,可以调用 Stack 类的 Push 方法,这个方法的声明如下。

```
public virtual void Push(object obj)
```

这个方法需要一个 object 类型的参数 obj,表示要被压入到堆中的对象。下面的代码示例了压入栈的操作。

```
//声明并实例化一个新的 Stack 类
Stack sk = new Stack();
//调用 Push 方法压入堆栈
sk.Push("堆栈元素一");
sk.Push("堆栈元素二");
sk.Push("堆栈元素三");
```

3. 元素出栈

元素出栈是指移除 Stack 顶部的元素,并返回这个元素的引用。可以通过调用 Pop 方法实现元素出栈。另外 Stack 还提供了 Peek 方法,用于获取顶部元素对象,这个方法并不移除顶部元素。这两个方法的声明如下所示：

```
public virtual object Peek();
public virtual object Pop();
```

下面将通过示例代码来演示元素出栈的操作。

```
static void Main(string[] args)
{
    Stack sk = new Stack();
    sk.Push("China");     sk.Push("Japan");
    sk.Push("America");   sk.Push("Germany");
    Console.Write("堆栈顶部的元素是：");
    Console.WriteLine(sk.Peek());
    Console.WriteLine("移除顶部的元素：{0}", sk.Pop());
    Console.Write ("当前的堆栈中的元素是：");
    Console.WriteLine(sk.Peek());
    foreach (object s in sk) //在控制台窗口中显示堆栈内容
    {
        Console.WriteLine(s);
    }
    Console.ReadLine();
}
```

运行结果如下：

```
堆栈顶部的元素是：Germany
移除顶部的元素：Germany
当前的堆栈中的元素是：America
America
Japan
China
```

3.11.3 Queue 队列

队列(Queue)用于实现了一个先进先出(First In First Out,FIFO)的机制。元素将在队列的尾部插入(入队操作),并从队列的头部移除(出队操作)。

1. 创建队列

为了创建 Queue 类的实例,需要调用 Queue 类的构造函数。System. Collections. Queue 类提供了 4 种重载构造函数,声明代码如下所示。

第一种：

```
public Queue();
```

构造默认容量为 32 个元素,默认等比因子为 2 的 Queue 新实例。

第二种：

```
public Queue(ICollection col);
```

使用实现了 ICollection 接口的集合来初始化并使用默认等比因子构造 Queue 新实例。

第三种：

```
public Queue(int capacity);
```

使用指定的容量和默认的等比因子构造Queue新实例。

第四种：

```
public Queue(int capacity, float growFactor);
```

使用指定的容量和指定的等比因子构造Queue新实例。

上面的说明中提到了等比因子，Queue中的等比因子是指：当需要扩大容量时，以当前容量乘以等比因子的值来自动增加容量。比如，当前容量是5，如果希望当容量需要扩大时一次性扩大到10，则设等比因子为2，那么下一次再扩大容量时，再以当前容量10乘以2，则为20。以此类推。下面的代码片断演示了如何构造Queue。

```
Queue qu = new Queue();        //使用默认构造函数构造Queue
//使用实现了ICollection接口的类实例，此处是数组列表，构造Queue
Queue qu2 = new Queue(new string[5] { "队列元素一", "队列元素二", "队列元素三", "队列元素
四", "队列元素五" });
Queue qu3 = new Queue(20);  //使用初始容量为20个元素来构造Queue
//使用初始容量为20个元素，等比因子为2来构造Queue
Queue qu4 = new Queue(20, 2);
```

2. 元素入队

通过使用Enqueue方法，将指定的对象值添加到队列的尾部。这个方法的声明如下：

```
public virtual void Enqueue(object obj);
```

例如，为了添加一些字符串到队列，可用如下的代码示例：

```
//使用默认构造函数构造Queue
Queue qu = new Queue();
qu.Enqueue("队列元素一");
qu.Enqueue("队列元素二");
qu.Enqueue(null);
```

也可以向队列中插入一个null，即空值。

3. 元素出队

元素出队，即移除队列中开始的元素，按先进先出(FIFO)的规则，从前向后移除元素。Queue类提供了Dequeue方法，这个方法的声明如下。

```
public virtual object Dequeue();
```

Dequeue返回一个object类型的对象，表示的是第一个被移除的对象。例如：

```
static void Main(string[] args)
{
    //定义一个Queue类，并初始化5个元素
    Queue qu = new Queue();
    qu.Enqueue("元素一");
    qu.Enqueue("元素二");
    qu.Enqueue("元素三");
```

```
        qu.Enqueue("元素四");
        qu.Enqueue("元素五");
        qu.Dequeue();          //调用 Dequeue 移除第一个元素
        Console.WriteLine("移除第一个元素后");
        foreach (object s in qu)
        {
            Console.WriteLine(s);
        }
        Console.ReadLine();
    }
```

运行结果如下：

```
移除第一个元素后
元素二
元素三
元素四
元素五
```

3.11.4 Hashtable 哈希表和 SortedList 排序列表

哈希表(Hashtable)也称为散列表，它提供了类似于关联数组的功能，在内部维护着两个 object 数组，一个容纳作为映射来源的 key，一个容纳作为映射目标的 value。在一个 Hashtable 中插入一对 key/value 时，它将自动跟踪哪个 key 从属于哪个 value，并允许用户获取与一个指定的 key 关联的 value。

排序列表(SortedList)与 Hashtable 非常相似，两者都允许将 key 与 value 关联起来。它们的主要区别在于，在 SortedList 中，keys 数组总是按一个顺序排列的。在 SortedList 中插入一个 key/value 对时，key 会插入 keys 数组的某个索引位置，目的是确保 keys 数组始终处于有序状态。然后，value 会插入 values 数组的相同索引位置。

【例 3-34】 使用 Hashtable 集合示例。使用 Add 方法向 Hashtable 集合中添加项目。

```
using  System;
using System.Collections;
namespace P3_34
{
    class Program
    {
        static void Main(string[] args)
        {
            Hashtable  ziphash = new  Hashtable();  //定义 Hashtable 对象
            ziphash.Add("210000", "南京");          //使用 Add()方法添加项目
            ziphash.Add("230000", "合肥");
            ziphash.Add("350000", "福州");
            ziphash.Add("330000", "南昌");
            ziphash.Add("410000", "长沙");
            Console.WriteLine("Zip Code\tCity");
            foreach(string  zip  in  ziphash.Keys)
```

```
                {
                    Console.WriteLine(zip + "\t\t" + ziphash[zip]);
                }
            }
        }
    }
```

运行结果如下：

```
Zip Code        City
410000          长沙
210000          南京
350000          福州
230000          合肥
330000          南昌
```

3.11.5 BitArray 位数组

位数组(BitArray)是一种位值(真或假)集合。在软件开发中,经常需要存储一个真/假列表,而这个列表的长度则往往是不确定的。在过去,程序开发人员使用整型数代替BitArray来解决这个问题,但这种方式占用内存资源比较严重。而现在要存储真/假列表可考虑使用BitArray。

习　题

1. 简述面向对象程序设计的概念及类和对象的关系。在Visual C#.NET中如何声明类和定义对象?

2. 简述面向对象程序设计中继承与多态性的作用。

3. 定义一个圆柱体类Cylinder,包含底面半径和高两个数据成员；包含一个可以读取和设置各数据成员的值的属性；包含一个可以计算圆柱体体积的方法。编写相关程序测试相关功能。

4. 定义一个学生类,包括学号、姓名和出生日期三个数据成员；包括两个可读写属性用于读取和设置学号及姓名的值,一个只读属性用来返回学生的出生日期；包括一个用于给定数据成员初始值的构造函数；包含一个可计算学生年龄的方法。编写该类并对其进行测试。

5. 定义一个shape抽象类,利用它作为基类派生出Rectangle、Circle等具体形状类,已知具体形状类均具有两个方法GetArea和GetColor,分别用来得到形状的面积和颜色。最后编写一个测试程序对产生的类的功能进行验证。

6. 定义一个圆柱体类Cylinder(建议将该类定义为一个独立的.cs文件),该类包含：

(1) 一个私有字段表示圆柱体底面半径radius,一个公有字段表示圆柱体的高度high。

(2) 一个可读写私有字段radius的公有属性Radius。

(3) 一个公有的方法ComputeVol,用来计算圆柱体的体积。

最后编写一个测试程序对圆柱体类Cylinder类的功能进行验证。

第4章 Visual C#.NET 控件及其应用

Visual C#.NET 是一种可视化的程序设计语言,即对于图形界面的设计,不需要编写大量的代码,仅需要从工具箱中选出所需控件并在窗体上画出,然后为每个对象设置属性即可。控件在 Visual C#.NET 程序设计中扮演着重要的角色。因为有了控件才使 Visual C#.NET 不仅功能强大,而且易于使用。本章将介绍常用控件,同时向大家展示用 Windows 窗体来编写程序的特点以及技巧。

4.1 特殊功能文本框和标签

文本框(TextBox)是最常用的控件,用于数据的显示与输入。熟练运用文本框是开发出高质量的应用程序的基础。

4.1.1 常用属性和事件

1. 常用属性

(1) Text 属性:表示文本框中的当前文本。例如:

```
this.textBox1.Text = "abcd";
```

(2) Multiline 属性:表示是否可以包含多行内容。

(3) MaxLength 属性:表示用户可以在文本框控件中最多输入的字符数。

(4) PasswordChar 属性:用于屏蔽在单行文本框控件中输入的密码字符。

(5) ScrollBars 属性:指示文本框显示哪些滚动条。

(6) WordWrap 属性:指示文本框 TextBox 是否自动换行。

(7) SelectionLength 属性:该属性用来获取或设置文本框中选定的字符数。

(8) SelectionStart 属性:该属性用来获取或设置文本框中选定的文本起始点。

(9) SelectedText 属性:该属性用来获取或设置一个字符串,该字符串指示控件中当前选定的文本。

(10) Lines:该属性是一个数组属性,用来获取或设置文本框控件中的文本行。

2. 常用事件

TextChanged 事件:更改 Text 属性值时触发。

例如:

```
private void textBox1_TextChanged(object sender,System.EventArgs e)
{
```

```
    textBox2.Text = textBox1.Text;
}
```

3. 常用方法

(1) AppendText 方法：该方法的作用是把一个字符串添加到文件框中文本的后面，调用的一般格式如下：

```
文本框对象.AppendText(str)
```

(2) Clear 方法：该方法从文本框控件中清除所有文本。调用的一般格式如下：

```
文本框对象.Clear()
```

(3) Focus 方法：该方法的作用是为文本框设置焦点。如果焦点设置成功，值为 true，否则为 false。

(4) Cut 方法：该方法将文本框中的当前选定内容移动到剪贴板上。

(5) Paste 方法：该方法是用剪贴板的内容替换文本框中的当前选定内容。调用的一般格式如下：

```
文本框对象.Paste()
```

(6) Undo 方法：该方法的作用是撤销文本框中的上一个编辑操作。

(7) ClearUndo 方法

该方法是从该文本框的撤销缓冲区中清除关于最近操作的信息，根据应用程序的状态，可以使用此方法防止重复执行撤销操作。调用的一般格式如下：

```
文本框对象.ClearUndo()
```

(8) Select 方法：该方法是用来在文本框中设置选定文本。

(9) Copy 方法：该方法将文本框中的当前选定内容复制到剪贴板上。

4.1.2 只能输入数字文本框

以下程序可以实现限定文本框只能输入数字，字符无法输入，但是退格删除回车光标键都可以使用。

```
private void textBox2_KeyPress(object sender, KeyPressEventArgs e)
{
    int I = (int)e.KeyChar;
    if (I == (int)Keys.Enter || I == (int)Keys.Back || I == (int)Keys.Left ||
I == (int)Keys.Right || I == (int)Keys.Left || I == (int)Keys.Delete)
    {
        return;                          //什么都不做
    }
    char[] charNum = { '0', '1', '2', '3', '4', '5', '6', '7', '8', '9' };
    if (Array.IndexOf(charNum, e.KeyChar) < 0)
    {          //如果输入的是非数字字符,则提前将这个事件结束,而不添加
        e.Handled = true;
    }
}
```

最好用 KeyPress 事件，KeyUP 事件缺点是一直按键不放就能输入其他的字符。

4.1.3 文本框焦点转移

实现按下 Enter 键时光标从 TextBox1 到 TextBox2 并使 TextBox1 获得焦点。

```
private void TextBox1_KeyPress(object sender, KeyPressEventArgs e)
{
    if (e.KeyChar == (char)13)
    {
        SendKeys.Send("{TAB}") ;
        TextBox2.Focus();
    }
}
```

4.1.4 创建口令文本框

创建口令文本框可用设置属性的方法。首先，文本框的属性 Passwordchar 和 maxlength 可用来设置口令框。其中 PasswordChar 指定文本框显示的字符，如指定"*"，则在文本框内显示"*"，MaxLength 确定文本框中能输入几个字符。超过 Maxlength 以后，文本框发出警告声，不能接收更多的字符。

4.1.5 代码设置文本框的字体

通过如下代码可设置文本框的字体为隶书：

```
this.textBox1.Font = new System.Drawing.Font("隶书", 9F, System.Drawing.FontStyle.Regular,
System.Drawing.GraphicsUnit.Point, ((System.Byte)(134)));
```

4.1.6 只读文本框

有些时候在窗口显示一段信息，但又不希望用户去改变它，怎样实现文本的只读呢？首先，可以利用标签来代替文本框以实现只读属性，但也可以用小程序实现真正的文本框的只读。

直接设置文本框控件的只读属性来实现，具体操作如下：

```
TextBox1.ReadOnly = true;
```

4.1.7 标签控件

标签 Label 控件主要用来在软件界面上显示一段静态信息，这段静态信息经常是说明性或提示性的文字，也可用来显示不用更改，只需刷新的信息，比如当前系统的日期和时间等内容。功能比较简单。

标签 Label 控件常用属性：

(1) Name 属性——表示控件名称。

(2) AutoSize 属性——如果为 True，控件大小将根据内容自动调整；如果为 False，则由用户决定其大小。

(3) BackColor 属性——指定控件背景色。

(4) ForeColor 属性——指定控件前景色。

(5) Location 属性——指定控件的位置坐标 x、y。

(6) Size 属性——指定控件的大小 width、height。

(7) Text 属性——指定控件显示的内容。

(8) Visible 属性——如果为 True,则控件可见;如果为 False,则控件不可见。

4.2 单选按钮应用——模拟单项选择题测试

单选按钮(RadioButton)控件常成组出现,用于实现多选一的情况。在一组单选按钮中,仅有一个单选按钮会被选中(出现黑点)。选中某项后,该组中的其他单选按钮均处于未选中状态,这是单选按钮与复选框的主要区别。

单选按钮是以它们所在的容器划分组的,直接在 Form 上放置的单选按钮将自动成为一组,这时 Form 就是容器,当选中容器中的一个单选按钮时,其他的将自动撤销选中。如果要在一个 Form 上创建多个单选按钮组,则需要使用 GroupBox 或者 Panel 控件作为容器。

4.2.1 常用属性和事件

1. 常用属性

(1) Text 属性:单选按钮显示的内容。

(2) Checked 属性:指示单选按钮 RadioButton 是已经选中。

(3) AutoCheck 属性:使单选按钮 RadioButton 在单击时自动更改状态。

2. 常用事件

CheckedChanged 事件:表示当属性更改时触发的操作。

4.2.2 实例开发

【例 4-1】 单选按钮应用——模拟单项选择题测试的设计界面如图 4-1 所示。

【程序设计的思路】

为了简化问题,这里假设共有三道单选题。由于需要多道题,所以使用一个一维数组 ti_mu 来存放每道题的题目,一个二维数组 Item 存放每道题的四个选择项。使用一个通用方法 chu_ti()修改标签上的文字和单选按钮旁的文字,完成出题功能。此外,还需要使用一个数据成员变量 s 存放题号,当用户单击下一题时,令 s=s+1。

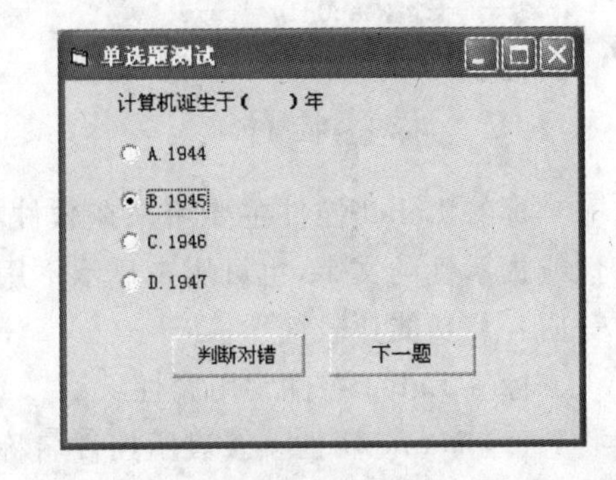

图 4-1　用单选按钮模拟单项选择题测试

【设计步骤】

(1) 创建新 Windows 应用程序项目,在窗体上添加 1 个标签 label1,2 个命令按钮 button1、

button2 以及 4 个单选按钮 radioButton 1～ radioButton 4。

标签(显示题目)和 4 个单选按钮(显示选项)的 Text 属性在程序运行中用代码控制,所以无须在设计时设置。

(2) 编写程序代码。

考虑到要在不同的事件中使用数组,所以首先在 Form1 类成员代码区中,加入定义字段成员变量:

```
private string [] ti_mu = new string[4] ;           //存放题目
private string [,] Item = new string[4,5];          //存放 A、B、C、D 四个选择项
//存放题目答案,1、2、3、4 分别代表 A、B、C、D 四个选择项
private int [] Answer = new int[4];
private int s;                                      //题号
```

出题部分由通用方法 chu_ti()完成:

```
private void chu_ti()
{
    label1.Text = ti_mu[s];
    radioButton1.Text = Item[s, 1];
    radioButton2.Text = Item[s, 2];
    radioButton3.Text = Item[s, 3];
    radioButton4.Text = Item[s, 4];
}
```

编写窗体加载的 Load 事件代码:

```
private void Form1_Load(object sender, System.EventArgs e)
{
    ti_mu[1] = "计算机诞生于(   )年";
    ti_mu[2] = "放置控件到窗体中的最迅速方法是(   )";
    ti_mu[3] = "窗体 Form1 的 Text 属性为 frm,则其 Load 事件名为()";
    Item[1, 1] = "A.1944";    Item[1, 2] = "B.1945";
    Item[1, 3] = "C.1946";    Item[1, 4] = "D.1947";
    Item[2, 1] = "A.双击工具箱中的控件";
    Item[2, 2] = "B.单击工具箱中的控件";
    Item[2, 3] = "C.拖动鼠标";
    Item[2, 4] = "D.单击工具箱中的控件并拖动鼠标";
    Item[3, 1] = "A. Form_Load"; Item[3, 2] = "B. Form1_Load";
    Item[3, 3] = "C. Frm_Load"; Item[3, 4] = "D. Me_Load";
    Answer[1] = 3;
    Answer[2] = 1;
    Answer[3] = 1;
    s = 1;
    chu_ti();
}
```

编写"判断对错"按钮 button1 的 Click 事件代码:

```
private void button1_Click(object sender, System.EventArgs e)
{
```

```
if( Answer[s] == 1 && radioButton1.Checked)
        MessageBox.Show("恭喜,你选对了!");
    else if ( Answer[s] == 2 && radioButton2.Checked)
          MessageBox.Show("恭喜,你选对了!");
    else if ( Answer[s] == 3 && radioButton3.Checked)
          MessageBox.Show("恭喜,你选对了!");
        else if ( Answer[s] == 4 && radioButton4.Checked)
                MessageBox.Show("恭喜,你选对了!");
              else
                MessageBox.Show("选择错误!");
}
```

编写“下一题”按钮 button2 的 Click 事件代码：

```
private void button2_Click(object sender, System.EventArgs e)
{
    s = s + 1;
    if( s > 3 )
        MessageBox.Show("恭喜你,题目已经作完!");
    else
        chu_ti();
}
```

说明：

(1) 要使某个按钮成为单选按钮组中的默认按钮(被选中状态)，只要在设计时将其 Checked 属性设置成 True。

(2) 程序运行时，一个单选按钮可以用以下方法选中：

- 用鼠标单击该单选按钮。
- 用代码将它的 Checked 属性设置为 True，如

```
radioButton1.Checked = true;
```

(3) 在许多情况下，可以不用命令按钮，而直接单击单选按钮来得到结果。这样，可以删掉本例中的“判断对错”按钮，但需要分别编写 4 个单选按钮的 CheckedChanged 事件代码：

```
private void radioButton1_CheckedChanged(object sender, System.EventArgs e)
{
    if( Answer[s] == 1)
        MessageBox.Show("恭喜,你选对了!");
    else
        MessageBox.Show("选择错误!");
}
```

其余单选按钮的 CheckedChanged 事件代码与上面的类似，仅需改动判断条件中的 Answer[s] == 1，例如，将 CheckedChanged 事件代码中的相应处改为 Answer[s] == 2 即可。

(4) 为了避免程序运行后，用户未选择任何选项，而四个答案中已有一个被选中的情况，可以在界面中增加一个单选按钮 radioButton5，设置其 Visible 属性设为 false，Checked

属性为 true,并在 button2_Click()事件中最后添加一行代码：

```
radioButton5.Checked = true;      //单击"下一题"按钮后,自动选中 radioButton5 按钮
```

4.3 复选框应用——模拟多项选择题测试

复选框(CheckBox)控件相当于一个开关,用来表明选定(ON)或者未选定(OFF)两种状态。当复选框被选定时,复选框中会出现一个"√"。单选按钮组只能在多项选择中选取其中的一项,若遇到需要同时选择多项的情况,可以采用复选框控件。

4.3.1 常用属性和事件

(1) Text 属性：表示与复选框控件关联的文本。

(2) Checked 属性：表示复选框是否处于选中状态。

(3) CheckedChanged 事件：表示当 Checked 属性值更改时触发的操作。

4.3.2 实例开发

【例 4-2】 复选框应用——模拟多项选择题测试的设计界面如图 4-2 所示。

【程序设计的思路】

设计的思路与模拟单项选择题测试完全相同,区别仅仅在于存放题目答案需要采用字符串数组,判断对错时,是字符串比较而不是整数比较。

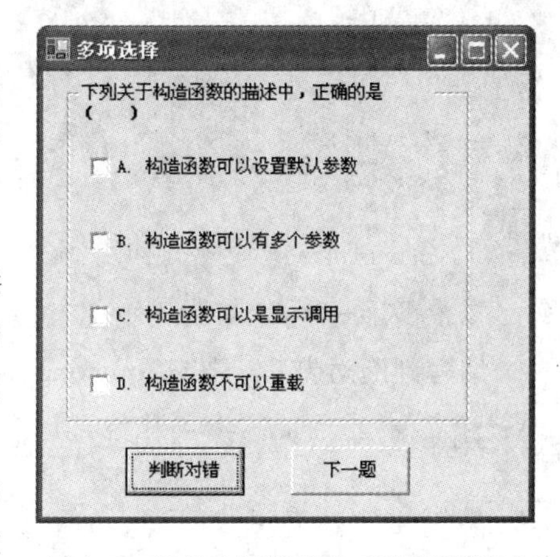

图 4-2 用复选框模拟多项选择题测试

【设计步骤】

(1) 创建新 Windows 应用程序项目,在窗体上添加 1 个分组框 GroupBox(为了美观,Text 属性为空)和 1 个标签 label1,2 个命令按钮 button1、button2 以及 4 个复选框 checkBox 1～ checkBox 4。

标签(显示题目)和 4 个复选框(显示选项)的 Text 属性在程序运行中用代码控制,所以无须在设计时设置。

(2) 编写程序代码。

考虑到要在不同的事件中使用数组,所以首先在 Form1 类成员代码区中定义成员变量：

```
private string [] ti_mu = new string[4] ;        //存放题目
private string [,] Item = new string[4,5];       //存放 A、B、C、D 四个选择项
private string [] Answer = new string[4];        //存放题目答案如"AC"
private int s;                                   //题号
```

出题部分由通用方法 chu_ti()完成：

```
private void chu_ti()
{
```

```
    label1.Text = ti_mu[s];
    checkBox1.Text = Item[s, 1];
    checkBox2.Text = Item[s, 2];
    checkBox3.Text = Item[s, 3];
    checkBox4.Text = Item[s, 4];
}
```

编写窗体加载的 Load 事件代码：

```
private void Form1_Load(object sender, System.EventArgs e)
{
    ti_mu[1] = "下列关于构造函数的描述中,正确的是( )";
    ti_mu[2] = " C#的合法注释是( )";
    ti_mu[3] = "窗体 Form1 的 Text 属性为 frm,则其 Load 事件名为()";
    Item[1, 1] = "A. 构造函数可以设置默认参数";
    Item[1, 2] = "B. 构造函数可以有多个参数 ";
    Item[1, 3] = "C. 构造函数可以是显示调用";
    Item[1, 4] = "D. 构造函数不可以重载";
    Item[2, 1] = "A. /*This is a C program/*";
    Item[2, 2] = "B. //This is a C program ";
    Item[2, 3] = "C. /This is a C program/";
    Item[2, 4] = "D. /*This is a C program*/";
    Item[3, 1] = "A. Form_Load";     Item[3, 2] = "B. Form1_Load";
    Item[3, 3] = "C. Frm_Load";      Item[3, 4] = "D. Me_Load";
    Answer[1] = "AB";
    Answer[2] = "BD";
    Answer[3] = "A";
    s = 1;
    chu_ti();
}
```

编写判断对错命令按钮 button1 的 Click 事件代码：

```
private void button1_Click(object sender, System.EventArgs e)
{
        string d = "";
        if(checkBox1.Checked) d = d + "A";
        if(checkBox2.Checked) d = d + "B";
        if(checkBox3.Checked) d = d + "C";
        if(checkBox4.Checked) d = d + "D";
        if(d == Answer[s])
            MessageBox.Show("恭喜,你选对了!");
        else
            MessageBox.Show("选择错误!");
}
```

编写下一题命令按钮 button2 的 Click 事件代码：

```
private void button2_Click(object sender, System.EventArgs e)
{
    s = s + 1;
```

```
    //取消选中状态
    if(checkBox1.Checked) checkBox1.Checked = false;
    if(checkBox2.Checked) checkBox2.Checked = false;
    if(checkBox3.Checked) checkBox3.Checked = false;
    if(checkBox4.Checked) checkBox4.Checked = false;
    if( s > 3 )
        MessageBox.Show("恭喜你,题目已经作完!");
    else
        chu_ti();
}
```

4.3.3 窗体中多页显示效果实现技巧

使用TabControl控件可以创建带有多个标签页的窗口,每个标签页都是一个容纳其他控件(比如TextBox或Button)的容器。

(1) 创建一个TestTabControl的Windows应用程序,向设计窗体上拖放一个TabControl控件,调整大小。

(2) 设置TabControl的TabPages属性,添加两个TabPage,单击"确定"按钮,再分别在两个TabPage上放单选题、多选题的控件。

这样可以实现同一窗体中多页显示效果。

4.4 列表框应用——小学生做加减法的算术练习程序

列表框(ListBox)控件和组合框(ComboBox)控件是Windows应用程序常用的控件,主要用于提供一些可供选择的列表项目。在列表框中,任何时候都能看到多项,而在组合框中,通常只能看到一项,用鼠标单击其右侧的下拉按钮才能看到多项列表。

4.4.1 常用属性和事件

1. 列表框常用属性

(1) Items属性:该属性用于存放列表框中的列表项,是一个集合。

(2) ItemsCount属性:该属性用来返回列表项的数目。

(3) SelectedIndex属性:该属性用来获取或设置ListBox控件中当前选定项的。它从零开始的索引。

(4) Sorted属性:获取或设置一个值,该值指示ListBox控件中的列表项是否按字母顺序排序。

2. 列表框常用事件和方法

(1) SetSelected方法——该方法用来选中某一项或取消对某一项的选择,调用格式如下:

```
ListBox对象.SetSelected(n,l);
```

(2) Items.Add方法——该方法用来向列表框中增添一个列表项,调用格式如下:

```
ListBox对象.Items.Add(s);
```

(3) Items.Insert 方法——该方法用来在列表框中的指定位置插入一个列表项，调用格式如下：

```
ListBox对象.Items.Insert(n,s);
```

(4) Items.Remove 方法：该方法用来从列表框中删除一个列表项，调用格式如下：

```
ListBox对象.Items.Remove(k);
```

这些方法就方法可以对列表框的内容进行添加、修改、删除操作了。

(5) SelectedIndexChanged 事件：当鼠标在列表框中单击任一条目时(即 SelectedIndex 属性更改后)触发。

4.4.2 实例开发

【例 4-3】 列表框的应用——小学生做加减法的算术练习程序要求如下：

计算机连续地随机给出两位数的加减法算术题，要求学生回答，答对的打"√"，答错的打"×"。将做过的题目存放在列表框中备查，并随时给出答题的正确率，运行界面如图 4-3 所示。

【程序设计的思路】

由于需要产生多道题目，所以使用一个通用过程 chu_ti()完成出题功能。每道题用 System.Random 类对象 randobj 调用随机数方法 Next(10,100)产生范围为 10～99 的两个随机整数作为操作数，同时加减运算也是随机的，用随机数方法 Next(0,2)返回一个[0,1]之间的整数，0 代表加法、1 代表减法。若为减法，应将大数作为被减数。

判断正误是在小学生输入答案并按回车键后进行的，因此相关的代码应放在文本框的按键事件(KeyPress)中。

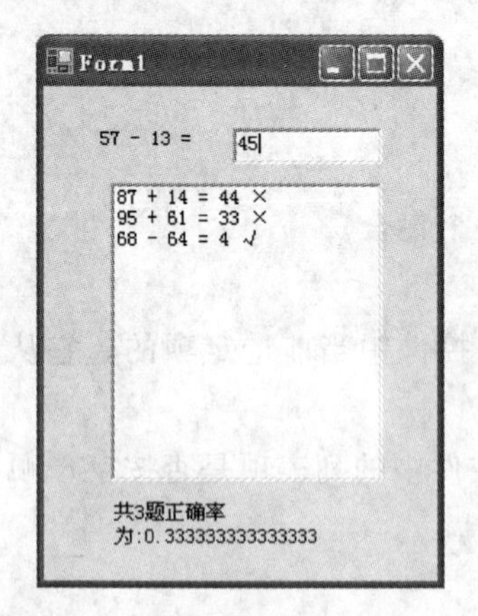

图 4-3 小学生做加减法的算术练习程序界面

【设计步骤】

(1) 设计如图 4-3 所示的应用程序界面。

进入窗体设计器，首先增加一个标签 label1(显示题目)、一个文本框 textBox1(输入答案)、一个列表框 listBox1(保存做过的题目)，增加一个标签 label2 显示正确率。参见图 4-3 设置对象属性。

(2) 编写代码。

考虑到要在不同的事件过程中使用变量 ti_shu(题数)、right_shu(答对题数)以及 result(正确答案)，所以首先在类 Form1 中声明上述私有的数据成员变量：

```
private int ti_shu , right_shu, result;
```

出题部分由方法 chu_ti()完成：

```
private void chu_ti()
{
```

```
    Random randobj = new Random();
    int a = randobj.Next(10,100) ;
    int b = randobj.Next(10,100) ;
    int p = randobj.Next(0,2) ;
    if( p==0)                  //出加法题
    {
        label1.Text = a.ToString() + " + " + b.ToString() + " = ";
        result = a + b;
    }
    else                       //出减法题
    {
        if( a < b)
        {int t = a; a = b; b = t;}
        label1.Text = a.ToString() + " - " + b.ToString() + " = ";
        result = a - b;
    }
    ti_shu = ti_shu + 1;       //出题数加 1
    textBox1.Text = "";        //清空答题文本框
}
```

变量的初始化和第一题的生成由窗体的 Load 事件代码完成：

```
private void Form1_Load(object sender, System.EventArgs e)
{
    ti_shu = 0;                //出题数清零
    right_shu = 0;             //答对题数清零
    chu_ti();                  //调用出题方法,出第一道题
}
```

答题部分由文本框的按键(KeyPress)事件代码完成：

```
private void textBox1_KeyPress(object sender, KeyPressEventArgs e)
{
    string Item ;
    double k;
    if(e.KeyChar == 13)              //表示按下的是回车键
    {
        if( Convert.ToInt16(textBox1.Text) == result)
        {
            Item = label1.Text + textBox1.Text + " √";
            right_shu = right_shu + 1;
        }
        else
            Item = label1.Text + textBox1.Text + " ×";
        //将题目、回答和对错判断插入列表框
        this.listBox1.Items.Add(Item);
        this.textBox1.Text = ""; //添加完毕,文本框置空
        k = (double)right_shu / ti_shu;
        label2.Text = "共" + ti_shu + "题" + "正确率为:" + k.ToString();
        chu_ti();                    //调用出题过程,出下一道题
```

```
    }
}
```


4.4.3 Random 类的使用

Random 类可以产生一个随机数，它有的三个方法：Next、NextBytes 和 NextDouble 方法。

(1) Next 方法用在随机类初始化后，产生随机数。

调用 Next 有三种方式：

① 不带任何参数。

② 带一个整数参数，这个参数是返回随机数的最大值。

③ 带两个整数参数，前一个参数是返回随机数的最小值，后一个是返回随机数的最大值；请看下面的代码范例：

```
Random Rnd1 = new Random();
int num1 = Rnd1.Next();            //num1 每次是不同的的,因为它的种子是系统时间
int num2 = Rnd1.Next(100);         //返回的是 0～99 的整数
int num3 = Rnd1.Next(10, 100);     //返回的是 10～99 的整数
```

(2) NextBytes 方法需要一个 byte 数组参数。NextBytes 方法用随机数填充这个数组。

```
Random Rnd1 = new Random();
byte[ ] bArray = new byte[10];
Rnd1.NextBytes(bArray);
```

(3) NextDouble 方法。NextDouble 方法没有参数，返回一个 double 精度的浮点数。

```
Random Rnd1 = new Random();
double dbl = Rnd1.NextDouble();
textBox1.Text = dbl.ToString();
```

4.4.4 关于随机 System.Random 类随机数方法 Next 的应用的技巧

1. 随机字符产生的技巧

System.Random 类用于产生随机整数，如果产生随机字符可用以下技巧：

```
'0' - '9'
new System.Random().Next(48,58)
'A' - 'Z'
int t = new System.Random().Next(65,91);
char c = (char)t;
'a' - 'z'
int t = new System.Random().Next(97,123);
char c = (char)t;
```

注意：int t=new System.Random().Next(97,123)；产生 97～122 的随机整数。

2. 随机字符串产生的技巧

产生随机的含字母或数字的字符串,可用以下技巧:

```
public static string getRandom(int iCnt)//iCnt 是字符串中字符的个数
{
    string allChar = "a,b,c,d,e,f,g,h,i,j,k,l,m,n,o,p,q,r,s,t,u,v,w,
x,y,z,A,B,C,D,E,F,G,H,I,J,K,L,M,N,O,P,Q,R,S,T,U,V,W,X,Y,Z,0,1,2,3,4,5,6,7,8,9";
    string[] allCharArray = allChar.Split(',');
    string randomCode = "";
    int temp = -1;
    Random random = new Random(); ;
    for (int i = 0; i < iCnt; i++)
    {
    int t = random.Next(62);
    randomCode += allCharArray[t];
    }
    return randomCode;
}
```

3. 生成随机不含相同数据的整型数组的技巧

产生 10 个元素数组 arr1,要求数组元素的数据(200 以内)不能重复并且是有序的,可以借助 ArrayList 类:

```
Random rdm = new Random();
al = new ArrayList(30);
int t = 0;
while(al.Count < 10)
{
    t = rdm.Next(1,200);
    if(!al.Contains(t))
    {
        al.Add(t);
    }
}
al.Sort();
int [] arr1 = new int[al.Count];
arr1 = (int[])al.ToArray(typeof(int));
```

说明:ArrayList 类,是使用大小可按需动态增加的数组。它的两个方法:ArrayList.Add 方法将对象添加到 ArrayList 的结尾处;ArrayList.ToArray 方法将 ArrayList 的元素复制到指定类型的新数组中。

4.5 组合框应用——国家名选择

组合框 ComboBox 控件这种控件有两部分组成,即一个文本框和一个列表框。文本框可以用来显示当前选中的条目,如果文本框可以编辑,则可以直接输入选择的条目。单击文本框旁边带有向下箭头的按钮,则会弹出列表框,使用键盘或者鼠标可在列表框中选择条目。

4.5.1 常用属性和事件

1. 组合框常用属性

大部分属性与列表框相似，主要有 Text 属性、Items 属性、DropDownStyle 属性。

(1) DropDownStyle 属性——控制 ComboBox 的外观和功能，其值可以是：

- Simple——同时显示文本框和列表框，文本框可以被编辑。
- DropDown——只显示文本框，需要通过键盘或者鼠标打开列表框，文本框可以被编辑。
- DropDownList——只显示文本框，需要通过键盘或者鼠标打开列表框，文本框不可以被编辑。

(2) Items 属性——ComboBox 中的列表项，它是个字符串集合。

(3) Sorted 属性——控制是否对列表部分中的项进行排序。

(4) Text 属性——该属性用来获取 ComboBox 控件中当前选定项的文本。

2. 组合框常用事件

SelectedIndexChanged 事件：当鼠标在组合框中单击任一条目时（即 SelectedIndex 属性更改后）触发。

4.5.2 实例开发

【例 4-4】 设计一个程序，要求程序运行后如图 4-4 所示，在组合框中显示若干国家的名称。选中某个国家后，将其名称显示在对应于"选中的国家"的文本框中。在程序运行时，可以向组合框中添加新的国家，也可以删除选中的国家。

【程序设计的思路】

把若干国家名称添加到组合框中可以在运行时通过窗体的 Load 事件添入，也可以在设计时单击 Items 属性右边的省略号按钮，在弹出的"字符串集合编辑器"对话框中直接输入若干国家名。

【设计步骤】

(1) 设计应用程序界面。

在窗体上添加 2 个标签 label1～label2、1 个文本框 textBox1（显示选择的国家）、1 个组合框 ComboBox1（显示所有国家）和 3 个命令按钮。参见图 4-4 设置对象属性。

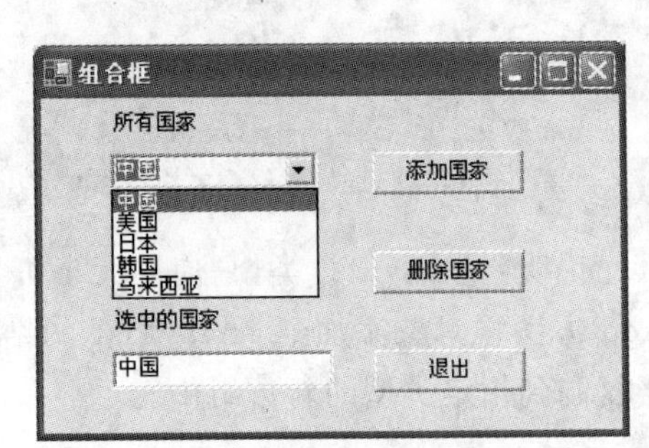

图 4-4 组合框的应用

(2) 编写代码。

通过窗体的 Load 事件，把若干国家名称添加到组合框中，代码如下：

```
private void Form1_Load(object sender, System.EventArgs e)
{
    comboBox1.Items.Add("中国");
    comboBox1.Items.Add("美国");
```

```
        comboBox1.Items.Add("日本");
        comboBox1.Items.Add("韩国");
        comboBox1.Items.Add("马来西亚");
        comboBox1.Text = "";
    }
```

当选择某个国家时，将当前所选国家名称显示在文本框中，代码如下：

```
private void comboBox1_SelectedIndexChanged(object sender, System.EventArgs e)
{
    textBox1.Text = comboBox1.Text;
}
```

在组合框中添加新的国家，须先在组合框中输入一个新国家名，再单击“添加”按钮，事件代码如下：

```
private void button1_Click(object sender, System.EventArgs e)
{
    bool Flag = false;                    //标志变量 Flag 表示需要添加
    if( comboBox1.Text!= "")
    {
        for(int i = 0;i < comboBox1.Items.Count;i++)
        {
            if( comboBox1.Items[i].ToString() == comboBox1.Text)
            {
                Flag = true;          //该国家名称已经存在,无须添加
                break;
            }
        }
        if( Flag == false) comboBox1.Items.Add(comboBox1.Text);
    }
    else
    MessageBox.Show("请先输入国家名称");
}
```

将选中的项目从组合框中删除，由“删除”按钮的单击事件完成：

```
private void button2_Click(object sender, System.EventArgs e)
{
    if( comboBox1.SelectedIndex == -1 )
        MessageBox.Show("请选择要删除的项目!");
    else
        comboBox1.Items.RemoveAt(comboBox1.SelectedIndex);
}
```

“退出”按钮的 Click 事件代码：

```
private void button3_Click(object sender, System.EventArgs e)
{
    Application.Exit();
}
```

说明：

(1) 为了保证组合框中没有重复的国家名称，当向组合框添加一项时，应首先检查其中是否已有该项，如果有就不必添加了。

(2) 获取组合框中被选定项目值的最简单方法是使用 Text 属性。在运行时，Text 属性可以是文本框部分正在输入的文本，也可以是当前选定的列表项。

4.6 Timer 控件用法——飘动窗体

Timer 控件和其他的 Windows 窗体控件的最大区别是：Timer 控件是不可见的，而其他大部分的控件都是可见的、可以设计的。Timer 控件也被封装在命名空间 System. Windows. Forms 中，其主要作用是当 Timer 控件启动后，每隔一个固定时间段，触发相同的事件 Tick。

4.6.1 常用属性和事件

1. 定时器的常用属性

(1) Enabled 属性：该属性用来设置定时器是否正在运行。

(2) Interval 属性：该属性用来设置定时器两次 Tick 事件发生的时间间隔，以毫秒为单位。

2. 定时器的常用方法

(1) Start 方法。

该方法用来启动定时器。调用的一般格式如下：

```
Timer 控件名.start();
```

(2) Stop 方法。

该方法用来停止定时器。调用的一般格式如下：

```
Timer 控件名.stop();
```

3. 定时器的常用事件

定义器控件响应的事件只有 Tick，每隔 Interval 时间后将触发一次该事件。

4.6.2 实例开发

【例 4-5】 飘动窗体程序。

【程序设计的思路】

其实要使得程序的窗体飘动起来，其实思路是比较简单的。首先是当加载窗体的时候，给窗体设定一个显示的初始位置。然后通过在窗体中定义的两个 Timer 控件，其中一个叫 timer1，其作用是控制窗体从左往右飘动；另外一个 timer2 是控制窗体从右往左飘动。当然这两个 timer 控件不能同时启动，在程序中，是先设定 timer1 控件启动的，当此 timer1 启动后，每隔 0.01 秒，都会在触发的事件中给窗体的左上角的横坐标都加上 1，这时我们看到的结果是窗体从左往右不断移动，当移动到一定的位置后，timer1 停止。timer2 启动，每隔

0.01 秒，在触发定义的事件中给窗体的左上角的横坐标都减去 1，这时我们看到的结果是窗体从右往左不断移动。当移动到一定位置后，timer1 启动，timer2 停止，如此反复，这样窗体也就飘动起来了。

【设计步骤】

(1) 设计应用程序界面。

进入窗体设计器，增加两个 Timer 定时器控件。设定 timer1 的 Interval 值为 100，就是每隔 0.1 秒触发的事件是 timer1_Tick()。设定 timer1 的 Enabled 值为 True。设定 timer2 的 Interval 值为 100。

(2) 编写代码。

窗体的 Load 事件完成设定窗体起初飘动的位置，位置为屏幕的坐标的(0,240)：

```
private void Form1_Load ( object sender , System.EventArgs e )
{
    Point p = new Point (0 ,240);
    this.DesktopLocation = p ;          //设定窗体的左上角的二维位置
    timer1.Enabled = true ;
}
```

timer1 控件 Tick 事件实现窗体从左往右飘动：

```
private void timer1_Tick(object sender, System.EventArgs e)
{
    //窗体的左上角横坐标随着 timer1 不断加 1
    Point p = new Point ( this.DesktopLocation.X + 1 , this.DesktopLocation.Y ) ;
    this.DesktopLocation = p ;
    if(p.X == 550)//当窗体左上角位置的横坐标为 550 时,timer1 停止 timer2 启动
    {
        timer1.Enabled = false ;
        timer2.Enabled = true ;
    }
}
```

timer2 控件 Tick 事件实现窗体从右往左飘动：

```
private void timer2_Tick(object sender, System.EventArgs e)
{
    //窗体的左上角横坐标随着 timer2 不断减 1
    Point p = new Point ( this.DesktopLocation.X - 1 , this.DesktopLocation.Y ) ;
    this.DesktopLocation = p ;
    if(p.X == -150)//当窗体左上角位置的横坐标为 - 150 时,timer2 停止 timer1 启动
    {
        timer1.Enabled = true ;
        timer2.Enabled = false ;
    }
}
```

4.7 图片框应用——图片自动浏览器

图片框(PictureBox)功能较强，可显示静态图形，也可用于播放动态图形如AVI动画、Mov动画等。

4.7.1 常用属性和事件

1. 常用属性

图片框常用属性有：

(1) Image属性——该属性用来设置在PictureBox中显示的图像。

把文件中的图像加载到图片框通常采用以下三种方式。

- 设计时单击Image属性，在其后将出现“...”按钮，单击该按钮将出现一个“打开”对话框，在该对话框中找到相应的图形文件后单击“确定”按钮。
- 产生一个Bitmap类的实例并赋值给Image属性。形式如下：

```
Bitmap p = new Bitmap(图像文件名);
```

例如：

```
pictureBox对象名.Image = p;
```

- 通过Image.FromFile方法直接从文件中加载。形式如下：

```
pictureBox对象名.Image = Image.FromFile(图像文件名);
```

(2) SizeMode——图片在控件中的显示模式。其值有：

Normal——图像被置于控件的左上角。如果图像控件大，则超出部分被剪裁掉。

StretchImage——控件中的图像被拉伸或收缩，以适合控件的大小。

AutoSize——调整控件PictureBox大小，使其等于所包含的图像大小。

CenterImage——如果控件PictureBox比图像大，则图像将居中显示。如果图像比控件大，则图片将居于控件中心，而外边缘将被剪裁掉。

Zoom——会让图像自动缩放或压缩以符合PictureBox大小。不过会保留图像原始外观比例。

2. 常用事件

图片框控件响应的事件Click、DoubleClick等。

4.7.2 实例开发

【例4-6】 利用打开文件对话框控件和图片框制作一个图片自动浏览器。

功能：单击“选择图片”按钮，出现“打开”对话框，如图4-5(左图)所示，选择要浏览的一组图片，并将选中的图片文件名显示在列表框中，单击“浏览”按钮，选择的图片将自动循环播放。程序运行结果如图4-5(右图)所示。

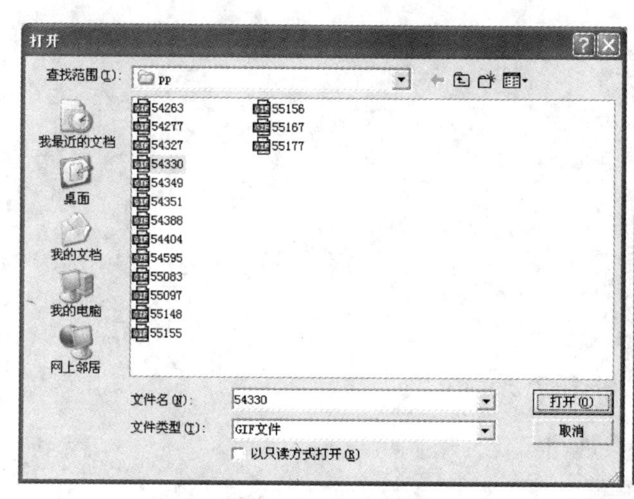

图 4-5 图片自动浏览器

【程序设计的思路】

为了使图片循环播放，需添加一个定时器，每个时间间隔显示不同的图片文件。为了表示选中的不同图片，定义数据成员变量 PicNo，表示当前显示的图片号。打开选择文件对话框由 OpenFileDialog 控件实现。

【设计步骤】

(1) 设计应用程序界面。

新建项目，在窗体上添加 1 个文件对话框 OpenFileDialog 控件 openFileDialog1、1 个图片框控件 pictureBox1、2 个命令按钮 button1 和 button2、1 个定时器 Timer1 和 1 个列表框 listBox1。

(2) 设置对象属性，如表 4-1 所示。

表 4-1 属性设置

对　　象	属　　性	属　性　值
button1	Text	选择图片
button2	Text	浏览
timer1	Interval	1000(可按用户浏览的速度设置)
pictureBox1	SizeMode	StretchImage

(3) 编写程序代码。

```
private int PicNo;                  //定义成员变量 PicNo,表示显示图片号
private void Form1_Load(object sender, System.EventArgs e)
{
    PicNo = 0;
    Timer1.Enabled = False;     //设置定时器不可用
}
```

单击“选择图片”按钮，显示“打开”对话框，选择要浏览的一组图片，并将选中的图片文件名显示在列表框中，对应的代码如下：

```
private void button1_Click(object sender, System.EventArgs e)
{
    //设置过滤器,只显示图像文件
    openFileDialog1.Filter = "位图文件|*.bmp|GIF文件|*.gif|JPEG文件|*.jpg";
    //指定默认过滤器(默认打开JPEG文件)
    openFileDialog1.FilterIndex = 3;
    openFileDialog1.ShowDialog();          //显示"打开"对话框
    //将用户选定文件载入列表框
    listBox1.Items.Add(openFileDialog1.FileName );
}
```

单击"浏览"按钮,使定时器可用,循环显示图片:

```
private void button2_Click(object sender, System.EventArgs e)
{
    timer1.Enabled = true;                          //设置定时器可用
}
private void timer1_Tick(object sender, System.EventArgs e)
{
    listBox1.SelectedIndex= PicNo;
    string s = listBox1.SelectedItem.ToString(); //得到某一要显示图片的路径
    pictureBox1.Image = Image.FromFile (s);      //加载图片
    PicNo = PicNo + 1 ;                          //为得到下一张图片做准备
    if (PicNo >= listBox1.Items.Count)
      //如果是最后一张,则转为第一张
        PicNo = 0;
}
```

说明:

(1) 本例中利用过滤器,设定允许用户选择的文件类型为位图文件、GIF 文件和 JPEG 文件,并指定 JPEG 文件为默认打开的文件类型。

(2) 对话框控件利用 FileName 属性返回用户选定的文件名。

(3) 打开文件对话框控件仅仅提供了一个人机交互的图形界面,其本身并不具备打开或保存文件的功能,这些功能需要编写相应的代码才能实现。

4.7.3 图片的缩放技巧

若 SizeMode 属性为 StretchImage,则控件将自动调整图片的大小,以适应控件自身的大小。在该种情况下,通过对控件大小的调整,可实现放大或缩小图片。

【例 4-7】 设计一个具有放大和缩小图片功能的程序,程序运行界面如图 4-6 所示。

【设计步骤】

(1) 建立应用程序用户界面。

在窗体上添加 1 个图片框(其 SizeMode 属性为 StretchImage)、3 个单选按钮。参考图 4-6 设置对象属性。

(2) 编写代码。

```
private int W,H;        //定义成员变量,表示图片框宽度和高度
```

其余的事件代码：

```
private void Form1_Load(object sender, System.EventArgs e)
{
    W = pictureBox1.Width;
    H = pictureBox1.Height;
}
private void radioButton1_CheckedChanged(object sender, System.EventArgs e)
{
    //缩小图片
    pictureBox1.Width = (int)( W * 0.5);
    pictureBox1.Height = (int)( H * 0.5);
}
private void radioButton2_CheckedChanged(object sender, System.EventArgs e)
{
    //放大图片
    pictureBox1.Width = W * 2;
    pictureBox1.Height = H * 2;
}
private void radioButton3_CheckedChanged(object sender, System.EventArgs e)
{
    //还原图片
    pictureBox1.Width = W;
    pictureBox1.Height = H;
}
```

程序运行界面如图 4-6 所示。

图 4-6　利用图片框放大和缩小图片

4.8　利用滚动条控件调配颜色

滚动条(HScrollBar 控件和 VScrollBar 控件)是 Windows 应用程序中广泛应用的一种工具，通常附在窗口上帮助观察数据或确定位置，也常用作数量、速度的指示器，如在一些游戏中用来控制音量、音效、画面的滚动速度和游戏速度等。另外，在某些控件如列表框、组合框中，系统会根据需要自动添加滚动条。

滚动条分为两种，即水平滚动条(HScrollBar)和垂直滚动条(VScrollBar)。两者除滚动方向不同外，其功能和操作都是一样的。滚动条的两端各有一个带箭头的按钮，中间有一个滑块。当滑块位于最左端或顶端时，其值最小，反之则为最大，其取值范围为：－32 768～＋32 767。

4.8.1 滚动条的属性和事件

滚动条除了控件的基本属性外，还具有一些自身的特殊属性。

1. 滚动条控件的属性

(1) Minimum 和 Maximum 属性：该属性用来获取或设置表示的范围上限即最大值和下限即最小值。

(2) Value 属性：该属性用于设置或返回滑块在滚动条中所处的位置，其默认值为 0。

(3) SmallChange 和 LargeChange 属性：这两个属性主要用于调整滑块移动的距离。

2. 滚动条控件的事件

(1) Scroll 事件：该事件在用户通过鼠标或键盘移动滑块后发生。

(2) ValueChanged 事件：该事件在滚动条控件的 Value 属性改变时发生。

4.8.2 实例开发

【例 4-8】 设计一个程序通过滚动条设置文本框的背景色和字体颜色。程序运行界面如图 4-7 所示。

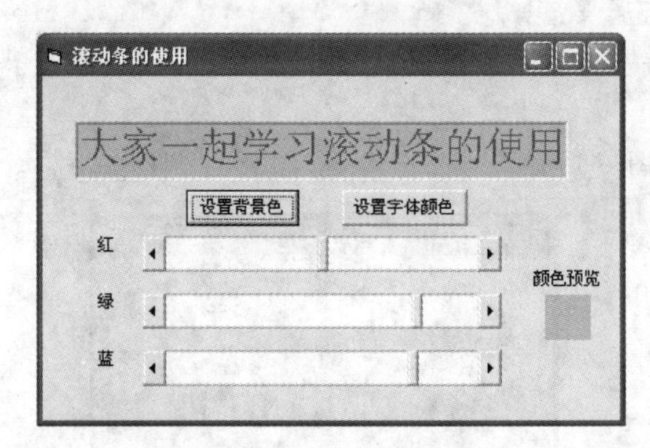

图 4-7 利用滚动条调配颜色

【程序设计的思路】

利用 C# 提供的 Color.FromArgb()可以设置 RGB 颜色。Color.FromArgb()的语法格式为 Color.FromArgb(红，绿，蓝)，3 个颜色参数的取值范围均为 0～255。通过控制 3 个参数，即可获得不同的颜色。程序中使用 3 个水平滚动条来控制这 3 个颜色的值，并将预设颜色显示在“颜色预览”标签中。单击“设置背景色”按钮或“设置字体颜色”按钮，可将预设颜色设置为文本框的背景色或字体颜色。

【设计步骤】

(1) 建立应用程序用户界面。

创建新 Windows 应用程序项目，在窗体上添加 1 个文本框 textBox1、2 个命令按钮 button1 和 button2、4 个标签控件 Label1～ Label4(其 Caption 属性分别为“红”、“黄”、“蓝”，“颜色预览”)，1 个标签控件 Lblcolor(用来预显颜色效果)、3 个滚动条控件 HsbR、

HsbG、HsbB。

(2) 设置各个控件的属性如表 4-2 所示,其余属性设置可参考图 4-7。

表 4-2 属性设置

对　象	属　性	属 性 值
textBox1	Text	大家一起学习滚动条的使用
Lblcolor	Text	空
HsbR HsbG HsbB	Minimum	0
	Maximum	255
	SmallChange	1
	LargeChange	5

(3) 编写程序代码。

当任何一个滚动条的状态发生改变时,均应在其 ValueChange 事件中将所有滚动条的 Value 属性值作为 RGB 函数的参数,并改变预览颜色标签 Lblcolor 的 BackColor 属性值。

```
private void button1_Click(object sender, System.EventArgs e)
{
    textBox1.BackColor = Lblcolor.BackColor;        //将 textBox1 的背景设置为预设的颜色
}
private void button2_Click(object sender, System.EventArgs e)
{
    textBox1.ForeColor = Lblcolor.BackColor;        //将 textBox1 字体设为预设颜色
}
private void HsbB_Scroll(object sender, System.Windows.Forms.ScrollEventArgs e)
{
    Lblcolor.BackColor = Color.FromArgb(HsbR.Value, HsbG.Value, HsbB.Value);
}
private void HsbG_Scroll(object sender, System.Windows.Forms.ScrollEventArgs e)
{
    Lblcolor.BackColor = Color.FromArgb(HsbR.Value, HsbG.Value, HsbB.Value);
}
private void HsbR_Scroll(object sender, System.Windows.Forms.ScrollEventArgs e)
{
    Lblcolor.BackColor = Color.FromArgb(HsbR.Value, HsbG.Value, HsbB.Value);
}
```

4.9 TreeView 控件和 ListView 控件——学校系部分层列表

4.9.1 TreeView 控件

TreeView 树形视图控件用来显示由一系列节点对象(Node)组成的树状分层结构列表。在实际应用中常用于显示分类或具有层次结构的信息。

1. TreeView 控件的结构组成

首先了解一下节点对象(Node)和节点集合(Nodes),TreeView 控件的每个列表项都是一个 Node 对象，可以包括文本和图片。节点之间有父子关系或兄弟关系。在图 4-8 中，系和班级之间为父子关系，系是班级的父节点(Parent)，班级是系的子节点(Child)，系与系之间为兄弟关系。各系均为顶层节点，顶层节点没有父节点。TreeView 控件中所有的 Node 对象构成 Nodes 集合，集合中的每个节点对象都具有唯一的索引。

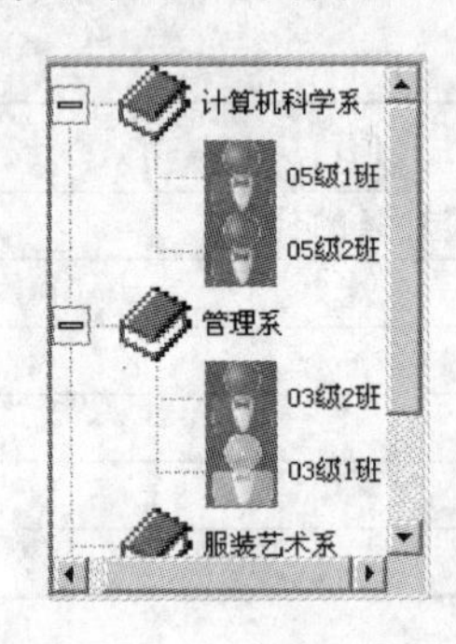

图 4-8　TreeView 控件

2. TreeView 控件的一些常用方法

TreeView 控件可以总结为三种基本操作：加入子节点、加入兄弟节点和删除节点。掌握了这三种常用操作，对于在编程中灵活运用 TreeView 控件是十分必要的。

1) 加入子节点——Add( )方法

所谓子节点，就是处于选定节点的下一级节点。加入子节点的具体过程是：首先要在 TreeView 控件中定位要加入的子节点的位置，然后创建一个节点对象，然后利用 TreeVeiw 类中对节点的 Add( )方法加入此节点对象。下面就是在 treeView1 控件中加入一个子节点的具体代码：

```
if ( treeView1.SelectedNode == null )            //首先判断是否选定控件中的节点
    MessageBox.Show ( "请选择一个节点" ) ;
else
{
    TreeNode tmp ;                               //创建一个节点对象,并初始化
    tmp = new TreeNode("节点显示内容",取消选定时显示图像索引号,选定时显示图像索引号) ;
    treeView1.SelectedNode.Nodes.Add ( tmp ) ;   //在 TreeView 控件中加入子节点
}
```

2) 加入兄弟节点

所谓兄弟节点，就是在选定的节点的平级的节点。加入兄弟节点的方法和加入子节点的方法基本一致，加入兄弟节点和加入子节点的最大区别就在于这最后一步。

```
if ( treeView1.SelectedNode == null )                  //首先判断是否选定控件中的节点
    MessageBox.Show ( "请选择一个节点" ) ;
else
{
    TreeNode tmp ;                                     //创建一个节点对象,并初始化
    tmp = new TreeNode ( "节点显示内容",取消选定时显示图像索引号,选定时显示图像索引号) ;
    treeView1.SelectedNode.Parent.Nodes.Add ( tmp ) ;  //加入兄弟节点
}
```

3) 删除节点——Remove( )方法

删除节点就是删除 TreeView 控件中选定的节点，删除节点可以是子节点，也可以是兄弟节点，但无论节点的性质如何，必须保证要删除的节点没有下一级节点，否则必须先删除此节点中的所有下一级节点，然后再删除此节点。删除节点比起上面的两个操作要显得略微简单，具体方法是：首先判断要删除的节点是否存在下一级节点，如果不存在，就调用 TreeView 类中的 Remove( )方法，就可以删除节点了。

下面是删除 TreeView 控件中节点的具体代码：

```
if( treeView1.SelectedNode.Nodes.Count == 0)  //判断选定节点是否存在下一级节点
    treeView1.SelectedNode.Remove ( ) ;        //删除节点
else
    MessageBox.Show ( "请先删除此节点中的子节点!");
```

4）展开所有——ExpandAll ( )

要展开 TreeView 控件中的所有节点，首先就要把选定的节点指针定位在 TreeView 控件的根节点上，然后调用选定控件的 ExpandAll 方法就可以了：

```
treeView1.SelectedNode = treeView1.Nodes [ 0 ] ;      //定位根节点
treeView1.SelectedNode.ExpandAll ( ) ;                //展开控件中的所有节点
```

5）展开选定节点的下一级节点——Expand ( )方法

由于只是展开下一级节点，所以只需要调用 Expand ( )方法就可以了：

```
treeView1.SelectedNode.Expand ( ) ;
```

6）折叠所有节点：

折叠所有节点和展开所有节点是一组互操作，具体实现的思路也大致相同，折叠所有节点也是首先要把选定的节点指针定位在根节点上，然后调用选定控件的 Collapse ( )就可以了：

```
treeView1.SelectedNode = treeView1.Nodes [ 0 ] ;      //定位根节点
treeView1.SelectedNode.Collapse ( ) ;                 //折叠控件中所有节点
```

4.9.2 实例开发

【例 4-9】 使用 TreeView 控件建立一个学校的分层列表。可以添加、删除系部和班级信息。程序运行界面如图 4-9 所示。

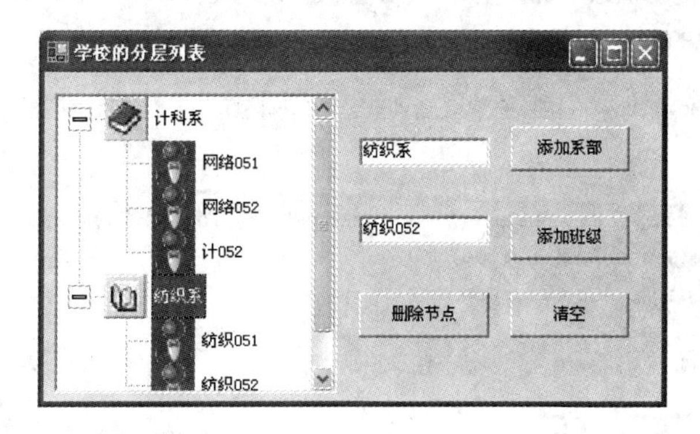

图 4-9 用 TreeView 控件建立学校分层列表

【设计步骤】

(1) 设计应用程序界面。

向设计窗体拖放 1 个 TreeView 控件，2 个 TextBox 控件(name 属性分别为 textBoxRoot、textBoxChild)，4 个 Button 控件(name 属性分别为 buttonAddRoot、buttonAddChild、buttonDelete、buttonClear)，如图 4-9 所示。

从工具箱中向窗体拖放一个 ImageList 控件，选择其 Images 属性，然后在图 4-10 Image 属性编辑器中添加 4 幅图像。设置 TreeView 控件的 ImageList 属性：imageList1。

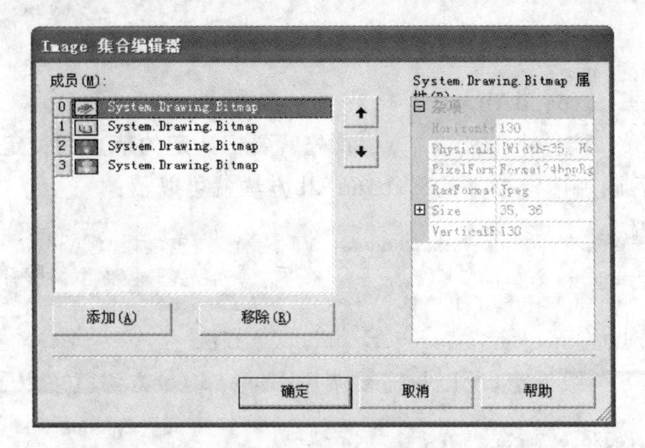

图 4-10　Image 属性编辑器

(2) 编写代码。

添加按钮的事件代码如下：

```
private void buttonAddRoot_Click(object sender, System.EventArgs e)
{
    //构造节点显示内容、取消选定时显示图像索引号、选定时显示图像索引号
    TreeNode newNode = new TreeNode(this.textBoxRoot.Text,0,1);
    this.treeView1.Nodes.Add(newNode);
    this.treeView1.Select();
}
private void buttonAddChild_Click(object sender, System.EventArgs e)
{
    TreeNode selectedNode = this.treeView1.SelectedNode;
    if(selectedNode == null)
    {
        MessageBox.Show("添加子节点之前先选中一个节点.","提示信息");
        return;
    }
    TreeNode newNode = new TreeNode(this.textBoxChild.Text,2,3);
    selectedNode.Nodes.Add(newNode);
    //selectedNode.SelectedImageIndex = 1;
    selectedNode.Expand();
    this.treeView1.Select();
}
private void buttonDelete_Click(object sender,System.EventArgs e)
{
    TreeNode selectedNode = this.treeView1.SelectedNode;
    if(selectedNode == null)
    {
        MessageBox.Show("删除节点之前必须先选中一个节点.","提示信息");
        return;
    }
```

```
        TreeNode parentNode = selectedNode.Parent;
        if(parentNode == null)
            this.treeView1.Nodes.Remove(selectedNode);
        else
            parentNode.Nodes.Remove(selectedNode);

        this.treeView1.Select();
    }
    private void buttonClear_Click(object sender, System.EventArgs e)
    {
        treeView1.Nodes.Clear();
    }
```

4.9.3 ListView 控件

ListView 用列表的形式显示一组数据，每条数据都是一个 ListItem 类型的对象。ListView 控件可以不同的视图显示列表项，包括大图标、小图标、列表、详细资料 4 种。Windows 资源管理器的右窗格就是 ListView 控件的典型例子。该控件常与 TreeView 控件一起使用，用于显示 TreeView 控件节点下一层的数据。也可用于显示对数据库查询的结果和数据库记录等。

ListView 控件中常用的基本属性：

(1) View 属性——表示数据的显示模式，有四种选择。

- Large Icons(大图标)——每条数据都用一个带有文本的大图标表示。
- Small Icons(小图标)——每条数据都用一个带有文本的小图标表示。
- List(列表)——提供 ListItems 对象视图。
- Details(详细列表)——每条数据有多个字段组成，每个字段各占一列。

(2) MultiSelect 属性——表示是否允许多行选择。

4.9.4 实例开发

【例 4-10】 使用 ListView 控件显示学生信息。可以添加、删除学生信息。程序运行界面如图 4-11 所示。

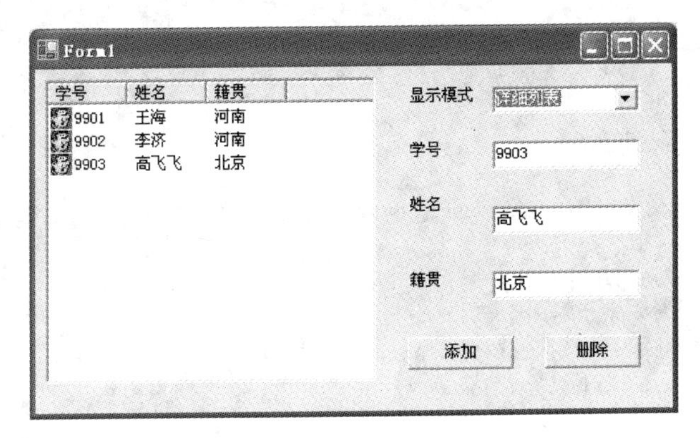

图 4-11 用 ListView 控件显示学生信息

【设计步骤】

(1) 建立应用程序用户界面。

创建新 Windows 应用程序项目，在窗体上添加 1 个 ListView 控件，4 个 Label 控件和 1 个 Combobox 控件，3 个 TextBox 控件（textBoxName、textBoxAddress、textBoxPhone），2 个 Button 控件（buttonAppend、buttonDelete），并适当调整控件和窗体的位置和大小。

添加一个 ImageList 控件（imageList1），向该控件中加入 1 个 16×16 的图标文件。添加一个 ImageList 控件（imageList2），向该控件中加入 1 个 32×32 的图标文件，并设置 ImageSize 为 32,32。

设置 ListView 控件的属性：

- LargeImageList——选 imageList2。
- SmallImageList——选 imageList1。
- Columns——姓名（width:100）、地址（width:250）、籍贯（width:100）。
- View——当前显示模式，设为[Details]。

(2) 编写代码。

实现"添加"按钮的 Click 响应事件：

```
private void buttonAppend_Click(object sender, System.EventArgs e)
{
    int itemNumber = this.listView1.Items.Count;
    string[] subItem = {this.textBoxName.Text,
      this.textBoxAddress.Text,this.textBoxPhone.Text};
    this.listView1.Items.Insert(itemNumber, new ListViewItem(subItem));
    this.listView1.Items[itemNumber].ImageIndex = 0;
}
```

实现"删除"按钮的 Click 响应事件：

```
private void buttonDelete_Click(object sender,System.EventArgs e)
{
    for(int i = this.listView1.SelectedItems.Count - 1;i >= 0;i -- )
    {
        ListViewItem item = this.listView1.SelectedItems[i];
        this.listView1.Items.Remove(item);
    }
}
```

添加窗体的 Load 事件：

```
private void Form1_Load(object sender, System.EventArgs e)
{
    comboBox1.Items.Add("大图标");
    comboBox1.Items.Add("小图标");
    comboBox1.Items.Add("列表");
    comboBox1.Items.Add("详细列表");
    comboBox1.SelectedIndex = 3;
}
```

添加 comboBox1 的 SelectedIndexChanged 事件：

```
private void comboBox1_SelectedIndexChanged(object sender, System.EventArgs e)
{
    string str = this.comboBox1.SelectedItem.ToString();
    switch(str){
        case "大图标": this.listView1.View = View.LargeIcon; break;
        case "小图标": this.listView1.View = View.SmallIcon; break;
        case "列表": this.listView1.View = View.List; break;
        default: this.listView1.View = View.Details; break;
    }
}
```

4.10 菜单使用

菜单是软件界面中最重要的元素之一，软件的所有功能都可以通过菜单来使用，菜单主要分两种：主菜单和上下文菜单。下面对这两种菜单进行介绍。

4.10.1 创建主菜单

主菜单就是通常所说的下拉菜单，它部署在窗口的顶部，构成界面的顶级菜单体系，每个顶级菜单条又包含多级子菜单。

在 Visual Studio.NET 开发环境中，主菜单的设计采用控件的方式，即向窗体添加一个主菜单控件（MenuStrip 控件），然后通过该控件提供的菜单设计器来完成主菜单的设计。

4.10.2 实例开发

【例 4-11】 通过 MenuStrip 控件设计一套在很多软件中都常用的主菜单体系。

【设计步骤】

（1）建立名为 MainMenuTest 的 Windows 项目。用鼠标双击工具箱里的 MenuStrip 控件 MenuStrip，将它添加到窗体上，界面如图 4-12 所示。

图 4-12 MainMenuTest 菜单设计界面

(2) 用鼠标单击“请在此处输入”的蓝底白色区域,则将出现如图 4-12 右图所示的菜单设计界面。

(3) 设计一个菜单体系,各级菜单名称和内容如表 4-3 所示。

表 4-3　菜单项属性设置

控件类型	菜单 Name 属性	菜单 Text 属性
ToolStripMenuItem	mnuFile	文件(&F)
	mnuNew	新建(&N)
	mnuOpen	打开(&O)...
	mnuSep1	—
	mnuExit	退出(&X)
ToolStripMenuItem	mnuEdit	编辑(&E)
	mnuCut	剪切(&T)
	mnuCopy	复制(&C)
	mnuPaste	粘贴(&P)

(4) 按照表 4-3 设置完属性后,通过属性窗口设置窗体 Form1 的 MainMenuStrip 属性为 MenuStrip1,程序运行后的菜单界面如图 4-13 所示。

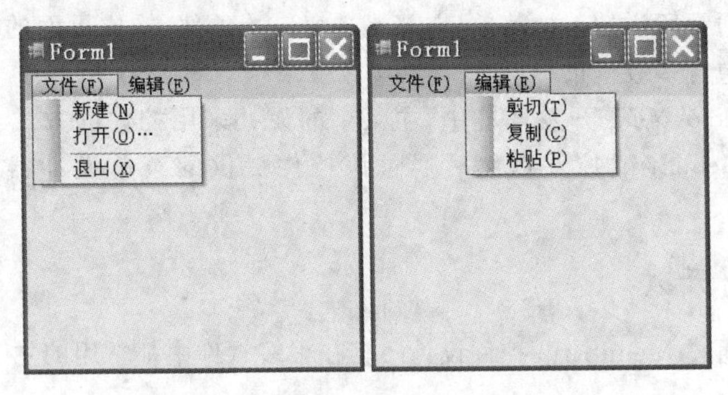

图 4-13　MainMenuTest 方案运行界面

4.10.3　上下文菜单

上下文菜单也称为快捷菜单,通常是由用户用鼠标右键单击弹出,也称右键菜单。通过 ContextMenuStrip 控件 ContextMenuStrip 设计上下文菜单。

4.10.4　实例开发

【例 4-12】 通过 ContextMenuStrip 控件设计上下文菜单。

【设计步骤】

(1) 建立名为 ContextMenuTest 的项目。通过工具箱向窗体添加 ContextMenuStrip 控件,并确保窗体的 ContextMenu 属性设置为刚才添加的 ContextMenu 控件的名字 ContextMenuStrip1。

(2) 按照表 4-4 设置完菜单上下文菜单属性。

表 4-4　ContextMenuTest 方案中菜单条属性设置

控件类型	菜单 Name 属性	菜单 Text 属性
MenuItem	mnuCut	剪切(&T)
	mnuCopy	复制(&C)
	mnuPaste	粘贴(&P)

(3) 按 F5 键编译并运行程序,然后右击窗体,界面如图 4-14 所示。

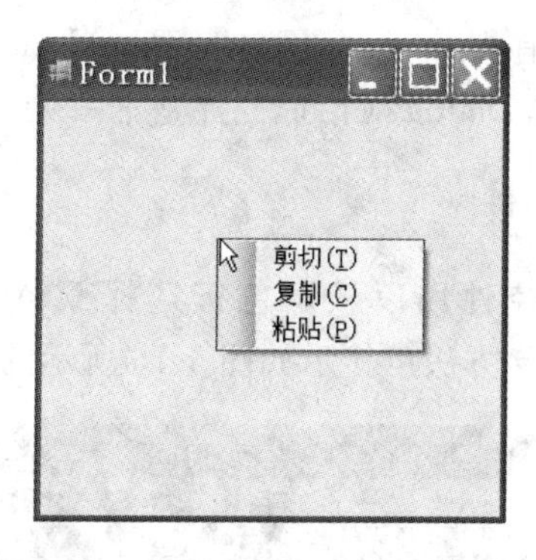

图 4-14　ContextMenuTest 运行界面

4.11　对话框控件应用——自己的记事本编辑器程序

在一些应用程序中,常常需要进行诸如打开或保存文件、选择字体、设置颜色,以及设置打印选项等操作。C# 为用户提供了与上述操作相关的一组标准的对话框。

4.11.1　打开文件对话框控件

1. 常用属性

打开文件对话框 OpenFileDialog 控件的常用属性如表 4-5 所示。

表 4-5　打开文件对话框控件的常用属性

属　性	说　明
InitialDirectory	获取或设置文件对话框显示的初始目录,默认值为空字符串("")
Filter	要在对话框中显示的文件筛选器,例如,文本文件(*.txt)|*.txt|所有文件(*.*)|*.*
FilterIndex	该属性用来获取或设置文件对话框中当前选定筛选器的索引,如果选第一项就设为 1
RestoreDirectory	该值指示对话框在关闭之前是否恢复当前目录
FileName	打开文件对话框中选定的文件名的字符串
Title	将显示在对话框标题栏中的字符
DefaultExt	默认扩展名
Multiselect	该属性用来获取或设置一个值,该值指示对话框是否允许选择多个文件
FileNames	用来获取对话框中所有选定文件的文件名。每个文件名都既包含文件路径又包含文件扩展名

2. 常用方法

ShowDialog 方法的作用是显示打开对话框,其一般调用形式如下:

```
OpenFileDialog 对话框控件名.ShowDialog();
```


4.11.2 保存文件对话框控件

保存文件对话框(SaveFileDialog)控件有两种情况:一是保存,二是另存为。

SaveFileDialog 控件也具有 FileName、Filter、FilterIndex、InitialDirectory、Title 等属性,这些属性的作用与 OpenFileDialog 对话框控件基本一致。

4.11.3 颜色对话框控件

颜色对话框 ColorDialog 控件用以从调色板选择颜色或者选择自定义颜色。调用 ColorDialog 控件的 ShowDialog 方法可显示如图 4-15 所示的"颜色"对话框。

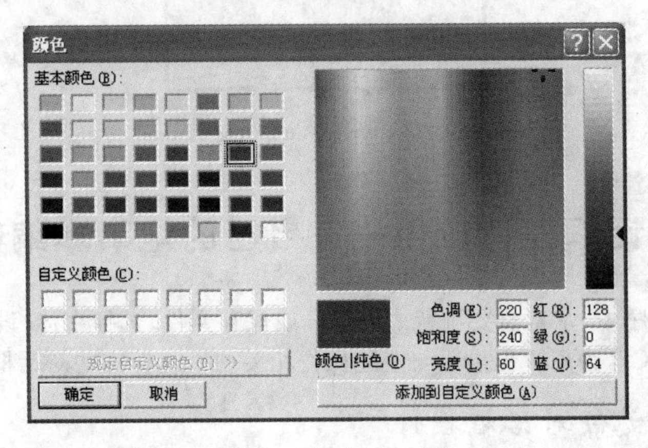

图 4-15 "颜色"对话框

(1) AllowFullOpen 属性:该属性用来获取或设置一个值,该值指示用户是否可以使用该对话框定义自定义颜色。

(2) FullOpen 属性:该属性用来获取或设置一个值,该值指示用于创建自定义颜色的控件在对话框打开时是否可见。

(3) AnyColor 属性:该属性用来获取或设置一个值,该值指示对话框是否显示基本颜色集中可用的所有颜色。

(4) Color 属性:该属性用来获取或设置用户选定的颜色。

技巧:不使用 ColorDialog 控件实现调用颜色对话框。

先创建一个 ColorDialog 类型的对象:

```
ColorDialog clg = new ColorDialog();
```

然后就可以用 ShowDialog()方法来显示颜色选择对话框了。之后,就可以通过调用用户的颜色选择进行相关的图形操作了。

例如:单击按钮调出颜色选择对话框,根据用户的颜色选择设置文本框的背景颜色。

```
public void button1_click(object sender, EventArgs e){
    ColorDialog clg = new ColorDialog();
    clg.ShowDialog();
    textBox1.BackColor = clg.Color;
}
```

4.11.4 字体对话框控件

字体对话框 FontDialog 控件用来选择字体，可获取用户所选字体的名称、样式、大小及效果。调用的 ShowDialog()方法可显示如图 4-16 所示的“字体”对话框。

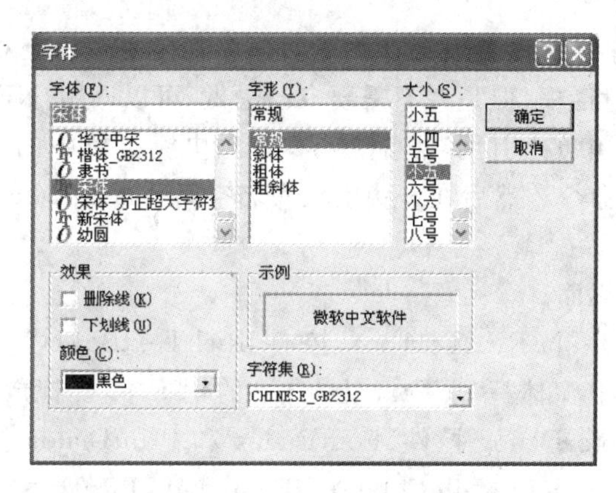

图 4-16 “字体”对话框

(1) Font 属性：该属性是字体对话框的最重要属性，通过它设定或获取字体信息。

(2) Color 属性：该属性用来设定或获取字符的颜色。

(3) MaxSize 属性：该属性用来获取或设置用户可选择的最大磅值。

(4) MinSize 属性：该属性用来获取或设置用户可选择的最小磅值。

(5) ShowColor 属性：该属性用来获取或设置一个值，该值指示对话框是否显示颜色选择框。

(6) ShowEffects 属性：该属性用来获取或设置一个值，该值指示对话框是否包含允许用户指定删除线、下划线和文本颜色选项的控件。

4.11.5 PrintDialog 控件和 PrintDocument 控件

需注意的是：该对话框并不负责具体的打印任务，要想在应用程序中控制打印内容必须使用 PrintDocument 控件。关于这两个控件的详细使用方法读者可参阅相关资料或 Visual C# 的帮助文件。

4.11.6 对话框控件应用实例开发

【例 4-13】 对话框控件应用实例——自己的记事本编辑器程序的设计界面如图 4-17 所示。这个记事本程序包含主菜单，其中文件操作(打开文件/保存文件，打印)，格式设置(字体、颜色设置和查找)。

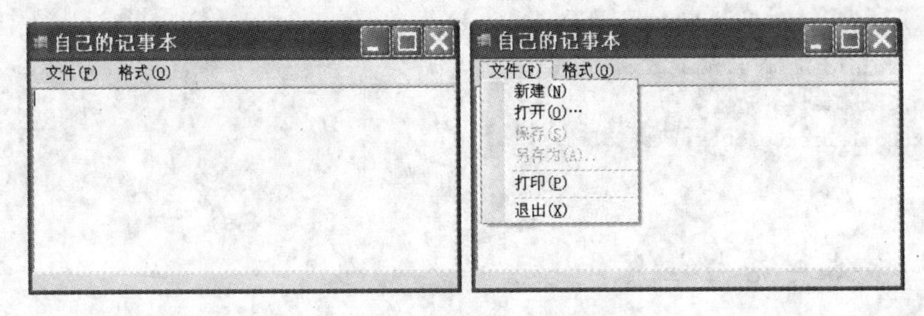

图 4-17 记事本编辑器程序运行界面

【程序设计的思路】

打开、打印、保存、字体和颜色设置这些对话框都直接使用相应对话框控件实现。.NET中没有 InputBox 输入对话框,但是并不需要自己去做,可以调用.NET 外的类库。首先,在"解决方案资源管理器"中的"引用"项上右击,单击快捷菜单中的"添加引用"命令,选择 Microsoft.VisualBasic 命令。然后在开头引入命名空间:using Microsoft.VisualBasic。

【设计步骤】

(1) 设计应用程序界面。

向设计窗体拖放一个 RichTextBox 控件 RichTextBox1,Mutipule 属性为 True,ScrollBars 属性为 Both;窗体标题 Text 为"自己的记事本"。拖放 OpenFileDialog 控件、SaveFileDialog 控件、ColorDialog 控件、FontDialog 和 PrintDialog 控件并设置 Name 属性分别为 dlgOpenFile、dlgSaveFile、dlgColor、dlgFont 和 dlgPrint。

拖放一个 MenuStrip 控件 MenuStrip1,按照表 4-6 设置完属性后,通过属性窗口设置窗体 Form1 的 Menu 属性为 MenuStrip1,程序运行后的菜单界面如图 4-17 所示。

表 4-6 菜单条属性设置

控件类型	菜单 Name 属性	菜单 Text 属性	菜单 shortCut 属性
ToolStripMenuItem	mnuiFile	文件(&F)	—
	mnuiNew	新建(&N)	CtrlN
	mnuiOpen	打开(&O)…	CtrlO
	mnuiSave	保存(&S)	CtrlS
	ToolStripMenuItem1	—	—
	mnuiPrint	打印(&P)	CtrlP
	ToolStripMenuItem2	—	—
	mnuiExit	退出(&X)	—
ToolStripMenuItem	mnuiFormat	格式(&O)	—
	mnuiFont	字体(&F)…	—
	mnuiColor	颜色(&C)…	—
	mnuiFind	查找(&F)…	—

(2) 编写代码。

引入命名空间:

```
using Microsoft.VisualBasic;
```

添加方法用于查找指定的字符信息。

```
private void findText(string str)
{
    int intBeginPosition = 0;
    intBeginPosition = RichTextBox1.Text.IndexOf(str);      //找不到 - 1
    if (intBeginPosition >= 0) {
        RichTextBox1.SelectionStart = intBeginPosition;
        RichTextBox1.SelectionLength = str.Length;
        RichTextBox1.Focus();
    }
}
```

以下是添加菜单的事件代码：

```
private void mnuiNew_Click(object sender, System.EventArgs e)      //新建
{
    RichTextBox1.Clear();
}
private void mnuiOpen_Click(object sender, System.EventArgs e)     //打开
{
    string Filename = null;
    System.Windows.Forms.DialogResult r;
    DlgOpenFile.Title = "打开文本文件";
    DlgOpenFile.Multiselect = false;
    DlgOpenFile.Filter = "文本文件 ( * .txt)| * .txt";
    DlgOpenFile.RestoreDirectory = true;          //用户关闭对话框后重置默认目录
    r = DlgOpenFile.ShowDialog();                 //显示对话框
    Filename = DlgOpenFile.FileName;              //获取打开文件的文件名
    if ((r == Windows.Forms.DialogResult.OK && Filename.Length > 0)) {
        //如果用户单击"确定"按钮而且打开文件的文件名非空时
        RichTextBox1.LoadFile(Filename, RichTextBoxStreamType.PlainText);
    }
}
private void mnuiSave_Click(object sender, System.EventArgs e)     //保存
{
    string Filename = null;
    dlgSaveFile.Filter = "文本文件 ( * .txt)| * .txt";
        dlgSaveFile.ShowDialog();                 //显示保存对话框
    Filename = dlgSaveFile.FileName;              //获取打开文件的文件名
    if ((Filename.Length > 0)) {                  //文件的文件名非空
        RichTextBox1.SaveFile(Filename, RichTextBoxStreamType.PlainText);
    }
}
private void mnuiPrint_Click(object sender, System.EventArgs e)    //打印
{
    System.Drawing.Printing.PrintDocument pd;
    pd = new System.Drawing.Printing.PrintDocument();
    dlgPrint.Document = pd;
    if ((dlgPrint.ShowDialog() == Forms.DialogResult.OK)) {
        pd.Print();                               //打印文件
    }
}
private void mnuiFind_Click(object sender, System.EventArgs e) //查找
{
    string searchStr = null;
```

```
        searchStr = Interaction.InputBox("请输入您要查找的文字", "查找""默认文字", -1, -1);
        findText(searchStr);
    }
    private void mnuiFont_Click(object sender, System.EventArgs e) //字体
    {
        dlgFont.ShowApply = true;                    //显示应用按钮
        dlgFont.MaxSize = 12;                        //设置字体大小设置的上限
        dlgFont.ShowColor = true;                    //允许用户更改文字颜色
        dlgFont.ShowEffects = true;                  //允许用户控制文本的下划线、删除线
        if (dlgFont.ShowDialog () == System.Windows.Forms.DialogResult.OK) {
            RichTextBox1.Font = dlgFont.Font;
            RichTextBox1.ForeColor = dlgFont.Color;
        }
    }
    private void mnuiColor_Click(object sender, System.EventArgs e) //颜色
    {
        //将颜色对话框当前选定的颜色设置为当前的文本的颜色
        //以便在用户取消操作后恢复最初的设定
        dlgColor.Color = RichTextBox1.ForeColor;
        if (dlgColor.ShowDialog () == DialogResult.OK) {
            RichTextBox1.ForeColor = dlgColor.Color;
        }
    }
    //响应字体对话框中的"应用"按钮点击事件
    private void dlgFont_Apply(object sender, System.EventArgs e)
    {
        RichTextBox1.Font = dlgFont.Font;
        RichTextBox1.ForeColor = dlgFont.Color;
    }
    //当用户调整窗体大小时,调整文本框当大小
    private void Form1_SizeChanged(object sender, System.EventArgs e)
    {
        RichTextBox1.Width = this.Width - 8;
        RichTextBox1.Height = this.Height - 88;
    }
```

4.12 实现控件数组的功能——计算器设计

设计一个项目时,常常会遇到具有相同性质的事件过程,比如在计算器中的数字按钮,它们不仅类型一样,而且执行的过程也一样。如果为每个按钮控件分别编写一段事件过程的话,则显得十分不合理。在 Visual Basic 中可以把多个相同的控件定义为一个控件数组,那么,控件数组内的每个控件都可以共享程序代码。通过控件数组的应用,使得开发人员不仅减少了重复劳动,而且还提高了程序的可读性。

4.12.1 控件数组的建立

在 Visual C#.NET 本身并不支持控件数组的建立,但可以有两种实现方法。

1. 动态添加已设计好的控件

因为.NET 支持动态数组,所以可以把已设计好的控件,赋给动态数组,这样就可以使用控件数组了。代码如下:

```
private void button1_Click(object sender, System.EventArgs e){
TextBox[ ] myTextBox = new TextBox[5];
myTextBox[0] = textBox1;
myTextBox[1] = textBox2;
myTextBox[2] = textBox3;
myTextBox[3] = textBox4;
myTextBox[4] = textBox5;
for ( int i = 0;i< 5;i++)myTextBox[i].Text = i.ToString();
}
```

2. 动态添加新增控件

用本方法可以实现计算器中的数字按钮控件数组的功能。

用 new 来建立 Button 控件，同时通过变量赋值把控件加到动态的数组 BT_NUM 中。通过代码设置好控件大小、位置等属性，然后用 Form1. Controls. Add 方法(this 指的是 Form 窗体)来添加到窗体上自身的控件数组 Controls 中。因为窗体里的控件都要被包括在 Controls 里面。

```
BT_NUM[i] = new Button();
BT_NUM[i].Left = 10 + 50 * (i%3);
BT_NUM[i].Top = 50 * (int)(i/3) + 70;
BT_NUM[i].Width = 40;
BT_NUM[i].Height = 40;
BT_NUM[i].Name = "BT_NUM" + i.ToString();
BT_NUM[i].Text = i.ToString();
this.Controls.Add(BT_NUM[i]);
```

利用.NET 中提供的 System. EventHandler 动态关联按钮控件 Click 事件与处理程序：

```
button1.Click += new System.EventHandler(bt_Click);
```

通过 System. EventHandler 将方法 bt_Click 作为 button1. Click 事件代码。

4.12.2 实例开发

【例 4-14】 计算器程序设计。

【程序设计的思路】

项目中使用了两个控件数组：数字按钮控件数组(BT_NUM)和操作符控件数组(Operator)。本计算器项目中处理共享事件的处理过程是 bt_Click()，其中首先通过 sender 对象(代表产生单击事件的按钮控件)获取按钮的 Text 属性，然后通过按钮 Text 属性可以判断是哪个 Button 被点击，并执行相应的操作。

图 4-18 计算器程序界面

【设计步骤】

(1) 设计应用程序界面。

新建 Windows 应用程序项目，在 Windows 窗体上添加 1 个文本框控件 TextBox1，其余按钮均可在运行时自动建立。程序运行界面如图 4-18 所示。

(2) 编写程序代码。

在类 class Form1 中声明私有的成员变量：

```
private Button[ ] BT_NUM;
private Button[ ] Operator;
private string sOper; bool bDot, bEqu;
private double dblAcc, dblDes, dblResult;
```

添加窗体的 Load 事件：

```
private void Form1_Load(object sender, System.EventArgs e)
{
    BT_NUM = new Button[10];
    Operator = new Button[6];
    int i;
    for( i = 0;i<=9;i++)
      {
      BT_NUM[i] = new Button();
      this.Controls.Add(BT_NUM[i]);
      BT_NUM[i].Left = 10 + 50 * (i%3);
      BT_NUM[i].Top = 50 * (int)(i/3) + 70;
      BT_NUM[i].Width = 40;
      BT_NUM[i].Height = 40;
      BT_NUM[i].Name = "BT_NUM" + i.ToString();
      BT_NUM[i].Text = i.ToString();
      BT_NUM[i].Click += new System.EventHandler(bt_Click);
      }
      for( i = 0;i<=5;i++)
    {
        Operator[i] = new Button();
        this.Controls.Add(Operator[i]);
        Operator[i].Left = 10 + 50 * 3;Operator[i].Top = 50 * i + 70;
        Operator[i].Width = 40;Operator[i].Height = 40;
        Operator[i].Click += new System.EventHandler(bt_Click);
      }
    Operator[0].Text = "+";Operator[1].Text = "-";
    Operator[2].Text = "*";Operator[3].Text = "/";
    Operator[4].Text = "=";Operator[5].Text = "CE";
    Operator[4].Left = 10 + 50 * 2;
    Operator[4].Top = 50 * 3 + 70;
    Operator[5].Left = 10 + 50 * 1;
    Operator[5].Top = 50 * 3 + 70;
}
```

添加按钮控件 Click 事件与处理方法 bt_Click：

```
private void bt_Click(object sender, System.EventArgs e)   //这里处理事件过程
{
    String sText;
    Button bClick = (Button)sender;                 //将被单击的按钮赋给定义的 bClick 变量
    sText = bClick.Text;                            //获取按钮的文字
```

```
switch(sText)           //通过按钮文字属性来判断是哪个 Button 被单击,并执行相应的操作
{
case "1":
case "2":
case "3":
case "4":
case "5":
case "6":
case "7":
case "8":
case "9":
case "0":                //输入为数字
      if( bEqu)
        textBox1.Text = "";        //如果已经执行过一次计算,那么再次输入数字时应清空
      bEqu = false;
    textBox1.Text = textBox1.Text + sText;     //将输入的字符累加
    break;
case "+":
case "-":
case "*":
case "/":
    dblAcc = Convert.ToDouble(textBox1.Text);
    textBox1.Text = "";
    sOper = sText;              //记下被操作数及操作符
    break;
case "=":
    bDot = false;
    if(!bEqu) dblDes = Convert.ToDouble(textBox1.Text);
    //如果本次对"="的单击是连续的第二次单击,那么操作数不变
    bEqu = true;
switch( sOper)                  //根据操作符的不同执行相应的计算
{
    case "+": dblResult = dblAcc + dblDes;break;       //执行加法操作
    case "-": dblResult = dblAcc - dblDes;break;       //执行减法操作
    case "*": dblResult = dblAcc * dblDes;break;       //执行乘法操作
    case "/": dblResult = dblAcc / dblDes;break;       //执行除法操作
}
textBox1.Text = dblResult.ToString();
dblAcc = dblResult;             //将计算结果赋给被操作数,以便执行连续的第二次操作
break;
case "CE":
    textBox1.Text = "";                       //清除文本框内容
    break;
}
}
```

习　　题

1. 设计一个电子标题板，利用滚动条控制速度的变化。要求：

(1) 实现字幕从右向左循环滚动。

(2) 利用滚动条进行速度控制。

(3) 单击“开始”按钮，字幕开始滚动，单击“暂停”按钮，字幕停止滚动。

2. 设计一个 Windows 窗体程序，设置程序，其运行结果如图 4-19 所示。一个标签控件的 Text 属性为“缩放”两个字，它的字体大小取决于垂直滚动条的值(Maximum＝72，Minimum＝8)，并在另一个标签上显示当前的字号。

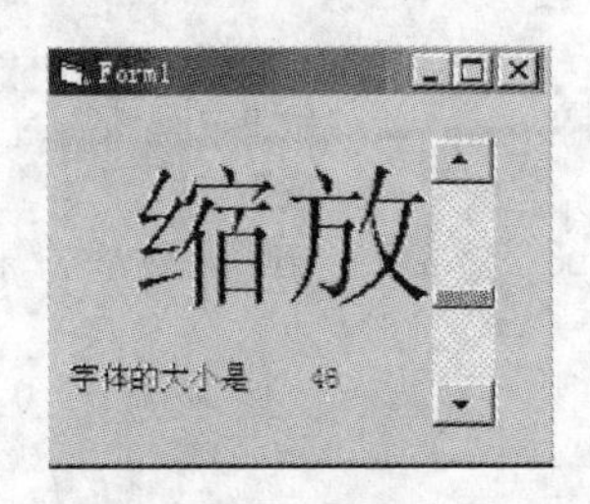

图 4-19　“选项移动”窗体

3. 设计一个倒计时程序，应用程序界面自己设计。

4. 设计一个程序，用两个文本框输入数值数据，用组合框存放“＋、－、×、÷、幂次方、余数”选项。用户先输入两个操作数，再从组合框中选择一种运算，即可在标签中显示出计算结果。程序运行界面如图 4-20 所示。

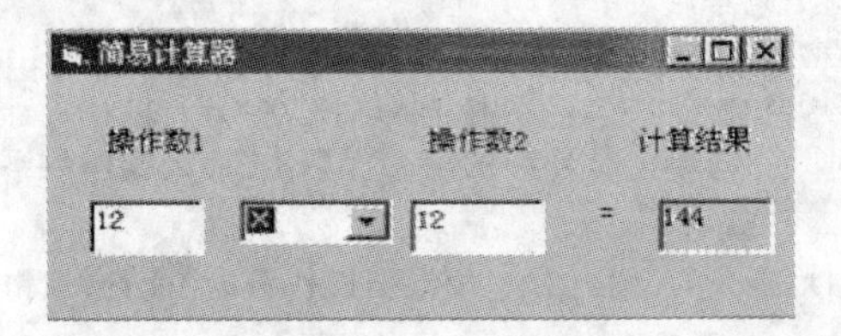

图 4-20　计算结果

5. 编写一个发牌程序，实现一副牌(除去大小王)发给 4 个人。

第5章 图形图像和多媒体编程

Windows 操作系统是基于图形的操作系统，图形也是 Windows 应用程序的基本元素。随着计算机技术的发展，应用程序越来越多地使用图形和多媒体技术，从而使用户界面更加美观。在 Visual C#.NET 语言中，利用.NET 框架提供的一整套相当丰富的类库，可以很容易地绘制各种图形、处理位图图像和各种其他的图像文件。同时 Visual C#. NET 中还可以使用一些处理视频、音频的控件，从而方便建立多媒体程序。

本章介绍利用.NET 框架提供的一整套图形类库，绘制各种图形、处理位图图像和视频，从而建立图形游戏程序。

5.1 GDI+图形图像绘制

5.1.1 GDI+概述

GDI 是 Graphics Device Interface 的缩写，含义是图形设备接口，它的主要任务是负责系统与绘图程序之间的信息交换，处理所有 Windows 程序的图形输出。

GDI+技术是由 GDI 技术“进化”而来，出于兼容性考虑，Windows XP 仍然支持以前版本的 GDI，但是在开发新应用程序的时候，开发人员为了满足图形输出需要应该使用 GDI+，因为 GDI+对以前的 Windows 版本中的 GDI 进行了优化，并添加了许多新的功能。

GDI+是 Window XP 中的一个子系统，它主要负责在显示屏幕和打印设备输出有关信息，它是一组通过类实现的应用程序编程接口。作为图形设备接口的 GDI+使得应用程序开发人员在输出屏幕和打印机信息的时候无须考虑具体显示设备的细节，只需调用 GDI+库输出的类的一些方法即可完成图形操作，真正的绘图工作由这些方法交给特定的设备驱动程序来完成。GDI+使得图形硬件和应用程序相互隔离，从而使开发人员编写设备无关的应用程序变得非常容易。

图 5-1 展示了 GDI+在应用程序与上述设备之间起着重要的中介作用。其中，GDI+几乎“包办”了一切——从把一个简单的字符串打印到控制台到绘制直线、矩形甚至是打印一个完整的表单等。

GDI+是如何工作的呢？为了弄清这个问题，先来分析一个示例——绘制一条线段。实质上，一条线段就是一个从一个开始位置(X_0，Y_0)到一个结束位置(X_n，Y_n)的一系列像素点的集合。为了画出这样的一条线段，设备(在本例中指显示器)需要知道相应的设备坐标或物理坐标。

然而，开发人员不是直接告诉该设备，而是调用 GDI+的 DrawLine()方法，然后，由

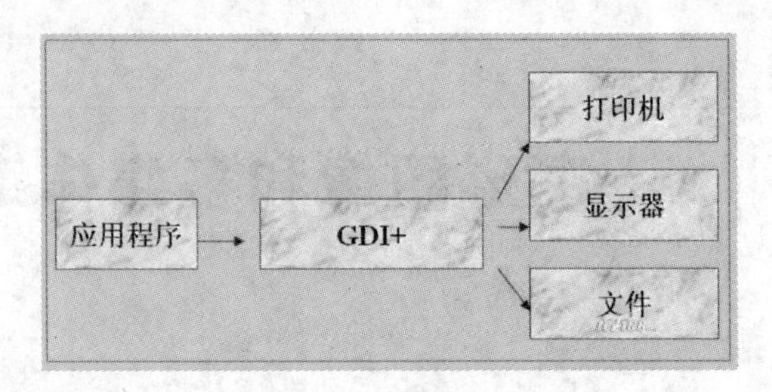

图 5-1　GDI+的中介作用

GDI+在内存(即"视频内存")中绘制一条从点A到点B的直线。GDI+读取点A和点B的位置,然后把它们转换成一个像素序列,并且指令监视器显示该像素序列。简言之,GDI+把设备独立的调用转换成了一个设备可理解的形式。

所以开发者运用GDI+,就可以很方便地开发出具有强大图形图像功能的应用程序了。

在Visual C#.NET中,所有图形图像处理功能都包含在以下命名空间下。

1. System.Drawing命名空间

提供了对GDI+基本图形功能的访问,主要有Graphics类、Bitmap类、从Brush类继承的类、Font类、Icon类、Image类、Pen类、Color类等。

2. System.Drawing.Drawing2D命名空间

Visual C#.NET中没有3D命名空间,这是因为三维(3D)的效果实际上是通过二维(2D)的图案体现的。System.Drawing.Drawing2D命名空间提供了高级的二维和矢量图形功能。主要有梯度型画刷、Matrix类(用于定义几何变换)和GraphicsPath类等。

3. System.Drawing.Imaging命名空间

提供了高级GDI+ 图像处理功能。其下常用类如表5-1所示。

表 5-1　System.Drawing.Imaging命名空间下图像处理类

类	说　明
BitmapData	指定位图图像的属性。BitmapData类由Bitmap类的LockBits和UnlockBits方法使用。不可继承
ColorMap	定义转换颜色的映射。ImageAttributes类的几种方法可使用颜色重新映射表来调整图像颜色,该表是ColorMap结构的数组。不可继承
ColorMatrix	定义包含RGBA空间坐标的5×5矩阵。ImageAttributes类的若干方法通过使用颜色矩阵调整图像颜色。无法继承此类
ColorPalette	定义组成调色板的颜色的数组。这些颜色是32位ARGB颜色。不可继承
Encoder	Encoder对象封装一个全局唯一标识符(GUID),它标识图像编码器参数的类别
EncoderParameter	用于向图像编码器传递值或值数组
EncoderParameters	封装EncoderParameter对象的数组
FrameDimension	提供获取图像的框架维度的属性。不可继承
ImageAttributes	ImageAttributes对象包含有关在呈现时如何操作位图和图元文件颜色的信息。ImageAttributes对象维护多个颜色调整设置,包括颜色调整矩阵、灰度调整矩阵、灰度校正值、颜色映射表和颜色阈值。呈现过程中,可以对颜色进行校正、调暗、调亮和移除。要应用这些操作,应初始化一个ImageAttributes对象,并将该ImageAttributes对象的路径(连同Image的路径)传递给DrawImage方法

续表

类	说　明
ImageCodecInfo	ImageCodecInfo 类可提供必要的存储成员和方法，以检索与已安装的图像编码器和解码器(统称编码解码器)相关的所有信息。不可继承
ImageFormat	指定图像的文件格式。不可继承
Metafile	定义图形图元文件。图元文件包含描述一系列图形操作的记录，这些操作可以被记录(构造)和被回放(显示)。此类不能继承
MetafileHeader	包含关联的 Metafile 的属性。不可继承
MetaHeader	包含有关 Windows 格式 (WMF) 图元文件的信息
PropertyItem	封装要包括到图像文件中的元数据属性。不可继承
WmfPlaceableFileHeader	定义可放置的图元文件。不可继承

4. System.Drawing.Text 命名空间

提供了高级 GDI+ 字体和文本排版功能。其下的常用类如表 5-2 所示。

表 5-2　System.Drawing.Text 命名空间下字体和文本排版类

类	说　明
FontCollection	为已安装的字体集合和私有字体集合提供基类
InstalledFontCollection	表示安装在系统上的字体。无法继承此类
PrivateFontCollection	提供一个字体系列集合，该集合是基于客户端应用程序提供的字体文件生成的

5.1.2　坐标

在实际的绘图中，我们所关注的一般都是指设备坐标系，此坐标系以像素为单位，像素指的是屏幕上的亮点。每个像素都有一个坐标点与之对应，左上角的坐标设为(0,0)，向右为 x 正轴，向下为 y 正轴。一般情况下以(x,y)代表屏幕上某个像素的坐标点，其中水平以 x 坐标值表示，垂直以 y 坐标值表示。例如，在如图 5-2 所示的坐标系统中画一个点，该点的坐标(x, y)是(4, 3)。

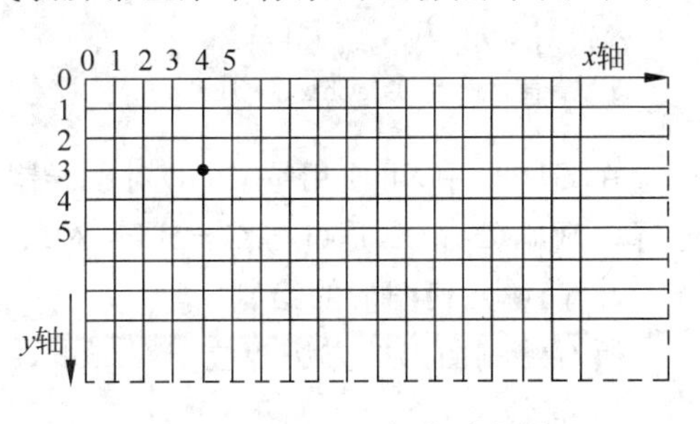

图 5-2　GDI+坐标的示意图

计算机作图是在一个事先定义好的坐标系统中进行的，这与日常生活中的绘图方式有着很大的区别。图形的大小、位置等都与绘图区或容器的坐标有关，因此，在学习具体的图形绘制前，有必要系统地了解 C# 的坐标系统。

5.1.3　Graphics 类

要进行图形处理，必须首先创建 Graphics 类的对象，然后才能利用它进行各种画图操作。

1. 创建 Graphics 对象

创建 Graphics 对象的形式有：

(1) 在窗体或控件的 Paint 事件中直接引用 Graphics 对象。

在屏幕上进行绘制的操作称为"绘画"。每一个窗体和控件都有一个 Paint 事件。每当需要重新绘制窗体和控件(例如,首次显示窗体或窗体由另一个窗口覆盖)时就会发生该事件。用户所编写的用于显示图形的任何代码通常都包含在 Paint 事件处理程序中。

Paint 事件的参数中包含了当前窗体或控件的 Graphics 对象,在为窗体或控件创建绘制代码时,一般使用此方法来获取对图形对象的引用。

```
private void Form_Paint(object sender, PaintEventArgs e)
{
    Graphics g = e.Graphics;
    …
}
```

(2) 从当前窗体或控件获取对 Graphics 对象的引用。

把当前窗体的画刷、字体、颜色作为默认值获取对 Graphics 对象的引用,注意这种对象只有在处理当前 Windows 窗口消息的过程中有效。如果想在已存在的窗体或控件上绘图,可以使用此方法。例如:

```
Graphics g = this.pictureBox1.CreatGraphics();
…
```

(3) 从继承自图像的任何对象创建 Graphics 对象。

此方法在需要更改已存在的图像时十分有用。例如:

```
Bitmap bitmap = new Bitmap(@"C:\test\a1.bmp");
Graphics g = Graphics.FromImage(bitmap);
```

在图形编程中,默认的图形度量单位是像素。不过,可以通过修改 PageUnit 属性来修改图形的度量单位,可以是英寸或是毫米等。实现方法如下:

```
Graphics g  =  e.Graphics;
g. PageUnit  =  GraphicsUnit.Inch      //度量单位设置为英寸
```

在 GDI+中,可使用笔(Pen)对象绘制具有指定宽度和样式的线条、曲线以及勾勒形状轮廓。画刷(Brush)是可与 Graphics 对象一起使用来创建实心形状和呈现文本的对象。

2. 简单几何图形的绘制

所有绘制图形的方法都位于 Graphics 类中,利用这些方法可以绘制简单几何图形。

1) 直线

有两种绘制直线的方法:DrawLine()方法和 DrawLines()方法。DrawLine()用于绘制一条直线,DrawLines()用于绘制多条直线。

常用形式有:

```
[格式 1]: public void DrawLine(Pen pen, int x1, int y1, int x2, int y2)
```

其中 pen 为画笔对象,(x1,y1)为起点坐标,(x2,y2)为终点坐标。例如:

```
e. Graphics.DrawLine(blackPen, 100,100,200,100);
```

[格式 2]: public void DrawLine(Pen pen,Point pt1,Point pt2)

其中 Pen 对象确定线条的颜色、宽度和样式。Point 结构确定起点和终点。

例如：

```
Graphics g = e.Graphics;
Pen blackPen = new Pen(Color.Black, 3);             //定义画笔对象
Point point1 = new Point(100, 100);                 //定义起点
Point point2 = new Point(200, 100);                 //定义终点
g.DrawLine(blackPen, point1, point2);               //画直线
```

[格式 3]: public void DrawLines(Pen pen,Point[ ] points)

这种方法用于绘制连接一组终结点的线条。数组中的前两个点指定第一条线。每个附加点指定一个线段的终结点，该线段的起始点是前一条线段的结束点。例如：

```
private void Form1_Paint(object sender, System.Windows.Forms.PaintEventArgs e)
{
    Graphics g = e.Graphics;
    Pen pen = new Pen(Color.Black, 3);
    Point[ ] points = {new Point( 10, 10), new Point( 10, 100),
               new Point(200, 50), new Point(250, 120)};
    g.DrawLines(pen, points);
}
```

运行效果如图 5-3 所示。

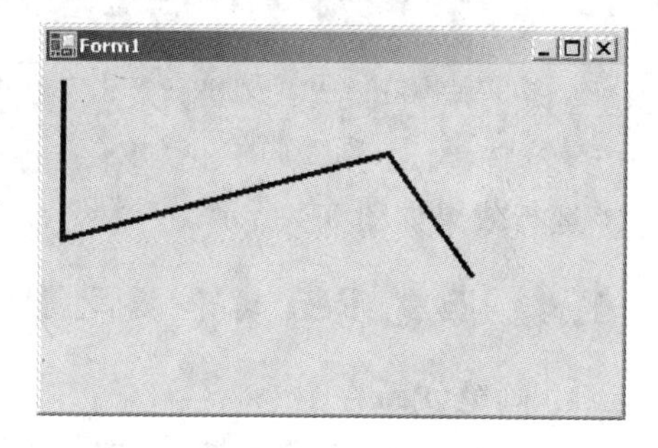

图 5-3　连接一组终结点的线条

2）椭圆

椭圆是一种特殊的封闭曲线，Graphics 类专门提供了绘制椭圆的两种方法：DrawEllipse()方法和 FillEllipse()方法。常用形式有以下几种：

[格式 1]: public void DrawEllipse(Pen pen, Rectangle rect)

其中 rect 为 Rectangle 结构，用于确定椭圆的边界。

[格式 2]: public void DrawEllipse(Pen pen, int x, int y, int width, int height)

其中 x、y 为椭圆左上角的坐标，width 定义椭圆的边框的宽度，height 定义椭圆的边框的高度。

[格式 3]: public void FillEllipse(Pen pen, Rectangle rect)

填充椭圆的内部区域。其中 rect 为 Rectangle 结构，用于确定椭圆的边界。

[格式 4]: public void FillEllipse(Pen pen, int x, int y, int width, int height)

填充椭圆的内部区域。其中 x、y 为椭圆左上角的坐标，width 定义椭圆的边框的宽度，height 定义椭圆的边框的高度。

例如有以下程序：

```
private void Form1_Click(object sender, System.EventArgs e)
{
    Graphics g = this.CreateGraphics();          //生成图形对象
     Pen Mypen = new Pen(Color.Blue ,5);         //生成画笔,蓝色,画笔宽度为 5 个像素
     g.DrawEllipse(Mypen,1,1,80,40);             //画椭圆
}
```

3）矩形

使用 DrawRectangle()方法可以绘制矩形，常用形式有以下几种：

[格式 1]：public void DrawRectangle(Pen pen, Rectangle rect);

其中，rect 表示要绘制的矩形的 Rectangle 结构。

[格式 2]：public void DrawRectangle(Pen pen, int x, int y, int width, int height);

其中，x、y 为矩形左上角坐标值。参数 width 是要绘制矩形的宽度，参数 height 是要绘制矩形的高度。

例如有以下程序段：

```
private void Form1_Click(object sender, System.EventArgs e)
{   Graphics g = this.CreateGraphics();             //生成图形对象
    Pen Mypen = new Pen(Color.Blue ,2);              //生成画笔,蓝色,画笔宽度为 2 个像素
    g.DrawRectangle (Mypen,5,5,80,40);               //画矩形
    Rectangle rect = new Rectangle(95,15,140,50);    //生成矩形
    g.DrawRectangle (Mypen,rect);                    //画矩形
}
```

运行效果如图 5-4 所示。

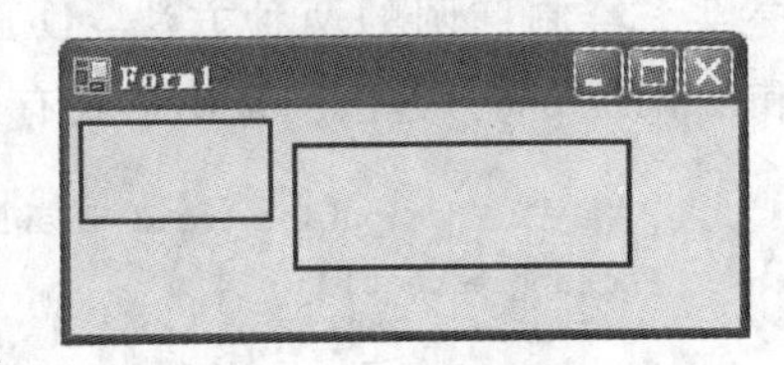

图 5-4　绘制矩形

5.1.4　画笔 Pen 类和画刷 Brush 类

1. 画笔(Pen)

画笔可用于绘制具有指定宽度和样式的直线、曲线或轮廓形状。

画笔 Pen 类的构造函数有四种，使用方法如下：

(1) 创建某一颜色的 Pen 对象

```
public Pen(Color)
```

(2) 创建某一刷子样式的 Pen 对象

```
public Pen(Brush)
```

(3) 创建某一刷子样式并具有相应宽度的 Pen 对象

```
public Pen(Brush, float)
```

(4) 创建某一颜色和相应宽度的 Pen 对象

```
public Pen(Color,float)
```

下面的示例说明如何创建一支基本的蓝色画笔对象：

```
Pen myPen = new Pen(Color.Blue);
Pen myPen = new Pen(Color.Blue, 10.5f);      //蓝颜色和宽度为10.5像素的Pen对象
```

也可以从画刷对象创建画笔对象，例如：

```
SolidBrush myBrush = new SolidBrush(Color.Red);  //创建红色的刷子
Pen myPen = new Pen(myBrush);                    //创建刷子样式的画笔
Pen myPen = new Pen(myBrush, 5);                 //创建宽度为5像素刷子样式的画笔
```

创建新 Windows 应用程序工程。添加如下 Form1_Paint 事件代码：

```
private void Form1_Paint(object sender, PaintEventArgs e)
{
    Graphics g = e.Graphics;                        //创建 Graphics 对象
    Pen blackpen = new Pen(Color.Black, 10.0f);     //创建一支黑色的画笔
    //绘制字符串
    g.DrawString("黑色,宽度为 10.0", this.Font, Brushes.Black, 5, 5);
    //绘制宽度为 10.0f 的黑色直线
    g.DrawLine(blackpen, new Point(110, 12), new Point(400, 12));
    //创建一支红色的画笔
    Pen redpen = new Pen(Color.Red, 5.0f);
    //绘制字符串
    g.DrawString("红色,宽度为 5", this.Font, Brushes.Black, 5, 25);
    //绘制宽度为 5 的红色直线
    g.DrawLine(redpen, new Point(110, 30), new Point(400, 30));
}
```

运行效果如图 5-5 所示。

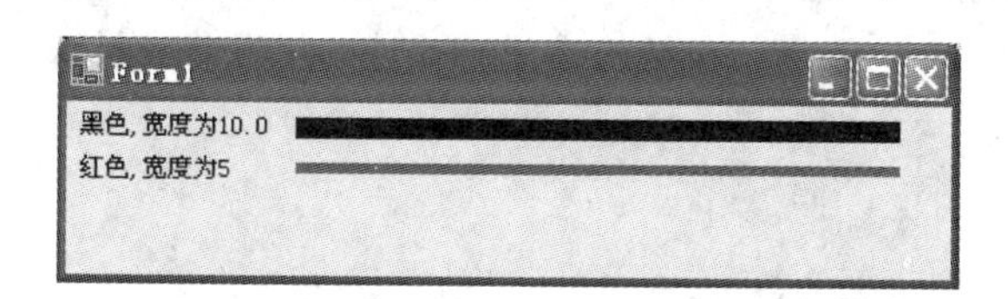

图 5-5　画笔(Pen)的用法演示

2. 画刷(Brush)

画刷是可与 Graphics 对象一起使用来创建实心形状和呈现文本的对象。可以用画刷填充各种图形形状，如矩形、椭圆、扇形、多边形和封闭路径等。

画刷(Brush)类是一个抽象类，本身不能实例化。一般使用它的派生类。主要有以下几种不同类型的画刷 Brush 派生类。

1) SolidBrush 画刷

SolidBrush 类用来定义单一颜色的 Brush，用纯色进行绘制。其构造函数如下：

```
public SolidBrush(Color.Color)
```

例如：

```
SolidBrush MyBrush = new SolidBrush(Color.Blue);
```


该语句创建了一个名为 MyBrush 的蓝色画刷。

2）HatchBrush 画刷

类似于 SolidBrush，但是可以利用该类从大量预设的图案中选择绘制时要使用的图案，而不是纯色。HatchBrush 画刷具有三个属性，分别如下：

(1) HatchStyle 属性——获取此 HatchBrush 对象的阴影样式。

(2) BackgroundColor 属性——获取此 HatchBrush 对象的背景色。

(3) ForegroundColor 属性——获取此 HatchBrush 对象的前景色。

HatchBrush 类的构造函数有两种，分别如下：

```
public HatchBrush(HatchStyle, foreColor);
public HatchBrush(HatchStyle, foreColor, backColor);
```

例如，有下列语句：

```
HatchBrush Hb = new HatchBrush(HatchStyle.Cross ,Color.Blue);
```

该语句创建一个名为 Hb 的画刷对象，该画刷的前景色为蓝色，填充样式为十字交叉。

3. LinearGradientBrush 画刷

使用两种颜色渐变混合的进行绘制。LinearGradientBrush 类的构造函数有多种格式，最常用的格式如下：

```
public LinearGradientBrush(Point1, Point2, Color1, Color2);
```

该构造函数有四个参数，其中 Point1 是表示渐变的起始点，Point2 是表示渐变的终结点，Color1 表示的是渐变的起始色，Color2 表示的是渐变的终止色。此处的 Point1 和 Point2 是 Point 结构型的变量，Point 结构表示一个点，有两个成员 x 和 y，分别表示点的横坐标和纵坐标。

例如有下列程序段：

```
using System.Drawing.Drawing2D;
private void button1_Click(object sender, System.EventArgs e)
{
    Graphics g = this.CreateGraphics();                          //生成图形对象
    Pen Mypen = new Pen(Color.Green,5);                          //生成画笔
    LinearGradientBrush MyBrush  = new LinearGradientBrush( new Point(0,20),
               new Point(20,0),Color.Yellow ,Color.Blue ); //生成渐变画刷
    g.FillRectangle(MyBrush,0,0,200,100);                        //填充矩形
}
```

运行效果如图 5-6 所示。

4. TextureBrush 画刷

使用纹理(如图像)进行绘制。TextureBrush 类允许使用一幅图像作为填充的样式。该类提供了 5 个重载的构造函数，分别是：

```
public TextureBrush(Image)
public TextureBrush(Image,Rectangle)
public TextureBrush(Image,WrapMode)
public TextureBrush(Image,Rectangle,ImageAttributes)
public TextureBrush(Image,WrapMode,Rectangle)
```

图 5-6　线性渐变填充

其中：

- Image——Image 对象用于指定画笔的填充图案。
- Rectangle——Rectangle 对象用于指定图像上用于画笔的矩形区域，其位置不能超越图像的范围。
- WrapMode——WrapMode 枚举成员用于指定如何排布图像，可以是下面几种：

(1) Clamp——完全由绘制对象的边框决定。

(2) Tile——平铺。

(3) TileFlipX——水平方向翻转并平铺图像。

(4) TileFlipY——垂直方向翻转并平铺图像。

(5) TileFlipXY——水平和垂直方向翻转并平铺图像。

- ImageAttributes——ImageAttributes 对象用于指定图像的附加特性参数。
- TextureBrush 类有三个属性：

(1) Image——Image 类型，与画笔关联的图像对象。

(2) Transform——Matrix 类型，画笔的变换矩阵。

(3) WrapMode——WrapMode 枚举成员，指定图像的排布方式。

例如创建一个 TextureBrush，使用名为 flower.jpg 的图像进行绘制的示例程序段。

```
using System.Drawing.Drawing2D;
private void Form1_Paint(object sender, System.Windows.Forms.PaintEventArgs e)
{
    Graphics g = e.Graphics;
    TextureBrush myBrush = new TextureBrush(new Bitmap(@"d:\flower.jpg"));
    g.FillEllipse(myBrush, this.ClientRectangle);     //用画刷填充椭圆
}
```

5.1.5　可擦写图形轮廓的实现

【例 5-1】　建立一个画一系列椭圆的程序，当按下并拖动鼠标时，将出现一个椭圆的轮廓，该椭圆轮廓表示所画椭圆的大小。当松开鼠标时，将在窗体上绘制出用蓝色填充的椭圆。图 5-7 左图是程序运行时鼠标拖动时出现的虚线轮廓，图 5-7 右图是松开鼠标后画出的椭圆。

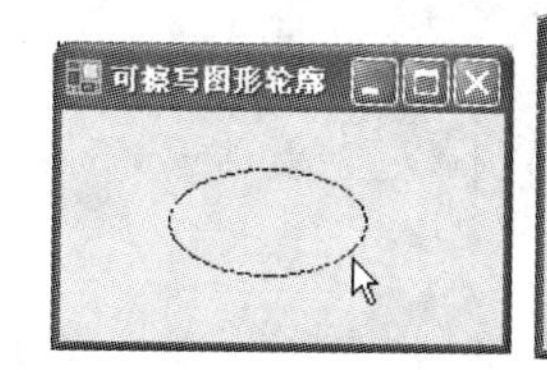

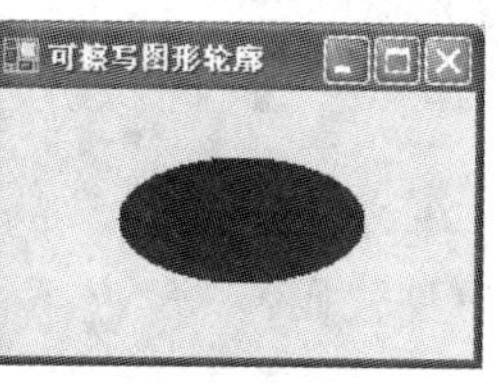

图 5-7　可擦写图形轮廓

【程序设计的思路】

为显示绘图轮廓，可使用两个Point结构的变量StartPt和EndPt，分别用来存放鼠标最初按下时的坐标和当前坐标。可通过下述方法来实现“可擦写”的轮廓并画图：当按下鼠标按钮时，在StartPt变量中记录鼠标的x、y坐标，同时用鼠标的x、y坐标初始化EndPt变量，然后设置画笔的颜色，以画出所需要图形的轮廓。每当鼠标移动时，可两次画图：一次是把画笔的颜色设置为背景色，然后在老地方绘图以便擦去已画过的“可擦写”图形轮廓，一次是把画笔再设置成需要的颜色，再在新位置上画出当前所需的图形轮廓，然后在变量EndPt中记录鼠标新位置的x、y坐标。最后当释放鼠标按钮时，擦除上次的“可擦写”图形轮廓，并以最终的色彩画出图形来。

【设计步骤】

设计应用程序界面。

本程序主要演示鼠标操作，在窗体设计器中不需要添加控件。

引用命名空间：

```
using System.Drawing.Drawing2D;
```

窗体成员变量定义：

```
public Point StartPt,EndPt;                    //存放起始点的坐标
public Graphics g;                             //存放 Graphics 对象
public Pen MyPen;                              //存放画笔对象
public SolidBrush MyBrush;                     //存放画刷对象
public bool DrawShould = false;                //是否画轮廓
```

窗体加载的事件代码：

```
private void Form1_Load(object sender, System.EventArgs e)
{
    g = this.CreateGraphics();                 //建立 Graphics 对象
    MyPen = new Pen(Color.Black ,1);           //建立画笔对象
    MyBrush = new SolidBrush(Color.Blue);      //建立画刷对象
}
```

窗体上鼠标按下的事件代码：

```
private void Form1_MouseDown(object sender,MouseEventArgs e)
{
    this.Capture  = true;                      //捕获鼠标
    DrawShould = true;                         //启动绘图
    StartPt.X = e.X ;                          //起始点
    StartPt.Y = e.Y ;
    EndPt = StartPt;                           //终止点
}
```

窗体上鼠标移动的事件代码：

```
private void Form1_MouseMove(object sender,MouseEventArgs e)
{
```

```
    if (DrawShould == true)                //如果启动了绘图
    { MyPen.Color = this.BackColor ;       //设置画笔的颜色为背景色
    //清除前面绘制的图形
      g.DrawEllipse (MyPen,StartPt.X ,StartPt.Y,EndPt.X - StartPt.X ,EndPt.Y - StartPt.Y );
      MyPen.Color = Color.Black ;          //设置画笔的颜色为黑色
      MyPen.DashStyle = DashStyle.Dash;    //设置虚线样式
    //绘制轮廓
      g.DrawEllipse (MyPen,StartPt.X ,StartPt.Y ,e.X - StartPt.X ,e.Y - StartPt.Y ) ;
      EndPt.X  = e.X ;                     //把当前点设置为终点
      EndPt.Y = e.Y;
        }
}
```

窗体上鼠标释放的事件代码：

```
private void Form1_MouseUp(object sender, MouseEventArgs e)
{
    DrawShould = false;                    //停止画图
    MyPen.Color = this.BackColor ;         //设置画笔颜色为背景色
    //清除先前的轮廓
    g.DrawEllipse (MyPen,StartPt.X ,StartPt.Y,EndPt.X - StartPt.X ,EndPt.Y - StartPt.Y );
    //绘制以蓝色填充的椭圆
    g.FillEllipse(MyBrush,StartPt.X ,StartPt.Y ,e.X - StartPt.X ,e.Y - StartPt.Y);
    this.Capture  = false;                 //结束鼠标捕获
}
```

5.2 图像处理

5.2.1 显示图像

可以使用 GDI+ 显示以文件形式存在的图像文件。图像文件可以是 BMP、JPEG、GIF、TIFF、PNG 等。实现步骤为：

(1) 创建一个 Bitmap 对象，指明要显示的图像文件。

创建 Bitmap 对象，Bitmap 类有很多重载的构造函数，其中之一是：

```
public Bitmap(string filename)
```

可以利用该构造函数创建 Bitmap 对象，例如：

```
Bitmap bitmap  =  new Bitmap("tu1.jpg");
```

(2) 创建一个 Graphics 对象，表示要使用的绘图平面。

(3) 调用 Graphics 对象的 DrawImage 方法显示图像。

Graphics 类的 DrawImage()方法用于在指定位置显示原始图像或者缩放后的图像。该方法的重载形式非常多，其中之一为：

```
public void DrawImage(Image image, int x, int y, int width, int height)
```

该方法在 x、y 处按指定的 width、height 大小显示图像。利用这个方法可以直接显示缩放后的图像。

5.2.2 保存图像

将窗体上的图像保存到文件，方法是首先按窗体的大小创建一个 Bitmap 对象，内容是的空图像，从 Bitmap 对象得到 Graphics 对象，使用 Graphics 对象 DrawImage 画图，实际画到 Bitmap 对象中，对 Bitmap 对象保存即可。

【例 5-2】 将文件对话框选中的图像文件原样显示和缩小显示后，合起来保存为新图片保存为 tu1.jpg 文件。程序运行界面如图 5-8 所示。

图 5-8 图像显示与保存程序运行界面

(1) 创建新 Windows 应用程序项目，在窗体上添加 2 个命令按钮 button1（显示）、button2（保存）。

(2) 编写代码。

添加窗体变量：

```
private string file_name = "";
```

编写事件代码：

```
private void button1_Click(object sender, System.EventArgs e)      //显示
{
    OpenFileDialog file = new OpenFileDialog();
    file.Filter = "*.jpg;*.bmp|*.jpg;*.bmp|所有文件(*.*)|*.*"
    if(file.ShowDialog() == DialogResult.OK)
    {
        file_name = file.FileName;
        Bitmap bitmap  =  new Bitmap(file_name);
        Graphics g  =  this.CreateGraphics();
        //原图大小显示
        g.DrawImage(bitmap,0,0,bitmap.Width, bitmap.Height);
        //缩半显示
        g.DrawImage(bitmap,200,0,bitmap.Width/2, bitmap.Height/2);
        bitmap.Dispose();      //释放占用的资源
        g.Dispose();
    }
}
private void button2_Click(object sender, System.EventArgs e)      //保存
{
    //构造一个指定区域的空图像
    Bitmap image = new Bitmap(this.Width,this.Height);
    //根据指定区域得到 Graphics 对象
    Graphics g = Graphics.FromImage(image);
    //设置图像的背景色
    g.Clear(this.BackColor);
```

```
    if(file_name == "")
    {
        MessageBox.Show("未显示图像文件");
        return;
    }
    Bitmap bitmap = new Bitmap(file_name);
    //将原图图形画到 Graphics 对象中
    g.DrawImage(bitmap,0,0,bitmap.Width, bitmap.Height);
    //将原图图形缩半画到 Graphics 对象中
    g.DrawImage(bitmap,200,0,bitmap.Width/2, bitmap.Height/2);
    try
    {
        //保存画到 Graphics 对象中的图形
        image.Save(@"c:\tu1.jpg"
                ,System.Drawing.Imaging.ImageFormat.Jpeg);
        MessageBox.Show("保存成功!","恭喜");
    }
    catch(Exception err)
    {
        MessageBox.Show(err.Message);
    }
    image.Dispose();
    g.Dispose();
}
```

运行程序,单击显示按钮可将选中图片文件和它的缩半图同时显示在窗体中,单击保存按钮可将两幅图合一保存到 c:\tu1.jpg 文件中。

本例没使用 OpenFileDialog 控件选择文件,而是通过 OpenFileDialog 类的实例实现选择文件。显示按钮首先创建 OpenFileDialog 类的实例,获取文件名后创建一个 Bitmap 对象。

5.2.3 图像的平移、旋转和缩放

Graphics 类提供了三种对图像进行几何变换的方法,它们是 TranslateTransform()方法、RotateTransform()方法和 ScaleTransform()方法,分别用于图形图像的平移、旋转和缩放。

TranslateTransform()方法的形式为:

```
public void TranslateTransform(float dx,float dy)
```

其中,dx 表示平移的 x 分量,dy 表示平移的 y 分量。

RotateTransform()方法的形式为:

```
public void RotateTransform(float angle)
```

其中,angle 表示旋转角度。

ScaleTransform()方法的形式为:

```
public void ScaleTransform(float sx,float sy)
```

其中,sx 表示 x 方向的缩放比例,sy 表示 y 方向的缩放比例。

【例 5-3】 三种变换方法示例。

(1) 创建新 Windows 应用程序项目。

(2) 添加如下 Form1_Paint 事件代码:

```
private void Form1_Paint(object sender, PaintEventArgs e)
{
    Graphics g = e.Graphics;
    //椭圆透明度 80%
    g.FillEllipse(new SolidBrush(Color.FromArgb(80,Color.Red)),
                 120,30,200,100);
    g.RotateTransform(30.0f);            //顺时针旋转 30°
    g.FillEllipse(new SolidBrush(Color.FromArgb(80,Color.Blue)),
                 120,30,200,100);
    //水平方向向右平移 200 个像素,垂直方向向上平移 100 个像素
    g.TranslateTransform(200.0f, -100.0f);
    g.FillEllipse(new SolidBrush(Color.FromArgb(50,Color.Green)),
                 120,30,200,100);
    g.ScaleTransform(0.5f,0.5f);         //缩小到一半
    g.FillEllipse(new SolidBrush(Color.FromArgb(100,Color.Red)),
                 120,30,200,100);
}
```

运行效果如图 5-9 所示。

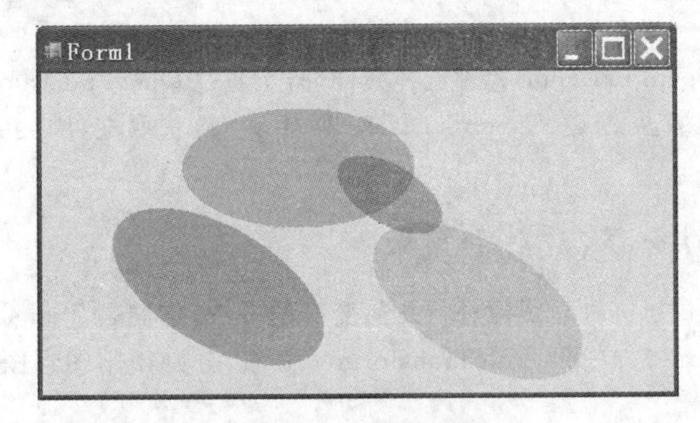

图 5-9 三种变换方法

5.2.4 生成数字字符验证码图片

不少网站为了防止用户利用机器人自动注册、登录、灌水,都采用了验证码技术。所谓验证码,就是将一串随机产生的数字或符号,生成一幅图片,图片里加上一些干扰像素防止OCR(OCR 是英文 Optical Character Recognition 的缩写,OCR 就是图像识别技术,特别是从图像中识别文字),由用户肉眼识别其中的验证码信息,输入表单提交网站验证,验证成功后才能使用某项功能。用程序生成随机的验证码并不是很难,下面就来介绍一下使用 C#生成随机的数字字符验证码图片。

1. 设计原理

(1) 生成任意长度随机数字字符串。

```
public string GetRandomNumberString(int int_NumberLength)
{
        string str_Number = string.Empty;
        Random theRandomNumber = new Random();
        for (int int_index = 0; int_index < int_NumberLength; int_index++)
            str_Number += theRandomNumber.Next(10).ToString();
        return str_Number;
}
```

(2) 生成随机颜色。

```
public Color GetRandomColor()
    {
        Random RandomNum_First = new Random((int)DateTime.Now.Ticks);
        //C#的随机数
        System.Threading.Thread.Sleep(RandomNum_First.Next(50));
        Random RandomNum_Sencond = new Random((int)DateTime.Now.Ticks);
        //为了在白色背景上显示,尽量生成深色
        int int_Red = RandomNum_First.Next(256);
        int int_Green = RandomNum_Sencond.Next(256);
        int int_Blue = (int_Red + int_Green > 400) ? 0 : 400 - int_Red - int_Green;
        int_Blue = (int_Blue > 255) ? 255 : int_Blue;
        return Color.FromArgb(int_Red, int_Green, int_Blue);
    }
```

(3) 根据字符串 s 生成图像。

```
Bitmap memBitmap = new Bitmap(pictureBox1.Width, pictureBox1.Height);
Graphics g = Graphics.FromImage(memBitmap);
SolidBrush brush = new System.Drawing.SolidBrush(Color.Red);
Font drawFont = new Font("Arial", 18);
g.DrawString(s, drawFont, brush, 0, 0);
pictureBox1.Image = memBitmap ;      //贴图
```

知道了上面的原理,随机生成数字字符验证码的程序也就出来了。

2. 功能实现

【例 5-4】 生成 4 个随机数字的字符验证码程序,运行效果如图 5-10 所示。

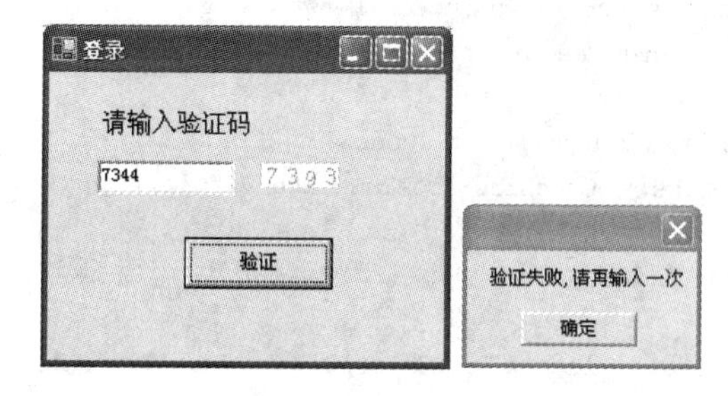

图 5-10　4 个随机数字的字符验证码程序运行界面

【设计步骤】

(1) 创建新 Windows 应用程序项目,项目名称为“数字验证码”。在窗体 Form1 上添加 1 个标签(Text 改为“请输入验证码”)和 1 个按钮 button1(Text 改为“验证”);添加 1 个文本框控件和 1 个图片框 pictureBox1(用来生成图形化验证码)。

(2) 编写代码:

首先在 Form1 类成员代码区中,加入定义字段成员变量:

```
private string str_ValidateCode;
```

生成任意长度随机数字字符串由 GetRandomNumberString()方法产生。

```
public string GetRandomNumberString(int int_NumberLength)
{
    string str_Number = string.Empty;
    Random theRandomNumber = new Random();
    for (int int_index = 0; int_index < int_NumberLength; int_index++)
        str_Number += theRandomNumber.Next(10).ToString();
    return str_Number;
}
```

生成随机颜色由 GetRandomColor()方法实现。

```
public Color GetRandomColor()      //生成随机颜色
{
    Random RandomNum_First = new Random((int)DateTime.Now.Ticks);
    //对于 C#的随机数,没什么好说的
    System.Threading.Thread.Sleep(RandomNum_First.Next(50));
    Random RandomNum_Sencond = new Random((int)DateTime.Now.Ticks);
    //为了在白色背景上显示,尽量生成深色
    int int_Red = RandomNum_First.Next(256);
    int int_Green = RandomNum_Sencond.Next(256);
    int int_Blue = (int_Red + int_Green > 400) ? 0 : 400 - int_Red - int_Green;
    int_Blue = (int_Blue > 255) ? 255 : int_Blue;
    return Color.FromArgb(int_Red, int_Green, int_Blue);
}
```

CreateImage()方法根据验证字符串生成最终图像。

```
public void CreateImage(string str_ValidateCode)
{
    int int_ImageWidth = str_ValidateCode.Length * 13;
    Random newRandom = new Random();
    //图高 20px
    Bitmap theBitmap = new Bitmap(int_ImageWidth, 20);
    Graphics theGraphics = Graphics.FromImage(theBitmap);
    //白色背景
    theGraphics.Clear(Color.White);
    //灰色边框
    theGraphics.DrawRectangle(new Pen(Color.LightGray, 1), 0, 0, int_ImageWidth - 1, 19);
    //10pt 的字体
```

```
    Font theFont = new Font("Arial", 10);
    for (int int_index = 0; int_index < str_ValidateCode.Length; int_index++)
    {
        string str_char = str_ValidateCode.Substring(int_index, 1);
        Brush newBrush = new SolidBrush(GetRandomColor());
        Point thePos = new Point(int_index * 13 + 1 + newRandom.Next(3), 1 + newRandom.Next(3));
        theGraphics.DrawString(str_char, theFont, newBrush, thePos);
    }
    //将生成的图片显示到图片框中
    pictureBox1.Image = theBitmap;
}
```

编写窗体加载的 Load 事件代码：

```
private void Form1_Load(object sender, System.EventArgs e)
{
    //4 位数字的验证码
    str_ValidateCode = GetRandomNumberString(4);
    CreateImage(str_ValidateCode);
}
```

编写“验证”按钮 button1 的 Click 事件代码：

```
private void button1_Click(object sender, System.EventArgs e)
{
    if (str_ValidateCode == textBox1.Text)
        MessageBox.Show("验证通过");
    else
        MessageBox.Show("验证失败,请再输入一次");
}
```

5.3 播放声音与视频的文件

Visual C#.NET 没有提供播放 WAV 音频文件的类，要编写播放音频文件程序，可以使用 ActiveX 控件，也可使用 sndPlaySound API 函数实现对 WAV 音频文件进行播放。

5.3.1 通过 API 函数播放声音文件

下面编写一个播放 WAV 音频文件的类 PlaySound：

```
public class PlaySound
{
    private const int SND_SYNC = 0x0;       //常量定义
    private const int SND_ASYNC = 0x1;
    private const int SND_NODEFAULT = 0x2;
    private const int SND_LOOP = 0x8;
    private const int SND_NOSTOP = 0x10;
    public static void Play(string file)
    {
```

```
        int flags = SND_ASYNC | SND_NODEFAULT;
        sndPlaySound(file,flags);
    }
    [DllImport("winmm.dll")]
    private extern static int sndPlaySound(string file,int uFlags);
}
```

其中,sndPlaySound API 函数需要两个参数：第一个参数 file 是要播放的 WAV 文件名,第二个参数表明播放方式,其值如上述常量定义。通常所使用的标识意义如下：

- SND_SYNC 播放 WAV 文件,播放完毕后将控制转移回应用程序中。
- SND_ASYNC 播放 WAV 文件,然后将控制立即转移回应用程序中。
- SND_NODEFAULT 不要播放默认的 WAV 文件,以免发生某些意外的错误。
- SND_MEMORY 播放以前已经加载到内存中的 WAV 文件。
- SND_LOOP 循环播放 WAV 文件。
- SND_NOSTOP 在开始播放其他的 WAV 文件之前,需要完成对本 WAV 文件的播放。

值得注意的是,SND_LOOP 标识通常需要同 SND_ASYNC 共同使用,也即在两个标识之间添加与播放符,以免在对 WAV 文件进行播放的时候将系统挂起。

有了上述类后,使用以下方式即可播放 WIN.WAV 声音文件：

```
PlaySound.Play("WIN.WAV");
```

5.3.2 ActiveX 控件

Visual C#.NET 中并没有提供媒体播放器的.NET 组件,可以调用 ActiveX 控件播放声音文件。ActiveX 控件可以简单地理解为能够实现特定功能的控件,ActiveX 控件是一种可重用的软件组件,由编程语言开发,开发 ActiveX 控件可以使用各种编程语言,如 C、C++,当然也包括 Visual Studio.NET 环境的 VB.NET、VC.NET、C#等编程语言。ActiveX 控件目前仅适用于 Windows 平台。

ActiveX 控件通常被集中存放在操作系统 Windows 的 System32 文件夹下,因此保存在该文件夹中的已注册 ocx 文件或 dll 文件可以被 Visual C#.NET 检索到并显示在“自定义工具箱”的“COM 组件”中。如果创建的 ActiveX 控件没有保存在该文件夹中,则无法被 C#检索到,这时可以通过“自定义工具箱”对话框中的“浏览”按钮进行添加。在工具箱中右击鼠标,在弹出的快捷菜单中选择“添加/移除项”命令,或选择“工具”→“添加/移除工具箱项”命令,打开“自定义工具箱”对话框。

5.3.3 Windows Media Player 控件播放声音和视频文件

音频视频控件(Windows Media Player)可以实现多种音频与视频格式文件的播放,可以通过设置控件的 URL 属性值来获取媒体播放文件。

1. Windows Media Player 控件常用属性

Media Player 控件常用属性有：

PlayState 属性：该属性用于测试控件当前的播放状态。

URL 属性是字符串类型，用于存储播放文件的名称与路径，控件从该属性中获取播放文件。假设有一个 Windows Media Player 的控件对象 Media，则设置 URL 的语句如下：

```
Media.URL = "f:\\C#\\MP3_WMV\\致爱丽丝.mp3";
```

Media Player 控件的 Ctlcontrols 对象常用方法如下：

(1) Play 方法——该方法用来播放多媒体文件。

(2) Pause 方法——该方法用来暂停多媒体文件的播放。

(3) Stop 方法——该方法用来停止对多媒体文件的播放。

例如：

```
this.axWindowsMediaPlayer1.Ctlcontrols.pause();
```

2. Windows Media Player 控件的常用事件

如果要实现多个文件的连续播放，可以利用 PlayStateChange 事件，比如将播放的多个文件事先放到一个 ListBox 中，然后在该事件代码中指定新的播放文件选项等。该事件在播放当前文件状态改变(如播放结束)时触发，要使用 Windows Media Player 控件，需要先将其从 COM 组件添加到工具箱中。具体步骤如下：

(1) 创建一个 Windows 应用程序，在设计视图下，在工具箱中右击，在弹出的快捷菜单中选择“选择项”命令，打开“选择工具箱项”对话框。单击“COM 组件”选项卡，从中选择“Windows Media Player”控件。

(2) 选中 Windows Media Player 控件，单击“确定”按钮。这样，就把该控件 Windows Media Player 添加到工具箱中了。

【例 5-5】 用 Windows Media Player 控件制作媒体播放器。程序某时刻的运行界面如图 5-11 所示。程序运行时单击“添加歌曲”按钮将会出现一个打开对话框供用户选择要播放的视频或声音文件，选择所有文件后，单击“顺序播放”按钮将按右侧列表中顺序播放视频或声音文件，单击“随机播放”按钮将随机播放列表中视频或声音文件。

图 5-11 媒体播放器程序运行界面

【程序设计的思路】

可以使用 OpenFileDialog 类的对象选择所要播放的文件，把选择的文件名添加到列表框中。利用 PlayStateChange 事件来实现由一曲到下一曲的替换，但是在响应

PlayStateChange 事件的时候直接改变 Player 的 url 无法让它直接播放下一曲，解决方法满足一首歌曲结束的条件的时候唤醒计时器，计时器 100ms 内就响应函数 timer1_Tick，在这个函数里实现下一首歌曲的选择播放便可以顺利进行。

【设计步骤】

(1) 创建新的 Windows 应用程序，将 Windows Media Player 控件拖放到设计窗体上。然后向窗体拖放 3 个 Button 控件、1 个 ListBox 控件和 1 个定时器控件 timer1。

为了让播放画面随窗口大小改变，可以将 Windows Media Player 控件的 Anchor 属性设置为 Top、Left、Bottom、Right，即让其四方都锚定。

(2) 成员变量定义。

```
private int n = 0;
private bool random_mode;
```

(3) 添加事件代码。

“添加歌曲”按钮的 Click 事件代码：

```
private void button1_Click(object sender, EventArgs e)      //添加歌曲按钮
{
    OpenFileDialog myFile = new OpenFileDialog();
    //过滤掉其他类型的文件
    myFile.Filter = "*.mp3;*.wav;*.mpeg;*.avi;*.wmv|*.mp3;*.wav;*.mpeg;*.avi;*.wmv";
    //检查文件和路径是否存在
    myFile.CheckFileExists = true;
    myFile.CheckPathExists = true;
    if(myFile.ShowDialog() == DialogResult.OK)
    {
        //axWindowsMediaPlayer1.URL = myFile.FileName;
        listBox1.Items.Add(myFile.FileName);
    }
}
```

“顺序播放”按钮的 Click 事件代码：

```
private void button2_Click(object sender, EventArgs e)      //顺序播放按钮
{
    if (listBox1.Items.Count == 0) return;
    this.axWindowsMediaPlayer1.URL = listBox1.Items[0].ToString() ;
    random_mode = false;
}
```

“随机播放”按钮的 Click 事件代码：

```
private void button3_Click(object sender, EventArgs e)      //随机播放按钮
{
    if (listBox1.Items.Count == 0) return;
    random_mode = true;
```

```
    Random rdm = new Random(unchecked((int)DateTime.Now.Ticks));
    int m = rdm.Next() % listBox1.Items.Count;
    this.axWindowsMediaPlayer1.URL = listBox1.Items[m].ToString();
}
```

播放状态改变 PlayStateChange 事件代码：

```
private void axWindowsMediaPlayer1_PlayStateChange(object sender,
AxWMPLib._WMPOCXEvents_PlayStateChangeEvent e)      //PlayState: 播放状态
{
    if (this.axWindowsMediaPlayer1.playState == WMPLib.WMPPlayState.wmppsStopped)
    {
        timer1.Start();
    }
}
```

定时器的 Tick 事件代码：

```
private void timer1_Tick(object sender, EventArgs e)
{
    timer1.Stop();
    if (!random_mode)               //顺序播放
    {
        n++;
        n = n % listBox1.Items.Count;
        this.axWindowsMediaPlayer1.URL = listBox1.Items[n].ToString();
    }
    else                            //随机模式播放
    {
        n++;
        Random rdm = new Random(unchecked((int)DateTime.Now.Ticks));
        int m = rdm.Next() % listBox1.Items.Count;
        this.axWindowsMediaPlayer1.URL = listBox1.Items[m].ToString();
    }
}
```

5.3.4 无声动画控件(Animation)

Animation 控件用于播放无声的 AVI 动画文件。

Animation 控件的主要属性是 AutoPlay 属性，该属性决定该控件是否可以自动播放加载文件。

对 Animation 所播放的文件的操作主要是 Open 与 Close 方法。前者用于打开媒体文件，后者用于关闭当前正播放的媒体文件。

Open 方法被调用时，需要传递一个字符串类型的参数，用以指明打开文件的位置及文件名，例如假设已声明一个 Animation 对象为 anmAVI，则调用其 Open 方法的语句为：

```
anmAVI.Open("f:\\C#\\AVI\\FILECOPY.AVI");
```

5.4 特殊形状的窗体界面

越来越多的应用程序中使用到各种不同规则的窗体，这些不同规则的窗体给应用程序带来异常的情趣和不同平常的效果。

【例 5-6】 实现椭圆形、扇形、环形三种不规则窗体应用程序。单击“椭圆形”按钮，则会得到如图 5-12 所示的运行界面。

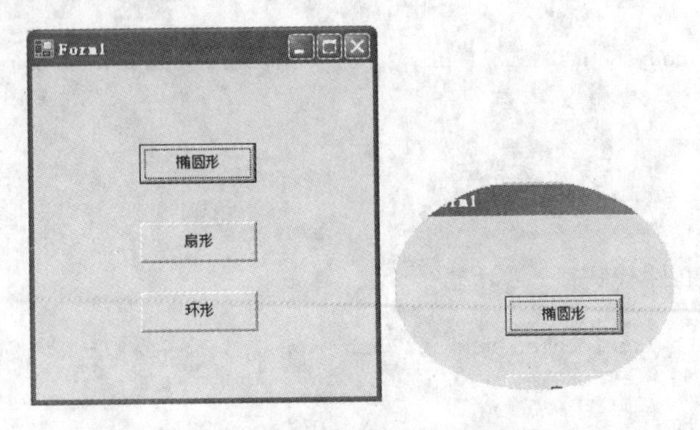

图 5-12 单击“椭圆形”按钮前后的窗体效果

下面介绍一下 Visual C#.NET 创建不规则窗体的相关知识和具体实现方法。

5.4.1 Region 类和 GraphicsPath 类

Visual C#.NET 中定制不规则窗体主要使用到 Region 类和 GraphicsPath 类，其中以 GraphicsPath 类最为重要。GraphicsPath 类和 Region 类分别位于.Net FrameWork SDK 中的 System.Drawing.Drawing2D 命名空间和 System.Drawing 命名空间。在 Visual C# 中具体实现各种不规则窗体的过程中，GraphicsPath 主要作用是根据程序员的要求，通过 GraphicsPath 中提供的方法绘制不同规则的形状。Region 的主要作用是依靠 GraphicsPath 实例来初始化 Region 对象，从而形成不规则窗体。

其具体的实现过程是，首先通过 GraphicsPath 类构造函数创建 GraphicsPath 实例，然后通过 GraphicsPath 中提供的方法按照程序员的要求绘制形状，最后以 GraphicsPath 实例来初始化 Region 对象。完成不规则窗体。可见了解、掌握 GraphicsPath 类对于理解本文介绍的实现方法是非常必要的。表 5-3 和表 5-4 分别给出了 GraphicsPath 类的常用方法和常用属性及其说明。

表 5-3 GraphicsPath 类的常用方法及其说明

方　法	说　明
AddArc	GraphicsPath 向当前图形追加一段椭圆弧
AddCurve	GraphicsPath 向当前图形添加一段样条曲线。由于曲线经过数组中的每个点，因此使用基数样条曲线
AddEllipse	GraphicsPath 向当前路径添加一个椭圆
AddLine	GraphicsPath 向此 GraphicsPath 实例追加一条线段

续表

方　法	说　明
AddLines	GraphicsPath 向此 GraphicsPath 实例末尾追加一系列相互连接的线段
AddPath	将指定的 GraphicsPath 实例追加到该路径
AddPie	GraphicsPath 向此路径添加一个扇形轮廓
AddPolygon	GraphicsPath 向此路径添加多边形
AddRectangle	GraphicsPath 向此路径添加一个矩形
AddRectangles	GraphicsPath 向此路径添加一系列矩形
AddString	GraphicsPath 向此路径添加文本字符串
ClearMarkers	清除此路径的所有标记
Clone	创建此路径的一个精确副本
CloseAllFigures	闭合此路径中所有开放的图形并开始一个新图形。它通过连接一条从图形的终结点到起始点的直线，闭合每一开放的图形
CloseFigure	闭合当前图形并开始新的图形。如果当前图形包含一系列相互连接的直线和曲线，该方法通过连接一条从终结点到起始点的直线，闭合该图形
Flatten	GraphicsPath 将此路径中的各段曲线转换成相连的线段序列
GetBounds	GraphicsPath 返回限定此 GraphicsPath 实例的矩形
GetLastPoint	获取此 GraphicsPath 实例 PathPoints 数组中的最后的点
IsOutlineVisible	GraphicsPath 指示当使用指定的 Pen 对象绘制此 GraphicsPath 实例时，指定点是否包含在后者的轮廓内
IsVisible	GraphicsPath 指示指定点是否包含在此 GraphicsPath 实例内
Reset	清空 PathPoints 和 PathTypes 数组并将 FillMode 设置为 Alternate
Reverse	反转此 GraphicsPath 实例的 PathPoints 数组中各点的顺序
SetMarkers	在此 GraphicsPath 实例上设置标记
StartFigure	不闭合当前图形即开始一个新图形。后面添加到该路径的所有点都被添加到此新图形中
Transform	将变形矩阵应用到此 GraphicsPath 实例
Warp	GraphicsPath 对此 GraphicsPath 实例应用由一个矩形和一个平行四边形定义的扭曲变形
Widen	GraphicsPath 在用指定的画笔绘制此路径时，用包含所填充区域的曲线代替此路径
AddArc	GraphicsPath 向当前图形追加一段椭圆弧

表 5-4　GraphicsPath 类中的常用属性及其说明

属　性	说　明
FillMode	获取或设置一个 FillMode 枚举
PathData	获取一个 PathData 对象，它封装此 GraphicsPath 实例的点(points)和类型(types)的数组
PathPoints	获取路径中的点
PathTypes	获取 PathPoints 数组中相应点的类型
PointCount	获取 PathPoints 或 PathTypes 数组中的元素数

用 Visual C#.NET 实现的椭圆形、扇形、圆形、环形和三角形等形状窗体中就使用到 GraphicsPath 中的 AddEllipse 方法(绘制椭圆形)、AddPie 方法(绘制扇形)、AddLine 方法

(绘制直线)等方法。GraphicsPath 中提供了丰富的方法，这对实现更复杂的窗体形状是非常有用的，但完全掌握这些方法的使用方法也需要花费大量的时间和精力。

5.4.2 程序设计的步骤

(1) 创建新的 Windows 应用程序，往 Form1 窗体中拖入 3 个 Button 控件，用以定制不同形状窗体，并在这个 Button 控件拖入 Form1 的设计窗体后，双击它们，则系统会在 Form1.cs 文件分别产生这 3 个控件的 Click 事件对应的处理代码。

(2) 引用以下命名空间：

```
using System.Drawing.Drawing2D;      //有关 GraphicsPath 类的命名空间
using System.Drawing;                //Region 类的命名空间
```

(3) 编写代码。

button1 功能是改变当前窗体形状为椭圆形，其 Click 事件对应的处理代码如下：

```
private void button1_Click(object sender, System.EventArgs e)
{
    System.Drawing.Drawing2D.GraphicsPath p = new .GraphicsPath();
    int Width = this.ClientSize.Width;
    int Height = this.ClientSize.Height;
    //根据要绘制椭圆的形状来填写 AddEllipse 方法中椭圆对应的相应参数
    p.AddEllipse(0, 0, Width - 50, Height - 100);
    Region = new Region(p);
}
```

button2 功能是改变当前窗体形状为扇形，其 Click 事件对应的处理代码如下：

```
private void button2_Click(object sender, System.EventArgs e)
{
    System.Drawing.Drawing2D.GraphicsPath p = new GraphicsPath();
    //根据要实现的扇形形状来填写 AddPie 方法中的相应参数
    p.AddPie(10, 10, 250, 250, 5, 150);
    Region = new Region(p);
}
```

button3 功能是改变当前窗体形状为环形，它的 Click 事件对应的处理代码：

```
private void button3_Click(object sender, System.EventArgs e)
{
    System.Drawing.Drawing2D.GraphicsPath p = new GraphicsPath();
    int width = 100;
    int Height = this.ClientSize.Height;
    //根据环形的形状来分别填写 AddEllipse 方法中相应的参数
    p.AddEllipse(0, 0, Height, Height);
    p.AddEllipse(width, width, Height - (width * 2), Height - (width * 2));
    Region = new Region(p);
}
```

5.5 拼图游戏设计

【例 5-7】 开发拼图游戏。

拼图游戏将一幅图片分割成若干拼块并将它们随机打乱顺序。当将所有拼块都放回原位置时，就完成了拼图(游戏结束)。

在“游戏”中，单击分割数组合框，选择“9”开始一个 3 行 3 列拼图游戏，单击“16”开始一个 4 行 4 列拼图游戏，其余类推。新游戏拼块以随机顺序排列，玩家用鼠标单击任意两个图片拼块来交换它们位置，直到所有拼块都回到原位置。拼图游戏运行结果如图 5-13 所示。

图 5-13 拼图游戏运行界面

5.5.1 Graphics 类的常用方法

Graphics 类的 DrawImage()方法用于在指定位置显示原始图像或者缩放后的图像。该方法的重载形式非常多，其中形式之一为：

```
public void DrawImage
(
    Image image, Rectangle destRect,
    Rectangle srcRect, GraphicsUnit srcUnit
);
```

其中，

- image：原始的来源图像。
- destRect：Rectangle 结构，它指定所绘制图像的位置和大小。将图像进行缩放以适合该矩形。
- srcRect：Rectangle 结构，它指定 image 对象中将要被绘制的部分。

- srcUnit：GraphicsUnit 枚举的成员，它指定 srcRect 参数所用的度量单位。

截取图像主要核心是通过 Graphics. DrawImage( )方法得到图片的部分，将这一部分直接画到 Bitmap 上。

例如：从原图 PictureBox1 中截取长宽为 22 的部分图形并显示在 PictureBox2 中。

```
Bitmap bit = new Bitmap( 22, 22 );
Graphics g = Graphics.FromImage( bit );
g.DrawImage( pictureBox1.Image,new Rectangle( 0, 0, 22,22 ),
    new Rectangle( 66, 0, 22,22 ),
GraphicsUnit.Pixel ); /* Copy 22 * 22part from source image */
pictureBox2.Image = bit;
pictureBox2.Image.Save("37.bmp");     //保存截图到 37.bmp 文件中
```

5.5.2 程序设计的思路

应用程序首先显示以正确顺序排列的图片缩略图，根据玩家设置的分割数，将图片分割成相应 GameSize 行列数的拼块(图片)，每个拼块为动态生成的 pictureBox 控件，并按顺序编号。动态生成一个大小 GameSize × GameSize 的数组 Position，存放用 0、1、2，到 GameSize×GameSize－1 的数，每个数字代表一个拼块。游戏开始时，随机打乱这个数组，根据玩家用鼠标点击任意两个图片，来交换该 Position 数组对应元素，判断元素排列顺序来判断是否已经完成游戏。

截取图像主要核心是通过 Graphics. DrawImage(...)得到图片的部分，将这一部分直接画到 Bitmap 上。

5.5.3 程序设计的步骤

(1) 创建新 Windows 应用程序项目，在窗体左侧上添加 1 个图片框 pictureBox1(显示原图的缩图，设置 image 显示的原图)，添加 openFileDialog1 控件和 statusStrip1 状态栏控件，并添加 toolStripStatusLabel1(Text 设为“用鼠标单击任意两个图片即可进行图片的对调”)。其余控件如图 5-14 所示。

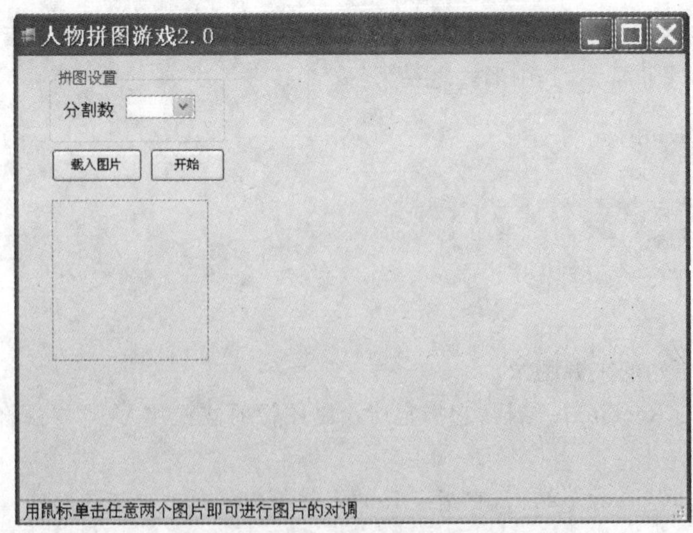

图 5-14　拼图游戏设计界面

(2) 编写程序代码。

引用以下命名空间：

```
using System.IO;            //有关文件的命名空间
using System.Collections;  //集合的命名空间
```

成员变量定义：

```
public PictureBox[] PicBlock = new PictureBox[25];
int GameSize;                        //布局大小即行列数
int MAP_WIDTH = 300;                 //图片宽度
int FirstBlock, SecondBlock;
bool flag;                           //是否交换
int[] Position = new int[25];        //存放图片序号的数组
Bitmap Source;                       //生成 300×300 像素的原图
string filename;                     //所选择的文件名
```

窗体加载事件方法：

```
private void Form1_Load(object sender, System.EventArgs e)
{
    filename = Application.StartupPath + "\\defa.bmp";
    pictureBox1.Image = Image.FromFile(filename);
    flag = false;
    comboBox1.Items.Clear();
    comboBox1.Items.Add("9");
    comboBox1.Items.Add("16");
    comboBox1.Items.Add("25");
    comboBox1.Text = "9";
    MAP_WIDTH = 300;
    Source = new Bitmap(MAP_WIDTH, MAP_WIDTH);      //原图像
    SaveBmp();
}
```

由于用户选择的图片大小不一定是 300×300 像素，所以需要将原图片进行一定变形缩放，保存成一个 Source 位图对象中存放，这个功能由 SaveBmp()实现。

```
private void SaveBmp()   //按 MAP_WIDTH * MAP_WIDTH 大小保存所选图片到 Source 位图对象
{
    Graphics g ;
    g = Graphics.FromImage(Source);       //生成 Graphics 对象
    g.DrawImage(Image.FromFile(filename), 0, 0, MAP_WIDTH, MAP_WIDTH);
}
```

数组 Position 存放 0、1、2、3，直到 GameSize×GameSize－1 的数，因为要完成随机打乱这个数组 Position，初始化游戏过程 Init ()利用 ArrayList 类实现随机数组效果。

```
private void init(int n)
{
    Random rdm ;
    ArrayList al = new ArrayList();
    int t = 0;
    rdm = new Random();
```

```
    t = 0;
    while (al.Count < n * n)
    {
        t = rdm.Next(0, n * n);
        if ((!al.Contains(t)))
        {
            al.Add(t);
        }
    }
    for (t = 0; t <= al.Count - 1; t++)
    {
        Position[t] = Convert.ToInt16 (al[t]);
    }
}
```

“分隔数”组合框初始化游戏相关设置：

```
private void comboBox1_SelectedIndexChanged(object sender, System.EventArgs e)
{
    GameSize = (int) Math.Sqrt(Convert.ToInt16 (comboBox1.Text));
    init(GameSize);
}
```

“载入图片”按钮单击事件完成拼图所用的图片：

```
private void button1_Click(object sender, System.EventArgs e)
{
    openFileDialog1.ShowDialog();
    if (!string.IsNullOrEmpty(openFileDialog1.FileName))
    {
        filename = openFileDialog1.FileName;
        pictureBox1.Image = Image.FromFile(filename);
        SaveBmp();
    }
}
```

单击“开始”按钮事件完成卸载上次游戏的图片拼块和重新加载图片拼块：

```
private void button2_Click(object sender, System.EventArgs e)
{
    //卸载上次的图片拼块
    int i = 0;
    int BWidth = 0;
    bool flag = true;
    while (this.Controls.Count > 0 & flag == true) {
        flag = false;
        foreach (Control a in this.Controls)
        {
            if (a.Name.Length > 8) {
                if (a.Name.Substring(0, 8) == "PicBlock") {
                    this.Controls.Remove(a);
                    flag = true;
```

```
                    i = i + 1;
                }
            }
        }
    }
    init(GameSize);                              //重新加载图片拼块
    BWidth = MAP_WIDTH / GameSize;
    for (i = 0; i <= GameSize * GameSize - 1; i++) {
    PicBlock[i] = new PictureBox();
    this.Controls.Add(PicBlock[i]);
    PicBlock[i].Left = 250 + BWidth * (i % GameSize);
    PicBlock[i].Top = BWidth * (int)(i / GameSize) + 70;
    PicBlock[i].Width = BWidth;
    PicBlock[i].Height = BWidth;
    PicBlock[i].Name = "PicBlock" + i.ToString();
    PicBlock[i].Tag = i;                         //图片拼块编号
    PicBlock[i].Image = create_image(Position[i]);
    PicBlock[i].BorderStyle = BorderStyle.Fixed3D;
    //PicBlock[i].BringToFront()
    ((PictureBox)PicBlock[i]).Click += swap;     //添加单机事件处理方法 swap
    }
}
```

在图片拼块上单击事件中调用处理方法 swap()完成 Position 数组元素和图片拼块交换。

```
private void swap(object sender, System.EventArgs e)
{
    //这里处理单击事件,根据单击交换数组元素
    PictureBox bClick = ( PictureBox)sender;
    int i = 0;
    Image temp;
    //将被单击的控件赋给 bClick 变量
    if (flag == false)
    {
        flag = true;
        FirstBlock = Convert.ToInt16(bClick.Tag);   //记录第一次单击图片拼块编号
    }
    else                                            //交换
    {
        this.Text = "";
        SecondBlock = Convert.ToInt16(bClick.Tag);  //记录第二次单击图片拼块编号
        temp = PicBlock[SecondBlock].Image;         //以下三个语句实现图片拼块交换
        PicBlock[SecondBlock].Image = PicBlock[FirstBlock].Image;
        PicBlock[FirstBlock].Image = temp;
        flag = false;
        i = Position[SecondBlock];              //以下三个语句实现 Position 数组元素交换
        Position[SecondBlock] = Position[FirstBlock];
        Position[FirstBlock] = i;
        foreach (int s in Position)
        {
            this.Text = this.Text + Position[s].ToString ();
        }
        if (CheckWin() == true)                     //过关
```

```
        {
            MessageBox.Show("成功了", "提示");
        }
    }
}
```

CheckWin()判断游戏是否过关,只需判断 Position 是否为 0,1,2,3…的升序即可。

```
private bool CheckWin()            //判断是否成功
{
    int t = 0;
    for (t = 0; t <= Position.Length - 1; t++)
    {
        if (Position[t] != t)
        {
            return false;
        }
    }
    return true;
}
```

create_image()方法实现标号 n 从 300×300 的原图中截图。

```
private Bitmap create_image(int n)            //按标号 n 截图
{
    int W = 0;
    W = MAP_WIDTH / GameSize;
    Bitmap bit = new Bitmap(W, W);
    Graphics g = Graphics.FromImage(bit); //生成 Graphics 对象
    Rectangle a = new Rectangle(0, 0, W, W);
    Rectangle b = new Rectangle((n % GameSize) * W, n/GameSize * W, W, W);
    g.DrawImage(Source, a, b, GraphicsUnit.Pixel);
    //截图 Copy W * W part from source image Image.FromFile("temp.bmp")
    return bit;
}
```

拼图游戏总体设计情况如上,并没有很高深的内容,实现的核心在于对数组的操作排列。

5.6 坦克大战游戏

【例 5-8】 在此游戏中,玩家操作一辆坦克,必须消灭所有由计算机控制的 10 辆敌军坦克。本游戏的背景墙砖为金属,不可以被击毁。在游戏中,玩家通过键盘的方向键控制已方坦克的行进方向,并可以按空格键发射子弹,当对方坦克被击中,产生爆炸图案和音效。如果玩家的坦克被销毁或敌方坦克全部被击毁,游戏便告终止。游戏运行界面如图 5-15 所示。

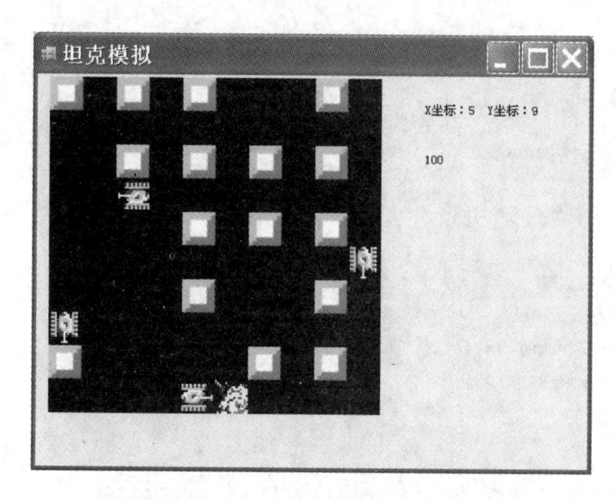

图 5-15　坦克大战游戏运行界面

5.6.1　程序设计的思路

游戏画面看成 10×10 的方格，窗体中 Map[10, 10]保存游戏砖块位置的地图，其中 0 代表空地，1 代表墙砖。TMap[10, 10]保存坦克位置和砖位置的地图，其中 0 代表空地，1 代表墙砖，2～5 为敌方坦克，6 为己方坦克。游戏面板重画时，TMap 保存的信息传入，便于判断子弹是否击中坦克和墙砖。

坦克大战游戏设计了 4 个类：

(1) 坦克类 Tank——游戏中，主要角色是坦克，设计的坦克类 Tank 需要实现坦克发射子弹，显示坦克图案，坦克爆炸，改变方向，产生子弹，控制子弹的移动功能。

(2) 子弹 bullet 类——比较简单，主要完成子弹的移动和在屏幕上的显示。

(3) 播放声音 PlaySound 类——实现声音的播放。其中 Play 方法根据传入的声音文件播放音乐。

(4) 游戏窗体类——是游戏的界面，主要添加 1 个图片框控件 pictureBox1 作为游戏面板，2 个定时器控件 timer1 和 timer2。timer1 控件定时控制敌方坦克的移动并刷新游戏面板，timer2 控件定时产生新的敌方坦克直到达到敌方坦克最大量。

5.6.2　程序设计的步骤

1. 坦克(Tank)类设计

游戏中，主要角色是坦克，设计的坦克类 Tank 需要实现坦克发射子弹，显示坦克图案，坦克爆炸，改变方向，产生子弹，控制子弹的移动功能。

敌我坦克类型采用数字代号，2～5 代表敌方坦克，6 代表己方(玩家)坦克，坦克的方向上下左右分别用数字 0、1、2、3 表示。每辆坦克发射的子弹序列采用 ArrayList 列表数组 bList，可以动态增删。

定义以下描述坦克特征的字段：

```
private int width;                        //坦克的宽度
private int height;                       //坦克的高度
private int top;                          //坦克位置的纵坐标
```

```
private int left;                       //坦克位置的横坐标
private int type;                       //坦克的类型(2---5敌方,6己方)
private int direct;                     //0--上,1--下,2--左,3--右
public ArrayList bList = new ArrayList();   //子弹序列
```

坦克类 Tank 构造函数,随机产生坦克的方向代号以及坐标,类型代号由参数传入。

```
public Tank(int tank_type)              //构造函数
{
    Random r = new Random();
    this.direct = r.Next(0, 4);         //产生0~3的数
    this.width = 32;
    this.height = 32;
    this.left = r.Next(0, 10);          //产生0~9的数
    this.top = r.Next(0, 10);           //产生0~9的数
    this.type = tank_type;
}
```

设计访问坦克的宽度、高度、位置坐标、类型、方向 5 个私有字段的相应属性。一般来说字段访问权限是 private,但是用 private 会使得它们不能被类外访问,于是就设计了有可供外部访问相应属性,以使得那些不能和外界接触的变量有被访问的渠道。

```
public int Top                          //Top属性
{
    get
    {
        return top;
    }
    set
    {
        if (top >= 0 && top <= 9)
        {
            top = value;
        }
    }
}
public int Type                         //坦克的类型属性
{
    get
    {
        return type;
    }
    set
    {
        if (type >= 2 && type <= 6)
        {
            type = value;
        }
    }
}
```

```
public int Left                                  //Left 属性
{
    get
    {
        return left;
    }
    set
    {
        if (left >= 0 && left <= 9)
        {
            left = value;
        }
    }
}
public int Direct                                //Direct 属性(坦克方向)
{
    get
    {
        return direct;
    }
    set
    {
        direct = value;
    }
}
```

当坦克遇到障碍物时,需要改变方向。newDirect()方法根据随机产生新的坦克移动方向。

```
public void newDirect()
{
    Random r = new Random();
    int new_Direct = r.Next(0, 4);            //产生 0~3 的数
    while(this.direct == new_Direct)
        new_Direct = r.Next(0, 4);            //产生 0~3 的数
    this.direct = new_Direct;
}
```

Draw 方法根据构造函数产生的坦克类型选择不同图片,根据坦克坐标得到在游戏面板中绘制这个坦克图形的矩形区域,并在游戏面板中绘制这个坦克图形。

```
public void Draw(Graphics g, int type)      //根据坦克类型选择不同图片
{
    Image tankImage = Image.FromFile("BMP/ETANK1.BMP");
    if (type == 2) tankImage = Image.FromFile("BMP/ETANK2.BMP");
    if (type == 3) tankImage = Image.FromFile("BMP/ETANK3.BMP");
    if (type == 4) tankImage = Image.FromFile("BMP/ETANK4.BMP");
    if (type == 5) tankImage = Image.FromFile("BMP/ETANK1.BMP");
    if (type == 6) tankImage = Image.FromFile("BMP/MYTANK.BMP");
  //得到在游戏面板中绘制这个坦克图形的矩形区域
```

```
        Rectangle destRect = new Rectangle(this.left * width, this.top * height, width,height);
        Rectangle srcRect = new Rectangle(direct * width, 0, width, height);
        g.DrawImage(tankImage, destRect,srcRect,GraphicsUnit.Pixel );
    }
```

坦克被击中,Explore(Graphics g)在屏幕上画出坦克爆炸动画。

```
    public void Explore(Graphics g)     //坦克爆炸动画
    {
        //得到在游戏面板中绘制这个坦克图形的矩形区域
        Rectangle destRect = new Rectangle(this.left * width, this.top * height, width, height);
        Rectangle srcRect = new Rectangle(0, 0, width, height);
        Image tankImage = Image.FromFile("BMP/explode1.bmp");
        g.DrawImage(tankImage, destRect, srcRect, GraphicsUnit.Pixel);
        tankImage = Image.FromFile("BMP/explode1.bmp");
        g.DrawImage(tankImage, destRect, srcRect, GraphicsUnit.Pixel);
        tankImage = Image.FromFile("BMP/explode2.bmp");
        g.DrawImage(tankImage, destRect, srcRect, GraphicsUnit.Pixel);
        PlaySound.Play("Sound/Explode.wav");
    }
```

每辆坦克开火发射子弹时,敌我不同坦克发射不同样式的子弹,发射的子弹加入每辆坦克的子弹序列 bList 中,如果己方发射子弹则产生发射子弹声音效果。fire 方法实现此功能。

```
    public void fire()
    {
        bullet b = new bullet(this.type);                    //根据坦克产生不同子弹
        b.Direct = this.Direct;                              //坦克的朝向
        b.Top = this.Top;
        b.Left = this.Left;
        bList.Add(b);
        if(this.type == 6)                                   //己方
                PlaySound.Play("Sound/Shoot.wav");  //己方发射声音效果
    }
```

由于坦克发射的子弹序列中每个子弹都需要移动,MoveBullet 方法在移动子弹前,需要分析是否越界,如果越界则将从序列中删除此颗子弹。如果已遇到坦克和墙等障碍物,则删除此子弹并判断被击中的是否是对方的坦克。move()移动子弹后,仍需进行以上判断。如果击中对方的坦克,则在地图 Map 记录 −1,表示此处坦克被打中。在窗体定时事件中会根据 Map 中的 −1,显示爆炸效果。

```
    public void MoveBullet(ref int [,]Map)
    {
        for (int i = bList.Count - 1; i >= 0; i-- )        //遍历子弹序列
        //for (int i = 0; i < bList.Count;i++)
        {
            bullet t = ((bullet)bList[i]);
            //移动以前
```

```
        if (t.Left < 0 || t.Left > 9 || t.Top < 0 || t.Top > 9)
        //超出边界
        {
            bList.RemoveAt(i); continue;                //删除此颗子弹
        }
        if (Map[t.Left, t.Top] != 0 && Map[t.Left, t.Top]!= this.type )
        //已遇到坦克和墙等障碍物
        {
                bList.RemoveAt(i);                      //删除此颗子弹
                if (t.hitE(Map[t.Left, t.Top]))         //击中对方坦克
                    Map[t.Left, t.Top] = -1;            //此处坦克被打中
                continue;
        }
        t.move();                                       //移动子弹
        if (t.Left < 0 || t.Left > 9 || t.Top < 0 || t.Top > 9)
        //超出边界
        {
            bList.RemoveAt(i);continue;                 //删除此颗子弹
        }
        if (Map[t.Left, t.Top] != 0)                    //已遇到物体
        {
                bList.RemoveAt(i);                      //删除此颗子弹
                if (t.hitE(Map[t.Left, t.Top]))         //击中对方坦克
                    Map[t.Left, t.Top] = -1;            //此处坦克被打中
                continue;
        }
    }
}
```

DrawBullet 方法中遍历子弹序列，并调用子弹的 Draw 方法将子弹显示在屏幕上。

```
public void DrawBullet(Graphics g, int[,] Map)          //画子弹
{
    MoveBullet(ref Map);
    foreach (bullet t in bList)                         //遍历子弹序列
        t.Draw(g);
}
```

2. 子弹(bullet)类设计

子弹类比较简单，主要完成子弹的移动和在屏幕上的显示。子弹类型 type 有两种：敌方子弹和己方子弹，从而使用 bool 类型。己方子弹值为 true，敌方子弹值为 false。

定义以下描述子弹特征的字段：

```
private int top;                //子弹坐标(Top,Left)
private int left;
private int direct;             //子弹行进方向
private int width = 32;
private int height = 32;
private bool type;              //己方子弹 true,敌方子弹 false
```

子弹类构造函数根据坦克类型参数，设置子弹类型。坦克类型数字 2～5 表示敌方坦克，所以子弹类型值为 false；6 为己方坦克，子弹类型值为 false。

```
public bullet(int type)            //子弹类构造函数
{
    if (type == 6)                 //己方
        this.type = true;
    else
        this.type = false;
}
```

同样设计访问子弹的位置坐标和方向的 3 个私有字段的相应 Top、Left 和 Direct 属性。为子弹的位置坐标和方向的 3 个私有字段的访问提供接口。

```
public int Top                     //Top 属性
{
    get { return top; }
    set { top = value; }
}
public int Left                    //Left 属性
{
    get { return left; }
    set { left = value; }
}
public int Direct                  //Direct 属性(子弹行进方向)
{
    get { return direct; }
    set { direct = value; }
}
```

子弹类最主要的功能是子弹的显示，子弹类的 Draw 方法根据传入的游戏面板图形对象 g，在游戏面板根据子弹坐标显示子弹图案。

```
public void Draw(Graphics g)
{
    Image bulletImage;
    if (type == true)     //己方
        bulletImage = Image.FromFile("BMP/missile1.bmp");
    else
        bulletImage = Image.FromFile("BMP/missile2.bmp");
    //得到绘制这个子弹图形的在游戏面板中的矩形区域
    Rectangle destRect = new Rectangle(left * width, top * height, width, height);
    Rectangle srcRect = new Rectangle(0, 0, width, height);
    g.DrawImage(bulletImage, destRect, srcRect, GraphicsUnit.Pixel);
}
```

子弹移动时，判断子弹行进方向 Direct，修改坐标值。子弹行进方向是坦克在发射子弹时设置的，和坦克的行进方向一致。坦克的方向上下左右分别用数字 0、1、2、3 表示，子弹的方向同样表示。例如 Direct 属性值为 0，表示向上行进，所以 Top 值减 1。

```
public void move()
{
    switch (Direct)
    {
        case 0:
            Top-- ; break;
        case 1:
            Top++; break;
        case 2:
            Left-- ; break;
        case 3:
            Left++; break;
    }
}
```

子弹移动时击中坦克,如果是对方的被击中要显示爆炸效果,己方则忽略。hitE 方法根据传入被击中的坦克类型参数 tanktype,判断是否击中对方坦克。

```
public bool hitE(int tanktype)          //是否击中对方坦克
{
    if (type == false)                  //敌方子弹
        if (tanktype >= 2 && tanktype <= 5)
            //坦克的类型(2～5 表示敌方,6 表示己方)
            return false;
        else
            return true;
    if (type == true)                   //己方子弹
        if (tanktype == 6)          //坦克的类型(2～5 表示敌方,6 表示己方)
            return false;
        else
            return true;
    return false;
}
```

3. 播放声音(PlaySound)类设计

PlaySound 类实现声音的播放。其中 Play 方法根据传入的声音文件播放音乐。

```
public class PlaySound
{
    private const int SND_SYNC = 0x0;
    private const int SND_ASYNC = 0x1;
    private const int SND_NODEFAULT = 0x2;
    private const int SND_LOOP = 0x8;
    private const int SND_NOSTOP = 0x10;
    public static void Play(string file)
    {
        int flags = SND_ASYNC | SND_NODEFAULT;
        sndPlaySound(file,flags);
    }
    [DllImport("winmm.dll")]
```

```
    private extern static int sndPlaySound(string file,int uFlags);
}
```


4. 游戏窗体类设计

游戏窗体是游戏的界面,主要添加 1 个图片框控件 pictureBox1 作为游戏面板、2 个定时器控件 timer1 和 timer2。timer1 控件定时控制敌方坦克的移动并刷新游戏面板,timer2 控件定时产生新的敌方坦克直到达到敌方坦克最大量。

游戏窗体类定义以下的字段:

```
private int eCount = 0;                     //敌方坦克数量
private int eMaxCount = 10;                 //eMaxCount 敌方坦克最大量
private string path;                        //应用程序路径
private Tank eTank;
private ArrayList eTanks = new ArrayList();
private int[,] Map = new int[10, 10];      //砖块地图
public int[,] TMap = new int[10, 10];      //含坦克,砖块地图
private int width = 32;
private Tank MyTank = new Tank (6);         //己方坦克类型为 6
private int Score = 0;                      //计分
```

其中 eTanks 是敌方坦克序列(10 辆),MyTank 是己方坦克。

窗体 Load 的事件中随机产生背景墙砖图案,保存 Map[10, 10]中。同时将己方坦克定位到(4,9)坐标处,行进方向初始化为向上。

```
private void Form1_Load(object sender, System.EventArgs e) {
    pictureBox1.Width = 10 * width;
    pictureBox1.Height = 10 * width;
    path = Application.StartupPath;
    Random r = new Random();
    for(int x = 0;x < 10;x += 2)
        for (int y = 0; y < 10; y += 2)
        {
            //产生 0、1 数,其中 0 代表空地,1 代表墙砖
            Map[x, y] = r.Next(0, 2);
        }
    Map[4, 9] = 0;
    MyTank.Top = 9;
    MyTank.Left = 4 ;
    MyTank.Direct = 0;
    lblX.Text = "X 坐标: " + MyTank.Left + " Y 坐标: " + MyTank.Top;
}
```

重画游戏界面时,都需要重画游戏地图。DragWall(Graphics g)方法根据 Map[10, 10]数组值,在游戏面板上绘制金属墙砖。

```
private void DragWall(Graphics g)       //画游戏地图
{
    Image WallImage = Image.FromFile("BMP/TQ.BMP");
    for(int x = 0;x < 10;x++)
```

```
        for (int y = 0; y < 10; y++)
        {
            if (Map[x, y] == 1)
            {
            //得到在游戏面板中绘制这个墙砖块的矩形区域
            Rectangle Rect = new Rectangle(x * width, y * width, width, width);
            g.DrawImage(WallImage, Rect);
            }
        }
}
```

己方坦克的移动需要键盘控制，窗体 KeyDown 的事件中接受玩家的光标方向键，控制坦克的移动。如果是空格键，调用 fire()发射子弹。

```
private void Form1_KeyDown(object sender, Forms.KeyEventArgs e)
{
    switch (e.KeyCode)
    {
        case Keys.Up:                          //上
            if (MyTank.Top == 0 || Map[MyTank.Left, MyTank.Top - 1] == 1
            || Meet_Tank(MyTank.Left, MyTank.Top - 1))  //遇到墙砖或坦克
                ;                              //不动
            else
                if(MyTank.Direct == 0)MyTank.Top--;
            MyTank.Direct = 0;
            break;
        case Keys.Down:                        //下
            if (MyTank.Top == 9 || Map[MyTank.Left, MyTank.Top + 1] == 1
            || Meet_Tank(MyTank.Left, MyTank.Top + 1))  //遇到墙砖或坦克
                ;                              //不动
            else
                if (MyTank.Direct == 1) MyTank.Top++;
            MyTank.Direct = 1;
            break;
        case Keys.Left:                        //左
            if (MyTank.Left == 0 || Map[MyTank.Left - 1, MyTank.Top] == 1
            || Meet_Tank(MyTank.Left - 1, MyTank.Top))  //遇到墙砖或坦克
                ;                              //不动
            else
                if (MyTank.Direct == 2) MyTank.Left--;
            MyTank.Direct = 2;
            break;
        case Keys.Right:                       //右
            if (MyTank.Left == 9 || Map[MyTank.Left + 1, MyTank.Top] == 1
            || Meet_Tank(MyTank.Left + 1, MyTank.Top))  //遇到墙砖或坦克
                ;                              //不动
            else
                if (MyTank.Direct == 3) MyTank.Left++;
            MyTank.Direct = 3;
            break;
```

```
        case Keys.Space :                        //空格发射子弹
            MyTank.fire();
            break;
    }
    pictureBox1.Invalidate();                    //重画游戏面板区域
    lblX.Text = "X坐标：" + MyTank.Left + " Y坐标：" + MyTank.Top;
}
```


timer2 控件定时产生新的敌方坦克直到达到敌方坦克最大量。这里为了简单化，将敌方坦克统一为 3 号类型。当达到敌方坦克最大量 eMaxCoun t 时，timer2 控件定时器无效，从而不再产生新的敌方坦克。

```
private void timer2_Tick(object sender, EventArgs e)   //定时产生新敌方坦克
{
    if (eCount < eMaxCount)                            //eMaxCount 敌方坦克最大量
    {
        //敌方坦克类型为3,改变此数可以产生不同图案的地方坦克
        eTank = new Tank(3);
        eTanks.Add(eTank);                             //eTanks[eCount] = eTank;
        eCount++;
    }
    else
        timer2.Enabled = false;                        //不再产生新的敌方坦克
}
```

timer1 控件定时控制敌方坦克的移动并刷新游戏面板。当敌方坦克遇到墙砖或坦克时，调用坦克类的 newDirect()方法产生新的方向。敌方坦克发射子弹是计算机随机产生一个数字，如果等于坦克的方向代号（当然也可以是别的数字），则发射子弹。

```
private void timer1_Tick(object sender, EventArgs e)
{
    foreach (Tank t in eTanks)
    {
        switch (t.Direct)//0--上,1--下,2--左,3--右
        {
            case 0:                                  //向上
                if (t.Top == 0 || Map[t.Left, t.Top - 1] == 1
                    || Meet_Tank(t.Left, t.Top - 1)) //遇到墙砖或坦克
                    t.newDirect();                   //坦克转向
                else
                    t.Top--;
                break;
            case 1:                                  //向下
                if (t.Top == 9 || Map[t.Left, t.Top + 1] == 1
                    || Meet_Tank(t.Left, t.Top + 1)) //遇到墙砖或坦克
                    t.newDirect();                   //坦克转向
                else
                    t.Top++;
                break;
```

```
            case 2:                                      //向左
                if (t.Left == 0 || Map[t.Left - 1, t.Top] == 1
                    || Meet_Tank(t.Left - 1, t.Top))     //遇到墙砖或坦克
                    t.newDirect();                       //坦克转向
                else
                    t.Left--;
                break;
            case 3:                                      //向右
                if (t.Left == 9 || Map[t.Left + 1, t.Top ] == 1
                    || Meet_Tank(t.Left + 1, t.Top))     //遇到墙砖或坦克
                    t.newDirect();                       //坦克转向
                else
                    t.Left++;
                break;
        }
        Random r = new Random();
        int fire_bool = r.Next(0, 8);                    //产生 0～7 的数
        if (fire_bool == t.Direct) t.fire();
    }
    pictureBox1.Invalidate();                            //重画游戏面板区域
}
```

Meet_Tank 判断某坐标处是否有坦克。如果有返回 true,否则为 false。

```
private bool Meet_Tank(int left, int top)          //判断某坐标处是否有坦克
{
    foreach (Tank t in eTanks)                      //遍历地方
    {
        if (left == t.Left && top == t.Top)        //遇到坦克
        return true;

    }
    if (left == MyTank.Left && top == MyTank.Top)     //遇到游戏方坦克
        return true;
    return false;
}
```

游戏面板 pictureBox1 的 Paint 事件最复杂,timer1 控件定时刷新游戏面板就是调用 pictureBox1 的 Paint 事件完成的。Paint 事件中首先保存坦克位置和砖位置的 TMap[10, 10]的修改后,完成重画墙砖、画敌方坦克及子弹、画己方坦克和己方子弹的工作。最后根据 Tmap 数组中某处的值是否为－1,处理坦克爆破。当玩家自己的坦克被击中,timer1 控件定时器无效,游戏结束。调用 CheckWin()检查是否敌方所有坦克被击毁,如果是则玩家胜利,游戏结束。

```
private void pictureBox1_Paint(object sender, PaintEventArgs e)
{
    //修改含坦克信息的地图
    for (int x = 0; x < 10; x++)
        for (int y = 0; y < 10; y++)
```

```
        {
            if (Map[x, y] == 1) TMap[x, y] = 1;             //砖块
            else TMap[x, y] = 0;                            //0 空地

        }
    for (int i = 0; i < eTanks.Count; i++)
        if (eTanks[i] != null)
        {
            int x = ((Tank)eTanks[i]).Left;
            int y = ((Tank)eTanks[i]).Top;
            TMap[x, y] = ((Tank)eTanks[i]).Type;            //此处为敌方坦克
        }
    TMap[MyTank.Left, MyTank.Top] = MyTank.Type;            //此处为己方坦克(6)
    //重画游戏界面
    DragWall(e.Graphics);                                   //画墙砖
    for (int i = 0; i < eTanks.Count; i++)                  //画敌方坦克及子弹
        if (eTanks[i] != null)
        {
            Tank t = (Tank)eTanks[i];
            t.Draw(e.Graphics, t.Type);
            t.DrawBullet(e.Graphics, TMap);
        }
    MyTank.Draw(e.Graphics, MyTank.Type);                   //画己方坦克 Type = 6
    MyTank.DrawBullet(e.Graphics, TMap);                    //画己方子弹
    //处理爆破
    for (int i = 0; i < eTanks.Count; i++)                  //画敌方坦克爆破
        if (eTanks[i] != null)
        {
            Tank t = (Tank)eTanks[i];
            if (TMap[t.Left, t.Top] == -1)
            {
                t.Explore(e.Graphics);
                eTanks.RemoveAt(i); i--;                    //注意此处
                TMap[t.Left, t.Top] = 0;
                lblX.Text = "(" + t.Left + "," + t.Top + ")坦克被击中";
                Score += 100;
                //PlaySound.Play("Sound/Score.WAV");
                lblScore.Text = Score.ToString();
            }
        }
    if (TMap[MyTank.Left, MyTank.Top] == -1)                //画己方坦克爆破
    {
        MyTank.Explore(e.Graphics);
        TMap[MyTank.Left, MyTank.Top] = 0;
        lblX.Text = "游戏者你被击中,游戏结束";
        timer1.Enabled = false;                             //游戏结束
    }
    CheckWin();                                             //检查玩家自己是否胜利
}
```

```
private void CheckWin()                               //检查敌方坦克数量判断玩家是否胜利
{
    if (eTanks.Count == 0 && eCount == eMaxCount)     //胜利
    {
        lblX.Text = " 过关! , 恭喜";
        PlaySound.Play("Sound/WIN.WAV");              //过关后播放相应音乐
        timer1.Enabled = false;
    }
}
```

当然,以上游戏虽然实现了坦克大战的基本功能,但比较简单。读者可以将过关增加敌方坦克数量,自己设计敌方坦克不同类型的功能,以实现较为完善的坦克大战游戏。

5.7 五子棋游戏

【例 5-9】 五子棋是一种家喻户晓的棋类游戏,它的多变吸引了无数的玩家。游戏运行界面如图 5-16 所示。下面来介绍 C# 下单机版的五子棋程序。

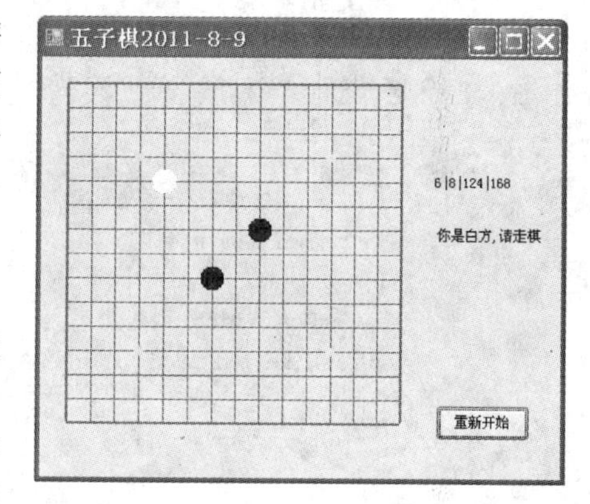

图 5-16 五子棋运行界面

5.7.1 程序设计的思路

在下棋过程中,为了保存下过的棋子的位置使用了 Box 数组,Box 数组初值为枚举值 Chess.none,表示此处无棋子。Box 数组可以存储枚举值 Chess.none、Chess.Black、Chess.White,分别代表无棋子、黑子、白子。

对于五子棋游戏来说,规则非常简单,就是按照先后顺序在棋盘上下棋,直到最先在棋盘上横向、竖向、斜向形成连续的相同色五个棋子的一方为胜。

对于算法具体实现大致分为以下几个部分:

- 判断 X=Y 轴上是否形成五子连珠。
- 判断 X=-Y 轴上是否形成五子连珠。
- 判断 X 轴上是否形成五子连珠。
- 判断 Y 轴上是否形成五子连珠。

以上四种情况只要任何一种成立,就可以判断输赢。

5.7.2 程序设计的步骤

1. 设计应用程序界面

本程序主要在窗体设计器中添加一个"重新开始"命令按钮控件 button1,一个显示棋子和棋盘的图片框控件 pictureBox1,显示鼠标坐标的标签 label1 和提示该哪方走棋的标签 label2。

2. 编写代码

窗体成员变量定义：

```
private enum Chess { none = 0, Black, White };
private Chess[,] Box = new Chess[15, 15];
private Chess mplayer = Chess.Black;      //假设持黑子
private int r;
```

绘制棋盘的方法 DrawBoard()：

```
private void DrawBoard()
{
    int i;
    //获取对将用于绘图的图形对象的引用创建图形图像
    Graphics g = this.pictureBox1.CreateGraphics();
    Pen myPen = new Pen(Color.Red);
    myPen.Width = 1;
    r = pictureBox1.Width / 30;
    pictureBox1.Height = pictureBox1.Width;                 //r * 32;
    for (i = 0; i <= 14; i++)                               //竖线
    {
        if (i == 0 || i == 14)
            myPen.Width = 2;
        else
            myPen.Width = 1;
        g.DrawLine(myPen, r + i*2*r, r, r + i*2*r, r*2* 15 - r - 1);
    }
    for (i = 0; i <= 14; i++)                               //横线
    {
        if (i == 0 || i == 14)
            myPen.Width = 2;
        else
            myPen.Width = 1;
        g.DrawLine(myPen, r, r+i*2*r, r*2*15 - r - 1, r + i * 2 * r);
    }
    SolidBrush myBrush = new SolidBrush(Color.Yellow);
    //画 4 个天星
    g.FillEllipse(myBrush, r + 3 * r * 2 - 4, r + 3 * r* 2 - 4, 8, 8);
    g.FillEllipse(myBrush, r + 3 * r * 2 - 4, r + 11 * r* 2 - 4, 8, 8);
    g.FillEllipse(myBrush, r + 11 * r * 2 - 4, r + 11 * r* 2 - 4, 8, 8);
    g.FillEllipse(myBrush, r + 11 * r * 2 - 4, r + 3 * r* 2 - 4, 8, 8);
}
```

在窗体上鼠标按下的事件中，根据鼠标在 pictureBox1 内的像素坐标(e.X,e.Y)，将之转换成棋盘坐标 p，调用 Draw(g, p, mplayer)方法在 p 坐标点上绘制指定 mplayer 颜色的棋子。最后调用 isWin()判断落子后是否赢了此局。

```
private void pictureBox1_MouseDown(object sender, MouseEventArgs e)
{
    //(e.X,e.Y)为鼠标在 pictureBox1 内的像素坐标
```

```
    Graphics g = this.pictureBox1.CreateGraphics();
    Point p = new Point((e.X - r/2 + 1)/(2 * r), (e.Y - r/ 2 + 1)/(2 * r));
    if (p.X < 0 || p.Y < 0 || p.X > 15 || p.Y > 15)
    {
        MessageBox.Show("超边界了"); return;
    }
    label1.Text = p.X.ToString() + "|" + p.Y.ToString()
                + "|" + e.X.ToString() + "|" + e.Y.ToString();
    if (Box[p.X, p.Y] != Chess.none)
    {
        MessageBox.Show("已有棋子了"); return;
    }
    Draw(g, p, mplayer);
    Box[p.X, p.Y] = mplayer;
    if (isWin() == true)        //判断输赢否
    {
        MessageBox.Show(mplayer.ToString() + "赢了此局!");
        button1.Enabled = true;
        return;
    }
    reverseRole();              //转换角色
}
```

Draw(Graphics g，Point p2，Chess mplayer)方法在 p2 坐标点上绘制指定的棋子 mplayer。

```
private void Draw(Graphics g, Point p2,Chess mplayer)
{
    SolidBrush myBrush;
    if(mplayer == Chess.Black)
        myBrush = new SolidBrush(Color.Black);
    else
        myBrush = new SolidBrush(Color.White);
    g.FillEllipse(myBrush, p2.X * 2 * r, p2.Y * 2 * r, 2 * r, 2 * r);
}
```

reverseRole()转换用户的角色，主要是提示该哪方走棋。

```
private void reverseRole()
{
    if (mplayer == Chess.Black)
    {
        mplayer = Chess.White;
        label2.Text = "你是白方,请走棋";
    }
    else
    {
        mplayer = Chess.Black;
        label2.Text = "你是黑方,请走棋";
```

```
    }
}
```


窗体上"重新开始"命令按钮控件单击事件代码:

```
private void button1_Click(object sender, EventArgs e)      //重新开始
{
    pictureBox1.Refresh();
    DrawBoard();                                              //绘制棋盘
    for (int i = 0; i < 15; i++)                              //清空棋子信息
        for (int j = 0; j < 15; j++)
            Box[i, j] = Chess.none;
    mplayer = Chess.Black;                                    //假设持黑棋
    label2.Text = "你是黑方,请走棋";
}
```

isWin()扫描整个棋盘,判断是否形成五子连珠。

```
private bool isWin()
{
    Chess a = mplayer;
    int i, j;
    for (i = 0; i < 11; i++)        //判断 X= Y 轴上是否形成五子连珠
        for (j = 0; j < 11; j++)
        {
            if (Box[i, j] == a && Box[i + 1, j + 1] == a && Box[i + 2, j
              + 2] == a && Box[i + 3, j + 3] == a && Box[i + 4, j + 4] == a)
                return true;
        }
    for (i = 4; i < 15; i++)        //判断 X= -Y 轴上是否形成五子连珠
        for (j = 0; j < 11; j++)
        {
            if (Box[i, j] == a && Box[i - 1, j + 1] == a && Box[i-2,j+ 2]
              == a && Box[i - 3, j + 3] == a && Box[i - 4, j + 4] == a)
                return true;
        }
    for (i = 0; i < 15; i++)        //判断 Y 轴上是否形成五子连珠
        for (j = 4; j < 15; j++)
        {
            if (Box[i, j] == a && Box[i, j - 1] == a && Box[i, j-2] == a
                    && Box[i, j - 3] == a && Box[i, j - 4] == a)
                return true;
        }
    for (i = 0; i < 11; i++)        //判断 X 轴上是否形成五子连珠
        for (j = 0; j < 15; j++)
        {
            if (Box[i, j] == a && Box[i + 1, j] == a && Box[i + 2,j]==a &&
                    Box[i + 3, j] == a && Box[i + 4, j] == a)
                return true;
        }
```

```
        return false;
    }
```

习　题

1. 在 GDI＋中，________类是绘制图形的最核心的类，在绘图过程中相当于一块画布，它存在于________命名空间中。由于该类的构造函数在类中被定义为私有的(Private)访问修饰，因此不能直接实例化，通常是通过调用窗体或控件的________方法创建。

2. GDI 是________的英文缩写，它表示的中文含义是________。

3. 要创建一个名称为 Penl、画线颜色为红色、线宽为 5 个像素的画笔，应使用的语句是________。

4. 要画多边形，应调用 Graphics 对象的________方法。

5. 在绘图过程中，常用 GDI＋的________结构来表示点。要创建一个坐标点为(100，200)点对象 p1，应使用的语句是________。用________结构表示一个矩形区域，要创建一个左上角坐标在(10，20)处、高度为 60、宽度为 50 的矩形对象 rectl，则应使用的语句是________。

6. 要创建一个名称为 bl 的绿色的单色画刷，应使用的语句是________。

7. 编写程序完成具有红色填充效果的矩形。

8. 设计黑白棋游戏程序。黑白棋的棋盘是一个有 8×8 方格的棋盘。双方各执一种颜色棋子，在规定的方格内轮流布棋。规则如下：

(1) 开局时，在棋盘中央交叉放置黑白各两枚棋子，一般黑方先行。

(2) 下子时，必须将子放在能夹住对方棋子的方格内，并将所夹之子全部翻转为自己一方的棋子。

(3) 如果玩家在棋盘上没有地方可以下子，则该玩家对手可以连下。

(4) 棋盘放满子或两方都无法落子时，就告结束，以子多者胜，若相同，则后者胜。

9. 编写推箱子游戏。要求把木箱放到指定的位置，玩家稍不小心就会出现箱子无法移动或者通道被堵住的情况。推箱子游戏功能如下：游戏运行载入相应的地图，屏幕中出现一个推箱子的工人，其周围是围墙、人可以走的通道、几个可以移动的箱子和箱子放置的目的地。让玩家通过按上下左右键控制工人推箱子，当箱子们都推到了目的地后出现过关信息，并显示下一关。推错了玩家还可按空格键重新玩这一关。直到过完全部关卡。推箱子游戏效果如图 5-17 所示。

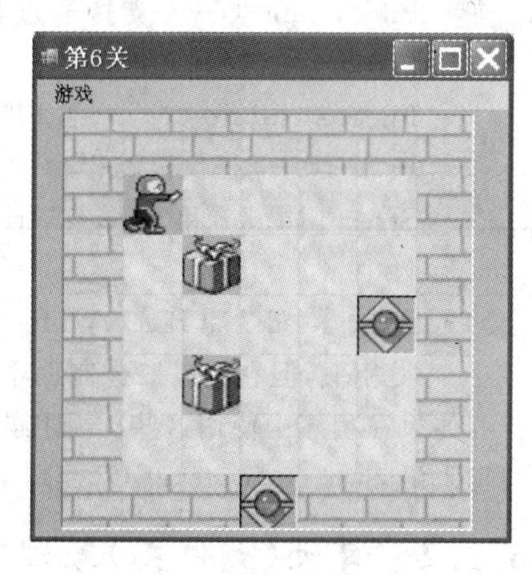

图 5-17　推箱子游戏界面

第6章 文件处理和键盘操作

Visual C#.NET 语言提供了多个可以用于文件操作的类，利用它们可以很容易地实现对文件的存储管理、对文件的读写等各种操作。本章将对目录（文件夹）和文件基本操作和流的常规操作进行讲解，同时介绍系统常用的鼠标和键盘事件处理方法。

6.1 C#目录（文件夹）和文件管理

6.1.1 System.IO 命名空间

System.IO 命名空间基本包含了与所有 I/O 操作有关的 30 个类，其中常用的类包括以下几种：

- Directory 类——提供多个对目录和子目录进行创建、移动和遍历的静态方法。
- DirectoryInfo 类——提供多个对目录和子目录进行创建、移动和遍历的实例方法。
- File 类——提供用于创建、复制、删除、移动和打开文件的静态方法，并协助创建 FileStream 类对象。
- FileInfo 类——提供用于创建、复制、删除、移动和打开文件的实例方法，并协助创建 FileStream 类对象。
- FileStream 类——支持通过其 Seek 方法随机访问文件。默认情况下，FileStream 以同步方式打开文件，但它也支持异步操作。
- FileSystemInfo 类——是 FileInfo 类和 DirectoryInfo 类的抽象基类。
- Path 类——提供以跨平台的方式处理目录字符串的方法和属性。
- StreamReader 和 StreamWriter——从文件读取字符顺序流或将字符顺序流写入文件中。
- BinaryReader 和 BinaryWriter 类——这两个类的功能与 StreamReader 和 StreamWriter 类相似，但它们以二进制而不是文本形式读取和写入信息。

如果在程序中使用这些类，则需要引入这些类所在的命名空间，即在程序源文件的最前面加入语句 using System.IO，否则系统将无法识别这些类。

6.1.2 目录（文件夹）管理

在 System.IO 命名空间下，有 DirectoryInfo 类和 Directory 类这两个类对磁盘和目录（文件夹）进行操作管理。两者的区别在于前者必须被实例化后才能使用，而后者则只提供了静态的方法。如果多次使用某个对象一般使用前者；如果仅执行某一个操作则使用后者提供的静态方法效率更高一些。由于功能相同，所以这里仅介绍 Directory 类。

Directory 类既可以用来复制、移动、重命名、创建和删除目录，也可用来获取和设置与目录的创建、访问及写入操作相关的时间信息。Directory 类的方法（成员函数）全部都是静态的，Directory 类主要方法如表 6-1 所示。

表 6-1 Directory 类主要方法

方 法	功能和用途
CreateDirectory	按 path 规定的路经创建目录和子目录
Delete	删除指定目录
Exists	返回 Boolean 值，表明指定目录是否存在
GetCreationTime	返回 Date，表示指定目录的创建时间
GetCurrentDirectory	返回 String，表示应用程序的当前工作目录
GetDirectories	返回 String，表示指定目录中的子目录名称
GetFiles	返回 String，表示指定目录中的文件名
GetLastAccessTime	返回上次访问指定目录的日期和时间
GetLastWriteTime	返回上次写入指定目录的日期和时间
GetParent	返回 String，表示指定路径的父目录
Move	将目录及其内容移到新位置
SetCreationTime	设置指定的目录被创建的日期和时间
SetCurrentDirectory	将应用程序的当前工作目录设置为指定的目录
SetLastAccessTime	设置上次访问指定目录的日期和时间
SetLastWriteTime	设置上次写入目录的日期和时间

1. 目录创建方法：Directory. CreateDirectory

格式如下：

```
public static DirectoryInfo CreateDirectory(string path)
```

下面的代码演示在 c:\tempuploads 文件夹下创建名为 NewDirectory 的目录。

```
Directory.CreateDirectory("c:\\tempuploads\\NewDirectoty");
```

2. 判断目录是否存在方法：Directory. Exist

格式如下：

```
public static bool Exists(string path)
```

下面的代码示例判断指定的目录是否存在，如果不存在则创建。

```
string path = @"c:\MyDir";     //@表示忽略转义字符
if (Directory.Exists(path))
{
    Console.WriteLine("That path exists already.");
    return;
}
else
    Directory.CreateDirectory(path);
```

3. 目录删除方法：Directory.Delete

格式 1 如下：

```
public static void Delete(string path)
```

功能是删除一个空目录。

格式 2 如下：

```
public static void Delete(string path,bool recursive)
```

说明：Delete 方法的第二个参数为 bool 类型，它可以决定是否删除非空目录。如果该参数值为 true，将删除整个目录，即使该目录下有文件或子目录；若为 false，则仅当目录为空时才可删除。

下面的代码可以将 c:\tempuploads\BackUp 整个目录删除。

```
private void DeleteDirectory()
{
    Directory.Delete("c:\\tempuploads\\BackUp", true);
}
```

4. 目录移动方法：Directory.Move

格式如下：

```
public static void Move(string sourceDirName,string destDirName)
```

下面的代码将目录 c:\tempuploads\NewDirectory 移动到 c:\tempuploads\BackUp。

```
private void MoveDirectory()
{
    File.Move("c:\\tempuploads\\NewDirectory","c:\\tempuploads\\BackUp");
}
```

5. 获取当前目录下所有子目录名的方法：Directory.GetDirectories

格式如下：

```
public static string[] GetDirectories(string path)
```

下面的代码读出 c:\tempuploads\目录下的所有子目录名并将其存储到字符串数组中。

```
private void GetDirectory()
{
    string[ ] Directorys = null;
    Directorys = Directory.GetDirectories("c:\\tempuploads");
}
```

6. 获取当前目录下的所有文件名的方法：Directory.GetFiles

格式如下：

```
public static string[] GetFiles(string path)
```

下面的代码读出 c:\tempuploads\目录下的所有文件名，并将其存储到字符串数组中。

```
private void GetFile()
{
    string[ ] Files = null;
    Files = Directory.GetFiles("c:\\tempuploads");
}
```

6.1.3 文件管理

文件管理指的是创建、复制、删除、移动和打开文件，以及获取和设置文件属性或有关文件创建、访问及写入操作的时间信息等操作。在 Visual C＃.NET 中，有 File 类和 FileInfo 类用于管理文件。

File 类既可以用来创建、复制、删除、移动和打开文件，也可用来获取和设置文件属性或有关文件创建、访问及写入操作的时间信息。File 类方法全部都是静态的，每次执行前都要进行安全检查。

File 类的常用方法如表 6-2 所示。

表 6-2　File 类常用方法

方　　法	说　　明
AppendText	创建 StreamWriter 的一个实例，将 UTF-8 编码文本附加到现有文件
Copy	将现有文件复制到新文件
Create	以指定的完全限定路径创建文件
CreateText	创建或打开一个新文件，用于编写 UTF-8 编码文本
Delete	删除指定文件
Exists	返回 Boolean 值，表明指定文件是否存在
GetAttributes	返回完全限定路径的文件的 FileAttributes
GetCreationTime	返回 Date，表示指定文件的创建时间
GetLastAccessTime	返回 Date，表示最近一次访问指定文件的时间
GetLastWriteTime	返回 Date，表示最近一次写入指定文件的时间
Move	将指定文件移到新位置，提供选项以指定新的文件名
Open	打开指定路径的 FileStream
OpenRead	打开现有文件以进行读取
OpenText	打开现有的 UTF-8 编码文本文件以进行读取
OpenWrite	打开现有文件以进行写入
SetAttributes	设置指定路径中的文件的指定 FileAttributes
SetCreationTime	设置指定文件的创建日期和时间
SetlastAccessTime	设置最近一次访问指定文件的日期和时间
SetLastWriteTime	设置最近一次写入指定文件的日期和时间

1. Create 方法

该方法用来创建文件。

格式如下：

```
public static FileStream Create(string path);
```

参数：path 为要创建文件的路径及名称。

2. Open 方法

该方法用来打开文件。

格式 1 如下：

```
public static FileStream Open(string path,FileMode mode);
```

格式 2 如下：

```
public static FileStream Open(string path,FileMode mode,FileAccess access);
```

格式 3 如下：

```
public static FileStream Open(string path,FileMode mode,FileAccess access,FileShare share);
```

参数：mode 表示如何打开文件的模式，access 表示如何访问文件的访问方式，share 表示共享访问或独占访问文件。

3. Copy 方法

该方法用于将现有文件复制到新文件。

格式如下：

```
public static void Copy (string sourceFileName,string destFileName)
```

参数：sourceFileName 为要复制的文件，destFileName 为目标文件的名称。

4. Delete 方法

该方法用于删除指定的文件。如果指定的文件不存在，则引发异常。

格式如下：

```
public static void Delete (string path)
```

参数：path 为要删除的文件的名称。

5. Move 方法

该方法用于将指定文件移到新位置，并提供指定新文件名的选项。

格式如下：

```
public static void Move (string sourceFileName, string destFileName)
```

参数：sourceFileName 为要移动的文件的名称，destFileName 为文件的新路径。

FileInfo 类与 File 类相同功能的是 FileInfo 类。但 FileInfo 类必须实例化，并且每个 FileInfo 的实例必须对应于系统中一个实际存在的文件。如果打算多次重用某个对象，可考虑使用 FileInfo 的实例方法，而不是 File 类的相应静态方法。

6.1.4 文件夹浏览器实现

【例 6-1】 实现如图 6-1 的类似 Windows 文件夹浏览器。

【程序设计的思路】

设计的思路是 TreeView 控件显示目录文件夹信息，ListView 控件显示对应文件夹下文件的相关信息(文件名和创建时间)。调用 Directory 类的 GetLogicalDrives()方法获取所有驱动器名并编程显示在 TreeView 控件中，调用 Directory 类的 GetDirectories()方法获

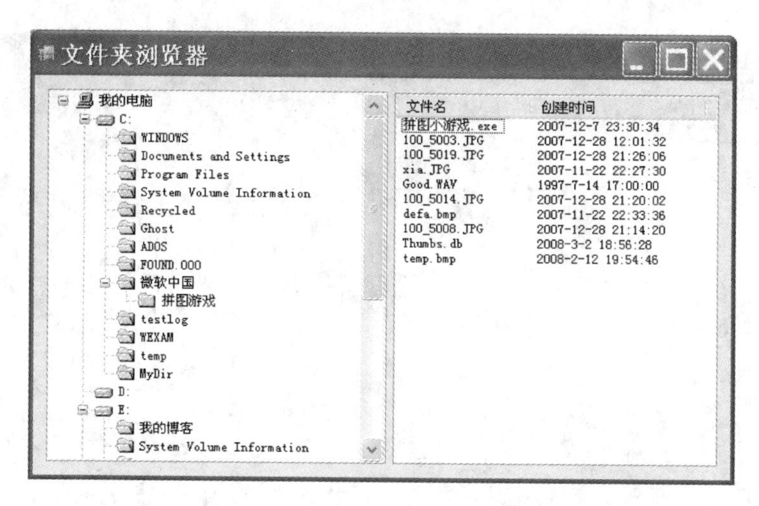

图 6-1　用 TreeView 和 ListView 实现文件夹浏览器

取指定目录的所有子目录名并编程显示在 TreeView 控件中。在 TreeView 控件选中后的响应事件 AfterSelect 中调用 Directory 类的 GetFiles()方法，以获取指定目录名下的所有文件并编程显示在 ListView 控件中。

【设计步骤】

(1) 创建新 Windows 应用程序，在窗体上添加 1 个 TreeView 控件(FolderTree)和 1 个 ListView 控件(listView1)，并适当调整控件在窗体的位置和大小。添加 1 个 ImageList 控件(ImageList1)，右击，在弹出的快捷菜单中选择“选择图像”命令，如图 6-2 所示向该控件中加入 4 个 16×16 的图标文件。

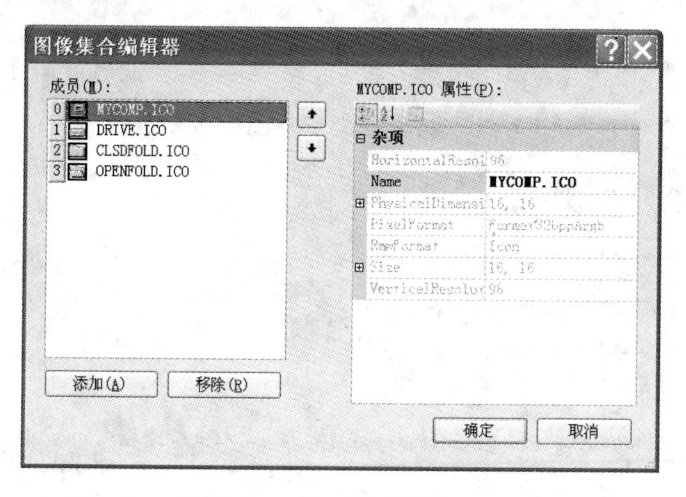

图 6-2　Image 集合编辑器

设置 TreeView 控件的属性：

将 Name 设置为 FolderTree；将 ImageList 设置为：ImageList1。

Nodes：如图 6-3 所示创建一个 Text 为“我的电脑”的根节点。

设置 ListView 控件的属性：

Columns——在 ColumnHeader 编辑器中添加两列。其中：

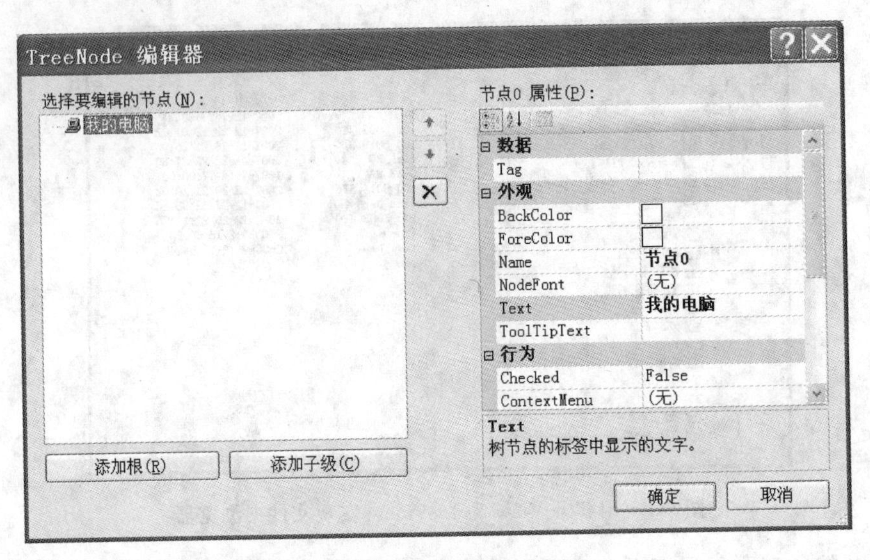

图 6-3 树节点编辑器

ColumnHeader1 的 Text 为“文件名”,width 为 120。

ColumnHeader2 的 Text 为“创建时间”,width 为 130。

View——当前显示模式设为 Details。

(2) 编写代码。

引用命名空间:

```
using System.IO;
```

实现 TreeView 控件 FolderTree 选中后的响应事件:

```
private void FolderTree_AfterSelect(object sender, TreeViewEventArgs e)
{
    if (e.Node.Text.ToString() != "我的电脑")
    {
        EnumDirectories(e.Node);
        listView1.Items.Clear();
        //获取指定目录下的所有文件
        string[] files = Directory.GetFiles(e.Node.Tag.ToString());      //directory
        for (int i = 0; i < files.Length; i++)
        {
            //listView1.Items.Add(files[i]);          //全部路径
            string[] item = {files[i].Substring(files[i].LastIndexOf(@"\") + 1)
                         ,File.GetCreationTime(files[i]).ToString()};
            listView1.Items.Insert(listView1.Items.Count, new ListViewItem(item));
                    //文件名与创建时间
        }
    }
    else
        EnumDrives(e.Node);
}
```

实现检索“我的电脑”节点下的驱动器名并添加到 TreeView 控件中的方法：

```
private void EnumDrives(TreeNode ParentNode)
{
    if (ParentNode.Nodes.Count == 0)
    {
        foreach (string drive in Directory.GetLogicalDrives())
        {
            FolderTree.SelectedNode = ParentNode;
            TreeNode TempNode = new TreeNode();
            TempNode.Text = drive.Substring(0, drive.Length - 1);
            TempNode.Tag = drive;
            TempNode.ImageIndex = 1;
            TempNode.SelectedImageIndex = 1;
            FolderTree.SelectedNode.Nodes.Add(TempNode);
            FolderTree.SelectedNode.Nodes[
FolderTree.SelectedNode.Nodes.Count - 1].EnsureVisible();
        }
    }
}
```

实现检索指定目录的所有子文件夹并添加到 TreeView 控件中的方法：

```
private void EnumDirectories(TreeNode ParentNode)
{
    FolderTree.SelectedNode = ParentNode;
    string DirectoryPath = ParentNode.Tag.ToString();
    if (ParentNode.Nodes.Count == 0)
    {
        if (DirectoryPath.Substring(DirectoryPath.Length - 1) != @"\")
            DirectoryPath += @"\";
        try
        { //调用 Directory 类的 GetDirectories 方法获取子目录名数组
            foreach (string directory in Directory.GetDirectories(DirectoryPath))
            {
                TreeNode TempNode = new TreeNode();
                TempNode.Text = directory.Substring(directory.LastIndexOf(@"\") + 1);
                TempNode.Tag = directory;
                TempNode.ImageIndex = 3;
                TempNode.SelectedImageIndex = 2;
                FolderTree.SelectedNode.Nodes.Add(TempNode);
                FolderTree.SelectedNode.Nodes[
                    FolderTree.SelectedNode.Nodes.Count - 1].EnsureVisible();
            }
        }
        catch (Exception)
        {
        }
    }
}
```

6.2 文件的读写

根据数据的编码,文件可以分为文本文件和二进制文件。文本文件是以字符方式编码和保存数据的文件;二进制文件则是以二进制方式编码和保存数据的文件。判断一个文件是文本文件还是二进制文件的简单方法是:用Windows系统的"记事本"程序打开它,如果文件内容能够正确显示,则一般为文本文件;反之,就是二进制文件。

根据不同类型的文件,访问数据的方式也不相同。访问不同文件基本操作步骤是相同的,一般都需经过以下三步完成。第一步,打开文件,如果文件不存在,应先创建文件。第二步,当文件打开后,就可以对文件进行读或写操作了。第三步,文件操作完毕,应该关闭文件。

从根本上讲文件都是由字节或标准字符存储的,为了以统一的方式处理文件,C#中引入"流"的概念。流是字节序列的抽象概念,例如文件、输入/输出设备、内部进程通信管道或者TCP/IP套接字。流和文件是有区别的,文件是一些具有永久存储及特定顺序的字节组成的一个有序的、具有名称的集合。对于文件,一般都有相应的目录路径、磁盘存储、文件和目录名等;而流提供从存储设备写入字节和读取字节的方法,存储设备可以是磁盘、网络、内存和磁带等。一般来说,流要比文件的范围要稍广一些,除文件流之外也存在多种流,如网络流、内存流和缓冲流等。流的操作一般涉及如下三个基本方法:

- 读取——是从流读取数据到数据结构(如字节数组)中。
- 写入——是从数据结构写入数据到流中。
- 定位——重新设置流内的当前位置,以便进行查询和修改。注意网络流没有当前位置的统一概念,因此一般不支持定位。

FileStream类实现用文件流的方式来操作文件。

6.2.1 FileStream类读写文件

FileStream类用来对文件系统上的文件进行读取、写入、打开和关闭等操作。由于FileStream类能够对输入输出进行缓冲,因而处理性能比较高。FileStream类的成员函数都是非静态的,需要通过FileStream类的实例对象对文件中的数据进行读写。

1. 构造函数

FileStream有许多构造函数,要构造FileStream实例,一般需要四条信息:

- 要访问的文件名。
- 表示如何打开文件的模式。例如,创建一个新文件或打开一个现有的文件。如果打开一个现有文件,写入操作是应改写文件原来的内容,还是添加到文件的末尾。
- 表示如何访问文件的访问方式。是只读、只写,还是读写。
- 共享访问。是独占访问文件,还是允许其他流同时访问该文件。

第一条信息通常用一个包含文件完整路径名的字符串来表示。其余三条信息分别由三个枚举常量FileMode、FileAccess和FileShare来表示。FileMode参数控制是否对文件执行改写、创建、打开等操作,或执行这些操作的组合。表6-3～表6-5分别显示了FileMode、FileAccess和FileShare枚举类型的值。

表 6-3 FileMode 枚举类型的值

值	功能和用途
Append	打开文件并添加数据，运用该方法时 FileAccess 枚举类型值应为 Write
Create	创建一个新文件，有可能会覆盖已经存在的文件
CreateNew	创建一个新文件，如果该文件已经存在，则抛出 IOException 异常
Open	打开一个已经存在的文件
OpenOrCreate	打开文件，如果该文件不存在，则创建之
Truncate	截短一个已经存在的文件

表 6-4 FileAccess 枚举类型的值

值	功能和用途
Read	可以从一个文件中读取数据
ReadWrite	可以从一个文件中读取数据，同时还可以向文件中写入数据
Write	可以向文件中写入数据

表 6-5 FileShare 枚举类型的值

值	功能和用途
Inheritable	使文件句柄可由子进程继承
None	谢绝共享当前文件。文件关闭前，打开该文件的任何请求(由此进程或另一进程发出的请求)都将失败
Read	允许随后打开文件读取。如果未指定此标志，则文件关闭前，任何打开该文件以进行读取的请求(由此进程或另一进程发出的请求)都将失败。但是，即使指定了此标志，仍可能需要附加权限才能够访问该文件
ReadWrite	允许随后打开文件读取或写入。如果未指定此标志，则文件关闭前，任何打开该文件以进行读取或写入的请求(由此进程或另一进程发出)都将失败。但是，即使指定了此标志，仍可能需要附加权限才能够访问该文件
Write	允许随后打开文件写入。如果未指定此标志，则文件关闭前，任何打开该文件以进行写入的请求(由此进程或另一进程发出的请求)都将失败。但是，即使指定了此标志，仍可能需要附加权限才能够访问该文件
Delete	允许随后删除文件

其中 FileStream 类的两个构造函数使用如下所示：

```
//创建一个 c:\temp\MyTest.txt 新文件
FileStream fs1 = new FileStream (@"c:\temp\MyTest.txt",FileMode.Create);
//创建一个 c:\temp\MyTest.txt 新文件,并可以向文件写入数据
FileStream fs2 = new FileStream(@"c:\temp\MyTest.txt ",
                FileMode.Create, FileAccess.Write);
```

从上面的代码可以看出，构造函数有很多个重载方法，其中 FileAccess. ReadWrite 和 FileShare. Read 的是构造函数第三和第四个参数的默认值。

FileStream 类中提供了许多可以进行文件读写的实例方法。

2. ReadByte()方法

ReadByte()方法是读取数据的最简单的方式，它从流中读取一个字节，并把这个字节

转换为一个 0～255 的整数。如果到达该流的末尾，就返回 －1。

```
int nextByte = fs.ReadByte();      //fs 为 FileStream 类的一个实例对象
```


3. Read ()方法

可以调用 Read()方法一次读取多个字节，它可以把特定数量的字节读入到一个数组中。Read()方法返回实际读取的字节数。如果返回值是 0，就表示已经到达了流的尾端。

```
//一次读入 100 个字节
int nBytes = 100;
byte nBytesRead [nBytes];
int nBytesRead = fs.Read(nBytesRead, 0,nBytes);
```

Read()的第一个参数是一个 byte 类型的数组；第二个参数是一个偏移值，使用它可以要求 Read 读取的数据存放是从数组的某个元素开始，而不是从第一个元素开始；第三个参数是最多读取的字节数。

4. WriteByte()和 Write()方法

可以使用方法 WriteByte()和 Write()给文件写入数据。WriteByte()方法把一个字节数据写入流：

```
byte nextByte = 50;            //一个字节数据
fs. WriteByte(nextByte);
```

如果想要一次写入多个字节，可以调用 Write()方法，它可以把一个数组中特定数量的字节写入流。

```
//一次写入 100 个字节
int nBytes = 100;
byte [] ByteArray = new byte[nBytes];
for (int i = 0 ; i <100 ; i++)
{
    ByteArray[i] = i;      //设置要写入的多个字节
}
fs.Write(ByteArray, 0, nBytes);
```

与 Read()方法一样，Write ()方法的第一个参数是一个 byte 类型的数组，用于存储准备写入的字节数据；第二个参数是一个偏移值，使用它可以要求 Write 写入的数据从数组的某个元素开始，而不是从第一个元素开始；第三个参数是最多写入的字节数。

WriteByte()和 Write()都没有返回值。

5. Flush()方法

使用流完成所有写操作之后，应清除该流的所有缓冲区，并把缓冲区中的数据写入到文件中去，避免数据遗失。这个操作使用 Flush()方法完成。

```
fs. Flush ();
```

6. Close()方法

使用完一个流后，就应关闭它，关闭流使用 Close()方法。

```
fs.Close();
```

关闭流会释放与它相关的资源,允许其他应用程序为同一个文件设置流。在打开和关闭流之间,可以读写其中的数据。

【例 6-2】 用 FileStream 类编写一个保存和显示文件的程序,程序的设计界面如图 6-4 所示。程序运行时,在文本框中输入文本,单击“保存文件”按钮,将把输入的文本保存到 C:\EXAMPLE1. TXT 文件中。单击“清空”按钮,将把文本框中输入的文本给清除。单击“打开文件”按钮,将把 C:\ EXAMPLE1. TXT 文件打开并把文件中的内容显示在文本框中。单击“退出”按钮,将退出应用程序。

【程序设计的思路】

设计的思路是用 FileStream 类的实例来进行文件的读写操作。由于只支持字节读写,因此在保存文件时需把字符转换成字节在写到文件中。读取文件时,需把读取的数据转换成字符才能在文本框中显示。读取文件需考虑文件的结尾,即读取出来的数据为−1(仅对文本文件)。

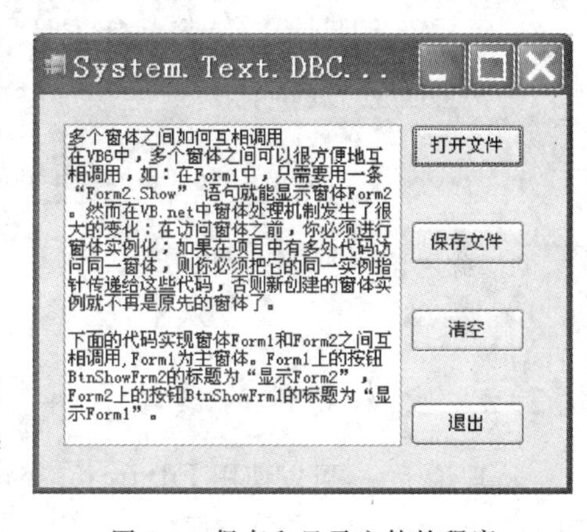

图 6-4　保存和显示文件的程序

【设计步骤】

(1) 创建新 Windows 应用程序项目,在窗体上添加 4 个按钮控件和 1 个文本框控件(其 MultiLine 属性设为 True)。参见图 6-4 设置控件对象属性并适当调整控件在窗体的位置和大小。

(2) 编写代码。

引用命名空间:

```
using System.IO;
```

实现按钮单击的事件代码:

```
private void button1_Click(object sender,System.EventArgs e)      //打开显示文件
{    string MyText = "",ch;                    //MyText 存放要显示的文件内容,称之为结果字符串
     int a = 0;
     //以打开,只读的方式创建文件流 MyFile
     FileStream MyFile = new FileStream("C:\\EXAMPLE1.TXT"
              ,FileMode.Open,FileAccess.Read );
     a = MyFile.ReadByte();                    //从文件中读取一个字节
     while(a!= -1)                             //如果不是文件的结尾
     {    ch = ((char)a).ToString();           //把读取的字节转换为字符串型
          MyText = MyText + ch;                //把该字符串连接到结果字符串的末尾
          a = MyFile.ReadByte();               //再读一个字节
     }
     textBox1.Text = MyText;                   //把结果字符串在文本框中显示出来
     MyFile.Close();                           //关闭文件
}
private void button2_Click(object sender, System.EventArgs e)      //保存文件
{    //以打开和创建,只能写的方式创建文件流 MyFile
```

```
        FileStream MyFile = new FileStream("C:\\EXAMPLE1.TXT"
                        ,FileMode.OpenOrCreate ,FileAccess.Write);
        byte a;char ch;
        int i;
        for(i = 0;i < textBox1.Text.Length ;i++)                    //遍历所有的字符
        {   ch = textBox1.Text[i];                                  //读取一个字符
            a = (byte)ch;                                           //把该字符转换成字节型
            MyFile.WriteByte(a);                                    //把该字节写到文件中去
        }
        MyFile.Flush();                                             //刷新文件
        MyFile.Close();                                             //关闭文件
    }
    private void button3_Click(object sender, System.EventArgs e)      //清空按钮
    {
        textBox1.Clear();
    }
    private void button4_Click(object sender, System.EventArgs e)     //退出按钮
    {
        Application.Exit();
    }
```

6.2.2 文本文件的读写

从理论上说,可以使用 FilStream 类读取和显示文本文件。但通常使用 StreamReader 和 StreamWriter 类来更方便地读取它们。这是因为这两个类工作的级别比较高,特别适合于读取文本。它们的成员函数 StreamReader.ReadLine()和 StreamWriter. WriteLine()可以一次读写一行文本。在读取文件时,流会自动确定下一个回车符的位置,并在该处停止读取;在写入文件时,流会自动把回车符和换行符添加到文本的末尾。

另外,使用 StreamReader 和 StreamWriter 类,就不需要担心文件中使用的编码方式了。编码方式是指文件中的文本用什么格式存储。可能的编码方式是 ASCII(一个字节表示一个字符)或者基于 Unicode、UTF7 和 UTF8 的格式。Windows 9x 系统上的文本文件总是 ASCII 格式,因为 Windows 9x 系统不支持 Unicode,但 Windows NT/2000/XP 都支持 Unicode,所以文本文件理论上可以包含 Unicode、UTF7 或 UTF8 数据。

在使用标准 Windows 应用程序打开一个文件时,例如记事本 Notepad,不需要考虑这个问题,因为这些应用程序都支持不同的编码方法,会自动正确地读取文件。StreamReader 类也是这样,它可以正确读取任何编码格式的文件,而 StreamWriter 类可以使用任何一种编码技术格式化它要写入的文本。

1. StreamReader 类

1) 构造函数

StreamReader 用于读取文本文件。StreamReader 类有很多种构造函数用来实例化对象。最简单的构造函数是使用 StreamReader 来直接连接文件。

格式 1:

```
public StreamReader(string path);
```

```
public StreamReader(string path, Encoding encoding);
```

第二个构造函数的第二个参数是告诉 StreamReader 该文件使用哪种编码方法。类 System.Text.Encoding 的几个属性，被用来指定编码方法。例如：

```
StreamReader sr = new StreamReader(@"C:\temp\ReadMe.txt");
StreamReader sr = new StreamReader(@"C:\temp\ReadMe.txt", Encoding.ASCII);
```

格式 2：

```
public StreamReader(Stream stream);
```

构造函数也可以不提供要读取的文件名，而是提供另一个流，我们可以把 StreamReader 关联到 FileStream 上。其优点是可以显式指定是否创建文件和共享许可，如果直接把 StreamReader 关联到文件上，就不会有这样的优点了。

```
FileStream fs = new FileStream(@ " C:\temp\ReadMe.txt ",FileMode.Open, FileAccess.Read,
FileShare.None);
StreamReader sr = new StreamReade(fs);
```

此外，通过 File 和 FileInfo 类的方法也可以得到 StreamReader 类的对象。

```
string path = @"C:\temp\ReadMe.txt ";
StreamReader sr = File. OpenText (path);
FileInfo fl = new FileInfo (@"C:\temp\ReadMe.txt ");
StreamReader sr = fl.OpenText();
```

2) Read 方法

格式：

```
public override int Read();
```

该方法一次读取一个字符。

3) ReadLine 方法

格式：

```
public override string ReadLine();
```

StreamReader 类最常用的成员函数是 ReadLine()，该方法一次读取一行文本，但返回的字符串中不包括标记该行结束的回车换行符。

```
string nextLine = sr.ReadLine();
sr.Close();
```

与 FileStream 一样，应在使用后关闭 StreamReader。如果没有这样做，就会致使文件一直锁定，不能被其他的过程使用。

4) ReadToEnd 方法

从流的当前位置到末尾读取流。

```
StreamReader sr = new StreamReader(@"C:\tmp.txt");
string s = sr.ReadToEnd();
sr.Close();
```

即可实现将文本文件 C:\tmp.txt 中的内容读取到字符串中。

2. StreamWriter 类

1）构造函数

StreamWriter 用于写入文本文件。StreamWriter 类的工作方式与 StreamReader 类似，但 StreamWriter 只能用于写入文件（或另一个流）。构造 StreamWriter 的方法包括如下几个。

格式 1：

```
public StreamWriter(string path);
```

例如：

```
StreamWriter sw = new StreamWriter(@" C:\temp\ReadMe.txt ");
StrearnWriter sw = new StreamWriter(@"C:\temp\ReadMe.txt ",true,Encoding.ASCII);
```

第二个构造函数的第二个参数为 truc 或 false，表示文件是否应以追加的方式打开。第三个参数表示写入文件时的编码方法，其取值和含义与 ReaderStream 类中相同。

另外，也可以把 StreamWriter 关联到一个 FileStream 上，以获得打开文件的更多控制选项。

格式 2：

```
public StreamWriter(Stream stream);
```

例如：

```
FileStream fs = new FileStream(@"C:\temp\ReadMe.txt ",FileMode.CreateNew, FileAccess.Write,
FileShare. Read);
StreamWriter sw = new StreamWriter(fs);
```

此外，通过 File 和 FileInfo 类的方法也可以得到 StreamWriter 类的对象。

```
string path = @"C:\temp\ReadMe.txt ";
StreamWriter sw = File. CreateText (path);
FileInfo fl = new FileInfo (@"C:\temp\ReadMe.txt ");
StreamWriter sw = fl. CreateText ();
```

2）WriteLine()方法

StreamWriter 类最常用的成员函数是 WriteLine()，该方法一次写入一行文本，并在其后面加上一个回车换行符。

```
sw. WriteLine ();
```

3）Close()方法

与其他流类一样，应在使用后关闭 StreamWriter。如果没有这样做，就会致使文件一直锁定，不能被其他的过程使用。

```
sw.Close();
```

【例 6-3】 建立一个通讯录程序，运行结果如图 6-5 所示。

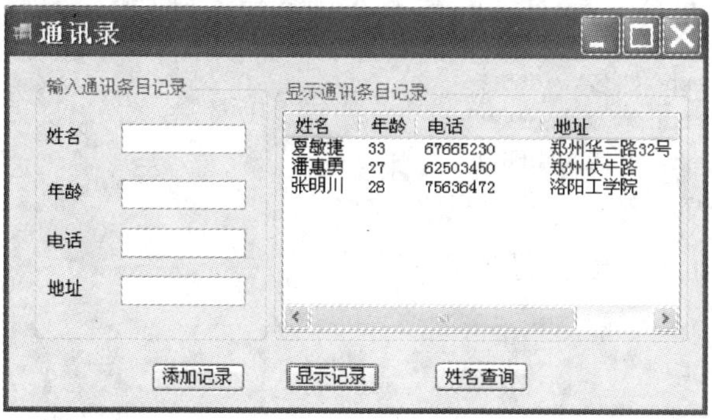

图 6-5 创建通讯录

该程序创建一个指定的文本文件 MyRecord.txt 保存通讯录信息，并能添加通讯记录、显示通讯记录和按姓名查询。

【程序设计的思路】

该程序中定义一个通讯录 Record 类，实现将通讯录中通讯条目记录信息（姓名、年龄、电话、地址）以含有“,”分隔符形式的字符串写入文件。读取文件时，需把读取的字节串利用 Split 方法按“,”分隔符分解出来，才能在 ListView 控件中正确显示。

通讯录的 Record 类如下：

```
public class Record
{
    //建立通讯录类
    private string name;
    private int age;
    private string phone;
    private string address;
    public Record(string name1,int age1,string phone1,string address1)
    {
        //定义创建对象的方法(构造函数)
        name = name1;
        age = age1;
        phone = phone1;
        address = address1;
    }
    public void Writefile(StreamWriter f)
    {
        //定义将一条通讯录信息写入文件的方法
        f.WriteLine(name + "," + age + "," + phone + "," + address);
    }
}
```

【设计步骤】

(1) 创建新 Windows 应用程序项目，在窗体上添加 3 个按钮控件、4 个文本框和标签控件、2 个 GroupBox 和 1 个 ListView 控件。参见图 6-5 设置控件对象属性并适当调整控件在窗体的位置和大小。其中 ListView 控件的属性设置如下：

- Columns——在 ColumnHeader 编辑器中添加 4 列。

```
ColumnHeader1 的 Text: 姓名,width:60
ColumnHeader2 的 Text: 年龄,width:45
ColumnHeader3 的 Text: 电话,width:100
ColumnHeader4 的 Text: 地址,width:200
```

- View——当前显示模式,设为 Details。

(2) 编写代码。

引用命名空间：

```
using System.IO;
```

编写添加通讯记录按钮控件单击事件代码：

```
private void button1_Click(object sender, System.EventArgs e)
{
    StreamWriter sw;
    sw = new StreamWriter("MyRecord.txt", true, System.Text.Encoding.Unicode);
    Record r;
    r = new Record(textBox1.Text, Convert.ToInt16(textBox2.Text), textBox3.Text, textBox4.Text);
    r.Writefile(sw);      //调用 Writefile()方法将 Record 对象 r 写入文件
    sw.Close();
    textBox1.Text = "";
    textBox2.Text = "";
    textBox3.Text = "";
    textBox4.Text = "";
}
```

编写显示通讯记录按钮控件单击事件代码：

```
//编写显示通讯记录按钮控件单击事件代码:
private void button2_Click(object sender, System.EventArgs e)
{
    StreamReader sr = new StreamReader("MyRecord.txt", System.Text.Encoding.Unicode);
    string str;
    string[] a = new string[5];
    int itemNumber;
    str = sr.ReadLine();
    while (str != null)
    {
        a = str.Split(',');
        itemNumber = this.listView1.Items.Count;
        listView1.Items.Insert(itemNumber, new ListViewItem(a));
        str = sr.ReadLine();
    }
    sr.Close();
}
```

编写按姓名查询按钮控件单击事件代码：

```
private void button3_Click(object sender, System.EventArgs e)
{
    listView1.Items.Clear();      //移出所有的已有通讯记录项
    StreamReader sr = new StreamReader("MyRecord.txt", System.Text.Encoding.Unicode);
    string str, name;
    bool find = false ;
    string[] a = new string[5];
    int itemNumber;
    if (textBox1.Text == "")
    {
        MessageBox.Show("请在姓名框中输入需要查询通讯人的姓名", "姓名查询");
        return;
    }
    else
        name = textBox1.Text;
    str = sr.ReadLine();
    while (str != null)
    {
        a = str.Split(',');
        if (a[0].Equals(name))
        {
            find = true;
            itemNumber = this.listView1.Items.Count;
            listView1.Items.Insert(itemNumber, new ListViewItem(a));
        }
        str = sr.ReadLine();
    }
    sr.Close();
    if (!find) MessageBox.Show("没有此人","提示");
}
```

6.2.3 读写二进制文件

二进制文件数据使用 BinaryReader 类和 BinaryWriter 类实现读写操作。读二进制文件通过 BinaryReader 类实现，可以把原始数据类型的数据读取为具有特定编码格式的二进制数据。BinaryWriter 类可以把原始的数据类型的数据写入流中，并且它还可以写入具有特定编码格式的字符串中。

1. BinaryReader 类

BinaryReader 类提供了从当前的数据流中读取数据的方法，掌握了这些方法的使用方法也就掌握了 BinaryReader 类，表 6-6 是 BinaryReader 类中从数据流中读取数据的方法及其说明。

表 6-6　BinaryReader 类的方法

方　法	说　明
Read	从当前流中读取字符，并提升流的当前位置
ReadBoolean	从当前流中读取 Boolean，并使该流的当前位置提升 1 个字节
ReadByte	从当前流中读取下一个字节，并使流的当前位置提升 1 个字节
ReadBytes	从当前流中将指定个字节读入字节数组，并使当前位置提升指定个字节

续表

方　法	说　明
ReadChar	从当前流中读取下一个字符
ReadChars	从当前流中读取指定个字符，以字符数组的形式返回数据，并根据所使用的 Encoding 和从流中读取的特定字符，提升当前位置
ReadDecimal	从当前流中读取十进制数值，并将该流的当前位置提升 16 个字节
ReadDouble	从当前流中读取 8 字节浮点值，并使流的当前位置提升 8 个字节
ReadInt16	从当前流中读取 2 字节有符号整数，并使流的当前位置提升 2 个字节
ReadInt32	从当前流中读取 4 字节有符号整数，并使流的当前位置提升 4 个字节
ReadInt64	从当前流中读取 8 字节有符号整数，并使流的当前位置提升 4 个字节
ReadSByte	从此流中读取一个有符号字节，并使流的当前位置提升 1 个字节
ReadSingle	从当前流中读取 4 字节浮点值，并使流的当前位置提升 4 个字节
ReadString	从当前流中读取一个字符串。字符串有长度前缀
ReadUInt16	使用 Little Endian 编码从当前流中读取 2 字节无符号整数，并将流的位置提升 2 个字节
ReadUInt32	从当前流中读取 4 字节无符号整数并使流的当前位置提升 4 个字节
ReadUInt64	从当前流中读取 8 字节无符号整数并使流的当前位置提升 8 个字节

对于二进制文件的读操作主要使用 ReadByte 方法和 Read 方法。

2. BinaryWriter 类

BinaryWriter 类比 BinaryReader 类简单，表 6-7 是 BinaryWriter 类中的常用方法及其说明。

表 6-7　BinaryWriter 类常用方法

方　法	说　明
Close	关闭当前的 BinaryWriter 和基础流
Flush	清理当前编写器的所有缓冲区，使所有缓冲数据写入基础设备
Seek	设置当前流中的位置
Write	将值写入当前流

【例 6-4】 实现文件分割合并器程序(如图 6-6 所示)。

文件分割器主要是为了解决实际生活中携带大文件的问题，由于存储介质容量的限制，大的文件往往不能够一下子复制到存储介质中，这只能通过分割程序把的文件分割多个可携带小文件，分步复制这些小文件从而实现携带大文件的目的。而合并器的作用则能够把这些分割的小文件重新合并成原来的大文件。

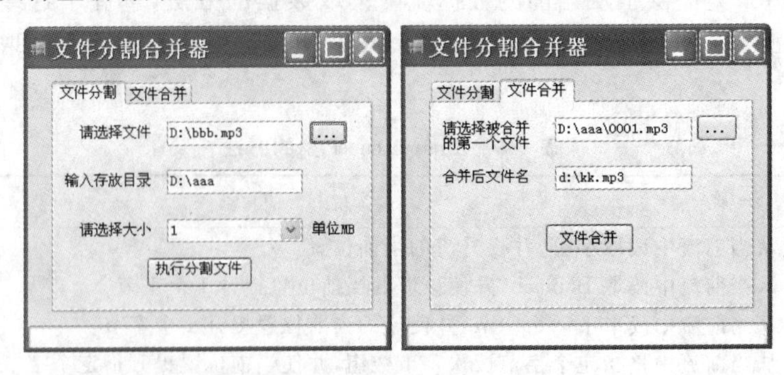

图 6-6　文件分割合并器程序

【程序设计的思路】

分割文件其实思路比较简单，首先要确定要分割成小文件的大小(例如 1KB)，然后确定大文件以此标准分割后的文件数目，并确定小文件的名称，最后通过创建的 BinaryReader 对象实例从大文件读取数据，并通过创建 BinaryWriter 对象实例向创建的小文件中写入数据，循环此操作，最终实现把大文件分割成的多个小文件。

实现合并文件的思路是首先获得要合并文件所在的目录，然后确定所在目录的文件数目，最后通过循环按此目录文件名称的顺序读取文件，形成数据流，并使用 BinaryWriter 在不断追加，循环结束即合并文件完成。

为了“文件分割”和“文件合并”功能能在同一个 Windows 窗体中实现，采用 TabControl 控件在 Windows 窗体中显示多个选项卡。这些选项卡类似于笔记本中的分隔卡和档案柜文件夹中的标签。选项卡中可包含图片框和其他控件。TabControl 控件可以用来制作多页面的对话框。这种对话框在 Windows 系统的很多地方都有应用，例如通过控制面板调用的“显示属性”对话框中的“设置”面板。

TabControl 控件最重要的属性是 TabPages，它是所有单独选项卡的集合。每个单独的选项卡就是一个 TabPage 控件对象。TabControl 控件在放置到窗体上时默认包含两个选项卡。可以使用设计器来添加或移除选项卡页，方法是：

- 在 TabControl 控件上右击，在出现的快捷菜单中选择“添加选项卡”或“移除选项卡”命令。
- 在“属性”窗口中，单击 TabPages 属性旁边的省略号按钮以打开“TabPage 集合编辑器”，如图 6-7 所示，在左侧窗口中的“成员：”选项区域下单击“添加”按钮即可添加选项卡，选择要移除的选项卡并单击“移除”按钮即可删除选定的选项卡。

图 6-7　TabPage 集合编辑器

一旦创建了选项卡页(TabPage 控件对象)，TabPage 控件对象是一个容器，用于放置其他控件。

【设计步骤】

(1) 创建新 Windows 应用程序项目，在窗体上添加一个 OpenFileDialog 组件用于选择要分割的大文件，一个 ProgressBar 组件用以显示文件分割的进度，一个 TabControl 控件。

默认的两个选项卡 tabPage1、tabPage2 的文字 Text 属性分别设为“文件分割”和“文件合并”。

单击“文件分割”选项卡 tabPage1，在 tabPage1 上添加一个 ComboBox 组件，用于选择文件分割的大小；两个 TextBox 组件分别用以显示 OpenFileDialog 组件选择后的文件和输入分割后小文件存放的目录；两个 Button 组件分别用以选择要分割的大文件和对选定文件进行分割。参见图 6-5 设置控件对象属性并适当调整控件在窗体的位置和大小。

单击“文件合并”选项卡 tabPage2，在 tabPage2 上添加两个 TextBox 组件分别用以显示 OpenFileDialog 组件选择后的文件名和输入合并后的大文件的名称。两个 Button 组件，分别用以选择被分割的第一个小文件和对选定目录中的所有文件进行合并。参见图 6-7 设置控件对象属性并适当调整控件在窗体的位置和大小。

(2) 编写代码。

引用命名空间：

```
using System.IO;
```

编写窗体加载的 Click 事件对应的处理代码：

```
private void Form1_Load(object sender, System.EventArgs e)
{
    comboBox1.Items.Add(1);        //1M
    comboBox1.Items.Add(5);        //5M
    comboBox1.Items.Add(10);       //10M
}
```

编写“文件分割”选项卡中“...”按钮(button1)的 Click 事件对应的处理代码，下列代码功能是选定要分割的大文件：

```
private void button1_Click(object sender, System.EventArgs e)
{
    //"..."按钮选择要分割的文件名
    openFileDialog1.Title = "请选择要分割的文件名称";
    DialogResult drTemp = openFileDialog1.ShowDialog();
    if (drTemp == DialogResult.OK && openFileDialog1.FileName != string.Empty)
    {
        textBox1.Text = openFileDialog1.FileName;
        button2.Enabled = true;
    }
}
```

编写“文件分割”选项卡中“执行分割文件”按钮(button2)的 Click 事件对应的处理代码，下列代码功能是把选定的文件按照指定大小进行分割，并把分割后的文件存放到指定目录中：

```
private void button2_Click(object sender, System.EventArgs e)
//执行分割文件
{
    int iFileSize = Int32.Parse(comboBox1.Text) * 1024 * 1024;
```

```
    //根据选择来设定分割的小文件的大小
    if (Directory.Exists(textBox2.Text))
    {
        //如果已有存放分割文件的目录,则删除此目录和该目录下文件或子目录
        Directory.Delete(textBox2.Text, true);
        //重新创建目录
        Directory.CreateDirectory(textBox2.Text);
    }
    else
    {
        Directory.CreateDirectory(textBox2.Text);          //直接创建目录
    }
    //以文件名字符串和文件打开模式来初始化 FileStream 文件流实例
    FileStream SplitFileStream = new FileStream(textBox1.Text, FileMode.Open);
    //以 FileStream 文件流来初始化 BinaryReader 对象
    BinaryReader SplitFileReader = new BinaryReader(SplitFileStream);
    byte[] TempBytes;                                      //每次分割读取的数据
    int iFileCount = Convert.ToInt32(SplitFileStream.Length) / iFileSize;
    progressBar1.Maximum = iFileCount;                     //小文件总数
    if (SplitFileStream.Length % iFileSize != 0)
    {
        iFileCount += 1;
    }
    string[] TempExtra = textBox1.Text.Split('.');
    for (int i = 1; i <= iFileCount; i++)
    {
        //循环将大文件分割成多个小文件
        string sTempFileName;                              //小文件的文件名称
        sTempFileName = textBox2.Text + "\\" + i.ToString().PadLeft(4, '0') + "." +
TempExtra[TempExtra.Length - 1];
        //根据文件名称和文件打开模式来初始化 FileStream 文件流实例
        FileStream TempStream = new FileStream(sTempFileName, FileMode.OpenOrCreate);
        //以 FileStream 实例来创建、初始化 BinaryWriter 对象
        BinaryWriter TempWriter = new BinaryWriter(TempStream);
        //从大文件中读取指定大小数据
        TempBytes = SplitFileReader.ReadBytes(iFileSize);
        TempWriter.Write(TempBytes);                       //把此数据写入小文件
        TempWriter.Close();                                //关闭 TempWriter,形成小文件
        TempStream.Close();                                //关闭文件流
        progressBar1.Value = i - 1;
    }
    SplitFileReader.Close();
    SplitFileStream.Close();
    MessageBox.Show("分割成功!");
    progressBar1.Value = 0;
}
```

编写“文件合并”选项卡中“...”按钮(button3)的 Click 事件对应的处理代码,下列代码功能是根据文件选择对话框获得被合并的小文件所在的目录,为后面的文件合并做准备:

```
private void button3_Click(object sender, System.EventArgs e)
{
    openFileDialog1.Title = "请选择要合并的第一个文件";
    DialogResult drTemp = openFileDialog1.ShowDialog();
    if (drTemp == DialogResult.OK && openFileDialog1.FileName!= "")
    {
        textBox3.Text = openFileDialog1.FileName;
        button4.Enabled = true;
    }
}
```

编写"文件合并"选项卡中"文件合并"按钮(button4)的Click事件对应的处理代码,下列代码功能是获得被选分割的小文件所在目录里面的所有文件,并生成合并文件:

```
private void button4_Click(object sender, System.EventArgs e)
{
    string sDirectoryName;                          //被合并小文件所在的目录
    string[] path = textBox3.Text.Split('\\');
    string sTemp = "";
    int i = 0;
    for (i = 0; i <= path.Length - 2; i++)
    {
        sTemp = sTemp + path[i] + "\\";
    }
    sDirectoryName = sTemp;                         //获得被合并小文件所在的目录
    //获取存放分割后小文件所在目录的所有小文件
    string[] arrFileNames = Directory.GetFiles(sDirectoryName);
    int iSumFile = arrFileNames.Length;
    progressBar1.Maximum = iSumFile;
    //以合并后的文件名称和打开方式来创建、初始化 FileStream 文件流
    FileStream AddStream = new FileStream(textBox4.Text, FileMode.OpenOrCreate);
    BinaryWriter AddWriter = new BinaryWriter(AddStream);
    for (i = 0; i <= iSumFile - 1; i++)  //循环合并小文件,并生成合并文件
    {
        //以小文件所对应的文件名称和打开模式来初始化 FileStream 文件流
        FileStream TempStream = new FileStream(arrFileNames[i], FileMode.Open);
        //用 FileStream 文件流来初始化 BinaryReader 对象,也起读取分割文件作用
        BinaryReader TempReader = new BinaryReader(TempStream);
        //读取分割文件中的数据,并生成合并后文件
    AddWriter.Write(TempReader.ReadBytes((int)TempStream.Length));
        TempReader.Close();                         //关闭 BinaryReader 对象
        TempStream.Close();                         //关闭 FileStream 文件流
        progressBar1.Value = i + 1;                 //显示合并进程
    }
    AddWriter.Close();                              //关闭 BinaryWriter 文件书写器
    AddStream.Close();                              //关闭 FileStream 文件流
    MessageBox.Show("成功合并!");
    progressBar1.Value = 0;
}
```

说明：String. PadLeft 方法是右对齐此实例中的字符，在左边用空格或指定的 Unicode 字符填充以达到指定的总长度。String. PadRight 方法左对齐此字符串中的字符，在右边用空格或指定的 Unicode 字符填充以达到指定的总长度。

6.3 处理鼠标和键盘事件

在程序运行中，产生事件的主体有很多，其中尤其以键盘和鼠标为最多。

6.3.1 处理鼠标相关的事件

鼠标相关的事件大致有六种，分别是 MouseHover、MouseLeave、MouseEnter、MouseMove、MouseDown 和 MouseUp。

1. 如何在 C# 程序中定义这些事件

在 Visual C#. NET 中是通过不同的 Delegate 来描述上述事件的，其中描述 MouseHover、MouseLeave、MouseEnter 事件的 Delegate 是 EventHandler，而描述后面的三个事件的 Delegate 是 MouseEventHandler。这两个 Delegate 分别被封装在不同的命名空间中，其中 EventHandler 被封装在 System 命名空间中；MouseEventHandler 被封装在 Syetem. Windows. Froms 命名空间中。在为 MouseHover、MouseLeave、MouseEnter 事件提供数据的类是 EventArgs，被封装在 System 命名空间中；而为后面的三个事件提供数据的类是 MouseEventArgs，被封装在 Syetem. Windows. Froms 命名空间。以上这些就决定了在 C# 中定义这些事件和响应这些事件有着不同的处理办法。下面就来介绍这些不同点。

对于上述的前三个事件，是用以下语法来定义的：

```
"组件名称"."事件名称" += new System.EventHandler("事件名称");
```

下面是程序中具体的实现代码：

```
button1.MouseLeave += new Syetem.EvenHandler(button1_MouseLeave);
```

在完成了事件的定义以后，就要在程序中加入响应此事件的代码，否则程序编译的时候会报错。下面是响应上面事件的基本结构。

```
private void button1_MouseLeave (object sender , System.EventArgs e )
{
    此处加入响应此事件的代码
}
```

定义 MouseMove、MouseDown 和 MouseUp 事件的语法和前面介绍的三个事件大致相同，具体如下：

```
"组件名称"."事件名称" += new System.Windows.Forms. MouseEventHandler("事件名称");
```

下面是程序中具体的实现代码：

```
button1.MouseMove += new System.Windows.Forms.MouseEventHandler(button1_ MouseMove);
```

下面是响应上面事件的基本结构：

```
private void button1_MMove ( object sender , System.Windows.Forms. MouseEventArgs e ){
    此处加入响应此事件的代码
}
```


在上述程序中的 button1 是定义的一个按钮组件。

2. 鼠标相关事件中的典型问题处理办法

和鼠标相关事件的典型问题有两个：其一是读取鼠标的当前位置；其二是判定到底是哪个鼠标按键按动。

判定鼠标的位置可以通过事件 MouseMove 来处理，在 MouseEventArgs 类中提供了两个属性 X 和 Y，来判定当前鼠标的纵坐标和横坐标。而判定鼠标按键的按动情况，可以通过事件 MouseDown 来处理，并且在 MouseEventArgs 类中也提供了一个属性 Button 来判定鼠标按键情况。根据这些知识，可以得到用 Visual C#.NET 编写的读取鼠标当前位置和判定鼠标按键情况的程序代码。

```
private void Form1_OnMouseMove ( object sender , MouseEventArgs e )
{
    this.Text = "当前鼠标的位置为：( " + e.X + " , " + e.Y + ")" ;
}
private void Form1_MouseDown ( object sender , MouseEventArgs e )
{
    //响应鼠标的不同按键
    if ( e.Button == MouseButtons.Left )MessageBox.Show ( "按动鼠标左键!" ) ;
    if ( e.Button == MouseButtons.Middle )MessageBox.Show ( "按动鼠标中键!");
    if ( e.Button == MouseButtons.Right )MessageBox.Show ( "按动鼠标右键!");
}
```

6.3.2 处理键盘相关的事件

在 Visual C#.NET 中和键盘相关的事件相对比较少，大致就三种：KeyDown、KeyUp 和 KeyPress。

1. 如何在程序中定义这些事件

Visual C#.NET 中描述 KeyDown、KeyUp 的事件的 Delegate 是 KeyEventHandler。而描述 KeyPress 所用的 Delegate 是 KeyPressEventHandler。这两个 Delegate 都被封装在命名空间 Syetem. Windows. Froms 中。为 KeyDown、KeyUp 的事件提供数据的类是 KeyEventArgs。而为 KeyPress 事件提供数据的类是 KeyPressEventArgs。同样这二者也被封装在命名空间 Syetem. Windows. Froms 中。

在 Visual C#.NET 程序定义 KeyDown、KeyUp 事件的语法如下：

```
"组件名称"."事件名称" += new Syetem.Windows.Froms. KeyEventHandler("事件名称");
```

下面是程序中具体的实现代码：

```
button1. KeyUp += new Syetem.Windows.Froms. KeyEventHandler(button1_KeyUp);
```

下面是响应上面事件的基本结构：

```
private void button1_KeyUp ( object sender , Syetem.Windows.Froms. KeyEventArgs e )
{
    此处加入响应此事件的代码
}
```

在 Visual C#.NET 程序定义 KeyPress 事件的语法如下：

```
"组件名称"."事件名称" += new Syetem.Windows.Froms. KeyPressEventHandler("事件名称");
```

下面是程序中具体的实现代码：

```
button1.KeyPress += new Syetem.Windows.Froms.KeyPressEventArgs(button1_KeyPress);
```

在完成了事件的定义以后，就要在程序中加入响应此事件的代码，否则程序编译的时候会报错。下面是响应上面事件的基本结构：

```
private void button1_KeyPress ( object sender , Syetem.Windows.Froms. KeyPressEventArgs e )
{
    此处加入响应此事件的代码
}
```

2. 和键盘相关事件中的典型问题处理办法

和键盘相关的典型问题无非就是判定到底是哪个按键被按动。通过上面的三个事件都可以完成。并且在 KeyEventArgs 类中通过了一个属性 KeyCode，可以用它来读取当前按键。所以就在 KeyUp 或者 KeyDown 事件中处理这个问题。根据上面这些知识，可以得到用 Visual C#. NET 编写读取按键的程序代码：

```
//显示所按的按键名称
private void Form1_KeyUp ( object sender , KeyEventArgs e )
{
    MessageBox.Show ( e.KeyCode.ToString ( ) , "您所按动的键为：" ) ;
}
```

【例 6-5】 利用上下左右键控制坦克的移动，当坦克移动超过窗体的上下左右边界时，会从相反的边界进入。并在屏幕上显示该键键名和扫描码。

【程序设计的思路】

预先准备几个坦克上下左右方位图片文件（tankU. bmp、tankD. bmp tankL. bmp tankR. bmp）。如果用户按键不放时，会触发 Form1_KeyDown 事件，由 e. KeyCode 获取被按键的键值（扫描码）。依据按键的键值向相应方向移动 10 像素并判断是否超过窗体的边界。

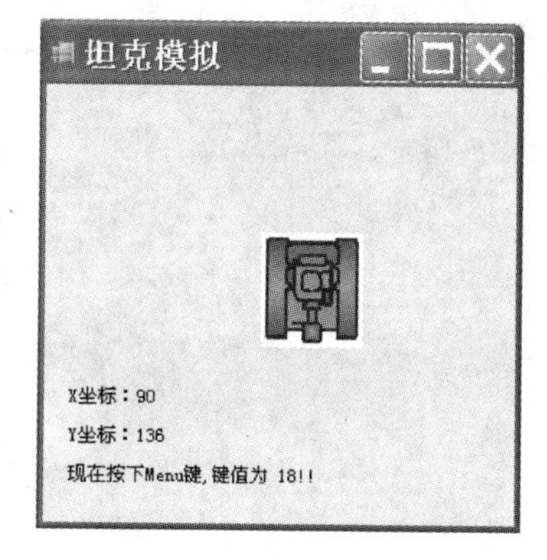

图 6-8 坦克游戏窗口

【设计步骤】

(1) 设计应用程序界面。

在窗体设计器（如图 6-8 所示）中添加 3 个标签控件（lblX、lblY 和 lblMsg）和 1 个图片框控件 picTank。

(2) 添加如下代码:

```
private string path;                    //应用程序路径
private void Form1_Load(System.Object sender, System.EventArgs e)
{
    lblX.Text = "X坐标:" + picTank.Top;
    lblY.Text = "Y坐标:" + picTank.Left;
    lblMsg.Text = "请按上下左右键控制坦克!";
    path = Application.StartupPath;
    picTank.Image = Image.FromFile(path + "\\tankU.bmp");
}
private void Form1_KeyDown(System.Object sender, KeyEventArgs e)
{
    switch (e.KeyCode)
    {
        case Keys.Up:                   //上
            picTank.Image = Image.FromFile(path + "\\tankU.bmp");
            if ((picTank.Top + picTank.Height) <= 0)
            {
                picTank.Top = this.Height;
            }
            else
            {
                picTank.Top -= 10;
            }
            break;
        case Keys.Down:                 //下
            picTank.Image = Image.FromFile(path + "\\tankD.bmp");
            if (picTank.Top >= this.Height)
            {
                picTank.Top = 0 - picTank.Height;
            }
            else
            {
                picTank.Top += 10;
            }
            break;
        case Keys.Left:                 //左
            picTank.Image = Image.FromFile(path + "\\tankL.bmp");
            if (picTank.Width + picTank.Left <= 0)
            {
                picTank.Left = this.Width;
            }
            else
            {
                picTank.Left -= 10;
            }
            break;
```

```
        case Keys.Right:                          //右
            picTank.Image = Image.FromFile(path + "\\tankR.bmp");
            if (picTank.Left >= this.Width)
            {
                picTank.Left = 0 - picTank.Width;
            }
            else
            {
                picTank.Left += 10;
            }
            break;
    }
    lblX.Text = "X坐标: " + picTank.Top;
    lblY.Text = "Y坐标: " + picTank.Left;
    lblMsg.Text = "现在按下" + e.KeyCode.ToString() + "键,键值为" + Convert.ToInt16(e.
KeyCode) + "!!";
}
private void Form1_KeyUp(System.Object sender, KeyEventArgs e)
{
    lblMsg.Text = "请按上下左右键控制坦克!";
}
```

(3) 窗体的 KeyPreview 属性。

窗体的 KeyPreview 属性影响对键盘事件的响应,默认情况下,窗体的 KeyPreview 属性值为 False,窗体上当前选定控件(具有焦点的控件)接收键事件,当此属性设置为 True 时,窗体将首先接收键盘事件。在窗体的键盘事件处理程序处理完该击键后,然后将该击键分配给具有焦点的控件。例如,如果 KeyPreview 属性设置为 True,而且当前选定的控件是 TextBox,则在该窗体的事件处理方法处理击键后,TextBox 控件将接收按下的键。若要仅在窗体级别处理键盘事件而不允许控件接收键盘事件,则应将窗体的 KeyPress 或 KeyDown 事件中的 KeyPressEventArgs 或 KeyEventArgs 的 e. Handled 属性设置为 True。

注意:如果窗体没有可见或启用的控件,则该窗体自动接收所有键盘事件。

习　　题

1. 编写程序,打开任意的文本文件,读出其中内容,判断该文件中某些给定关键字出现的次数。

2. 编写程序,打开任意的文本文件,在指定的位置产生一个相同文件的副本,即实现文件的复制功能。

3. 创建一个简单的记事本程序。在窗体上创建菜单栏,加入一个“文件”菜单,该菜单包括 4 个菜单命令(“新建”、“打开”、“保存”和“退出”),再向窗体中添加一个公共对话框和一个文本框,执行“新建”菜单命令时清空文本框,由用户输入文本内容,执行“保存”菜单命令时可弹出保存文件对话框,由用户指定文件的路径和文件名,并把文本框中的内容写入该文件。当执行"打开"菜单命令时可弹出打开文件对话框，由用户从中选择所需要的文件，并把打开的文件内容写在文本框中显示，由用户进行修改。

4. 用 Windows"记事本"创建一个文本文件，其中每行包含一段英文。试读出文件的全部内容，并判断：

(1) 该文本文件共有多少行？

(2) 文件中以大写字母 P 开头的有多少行？

(3) 一行中包含字符最多的行和包含字符最少的行分别是第几行？

第7章 网络程序开发

随着计算机网络化的深入，计算机网络编程在程序设计中变得日益重要。Visual C# .NET 进行 Socket 网络编程时实现比较烦琐。其实，实际开发中 Visual C#.NET 可利用 .NET 框架类库中提供的应用层类——TcpClient、TcpListener 和 UdpClient 类。这些类为 Socket 通信提供了更简单、对用户更友好的接口。用它们来实现 Socket 编程，是非常方便的。本章通过应用层类的开发实例来说明如何利用 Visual C#.NET 进行网络编程。

7.1 网络通信编程基础

7.1.1 Socket 套接字简介

Socket 是套接字的英文名称，主要是用于网络通信编程。20 世纪 80 年代初，美国政府的高级研究工程机构（ARPA）给加利福尼亚大学 Berkeley 分校提供了资金，让他们在 UNIX 操作系统下实现 TCP/IP 协议。在这个项目中，研究人员为 TCP/IP 网络通信开发了一个 API(应用程序接口)。这个 API 称为 Socket(套接字)。Socket 是 TCP/IP 网络最为通用的 API。

对于许多初学者来说，网络通信程序的开发，许多概念诸如：同步（Sync）/异步（Async）、阻塞（Block）/非阻塞（Unblock）等，初学者往往迷惑不清，下面先介绍这些概念。

同步方式指的是发送方不等接收方响应，便接着发下个数据包的通信方式；而异步指发送方发出数据后，等收到接收方发回的响应，才发下一个数据包的通信方式。

阻塞套接字是指执行此套接字的网络调用时，直到成功才返回，否则一直阻塞在此网络调用上，比如调用 Recieve()函数读取网络缓冲区中的数据，如果没有数据到达，将一直挂在 Recieve()这个函数调用上，直到读到一些数据，此函数调用才返回；而非阻塞套接字是指执行此套接字的网络调用时，不管是否执行成功，都立即返回。比如调用 Recieve()函数读取网络缓冲区中数据，不管是否读到数据都立即返回，而不会一直挂在此函数调用上。在实际 Windows 网络通信软件开发中，异步非阻塞套接字是用的最多的。平常所说的 C/S(客户端/服务器)结构的软件就是异步非阻塞模式的。

7.1.2 TCP 协议和 UDP 协议

IP 协议只是单纯地负责将数据流分割成包，并依指定的 IP 地址通过网络传输到目的地，其需要配合不同的传输协议，TCP 协议（连接性与可信赖性）或 UDP 协议（非连接和不可信赖性），以便提供传送端与接收端主机间的连接和传输。

TCP 提供一种面向连接的、可靠的字节流服务。面向连接意味着两个使用 TCP 的应用(通常是一个客户和一个服务器)在彼此交换数据之前必须先建立一个 TCP 连接。这一过程与打电话很相似,先拨号振铃,等待对方摘机说“喂”,然后才说明是谁。端口号(Port)用于寻找(识别)发端和收端应用进程。

UDP 不提供可靠性,它把应用程序传给 IP 层的数据发送出去,但是并不保证它们能到达目的地。由于缺乏可靠性,我们似乎觉得要避免使用 UDP 而使用一种可靠协议,如 TCP。但 UDP 协议有简单、快速、占用资源少的优点。

7.1.3 Socket 编程原理

Socket 同时支持数据流 Socket 和数据报 Socket。下面是利用 Socket 进行通信连接的过程框图。其中图 7-1 是面向连接支持数据流 TCP 的时序图,图 7-2 是无连接数据报 UDP 的时序图。

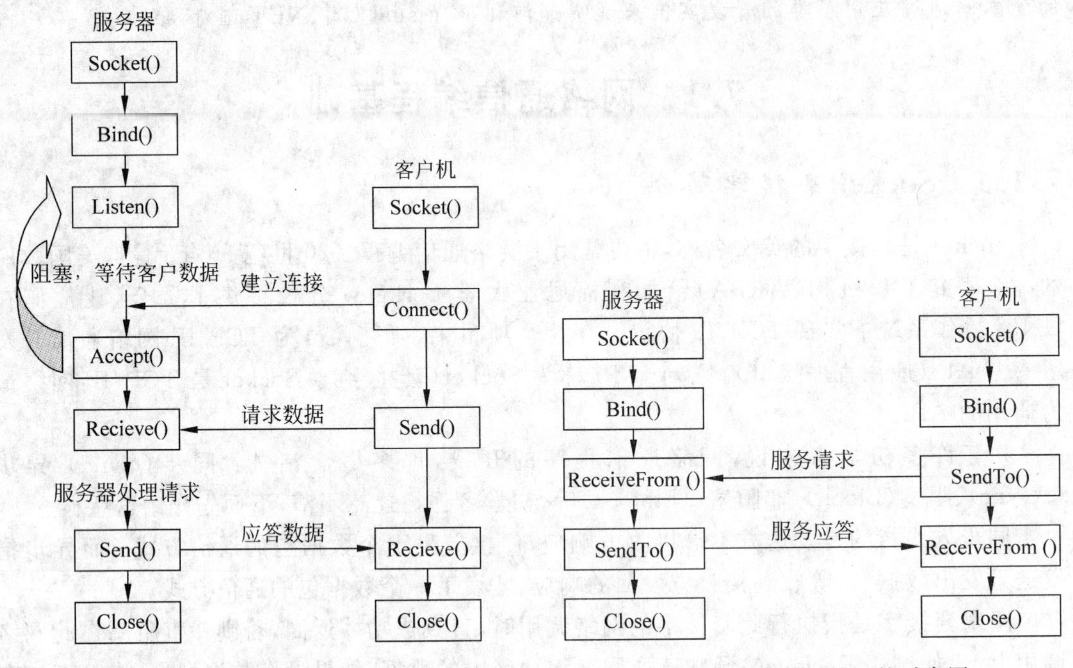

图 7-1　面向连接 TCP 的时序图　　　图 7-2　无连接 UDP 的时序图

可以看出,客户机与服务器的关系是不对称的。

对于 TCP C/S,服务器首先启动,然后在某一时刻启动客户机与服务器建立连接。服务器与客户机开始都必须调用 Socket()建立一个套接字 Socket,然后服务器调用 Bind()将套接字与一个本机指定端口绑定在一起,再调用 Listen()使套接字处于一种被动的准备接收状态,这时客户机建立套接字便可通过调用 Connect()和服务器建立连接。服务器就可以调用 Accept()来接收客户机连接。然后继续侦听指定端口,并发出阻塞,直到下一个请求出现,从而实现多个客户机连接。连接建立之后,客户机和服务器之间就可以通过连接发送和接收数据。最后,待数据传送结束,双方调用 Close()关闭套接字。

对于 UDP C/S,客户机并不与服务器建立一个连接,而仅仅调用函数 SendTo()给服务器发送数据报。类似地，服务器也不从客户端接收一个连接，只是调用函数 ReceiveFrom()，等待从客户端来的数据。依照 ReceiveFrom()得到的协议地址以及数据报，服务器就可以给客户送一个应答。

微软.NET 框架的 System.Net.Sockets 命名空间包含 Windows 套接字接口的托管实现。而 System.Net 命名空间中的所有其他网络访问类都建立在该套接字实现之上，也就是说，使用 System.Net.Sockets 和 System.Net 这两个命名空间中的类可以很容易地编写出各种网络应用程序。Visual C#.NET 可以利用命名空间下基于传输层 Socket 类或更高级的基于应用层的 TcpClient、TcpListener 和 UdpClient 类实现网络上信息传输。

7.1.4 套接字 Socket 类编程

Socket 类是包含在 System.Net.Sockets 命名空间中的一个非常重要的网络通信类。Visual C#.NET 的网络应用程序既可以是基于流套接字的，也可以是基于数据报套接字的。而基于流套接字的通信中采用的协议就是 TCP 协议，基于数据报套接字的通信中采用的自然就是 UDP 协议了。在程序实现上的主要区别在于：使用流式套接字时首先通信双方要建立连接，数据报套接字提供了一种非连接的数据通信方式。

1. Socket 类实现流套接字工作原理

要通过互联网进行通信，至少需要一对套接字，其中一个运行于客户机端，另一个运行于服务器端。套接字之间的连接过程可以分为三个步骤：服务器监听，客户端请求，连接确认。

- 所谓服务器监听，是处于等待连接的状态，实时监控网络状态。
- 所谓客户端请求，是指由客户端的套接字提出连接请求，要连接的目标是服务器端的套接字。为此，客户端的套接字必须首先描述它要连接的服务器的套接字，指出服务器端套接字的地址和端口号，然后就向服务器端套接字提出连接请求。
- 所谓连接确认，是指当服务器端套接字监听到或者说接收到客户端套接字的连接请求，它就响应客户端套接字的请求，建立一个新的线程，把服务器端套接字的描述发给客户端，一旦客户端确认了此描述，连接就建立好了。而服务器端套接字继续处于监听状态，继续接收其他客户端套接字的连接请求。

在.NET 框架下具体实现时，如果使用的是基于流套接字面向连接的协议(如 TCP)，则服务器可以使用 Listen 方法侦听连接。Accept 方法处理任何传入的连接请求，并返回可用于与远程主机进行数据通信的 Socket。可以使用此返回的 Socket 来调用 Send 方法发送数据或 Receive 方法接收数据。如果客户端想连接到侦听服务器，则调用 Connect 方法。若要进行数据通信，同样调用 Send 或 Receive 方法。

2. Socket 类实现数据报套接字工作原理

数据报套接字提供了一种非连接的数据通信方式，使用的是用户数据报协议(UDP)，例如 QQ 在双方通信时就使用了 UDP 协议。如果使用的是无连接 UDP 协议，则根本不需要侦听连接。

在.NET 框架下具体实现时，通信双方建立 Socket 实例后，调用 ReceiveFrom 方法可接受任何传入的数据报，使用 SendTo 方法可将数据报发送到远程主机。

需要知道的是 Socket 类支持两种基本模式：同步和异步。其区别在于：在同步模式中,对执行网络操作的函数(如 Send 和 Receive)的调用一直等到操作完成后才将控制返回给调用程序。在异步模式中,这些调用立即返回。

下面重点讨论同步模式的流套接字 Socket 编程。

3. Socket 类实现流套接字编程实例

【例 7-1】 Socket 类实现流套接字控制台编程。客户端连接服务器端成功后显示“connect succeed!”,然后发出“hello world”。服务器端接收到“hello world”信息,显示到屏幕上。实例服务器端和客户端必须分别编程。

【设计步骤】

• 客户端的 Socket 编程的基本过程如下:

(1) 创建一个 Socket 实例对象。

(2) 将上述实例对象连接到服务器(一个具体的 EndPoint)。

(3) 连接完毕,就可以和服务器进行通信:接收并发送信息。

(4) 通信完毕,用 ShutDown()方法来禁用 Socket。最后用 Close()方法来关闭 Socket。

所以完整的客户端的程序代码如下:

```
using System.Net.Sockets;
using System.Net;
namespace client2
{
    class Program
    {
        static void Main(string[ ] args)
        {
            Socket sock = new Socket(AddressFamily.InterNetwork,
SocketType.Stream, ProtocolType.Tcp);
            IPAddress remoteAddr = IPAddress.Parse("202.196.32.2");      //服务器端 IP
            EndPoint ep = new IPEndPoint(remoteAddr,8000);
            sock.Connect(ep);
            if(sock.Connected)Console.WriteLine("connect succeed!");
            byte[ ] mybyte = Encoding.ASCII.GetBytes("hello world!");
            sock. Send(mybyte);
            sock.Shutdown(SocketShutdown.Both);
            sock. Close( );
        }
    }
}
```

以上代码显示了如何创建 Socket 实例并取得与服务器端连接的过程。

说明:

(1) 首先创建 Socket 对象的实例,这可以通过 Socket 类的构造方法来实现:

```
public Socket(AddressFamily addressFamily,SocketType socketType,ProtocolType protocolType);
```

其中,addressFamily 参数指定 Socket 使用的寻址方案,比如 AddressFamily.InterNetwork 表明为 IP 版本 4 的地址;socketType 参数指定 Socket 的类型,比如 SocketType.Stream 表明连接是基于流套接字的,而 SocketType.Dgram 表示连接是基于数据报套接字的。

ProtocolType 参数指定 Socket 使用的协议，比如 ProtocolType. Tcp 表明连接协议是运用 TCP 协议的，而 Protocol. Udp 则表明连接协议是运用 UDP 协议的。

```
Socket sock = new Socket(AddressFamily.InterNetwork,SocketType.Stream,
ProtocolType.Tcp);
```

语句创建一个 Socket，它可用于在基于 TCP/IP 的网络上通信。

(2) 创建服务器的 EndPoint 实例。

```
IPAddress remoteAddr = IPAddress.Parse("202.196.32.2");    //服务器端 IP
EndPoint ep = new IPEndPoint(remoteAddr,8000);
```

IPAddress 类包含计算机在 IP 网络上的地址。其 Parse 方法可将 IP 地址字符串转换为 IPAddress 实例。下面的语句创建了一个 IPAddress 实例：

```
IPAddress remoteAddr = IPAddress.Parse("202.196.32.2");
```

在 Internet 中，TCP/IP 使用一个网络地址和一个服务端口号来唯一标识设备。网络地址标识网络上的特定设备；端口号标识要连接到的该设备上的特定服务。网络地址和服务端口的组合称为终结点，在 .NET 框架中正是由 EndPoint 类表示这个终结点，它提供表示网络资源或服务的抽象，用以标志网络地址等信息。

(3) 在创建了 Socket 实例后，就可以上述实例对象连接到服务器，运用的方法就是 Connect()方法：

```
public Connect (EndPoint ep);
```

该方法只可以被运用在客户端。进行连接后，可以运用套接字的 Connected 属性来验证连接是否成功。如果返回的值为 true，则表示连接成功，否则就是失败。

(4) 一旦连接成功，我们就可以运用 Send()和 Receive()方法来进行通信。

Send()方法的函数原型如下：

```
public int Send (byte[] buffer, int size, SocketFlags flags);
```

其中，参数 buffer 包含了要发送的数据，参数 size 表示要发送数据的大小，而参数 flags 则可以是以下一些值：SocketFlags. None、SocketFlags. DontRoute、SocketFlags. OutOfBnd。

该方法返回的是一个 System. Int32 类型的值，它表明了已发送数据的大小。同时，该方法还有以下几种已被重载的函数实现：

```
[格式 1]: public int Send (byte[] buffer);
[格式 2]: public int Send (byte[] buffer, SocketFlags flags);
[格式 3]: public int Send (byte[] buffer,int offset, int size, SocketFlags flags);
```

Receive()方法，其函数原型如下：

```
public int Receive(byte[] buffer, int size, SocketFlags flags);
```

其中的参数和 Send()方法的参数类似，此处不再赘述。

同样,该方法还有以下一些已被重载了的函数实现:

```
[格式 1]: public int Receive (byte[ ] buffer);
[格式 2]: public int Receive (byte[ ] buffer, SocketFlags flags);
[格式 3]: public int Receive (byte[ ] buffer,int offset, int size, SocketFlags flags);
```

(5) 在通信完成后,就通过 ShutDown()方法来禁用 Socket,函数原型如下:

```
public void ShutDown(SocketShutdown how);
```

其中的参数 how 表明了禁用的类型,SocketShutdown. Send 表明关闭用于发送的套接字;SocketShutdown. Receive 表明关闭用于接收的套接字;而 SocketShutdown. Both 则表明发送和接收的套接字同时被关闭。

应该注意的是在调用 Close()方法以前必须调用 ShutDown()方法以确保在 Socket 关闭之前已发送或接收所有挂起的数据。一旦 ShutDown()调用完毕,就调用 Close()方法来关闭 Socket。

- 服务端的程序的基本过程如下:

(1) 创建一个 Socket 实例对象。

(2) 将上述实例必须绑定到用于 TCP 通信的服务器本地 IP 地址和端口上。

(3) 服务器用 Listen 方法等待客户端连接请求。

(4) Accept 方法处理任何传入的连接请求,并返回可用于与远程主机进行数据通信的 Socket。

下面是完成上述步骤的服务器端的程序:

```
using System.Net.Sockets;
using System.Net;
namespace server2
{
    class Program
    {
        static void Main(string[ ] args)
        {
            Socket mysocket = new Socket(AddressFamily.InterNetwork,
SocketType.Stream, ProtocolType.Tcp);
            IPAddress ip = IPAddress.Parse("127.0.0.1");
            IPEndPoint iep = new IPEndPoint(ip, 8000);
            mysocket.Bind(iep);
            mysocket.Listen(10);
            byte[ ] buffer = new byte[1024];
            while (true)
            {
                Socket myClient = mysocket.Accept();
                myClient.Receive(buffer);
                Console.WriteLine("recieve data:{0}",
System.Text.Encoding.UTF8.GetString(buffer));
            }
```

```
        }
    }
}
```

这样,一个基于 Socket 类实现流套接字通信的过程就完成了。

7.1.5 .NET 框架中网络通信的应用层类

在.NET 框架下开发时,直接使用 System. Net. Sockets 名称空间中的 Socket 类编程较为复杂,而应用层的类 TcpClient、TcpListener 和 UdpClient 为 Socket 通信提供了更简单、对用户更友好的接口。

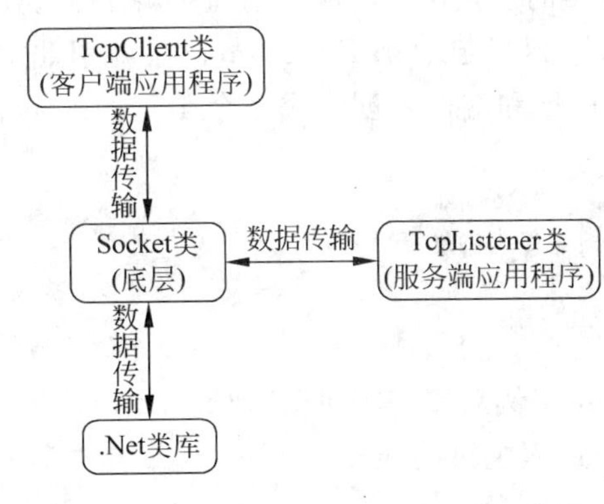

图 7-3 .NET FrameWrok 中网络通信类之间的层次关系

它们和 Socket 类之间的这种层次关系示意如图 7-3 所示。

应用层的类比位于底层传输层的 Socket 类提供了更高层次的抽象,它们封装 TCP 和 UDP 套接字的创建,不需要处理连接的细节,这使得我们在编写套接字级别的协议时,可以更多地尝试使用 TcpClient、TcpListener 和 UdpClient,而不是直接在 Socket 中写。TcpListener 和 TcpClient 用来简化 TCP 编程,UdpClient 用来简化 UDP 编程。它们把 Socket 编程封装,暴露高级接口,以便于交互。比如 TCP 编程这些类可以通过流的形式在一个连接上交互,容易读写和确定消息的边界。比如 UDP 编程,以前如果提供的接收消息的 buffer 小于消息的长度,就会抛出异常,此条消息也就丢失了,现在这些类通过 UdpClient 就不会有这种现象发生,UdpClient 的 Receive 函数会自动返回更大的 buffer 的数据。

7.2 使用 TcpClient 类和 TcpListener 类实现 TCP 协议通信

TcpClient 类基于 Socket 类构建,这使它能够以更高的抽象程度提供 TCP 服务的基础。正因为这样,许多应用层上的通信协议,比如 FTP 文件传输协议、HTTP 超文本传输协议等都直接创建在 TcpClient 等类之上。

从名字上就可以看出,TcpClient 类专为客户端设计,它为 TCP 网络服务提供客户端连接。TcpClient 提供了通过网络连接、发送和接收数据的简单方法。而 TcpListener 主要作用是监视 TCP 端口上客户端的请求。

7.2.1 TcpClient 类和 TcpListener 类

1. TcpClient 类

若要建立 TCP 连接,必须知道客户端的地址(IPAddress)以及用于通信的 TCP 端口(Port)。要创建这种连接,可以选用 TcpClient 类的三种构造函数之一创建 TcpClient 的实例对象。

1) public TcpClient();

当使用这种不带任何参数的构造函数时，将使用本机默认的 IP 地址并将使用默认的通信端口号 0。

以下示例语句使用本机默认 IP 和 Port 端口号 0 与远程主机名为 www.263.net 建立连接：

```
TcpClient tcpClient = new TcpClient();          //创建 TcpClient 对象实例
tcpClient.Connect("www.263.net",8080);          //建立连接
```

2) public TcpClient(IPEndPoint);

IPEndPoint 在这里它用于指定在建立远程主机连接时所使用的本地 IP 地址和端口号。

此构造函数创建一个新的 TcpClient，并将其绑定到指定的 IPEndPoint。在调用此构造函数之前，必须把打算用来发送和接收数据的 IP 地址和端口号创建成一个 IPEndPoint。例如：

```
IPAddress ipAddress = Dns.Resolve(Dns.GetHostName()).AddressList(0);
IPEndPoint ipLocalEndPoint = new IPEndPoint(ipAddress, 3004);
TcpClient tcpClientA = new TcpClient(ipLocalEndPoint);
```

使用以上两种构造函数，所实现的只是 TcpClient 实例对象与本机 IP 地址和 Port 端口的绑定，要完成连接，还需要显式 Connet 方法指定与远程主机的连接。

3) public TcpClient(string, int);

初始化 TcpClient 类的新实例并连接到指定主机上的指定端口。以下示例语句调用这一方法实现与指定主机名和端口号的主机相连：

```
TcpClient tcpClientB = new TcpClient("www.tuha.net", 4088);
```

TcpClient 提供了通过网络连接、发送和接收数据的简单方法。TcpClient 类常用方法、属性及其说明如表 7-1 和表 7-2 所示。

表 7-1　TcpClient 类常用的方法

方　法	说　明
Close	关闭 TCP 连接
Connect	使用指定的主机名和端口号将客户端连接到 TCP 主机
GetStream	返回用于发送和接收数据的流

表 7-2　TcpClient 类常用的属性

属　性	描　述
LingerState	有关套接字逗留时间的信息
NoDelay	该值在发送或接收缓冲区未满时启用延迟
ReceiveBufferSize	接收缓冲区的大小
ReceiveTimeout	TcpClient 在启动后为接收数据而等待的时间
SendBufferSize	发送缓冲区的大小
SendTimeout	在启动发送操作后，TcpClient 将为接收确认而等待的时间长度

TcpClient 类创建在 Socket 之上，在 TCP 服务方面提供了更高层次的抽象，体现在网络数据的发送和接受方面，是 TcpClient 使用 NetworkStream 网络流处理技术，使得它读写数据更加方便直观。

NetworkStream 网络流可以被视为一个数据通道，架设在数据来源端(客户 Client)和接收端(服务 Server)之间，通过 TcpClient. GetStream 方法，返回用于发送和接收数据的网络流 NetworkStream。之后的数据读取及写入均针对这个通道来进行。

示例如下：

```
TcpClient tcpClient = new TcpClient();                    //创建 TcpClient 对象实例
tcpClient.Connect("www.tuha.net",4088);                   //尝试与远程主机相连
NetworkStream stream = tcpClient.GetStream();             //获取网络传输流
```

通过以上方法得到 NetworkStream 网络流之后，就可以使用标准流读写方法 Write 和 Read 来发送和接收数据了。

客户端用构建于 Socket 类之上的 TcpClient 取代 Socket；相应地，构建于 Socket 之上的 TcpListener 提供了更高级别的 TCP 服务，使得我们能更方便地编写服务端应用程序。正是因为这样的原因，像 FTP 和 HTTP 这样的应用层协议都是在 TcpListener 类的基础上建立的。

2. TcpListener 类

.NET 中的 TcpListener 主要作用是监视 TCP 端口上客户端的请求，通过绑定本机 IP 地址和相应端口(这两者应与客户端的请求一致)创建 TcpListener 对象实例，并由 Start 方法启动侦听；当 TcpListener 侦听到用户端的连接后，视客户端的不同请求方式，通过 AcceptTcpClient 方法接受传入的连接请求并创建 TcpClient 以处理请求，或者通过 AcceptSocket 方法接受传入的连接请求并创建 Socket 以处理请求。最后，需要使用 Stop 关闭用于侦听传入连接的 Socket，你必须也关闭从 AcceptSocket 或 AcceptTcpClient 返回的任何实例。TcpListener 类常用方法、属性及其说明如表 7-3 和表 7-4 所示。

表 7-3　TcpListener 类常用的属性

属　性	说　明
LocalEndpoint	获取当前 TcpListener 的基础 EndPoint，建立套接字连接后，可使用 LocalEndpoint 属性来标识正用于侦听传入客户端连接请求的本地网络接口和端口号
Active	获取一个值，该值指示 TcpListener 是否正主动侦听客户端连接
Server	获取基础网络 Socket

表 7-4　TcpListener 类常用的方法

方　法	说　明
AcceptSocket	接受连接请求，返回一个可用来发送和接收数据的 Socket 对象
AcceptTcpClient	接受连接请求，返回一个可用来发送和接收数据的 TcpClient 对象
Pending	确定是否有挂起的连接请求
Start	开始侦听网络请求
Stop	关闭侦听器

下面的示例完整体现了上面的过程：

```
bool done = false;
TcpListener listener = new TcpListener(13);      //创建 TcpListener 对象实例(13 号端口)
listener.Start();                                //启动侦听
while (!done) {                                  //进入无限循环以侦听用户连接
TcpClient client = listener.AcceptTcpClient();
//侦听到连接后创建客户端连接 TcpClient
NetworkStream ns = client.GetStream();           //得到网络传输流
byte[] byteTime = Encoding.ASCII.GetBytes(str);
//发送的字符串内容 str 转换为字节数组以便写入流
ns.Write(byteTime, 0, byteTime.Length);          //写入流
ns.Close();                                      //关闭流
client.Close();                                  //关闭客户端连接
```

提示：如果发送的全部是单行的文本信息，那么创建 NetworkStream 对象后，使用 StreamReader 类的 ReadLine 方法和 StreamWriter 类的 WriteLine 方法更简单，而且不需要进行字符串和字节数组之间的转换。

3. 使用线程

网络应用程序的一般都会或多或少地使用到线程，甚至可以说，一个功能稍微强大的网络应用程序总会在其中开出或多或少的线程，如果应用程序中开出的线程数目大于两个，那么就可以把这个程序称为多线程应用程序。

那么为什么在网络应用程序总会和线程交织在一起呢？这是因为网络应用程序在执行的时候，会遇到很多意想不到的问题，其中最常见的是网络阻塞和网络等待等。

程序在处理这些问题的时候往往需要花费很多的时间，如果不使用线程，则程序在执行时就会表现出如运行速度慢、执行时间长、容易出现错误、反应迟钝等问题。而如果把这些可能造成大量占用程序执行时间的过程放在线程中处理，就往往能够大大提高应用程序的运行效率和性能，并获得更优良的可伸缩性。那么这是否就意味着应该在网络应用程序中广泛使用线程呢？情况并非如此，线程其实是一把双刃剑，如果不分场合，在不需要使用的地方强行使用就可能会产生许多程序垃圾，或者在程序结束后，由于没有能够销毁创建的进程而导致应用程序挂起等问题。所以如果认为自己编写的代码足够快，建议还是不要使用线程或多线程。

在.NET 中线程是由 System.Threading 命名空间所定义的，所以包含这个命名空间。

```
using System.Threading;
```

1) 开始一个线程

System.Threading 命名空间的线程类描述了一个线程对象，通过使用线程类对象，可以创建、删除、停止及恢复一个线程。创建一个新线程通过 new 操作，并可以通过 start()方法启动线程。

```
thread = new Thread(new ThreadStart(HelloWorld));
thread.Start();
```

HelloWorld()函数是启动线程所要执行的函数。

2）杀死一个线程

线程类的 Abort()方法可以永久地杀死一个线程。在杀死一个线程起前应该判断线程是否在生存期间。

```
if ( thread.IsAlive )
{
thread.Abort();
}
```

3）停止一个线程

Thread.Sleep 方法能够在一个固定周期类停止一个线程。

```
thread.Sleep();
```

4）设定线程优先级

线程类中的 ThreadPriority 属性是用来设定一个 ThreadPriority 的优先级别。线程优先级别包括 Normal、AboveNormal、BelowNormal、Highest 和 Lowest 几种。

```
thread.Priority = ThreadPriority.Highest;
```

5）挂起一个线程

调用线程类的 Suspend()方法将挂起一个线程直到使用 Resume()方法唤醒它。在挂起一个线程起前应该判断线程是否在活动期间。

```
if (thread.ThreadState = ThreadState.Running )
{
thread.Suspend();
}
```

6）唤起一个线程

通过使用 Resume()方法可以唤起一个被挂起线程。在挂起一个线程起前应该判断线程是否在挂起期间，如果线程未被挂起，则方法不起作用。

```
if (thread.ThreadState = ThreadState.Suspended )
{
thread.Resume();
}
```

7）在一个线程中操作另一个线程的控件

默认情况下，为了防止引起死锁等不安全因素，C＃不允许在一个线程中直接操作另一个线程中的控件。但是在 Windows 应用程序中，为了在窗体上显示线程中处理的信息，可能需要经常在一个线程中引用另一个线程中的窗体控件。比如当收到消息的时候需要在另一个线程中的窗体控件 RichTextBox 增加内容。在 Visual Studio 2005 以后的版本中会引发一个异常提示“从不是创建控件的线程访问它”。这跟现实中的一些例子是一样的，例如取款机，如果你不是银行的负责人，只能用卡，如果你去开锁，那么一会儿警察就来了。那怎么在一个线程中操作另一个线程的控件呢？比较常用的办法是使用委托(delegate)来完成这个工作。

Visual Studio 2005 以后版本窗体控件都有了一个 InvokeRequired 属性，如果属性为 true 说明是其他线程正在操作该控件，这时就要创建一个委托实例，然后调用控件对象的 Invoke 方法，保证其他线程可以安全操作本线程中的控件。例如：

```
delegate void AppendStrDg(string str);
private void AppendStr(string str){
    if(RichTextBox1.InvokeRequired)                    //其他线程操作该控件
    {
        AppendStrDg dg = new AppendStrDg(AppendStr);   //创建一个委托实例
        RichTextBox1.Invoke(dg, str);
    }
    else
    {
        RichTextBox1.Text += str;
    }
}
```

当然在具体用 Visual C#.NET 实现网络点对点通信程序时，还必须掌握很多其他方面的知识，如资源的回收。在用 Visual C#.NET 编写网络应用程序的时候，很多朋友遇到过这样的情况。当程序退出后，通过 Windows 的"资源管理器"看到的是进程数目并没有减少。这是因为程序中使用的线程可能并没有有效退出。虽然 Thread 类中提供了 Abort 方法用来中止进程，但并不能够保证成功退出。因为进程中使用的某些资源并没有回收。在某些情况下，垃圾回收器也不能保证完全地回收资源，还是需要程序员手动回收资源的。在本程序中也涉及资源手动回收的问题，实现方法可参阅下面例 7-2 中具体实现步骤中的第(10)步。

7.2.2 实现的基于 TCP 协议的局域网通信程序

【例 7-2】 利用此通信程序进行通信的任一计算机，在通信之前，都需要侦听端口号，接收其他机器的连接申请，并在连接建立后，就可以接收对方发送来的数据；同时也可以向其他机器提出连接申请，并在对方计算机允许建立连接请求后，发送数据到对方。

关键就是实现信息在网络中的发送和接收。数据接收使用的是 Socket，数据发送使用的是 NetworkStream。

1. 利用 Socket 来接收信息

为了更清楚地说明问题，程序在处理数据发送和接收时采用了不同的端口号，发送数据程序在默认状态设定的端口号为 8888。下面代码是侦听端口号 8889，接收网络中对此端口号的连接请求，并在建立连接后，通过 Socket 接收远程计算机发送来的数据：

```
try
{
  TcpListener tlListen1 = new TcpListener (IPAddress.Parse("127.0.0.1"), 8889 ) ;  //侦听端口
                                                                                   //号 8889
  tlListen1.Start ( ) ;
  Socket skSocket = tlListen1.AcceptSocket ( );
  //接受远程计算机的连接请求，并获得用以接收数据的 Socket 实例
```

```
    EndPoint tempRemoteEP = skSocket.RemoteEndPoint;
    //获得远程计算机对应的网络远程终结点
      while (true)
      {
      Byte [ ] byStream = new Byte[80];
      //定义从远程计算机接收到数据存放的数据缓冲区
      int i = skSocket.ReceiveFrom(byStream,ref tempRemoteEP);
      //接收数据,并存放到定义的缓冲区中
      string sMessage = System.Text.Encoding.UTF8.GetString(byStream);
      //以指定的编码,从缓冲区中解析出内容
      MessageBox.Show ( sMessage );        //显示传送来的数据
      }
  }
  catch ( System.Security.SecurityException )
  {
    MessageBox.Show ( "防火墙安全错误!","错误",
              MessageBoxButtons.OK , MessageBoxIcon.Exclamation);
  }
```

2. 利用 NetworkStream 来传送信息

在使用 StreamWriter 处理 NetworkStream 传送数据时,数据传送的编码类型是 UTF8,下列代码是对 IP 地址为 10.138.198.213 的计算机的 8888 端口号提出连接申请,并在连接申请建立后,以 UTF8 编码发送字符串"您好,见到您很高兴"到对方,由于下列代码中的注释比较详细,这里就不具体说明了,下列代码也是使用 NetworkStream 传送数据的典型代码:

```
  try
  {
    TcpClient tcpc = new TcpClient ("10.138.198.213",8888);
    //对 IP 地址为"10.138.198.213"的计算机的 8888 端口提出连接申请
    NetworkStream tcpStream = tcpc.GetStream ( );
    //如果连接申请建立,则获得用来传送数据的数据流
  }
  catch ( Exception )
  {
    MessageBox.Show ( "目标计算机拒绝连接请求!" ) ;
    break ;
  }
  try
  {
    string sMsg = "您好,见到您很高兴" ;
    StreamWriter reqStreamW = new StreamWriter (tcpStream);
    //以特定的编码往向数据流中写入数据 ,默认为 UTF8 编码
    reqStreamW.Write (sMsg);
    //将字符串写入数据流中
    reqStreamW.Flush ( );
    //清理当前编写器的所有缓冲区,并使所有缓冲数据写入基础流
  }
```

```
catch(Exception)
{
  MessageBox.Show ("无法发送信息到目标计算机!");
}
```

3. 程序设计的步骤

(1) 新建一个 Windows 应用程序,名称为“局域网点对点聊天程序”。

(2) 按图 7-4 从“工具箱”往窗体设计界面中拖入下列控件：4 个 Button 控件、2 个 ListBox 控件、4 个 TextBox 控件、1 个 StatusStrip1 控件(其中添加 ToolStripStatusLabel1)和 5 个显示文字信息的 Label 控件。并在 4 个 Button 控件拖入窗体后,分别在窗体设计界面中双击它们,则系统会在 Form1. cs 文件中分别产生这 4 个控件的 Click 事件对应的处理代码。

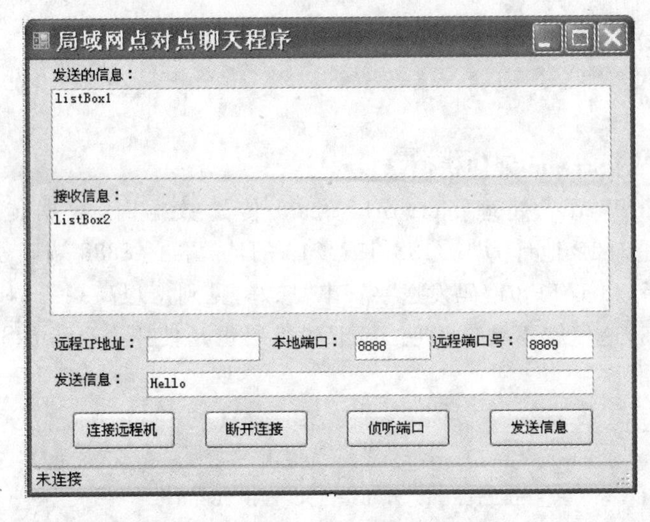

图 7-4 网络点对点聊天程序界面

(3) 在“Form1(设计)”状态下,通过属性窗口对控件属性按表 7-5 进行设置。

表 7-5 属性设置

控件类型	对象	属性	属性值
Button	button1	Text	连接远程主机
	button2	Text	断开连接
	button3	Text	侦听端口
	button4	Text	发送信息
TextBox	textBox1	Text	—
	textBox2	Text	8888
	textBox3	Text	8889
	textBox4	Text	hello
ToolStripStatusLabel	ToolStripStatusLabel1	Text	未连接
Form	Form1	Text	局域网点对点聊天程序

至此,“网络点对点聊天程序”项目的界面设计和功能实现的前期工作就完成了。

(4) 在“解决方案资源管理器”窗口中,选中 Form1.cs 文件,单击“查看代码”按钮进入 Form1.cs 代码窗口。在 Form1 文件的开头,添加下面的命名空间引用:

```
using System.Net.Sockets;
using System.Net;
using System.IO;
using System.Threading;
```

并在定义 Form1 类成员代码区中加入下列代码,下列代码的作用是定义程序 Form1 类中使用的全局变量(字段)。

```
private Thread th;                    //创建线程,用来侦听端口号,接收信息
private TcpListener tlListen1;        //用以侦听端口号
private bool listenerRun = true;      //设定标示位,判断侦听状态
private NetworkStream tcpStream;      //创建传送/接收的基本数据流实例
private StreamWriter reqStreamW;      //用以实现向远程主机传送信息
private TcpClient tcpc;               //用以创建对远程主机的连接
private Socket skSocket;              //用以接收远程主机传送来的数据
```

(5) 用下列代码替换 Form1.cs 中的 button1 控件的 Click 事件对应的代码,下列代码的作用是向远程计算机提出连接申请,如果连接建立,则获得传送数据的数据源:

```
private void button1_Click(object sender, EventArgs e)     //连接远程机
{
    try
    {
        //向远程计算机提出连接申请
        tcpc = new TcpClient ( textBox1.Text , Int32.Parse ( textBox3.Text ) ) ;
        //如果连接申请建立,则获得用以传送数据的数据流
        tcpStream = tcpc.GetStream ( ) ;
        ToolStripStatusLabel1.Text ="成功连接远程计算机!" ;
        button2.Enabled = true ;
        button1.Enabled = false ;
        button4.Enabled = true ;
    }
    catch ( Exception )
    {
        ToolStripStatusLabel1.Text = "目标计算机拒绝连接请求!" ;
    }
}
```

(6) 在 Form1.cs 中的 Form1()构造函数之后,添加下列代码,下面的代码是定义一个名称为 Listen 的方法:

```
private void Listen()
{
    try
    {
        IPAddress[] ip = Dns.GetHostEntry(Dns.GetHostName()).AddressList;
```

```
            IPAddress localAddress = ip[0];                //本机 IP
            tlListen1 = new TcpListener(localAddress,Int32.Parse(textBox2.Text));
            tlListen1.Start();                             //侦听指定端口号
            ToolStripStatusLabel1.Text = "正在监听...";
            //接受远程计算机的连接请求,并获得用以接收数据的 Socket 实例
            skSocket = tlListen1.AcceptSocket();
            //获得远程计算机对应的网络远程终结点
            EndPoint tempRemoteEP = skSocket.RemoteEndPoint;
            IPEndPoint tempRemoteIP = (IPEndPoint)tempRemoteEP;
            IPHostEntry host = Dns.GetHostEntry(tempRemoteIP.Address);
            //根据获得的远程计算机对应的网络远程终结点获得远程计算机的名称
            string HostName = host.HostName;
            ToolStripStatusLabel1.Text = "'" + HostName + "'" +"远程计算机正确连接!";
            //循环侦听
            while (listenerRun)
            {
                //定义从远程计算机接收到数据存放的数据缓冲区
                Byte[] stream = new Byte[80];
                string time = DateTime.Now.ToString(); //获得当前的时间
                //接收数据,并存放到定义的缓冲区中
                int i = skSocket.ReceiveFrom(stream, ref tempRemoteEP);
                //以指定的编码,从缓冲区中解析出内容
                string sMessage = System.Text.Encoding.UTF8.GetString(stream);
                //listBox2.Items.Add(time + "" + HostName + ":");
                AppendStr(time + "" + HostName + ":");
                //listBox2.Items.Add(sMessage);
                AppendStr(sMessage);                       //显示接收到的数据
            }
        }
        catch (System.Security.SecurityException)
        {
            MessageBox.Show("防火墙安全错误!", "错误",
            MessageBoxButtons.OK, MessageBoxIcon.Exclamation);
        }
    }
```

由于跨线程操作 listBox2 控件，所以使用委托(delegate)来完成向 listBox2 控件添加内容项，直接 listBox2.Items.Add(sMessage)会引发一个异常错误提示——“从不是创建控件的线程访问 listBox2”。

```
    delegate void AppendStrDg(string str);
    private void AppendStr(string str)
    {
        if (listBox2.InvokeRequired)                            //其他线程操作该控件
        {
            AppendStrDg dg = new AppendStrDg(AppendStr);    //创建一个委托实例
            listBox2.Invoke(dg, str);
        }
        else
```

```
        {
            listBox2.Items.Add(str);
        }
    }
```

(7) 用下列代码替换 Form1.cs 中的 button2 控件的 Click 事件对应的处理代码，下列代码的作用是断开当前的连接：

```
private void button2_Click(object sender, EventArgs e)     //断开连接
{
    listenerRun = false;
    tcpc.Close();
    ToolStripStatusLabel1.Text = "断开连接!";
    button1.Enabled = true;
    button2.Enabled = false;
    button4.Enabled = false;
}
```

(8) 用下列代码替换 Form1.cs 中的 button3 控件的 Click 事件对应的处理代码，下列代码的作用是以上面定义的 Listen 方法来初始化线程实例，并启动线程，达到侦听端口的目的：

```
private void button3_Click(object sender, EventArgs e)     //侦听端口
{
    th = new Thread(new ThreadStart(Listen));
    //以 Listen 过程来初始化线程实例
    th.Start();                                             //启动此线程
}
```

(9) 用下列代码替换 Form1.cs 中的 button4 控件的 Click 事件对应的处理代码，下列代码的作用是向远程计算机的指定端口号发送信息。

```
private void button4_Click(object sender, EventArgs e)     //发送信息
{
    try
    {
        string sMsg = textBox4.Text;
        string MyName = Dns.GetHostName();
        //以特定的编码往向数据流中写入数据,
        //默认为 UTF8Encoding 的实例
        reqStreamW = new StreamWriter(tcpStream);
        //将字符串写入数据流中
        reqStreamW.Write(sMsg);
        //清理当前编写器的所有缓冲区,并使所有缓冲数据写入基础流
        reqStreamW.Flush();
        string time = DateTime.Now.ToString();
        //显示传送的数据和时间
        listBox1.Items.Add(time + " " + MyName + ":");
        listBox1.Items.Add(sMsg);
        textBox4.Clear();
```

```
        }
        //异常处理
        catch (Exception)
        {
            ToolStripStatusLabel1.Text = "无法发送信息到目标计算机!";
        }
    }
```

(10) 用下列代码替换 Form1.cs 中的 Dispose 方法对应的处理代码,下列代码的作用是在程序退出后,清除没有回收的资源:

```
    protected override void Dispose(bool disposing)
    {
        try
        {
            listenerRun = false;
            th.Abort();
            th = null;
            tlListen1.Stop();
            skSocket.Close();
            tcpc.Close();
        }
        catch { }
        if (disposing && (components != null))
        {
            components.Dispose();
        }
        base.Dispose(disposing);
    }
```

单击快捷键 F5 编译成功后,把此程序分发到网络中的两台计算机中。在正确输入侦听端口号、远程计算机 IP 地址、远程端口号输入正确后,单击"侦听端口"和"连接远程机"按钮建立聊天的连接。就通过"发送信息"按钮进行聊天了。图 7-5 是通信时的程序运行界面。

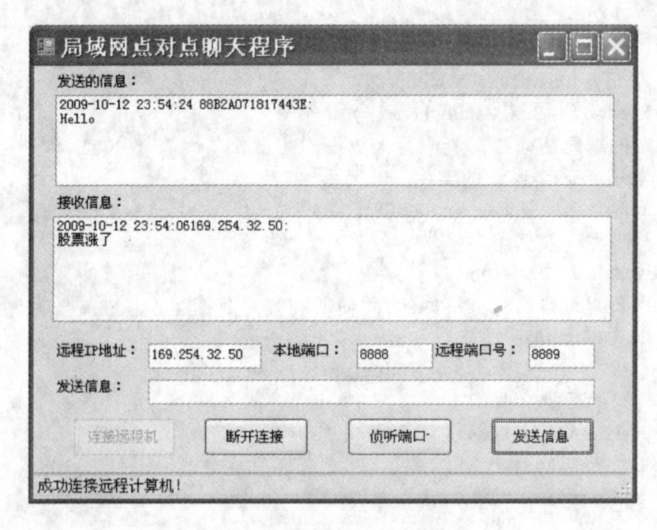

图 7-5　通信时运行界面

7.3 使用 UdpClient 类实现 UDP 协议编程

由于 UDP 协议并不需要进行确定的连接，所以编写基于 UDP 协议的应用程序比起编写基于 TCP 协议的应用程序要简单些（程序中可以不需要考虑连接和一些异常的捕获工作）。但同时也给基于 UDP 协议编写的程序带来了一个致命的缺点，UDP 由于不提供可靠数据的传输，所以当计算机之间利用 UDP 协议传送数据时，发送方只管发送数据，而并不确认数据是否被对方接收。这样就会导致某些 UDP 协议数据包在传送的过程中丢失，尤其在网络质量不令人满意的情况下，丢失数据包的现象会更严重。这就是为什么在网络上传输重要数据时不采用 UDP 协议的原因。

但是也不能因为这一个缺点就全面否定 UDP 协议，这是因为虽然利用 UDP 协议来传送安全性要求高的数据是不适合的，但对于那些不重要的数据，或者即使丢失若干数据包也不影响整体性的数据，如音频数据、视频数据等，采用 UDP 协议就是一个非常不错的选择。如目前网络流行的很多即时聊天程序，如 OICQ 和 ICQ 等，采用的就是 UDP 协议。同时虽然 UDP 协议无法保证数据可靠性，但具有对网络资源开销较小、数据处理速度快的优点，所以在有些对数据安全性要求不是很高的情况下，采用 UDP 协议也是一个非常不错的选择。

7.3.1 UdpClient 类

在 System.Net.Sockets 命名空间下，有专门 UDP 编程的 UdpClient 类。这个类提供更直观的易于使用的属性和方法，从而降低 UDP 编程的难度。

UdpClient 类的构造函数有以下几种格式：

```
UdpClient()
UdpClient(int port)
UdpClient(IPEndPoint iep)
UdpClient(string remoteHost, int port)
```

UdpClient 的常用方法：

(1) Send()方法。

调用 Send()方法来实现发送数据，但是在将数据发送到远程主机后，不接受任何形式的确认。该方法返回数据的长度，可用于检查数据是否已被正确发送。

常用格式一：

```
Send(byte[] data, int length, IPEndPoint iep)
```

参数：data 发送的数据（以字节数组表示），length 发送的数据长度，iep 是一个 IPEndPoint 对象，它表示要将数据发送到的主机和端口。返回值是已发送的字节数。

知道远程计算机 IP 地址使用此格式。

下面是使用 UdpClient 发送 UDP 数据包的具体的调用例子：

```
IPAddress HostIP = new IPAddress.Parse ( "远程计算机 IP 地址" ) ;
IPEndPoint host = new IPEndPoint ( HostIP , 8080 ) ;
UdpClient.Send ( "发送的字节" , "发送的字节长度" , host ) ;
```

常用格式二：

```
Send(byte[] data, int length, string HostName, int port)
```

参数：data 为发送的数据(以字节数组表示)，length 为发送的数据长度，HostName 为要连接到的远程主机的名称。port 为要与其通信的远程端口号。返回值是已发送的字节数。

(2) Receive( ) 方法。

```
public byte [] Receive (ref IPEndPoint remoteEP) ;
```

参数 remoteEP 是一个 IPEndPoint 类的实例，它表示网络中发送此数据包的节点。

如果指定了远程计算机要发送到本地机的端口号，也可以通过侦听本地端口号来实现对数据的获取，下面就是通过侦听本地端口号 8080 来获取信息代码：

```
server = new UdpClient ( ) ;
receivePoint = new IPEndPoint (new IPAddress ( "127.0.0.1" ) , 8080 ) ;
byte[] recData = server.Receive ( ref receivePoint ) ;
```

用于在指定的本地端口上接收数据，并将接收到的数据作为 byte 数组返回。

(3) JoinMulticastGroup( ) 方法：添加多地址发送，用于连接一个多播组。

(4) Close()方法：关闭连接。

UDP 是无连接协议，客户端只需要将服务器的地址以及端口填写正确，对方一定收得到。就像到邮局去寄信，只要把收信人的地址写正确，写不写你自己的地址，别人一定都收得到。

7.3.2 UdpClient 类开发 UDP 程序的过程

UdpClient 类开发 UDP 程序要实现接收数据和发送数据。具体过程如下：

(1) 在发送方，调用 Send 方法来发送数据。

```
UdpClient publisher = new UdpClient("230.0.0.1",8899);
Byte [] buffer = null ;
Encoding enc = Encoding.Unicode ;
string str = info ;                         //info 为要传送的字符串信息
buffer = enc.GetBytes ( str.ToCharArray ( ) ) ;
publisher.Send(sdata,sdata.Length);     //传送信息到指定计算机
```

或者

```
UdpClient SendUdp = new UdpClient ( ) ;
remoteIP = IPAddress.Parse ("230.0.0.1" );
IPEndPoint remoteep = new IPEndPoint ( remoteIP ,8899) ;
Byte [] buffer = null ;
Encoding enc = Encoding.Unicode ;
string str = info ;
buffer = enc.GetBytes ( str.ToCharArray ( ) ) ;
SendUdp.Send ( buffer , buffer.Length , remoteep ) ;      //传送信息
```

(2) 在接收方,调用 Receive 方法来接收数据。

```
udpclient = new UdpClient (8899) ;                    //侦听本地的端口号 8899
remote = null ;
Encoding enc = Encoding.Unicode ;                     //设定编码类型
Byte[] data = udpclient.Receive ( ref remote ) ;      //得到对方发送来的信息
String strData = enc.GetString ( data ) ;             //字节数据变换为字符串 strData
```

关于 UDP 程序开发详见 7.4 节。

7.4 基于 UDP 的网络中国象棋

【例 7-3】 中国象棋是一种家喻户晓的棋类游戏,它的多变吸引了无数的玩家。在信息化的今天,再用纸棋盘木棋子下象棋太落伍了,可以把古老的象棋也请进电脑。下面就介绍制作的"网络中国象棋"原理和过程。

7.4.1 网络中国象棋设计思路

1. 棋盘表示

棋盘表示就是使用一种数据结构来描述棋盘及棋盘上的棋子,我们使用一个二维数组 Map。一个典型的中国象棋棋盘是使用 9 ×10 的二维数组表示。每一个元素代表棋盘上的一个交点。一个没有棋子的交点所对应的元素是－1。一个二维数组 Map 保存了当前棋盘的布局。当 Map[x,y]＝i 时说明此处是棋子 i,否则,－1 表示此处为空。

2. 棋子表示

棋子设计相应的类,每种棋子图案使用对应的图片资源如图 7-6 所示。

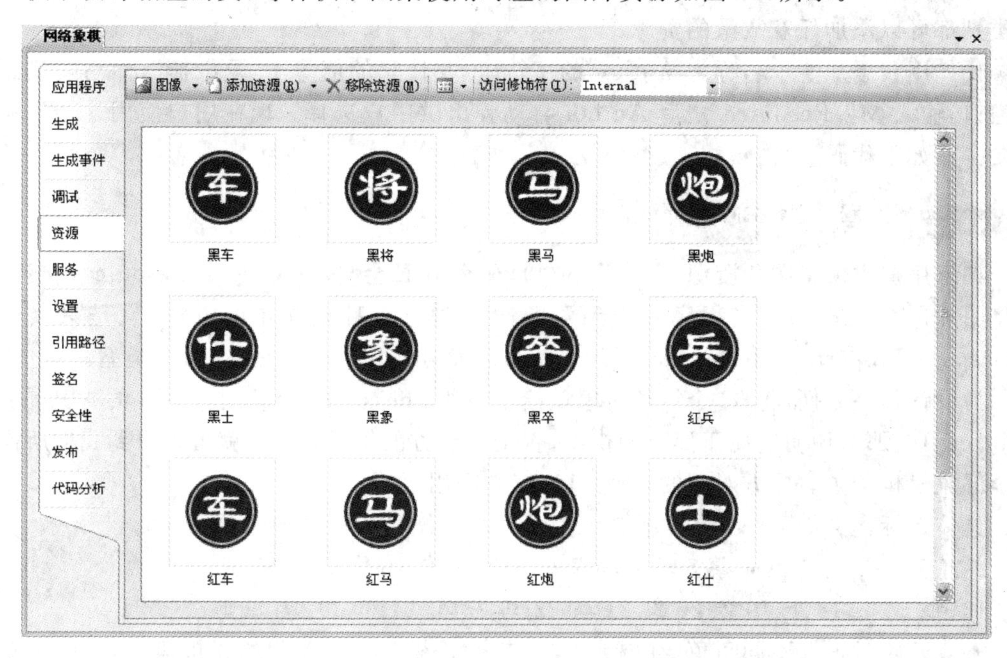

图 7-6 棋子图片资源

先来认识 Visual C#.NET 资源编辑器,它现在已经集成到了项目属性中。选择"项目"→"属性"命令,并切换到"资源"选项卡,用户可以看到如图 7-7 所示的资源编辑器。

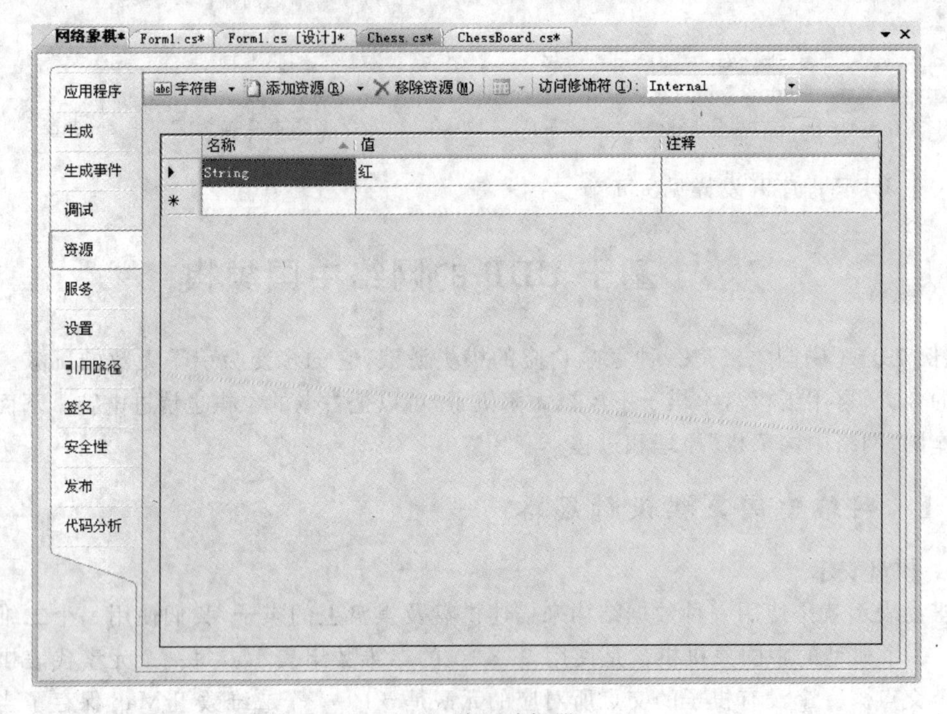

图 7-7 资源编辑器

从顶端的下拉列表框中,可以选择资源的类型——字符串、音频、图像、文件、图标或其他自定义内容。选择相应的类别,下面的编辑器就会发生变化,以适应当前类型的资源。每种类别都可以添加任意数量的资源。

比如用户添加一个名称为 Author 的字符串,并让它的值等于"夏敏捷",然后切换到代码窗口,输入 My. Resource. 之后 Author 自动弹出供用户选择。现在用户使用这个资源只需要一行如下代码:

```
string s = 程序命名空间.Properties.Resources.Author;
```

如果用户添加了图片资源(名称为 pic1),那么 IDE 会自动生成一个 Resources 文件夹,并将图片保存在里面。当程序要用到资源图片时有一种很简单的方法,就是只接引用 namespace. Properties. Resources. 图片资源名。而且图片资源就是 BitMap 类型。

为设计程序方便,将 32 个棋子对象赋给了数组 chess。chess[i]中下标 i 的含义是:如果 i 小于 16,那么说明它属于黑方的棋子,否则是红方的棋子。这样就可以得到我们所需要的全部象棋棋子了。黑方对应的是 0～15,红方则用 16～31。

具体下标含义如下:

0 将 1 士 2 士 3 象 4 象 5 马 6 马 7 车 8 车 9 炮 10 炮 11～15 卒

16 帅 17 士 18 士 19 象 20 象 21 马 22 马 23 车 24 车 25 炮 26 炮 27～31 兵

游戏开始时根据不同角色(红方或黑方)初始化棋盘。注意初始化棋盘时,无论游戏者是红方还是黑方,必须保证自己的棋子在下方(南边),对方的在上方,这样才能使游戏者进行游戏的方向正常。而对方看到时在上方，这需要在传递棋子信息时，将棋子信息对调成对方角度的棋子。

3. 走棋规则

对于象棋来说，有马走日、象走田等一系列复杂的规则。走法产生是博弈程序中一个相当复杂而且耗费运算时间的方面。不过，通过良好的数据结构，可以显著地提高生成的速度。

判断是否能走棋算法如下：

根据棋子名称的不同，按相应规则判断：

A. 如果为“车”，检查是否走直线，以及中间是否有子。

B. 如果为“马”，检查是否走“日”字，是否蹩脚。

C. 如果为“炮”，检查是否走直线，判断是否吃子，如果是吃子，则检查中间是否只有一个棋子；如果不吃，则检查中间是否有棋子。

D. 如果为“兵”，检查是否走直线，走一步及向前走，根据是否过河，检查是否横走。

E. 如果为“将”，检查是否走直线，走一步及是否超过范围。

F. 如果为“士”，检查是否走斜线，走一步及是否超出范围。

G. 如果为“象”，检查是否走“田”字，是否蹩脚，以及是否超出范围。

如何分辨棋子？程序中采用了棋子对象 typeName 属性获取。

程序中 IsAbleToPut(firstchess, x, y)函数实现判断是否能走棋返回逻辑值，这代码最复杂。其中参数含义如下：

firstchess 代表走的棋子对象，参数 x,y 代表走棋的目标位置。走动棋子原始位置(oldx,oldy)可以通过 firstchess. pos. X 获取原 x 坐标 oldx，firstchess. pos. Y 获取原 y 坐标 oldy。

IsAbleToPut(idx, x, y)函数实现走棋规则判断：

例如“将”或“帅”走棋规则，只能走一格，所以原 x 坐标与新位置 x 坐标之差不能大于 1，GetChessY(idx)获取的原 y 坐标与新位置 y 坐标之差不能大于 1。

```
if (Math.Abs(x - oldx) > 1 || Math.Abs(y - oldy) > 1)
    return false;
```

由于不能走出九宫，所以 x 坐标为 4、5、6，且 1<=y<=3 或 8<=y<=10(实际上仅需判断是否 8<=y<=10 即可，因为走棋时自己的“将”或“帅”只能在下方的九宫中)，否则此步违规，将返回 False。

```
if (x < 4 || x > 6 || (y > 3 && y < 8)) return false;
```

“士”走棋规则，只能走斜线一格，所以原 x 坐标与新位置 x 坐标之差为 1 且原 y 坐标与新位置 y 坐标之差也同时为 1。

```
if ((x - oldx) * (y - oldy) == 0) return false;
if (Math.Abs(x - oldx) > 1 || Math.Abs(y - oldy) > 1) return false;
```

由于不能走出九宫，所以 x 坐标为 4、5、6，且 1<=y<=3 或 8<=y<=10，否则此步违规，将返回 False。

```
if (x < 4 || x > 6 || (y > 3 && y < 8)) return false;
```

“炮”走棋规则，只能走直线，所以 x、y 不能同时改变，即 $(x-oldx)\times(y-oldy)=0$ 保证走直线。然后判断如果 x 坐标改变了，原位置 oldx 到目标位置其间是否有棋子，如果有子，则累加其间棋个数 c。通过 c 是否为 1 且目标处是否非己方棋子，可以判断是否可以走棋。

“兵”或“卒” 走棋规则，只能向前走一步，根据是否过河，检查是否横走。所以 x 与原坐标 oldx 改变的值不能大于 1，同时 y 与原坐标 oldy 改变的值也不能大于 1。如果过河即是 $y<6$。

```
if ((x - oldx) * (y - oldy) != 0)
  return false;
if (Math.Abs(x - oldx) > 1 || Math.Abs(y - oldy) > 1)
  return false;
if (y >= 6 && (x - oldx) != 0)
  return false;
if (y - oldy > 0)
  return false;
return true;
```

其余的棋子判断方法类似，这里不再一一介绍。

4. 坐标转换

走棋过程中，需要将鼠标像素坐标转换成棋盘坐标，用到 analyse 方法，解析出棋盘坐标(tempx ,tempy)；如果单击处有棋子，则返回棋子对象；如果无棋子，则返回 null。

```
private Chess analyse(int x, int y)
{
    tempx = (int)Math.Floor((double)x / 40) + 1;
    tempy = (int)Math.Floor((double)y / 40) + 1;
    //防止超出范围
    if (tempx > 9 || tempy > 10 || tempx < 0 || tempy < 0)
        return null;
    else
    {
        int idx = chessboard.Map[tempx, tempy];
        if (idx == -1) return null;
        return chessboard.chess[idx];
    }
}
```

5. 通信协议设计

网络程序设计的难点在于与对方需要通信。这里使用了 UDP(User Data Protocol)。UDP 是用户数据文报协议的简称，两台计算机之间的传输类似于传递邮件；两台之间没有明确的连接，使用 UDP 协议建立对等通信。这里虽然两者两台计算机不分主次，但设计时假设一台做主机(红方)，等待其他人加入。其他人想加入的时候输入主机的 IP。为了区分通信中传送的是“输赢信息”，“下的棋子位置信息”，“重新开始”等，在发送信息的首部加上代号。定义了如下格式的协议：

```
命令|参数|参数…
```

1）联机功能

```
join|
```

用户如果联机则发此命令，并处于不断接收对方联机请求的状态。

2）联机成功信息

```
conn|
```

收到对方联机命令，发出此联机成功信息。

3）重新开局信息

```
new |
```

如果游戏者一方重新开始游戏，则发此命令。

4）对方棋子移动信息

```
move| idx, x, y
```

其中：棋子移动的目标位置坐标(x,y)，棋子移动的起始位置坐标(old_x,old_y)可以从棋盘布局 Map 中获取；idx 是被移动棋子的数组索引号。

注意本程序在传递棋子移动信息时，采取了个小技巧，在发送数据的时候把坐标颠倒（把自己的棋盘颠倒）。即(x,y)坐标以(10－x)、(11－y) 坐标发给对方。

5）游戏结束

```
succ| + 赢方代号（赢了此局）
```

6）表示退出游戏

```
exit|
```

6. 网络通信传递棋子信息

游戏开始后，创建一个线程 th：

```
th = new Thread(read);      //创建一个线程()
th_flag = true;
```

th.Start（）启动线程后，通过 read（）实现不断侦听本机设定的端口，得到对方发送来的信息，根据自己定义的通信协议，通信中传送的是“输赢信息”、“下的棋子位置信息”、“重新开始”等信息，并分别处理。

```
private void read()
{
    //侦听本地的端口号
    udpclient = new UdpClient(Convert.ToInt32(txt_port.Text));
    //remote = System.DBNull
    //设定编码类型
```

```
    Encoding enc;
    enc = Encoding.Unicode;
    int idx,x,y;
    while (ReadFlag == true)
    {
        try
        {
            byte[] data = udpclient.Receive(ref remote);
            //得到对方发送来的信息
            //Encoding.Unicode.GetBytes(Message)
            string strData = enc.GetString(data);
            string[] a = new string[6];
            a = strData.Split('|');
            switch (a[0])
            {
            case "join": 与对方联机
            case "conn": 联机成功信息,对方加入信息
            case "new": 重新开局
            case "succ": 输赢信息
            case "move": 对方的走棋信息,move|棋子索引号|X|Y
            case "exit": 对方退出
        }
        catch
        {
            //退出循环,结束线程
            break;
        }
    }
}
```

7. 生成棋谱信息

首先要了解棋谱知识。中国象棋是由 10 条横线、9 条竖线构成的,中间被一条"楚河·汉界"隔开,这些线交错成 90 个点,棋子就在点上行走。象棋棋谱上的竖线,对黑方来说,从右边数起第一线就叫作"1",第二线就叫作"2",以此类推,直至"9"；红方亦从右至左数起用中文数字一～九来表示红方的每条竖线。如图 7-8 所示。

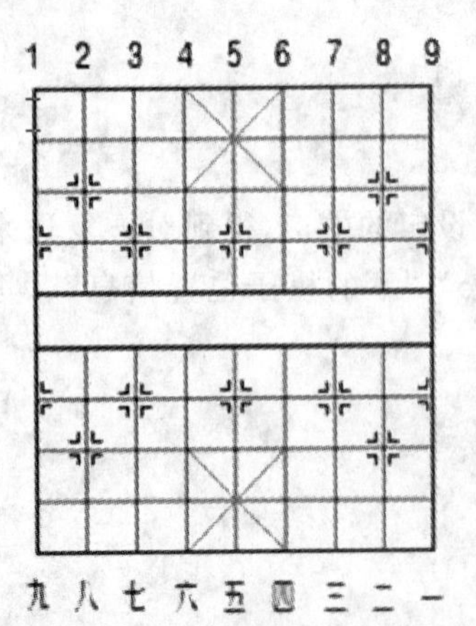

图 7-8　中国象棋棋谱界面

象棋棋谱每一着棋用 4 个字来表示。第一个字是要走动的棋子的名称,如"车"或"卒"等；第二个字是棋子所在竖线的号码,如"五"或"2"等；第三个字是棋子运动的方向,向前走"进",向后走(往回走)用"退",横着走用"平"；第四个字是棋子进、退的步数或是平走到达直线的号码。遇到马、相(象)、仕(士)三个兵种时,因为它们都是斜走,有前进,有后退,没有平移,因此第四个字都是所到达的直线的号码。

例如:"炮二平五",其中"炮"为要走动的棋子名称；"二"为所在直线的号码；"平"为运动方向（进、退、平）；"五"为水平移动到第五个竖线。棋谱规定红方用中文数字一至九来表示自己的棋子在哪条竖线；黑方用阿拉伯数字 1～9 表示自

己的棋子在哪条竖线。请一定要注意：红方和黑方都以本方棋盘的底线为标准从右向左依次排列。如一方的两个相同的棋子在同一条直线上，要注明所走动的棋子是前面的还是后面的。

程序中 Create_pu(firstchess，x2，y2)函数产生每一着棋的棋谱信息(用四个字表示)，参数 idx 是棋子索引号，由参数 firstchess 代表棋子，可以获取移动棋子原处棋盘坐标(x1,y1)；参数(x2,y2)是移动棋子目的棋盘坐标。根据上面象棋棋谱规则，生成每一着棋信息 step_info。在返回 step_info 之前，由于红方用中文数字一至九来表示自己的棋子在哪条竖线，所以调用阿拉伯数字转换成汉字函数 ConvertTOHazi(ByVal s As String)，将红方每一着棋信息 step_info 转换成汉字。

在函数返回前同时将每一着棋信息 step_info 存入 StepList(ArrayList 类即动态数组)，在生成棋谱时，只需将 StepList 写入文本文件即可。

本程序最终生成如下格式的棋谱文件：

棋谱　红方　　黑方

1. 炮二平五　马 8 进 7

2. 马二进三　车 9 平 8

3. 车一平二　马 2 进 3

4. 马八进九　卒 7 进 1

棋谱格式是前 3 位为数字，第 4 位为点号，第 5 位为空格，第 6～9 位为红方走棋信息，第 10 和第 11 位为空格，第 12～15 位为黑方走棋信息。

7.4.2　网络象棋游戏窗体实现的步骤

1. 设计棋子类(chess.cs)

棋子类代码中首先定义棋子所属玩家、坐标位置、棋子图案、棋子种类字段成员。

```
class Chess                         //棋子类
{                                   //红子为 REDPLAYER,黑子为 BLACKPLAYER
    public const short REDPLAYER = 1;
    public const short BLACKPLAYER = 0;
    public short player;
    public string typeName;         //帅、士…
    public Point pos;               //位置
    private Bitmap chessImage;  //棋子图案
```

棋子类构造函数的三个参数分别代表哪方、棋子名称、棋子所在棋盘位置。该构造函数中 Switch/Case 语句段根据棋子种类设置相应棋子的图案。

```
public Chess(short player,string typeName,Point chesspos)
{
     this.player  = player ;
     this.typeName = typeName;
     this.pos = chesspos;
     //初始化棋子图案
     if(player == REDPLAYER)
     {
```

```
    switch (typeName)
    {
        case "帅":
            chessImage = Resources.红帅;
            break;
        case "仕":
            chessImage = Resources.红仕;
            break;
        case "相":
            chessImage = Resources.红相;
            break;
        case "马":
            chessImage = Resources.红马;
            break;
        case "车":
            chessImage = Resources.红车;
            break;
        case "炮":
            chessImage = Resources.红炮;
            break;
        case "兵":
            chessImage = Resources.红兵;
            break;
    }
}
else      //黑方棋子
{
    switch (typeName)
    {
        case "将":
            chessImage = Resources.黑将;
            break;
        case "士":
            chessImage = Resources.黑士;
            break;
        case "象":
            chessImage = Resources.黑象;
            break;
        case "马":
            chessImage = Resources.黑马;
            break;
        case "车":
            chessImage = Resources.黑车;
            break;
        case "炮":
            chessImage = Resources.黑炮;
            break;
        case "卒":
            chessImage = Resources.黑卒;
```

```
                break;
            }
        }
    }
```

SetPos(int x,int y) 设置棋子所在棋盘位置。ReversePos()将棋子位置坐标颠倒(棋盘颠倒)。即(x,y)坐标变成(10−x,11−y) 坐标。

```
public void SetPos(int x, int y)         //设置棋子位置
{
    pos.X = x;
    pos.Y = y;
}
public void ReversePos()                 //棋子位置对调
{
    pos.X = 10 - pos.X;
    pos.Y = 11 - pos.Y;
}
```

构造函数创建好方块后,重载的 Draw 方法绘制棋子到棋盘上。Draw(Graphics g)将棋子绘制到 Graphics 对象上,而 Draw(Image img) 方法则将该方块画在 Image 对象上,而不是游戏面板上,这样便于采用双缓冲技术。

```
public void Draw(Graphics g)      //绘制自己到棋盘上
{
    g.DrawImage(chessImage, pos.X * 40 - 40, pos.Y * 40 - 40, 40, 40);
}
public void Draw(Image img)
{
    Graphics g = Graphics.FromImage(img);
    Rectangle r = new Rectangle(pos.X * 40 - 40,pos.Y * 40 - 40, 40, 40);
    g.DrawImage(chessImage, r);
}
```

棋子类中提供另一个 DrawSelectedBlock(Graphics g)方法,它将在棋子周围画选中的示意边框线,这里是直接画在传递过来的游戏面板上,而不是 Image 对象上。UnDrawSelectedBlock(Graphics g ,Color c)方法将在棋子周围以传递过来的游戏背景色重画选中的示意边框线,以擦除选中棋子的示意边框线。

```
public void DrawSelectedChess(Graphics g)
{
    //画选中方块的示意边框线
    Pen myPen = new Pen(Color.Black , 3);
    Rectangle r = new Rectangle(pos.X * 40 - 40, pos.Y * 40 - 40, 40, 40);
    g.DrawRectangle(myPen, r);
}
public void UnDrawSelectedChess(Graphics g,Color c)
{
    //擦除选中棋子的示意边框线
```

```
    Pen myPen = new Pen(c, 3);
    Rectangle r = new Rectangle(pos.X * 40 - 40, pos.Y * 40 - 40, 40, 40);
    g.DrawRectangle(myPen, r);
    Draw(g);     //绘制自己到棋盘上
}
```

2. 设计棋盘类

棋盘类是游戏实例，首先定义一个数组 chess 存储双方 32 个棋子对象。二维数组 Map 保存了当前棋盘的棋子布局，当 Map[x,y]=i 时说明此处是棋子 i，否则 -1 表示此处为空。以下是字段定义：

```
class ChessBoard                                          //棋盘类
{
    public const short REDPLAYER = 1;
    public const short BLACKPLAYER = 0;
    public Chess[] chess = new Chess[32];                 //所有棋子
    public int[,] Map = new int[9 + 1,10 + 1];            //棋盘的棋子布局
    private int r;                                        //r 是棋子半径
    public IntPtr winHandle;                              //游戏面板句柄
    public Image bufferImage;                             //双缓存图像
```

棋盘类构造函数较简单，主要初始化保存了当前棋盘的棋子布局的二维数组 Map。由于棋子从索引 0 开始，所以此处初始化为 -1。

```
public ChessBoard()
{
    r = 20;
    cls_map();
}
private void cls_map()
{
    int i, j;
    for (i = 1; i <= 9; i++)
    {
        for (j = 1; j <= 10; j++)
        {
            Map[i, j] = -1;
        }
    }
}
```

DrawBoard()绘制棋盘，当然可以用漂亮的棋盘图片代替。

```
public void DrawBoard(Graphics g)                        //绘制棋盘
{
    int i;
    //使用 GetGraphicsObject 函数获取将用于绘图的图形对象的引用
    Pen myPen = new Pen(Color.Red);
    myPen.Width = 1;
    for (i = 0; i <= 8; i++)                              //竖线
```

```
    {
        if (i == 0 || i == 8) myPen.Width = 2;
        else myPen.Width = 1;
        g.DrawLine(myPen, r + i * 2 * r, r, r + i * 2 * r, r * 2 * 10 - r + 1);
    }
    for (i = 0; i <= 9; i++)              //横线
    {
        if (i == 0 || i == 9) myPen.Width = 2;
        else myPen.Width = 1;
        g.DrawLine(myPen, r, r + i * 2 * r, r * 2 * 9 - r, r + i * 2 * r);
    }
    Rectangle rectangle = new Rectangle(r + 1, r + r * 8 + 1, r * 9 * 2 - 2 * r - 2, 2 * r
- 2);
    SolidBrush brush1 = new SolidBrush(Color.Brown);
    g.DrawEllipse(System.Drawing.Pens.Black, rectangle);
    g.DrawRectangle(System.Drawing.Pens.Blue, rectangle);
    g.FillRectangle(brush1, rectangle);
    Font font1 = new System.Drawing.Font("Arial", 20);
    SolidBrush brush2 = new System.Drawing.SolidBrush(Color.Yellow);
    g.DrawString("      楚河    汉界     ", font1, brush2, (r + 1), (r + r * 8 + 1));
    //画九宫斜线
    g.DrawLine(myPen, r + r * 6 + 1, r + 1, r + r * 6 + r * 4 - 1, r + r * 4 - 1);
    g.DrawLine(myPen, r + r * 6 + 1, r + r * 4 - 1, r + r * 6 + r * 4 - 1, r + 1);
    g.DrawLine(myPen, r + r * 6 + 1, r * 14 + r + 1, r + r * 6 + r * 4 - 1, r * 14 +
r + r * 4 - 1);
    g.DrawLine(myPen, r + r * 6 + 1, r * 14 + r + r * 4 - 1, r + r * 6 + r * 4 - 1,
r * 14 + r + 1);
}
```

当用户联机成功后，NewGame(short player)根据玩家的角色（黑方还是红方），InitChess()初始棋子布局，布局时按黑方棋子在上，红方棋子在下设计。如果玩家的角色是黑方，为了便于玩家看棋，将所有棋子对调，即黑方棋子在下、红方棋子在上。布局后并将所有棋子，棋盘重画显示。

```
public void NewGame(short player)
{
    cls_map();                          //清空存储棋子信息数组
    InitChess();                        //初始棋子布局
    if (player == BLACKPLAYER) ReverseBoard();
    reDraw();
}
private void InitChess()
{
    //布置黑方棋子
    chess[0] = new Chess(BLACKPLAYER, "将", new Point(5, 1));
    Map[5, 1] = 0;
    chess[1] = new Chess(BLACKPLAYER, "士", new Point(4, 1));
    Map[4, 1] = 1;
    chess[2] = new Chess(BLACKPLAYER, "士", new Point(6, 1));
```

```
Map[6, 1] = 2;
chess[3] = new Chess(BLACKPLAYER, "象", new Point(3, 1));
Map[3, 1] = 3;
chess[4] = new Chess(BLACKPLAYER, "象", new Point(7, 1));
Map[7, 1] = 4;
chess[5] = new Chess(BLACKPLAYER, "马", new Point(2, 1));
Map[2, 1] = 5;
chess[6] = new Chess(BLACKPLAYER, "马", new Point(8, 1));
Map[8, 1] = 6;

chess[7] = new Chess(BLACKPLAYER, "车", new Point(1, 1));
Map[1, 1] = 7;
chess[8] = new Chess(BLACKPLAYER, "车", new Point(9, 1));
Map[9, 1] = 8;

chess[9] = new Chess(BLACKPLAYER, "炮", new Point(2, 3));
Map[2, 3] = 9;
chess[10] = new Chess(BLACKPLAYER, "炮", new Point(8, 3));
Map[8, 3] = 10;

for (int i = 0; i <= 4; i++)
{
    chess[11 + i] = new Chess(BLACKPLAYER,"卒", new Point(1 + i * 2, 4));
    Map[1 + i * 2, 4] = 11 + i;
}
//布置红方棋子
chess[16] = new Chess(REDPLAYER, "帅", new Point(5, 10));
Map[5, 10] = 16;
chess[17] = new Chess(REDPLAYER, "仕", new Point(4, 10));
Map[4, 10] = 17;
chess[18] = new Chess(REDPLAYER, "仕", new Point(6, 10));
Map[6, 10] = 18;
chess[19] = new Chess(REDPLAYER, "相", new Point(3, 10));
Map[3, 10] = 19;
chess[20] = new Chess(REDPLAYER, "相", new Point(7, 10));
Map[7, 10] = 20;
chess[21] = new Chess(REDPLAYER, "马", new Point(2, 10));
Map[2, 10] = 21;
chess[22] = new Chess(REDPLAYER, "马", new Point(8, 10));
Map[8, 10] = 22;

chess[23] = new Chess(REDPLAYER, "车", new Point(1, 10));
Map[1, 10] = 23;
chess[24] = new Chess(REDPLAYER, "车", new Point(9, 10));
Map[9, 10] = 24;

chess[25] = new Chess(REDPLAYER, "炮", new Point(2, 8));
Map[2, 8] = 25;
chess[26] = new Chess(REDPLAYER, "炮", new Point(8, 8));
```

```
        Map[8, 8] = 26;

        for (int i = 0; i <= 4; i++)
        {
            chess[27 + i] = new Chess(REDPLAYER,"兵", new Point(1 + i * 2, 7));
            Map[1 + i * 2, 7] = 27 + i;
        }
    }
    private void ReverseBoard()//翻转棋子
    {
        int x, y,c;
        //对调(x,y)与(10 - x,11 - y)处棋子
        for (int i = 0; i < 32; i++)
            if (chess[i] != null)
            {
                chess[i].ReversePos();
            }
        //对调 Map 记录的棋子索引号
        for (x = 1; x <= 9; x++)
        {
            for (y = 1; y <= 5; y++)
            {
                if (Map[x, y] != -1)
                {
                    c = Map[10 - x, 11 - y];
                    Map[10 - x, 11 - y] = Map[x, y];
                    Map[x, y] = c;
                }
            }
        }
    }
```

上面使用 reDraw()重画游戏中所有对象。绘制时采用缓冲技术,先将所有的棋子和棋盘绘制在 Image 对象 bufferImage 上,然后将绘制好的 bufferImage 显示在游戏面板中。

```
    /*重画场景中所有对象*/
    public void reDraw()
    {
        //重画棋盘
        Graphics g = Graphics.FromImage(bufferImage);
        g.Clear(Color.White);
        DrawBoard(g);      //绘制棋盘
        //画棋子
        for (int i = 0; i < 32; i++)
            if (chess[i] != null)
                chess[i].Draw(bufferImage);
        //缓存输出
        Graphics g2 = Graphics.FromHwnd(winHandle);
        g2.DrawImage(bufferImage, 0, 0, 360, 400);
    }
```

IsAbleToPut(firstchess, x, y)实现判断是否能走棋返回逻辑值,这段代码最复杂。

```
public bool IsAbleToPut(Chess firstchess, int x, int y)
{
    int i, j, c;
    int oldx, oldy;          //在棋盘原坐标
    oldx = firstchess.pos.X;
    oldy = firstchess.pos.Y;
    string qi_name = firstchess.typeName;
    if (qi_name == "将" || qi_name == "帅")
    {
        if ((x - oldx) * (y - oldy) != 0)
            return false;
        if (Math.Abs(x - oldx) > 1 || Math.Abs(y - oldy) > 1)
            return false;
        if (x < 4 || x > 6 || (y > 3 && y < 8))
            return false;
        return true;
    }
    if (qi_name == "士" || qi_name == "仕")
    {
        if ((x - oldx) * (y - oldy) == 0) return false;
        if (Math.Abs(x - oldx) > 1 || Math.Abs(y - oldy) > 1)
            return false;
        if (x < 4 || x > 6 || (y > 3 && y < 8)) return false;
        return true;
    }
    if (qi_name == "象" || qi_name == "相")
    {
        if ((x - oldx) * (y - oldy) == 0) return false;
        if (Math.Abs(x - oldx) != 2 || Math.Abs(y - oldy) != 2)
            return false;
        if (y < 6) return false;
        i = 0; j = 0;        //i,j 必须有初始值
        if (x - oldx == 2)
        {
            i = x - 1;
        }
        if (x - oldx == -2)
        {
            i = x + 1;
        }
        if (y - oldy == 2)
        {
            j = y - 1;
        }
        if (y - oldy == -2)
        {
            j = y + 1;
        }
```

```
        if (Map[i, j] !=  -1) return false;
        return true;
    }
    if (qi_name == "马" || qi_name == "马")
    {
        if (Math.Abs(x - oldx) * Math.Abs(y - oldy) != 2)
            return false;
        if (x - oldx == 2)
        {
            if (Map[x - 1, oldy] != -1)
                return false;
        }
        if (x - oldx ==  -2)
        {
            if (Map[x + 1, oldy] !=  -1)
                return false;
        }
        if (y - oldy == 2)
        {
            if (Map[oldx, y - 1] !=  -1)
                return false;
        }
        if (y - oldy ==  -2)
        {
            if (Map[oldx, y + 1] !=  -1)
                return false;
        }
        return true;
    }
    if (qi_name == "车" || qi_name == "车")
    {
        //判断是否直线
        if ((x - oldx) * (y - oldy) != 0) return false;
        //判断是否隔有棋子
        if (x != oldx)
        {
            if (oldx > x) { int t = x; x = oldx; oldx = t; }
            for (i = oldx; i <= x; i += 1)
            {
                if (i != x && i != oldx)
                {
                    if (Map[i, y] !=  -1)
                        return false;
                }
            }
        }
        if (y != oldy)
        {
            if (oldy > y) { int t = y; y = oldy; oldy = t; }
```

```
            for (j = oldy; j <= y; j += 1)
            {
                if (j != y && j != oldy)
                {
                    if (Map[x, j] != -1)
                        return false;
                }
            }
        }
        return true;
    }
    if (qi_name == "炮" || qi_name == "炮")
    {
        bool swapflagx = false;
        bool swapflagy = false;
        if ((x - oldx) * (y - oldy) != 0) return false;
        c = 0;
        if (x != oldx)
        {
            if (oldx > x)
            { int t = x; x = oldx; oldx = t; swapflagx = true; }
            for (i = oldx; i <= x; i += 1)
            {
                if (i != x && i != oldx)
                {
                    if (Map[i, y] != -1)
                        c = c + 1;
                }
            }
            if (swapflagx == true)
            { int t = x; x = oldx; oldx = t; }
        }
        if (y != oldy)
        {
            if (oldy > y)
            { int t = y; y = oldy; oldy = t; swapflagy = true; }
            for (j = oldy; j <= y; j += 1)
            {
                if (j != y && j != oldy)
                {
                    if (Map[x, j] != -1)
                        c = c + 1;
                }
            }
            if (swapflagy == true)
            { int t = y; y = oldy; oldy = t; }

        }
```

```
        if (c > 1) return false;          //与目标处间隔 1 个以上棋子
        if (c == 0)                       //与目标处无间隔棋子
        {
            if (Map[x, y] != -1) return false;
        }
        if (c == 1)                       //与目标处间隔 1 个棋子
        {
            if ( Map[x, y] == -1)         //如果目标处无棋子,则不能走此步
                return false;
        }
        return true;
    }
    if (qi_name == "卒" || qi_name == "兵")
    {
        if ((x - oldx) * (y - oldy) != 0)
            return false;
        if (Math.Abs(x - oldx) > 1 || Math.Abs(y - oldy) > 1)
            return false;
        if (y >= 6 && (x - oldx) != 0)
            return false;
        if (y - oldy > 0)
            return false;
        return true;
    }
    return false;
}
```

Create_pu()函数获取移动棋子原棋盘坐标(x1,y1)和移动棋子目的棋盘坐标(x2,y2),根据两个坐标以及棋子名称生成棋谱信息。在生成棋谱信息时,需要用 find_Other(firstchess, x1, y1)判断同一垂直线是否有同名棋子。如果有同名棋子,则注明所走动的棋子是前面的还是后面的。由于红方需要使用汉字数字,最后调用 ConvertTOHazi(step_info)将其中的阿拉伯数字转换成汉字数字。

```
public string Create_pu(Chess firstchess, int x2, int y2)
{
    string chess_p;
    string step_info;                              //棋子和每步信息
    int x1, y1;                                    //(x1,y1)是被移动棋子的原处棋盘坐标
    x1 = firstchess.pos.X;
    y1 = firstchess.pos.Y;
    chess_p = firstchess.typeName;
    step_info = "";
    //(x2,y2)是被移动棋子目的棋盘坐标
    if (find_Other(firstchess, x1, y1) != null) //前后处理,如"前车进一"
    {
        Chess other;
        //找到另一个与移动棋子同名棋子
```

```
        other = find_Other(firstchess, x1, y1);
        if (other.pos.Y > y1)
        {
            step_info = "前" + chess_p;
        }
        else
        {
            step_info = "后" + chess_p;
        }
    }
    else                            //非前后处理
    {
        step_info = chess_p + (10 - x1).ToString();
    }
    if (y1 != y2 & x1 == x2)      //进退处理——车兵炮帅
    {
        //如果是直线进,y坐标变化,如"炮八进二"
            if (y2 > y1)          //退
            {
                step_info += "退" + Math.Abs(y2 - y1);
            }
            if (y2 < y1)          //进
            {
                step_info += "进" + Math.Abs(y2 - y1);
            }

    }
    if (y1 == y2 & x1 != x2)      //平处理
    {
        step_info += "平" + (10 - x2);
    }
    //如果是斜线进,x,y坐标同时变化,如"马二进三"
    if (y1 != y2 & x1 != x2)
    {
        //进退处理——马相士
            if (y2 > y1)                        //退
            {
                step_info += "退" + (10 - x2);
            }
            if (y2 < y1)                        //进
            {
                step_info += "进" + (10 - x2);
            }
    }
    if (firstchess.player == REDPLAYER)
        step_info = ConvertTOHazi(step_info);
    return step_info;
```

```
}
private string ConvertTOHazi(string s)
{
    //阿拉伯数字转换成汉字
    string[] NumChinese =
        { "零", "一", "二", "三", "四", "五", "六", "七", "八", "九" };
    char[] charNum = { '0', '1', '2', '3', '4', '5', '6', '7', '8', '9' };
    string s1 = "";
    foreach (char c in s)
    {
        if (Array.IndexOf(charNum, c) < 0) //如果是非数字字符
        {
            s1 = s1 + c;
        }
        else
        {
            s1 += NumChinese[c - '0'];
        }
    }
    return s1;
}
```

find_Other(firstchess，x1，y1)实现判断同一垂直线上是否有同名棋子。

```
private Chess find_Other(Chess firstchess, int x, int y)
{
    //原处垂直线上是否有同子,比如两个炮在同一垂直线上
    int idx;
    int y1;
    for (y1 = 1; y1 <= 10; y1++)
    {
        idx = Map[x, y1];
        if (idx == -1) continue;
        if (chess[idx].player == firstchess.player
            && chess[idx].typeName == firstchess.typeName)
        {
            if (y != y1) return chess[idx];
        }
    }
    return null;           //没有找到
  }
}
```

3. 设计中国象棋游戏窗体

(1) 新建一个 Windows 应用程序,项目命名为“网络象棋”。设计如图 7-9 所示的网络中国象棋界面。在 Visual Studio.NET 集成开发环境中的“解决方案资源管理器”窗口中,通过右键快捷菜单将 Form1. cs 文件重命名为 Frmchess. cs,进入 Frmchess. cs 文件的编辑界面。如图 7-9 所示添加控件,主要控件属性如表 7-6 所示。

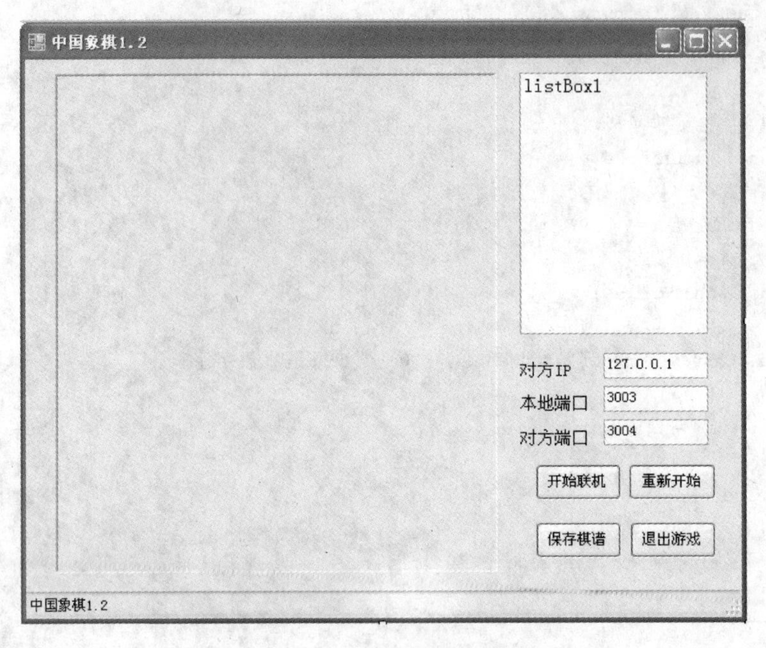

图 7-9　两人对战网络中国象棋界面

表 7-6　控件属性设置

控　　件	对　象	属　性	属　性　值
Form 窗体	Frmchess	Name	Frmchess
	Frmchess	Text	中国象棋 1.2
Button 控件	button1	Text	开始联机
	button2	Text	重新开始
	button3	Text	保存棋谱
	button4	Text	退出游戏
TextBox 控件	txt_port	Text	3003
TextBox 控件	txt_remoteport	Text	3004
TextBox 控件	txt_IP	Text	127.0.0.1
ListBox 控件	listBox1	—	—
PictureBox 控件	picBoard	—	—
ToolStripStatusLabel	toolStripStatusLabel1	Text	中国象棋 1.2
Label 控件	Label1	Text	本地端口
	Label2	Text	对方端口
	Label3	Text	对方 IP

（2）在窗体 Frmchess.cs 文件的开头，添加命名空间：

```
using System.Net;
using System.Threading;
using System.Net.Sockets;
using System.Collections;
using System.IO ;
```

(3) 编写代码。

窗体类 Frmchess 成员变量定义：

```
private ChessBoard chessboard;
public short LocalPlayer;                   //LocalPlayer 记录自己是红方还是黑方
private ArrayList StepList = new ArrayList();     //保存全部走棋信息
private ArrayList StepList2 = new ArrayList();    //保存全部走棋信息含坐标
bool IsMyTurn = true;                       //IsMyTurn 判断是否该自己走了
//网络通信部分
private bool ReadFlag = true;               //设定侦听标示位,通过它来设定是否侦听端口号
private Thread th;                          //定义一个线程,在线程接收信息
private IPEndPoint remote;                  //定义一个远程节点用以获取远程计算机发送的信息
private UdpClient udpclient;                //创建一个 UDP 网络服务
private Chess firstChess2 = null;           //鼠标单击时选定的棋子
private Chess secondChess2 = null;
public const short REDPLAYER = 1;
public const short BLACKPLAYER = 0;
private bool first = true;                  //区分第一次跟第二次选中的棋子
private int x1, y1, x2, y2;
private int tempx, tempy;
public Frmchess ()
{
    InitializeComponent();
    //不捕获线程控件调用异常
    Control.CheckForIllegalCrossThreadCalls = false;
}
```

窗体加载事件 Frmchess_Load()创建棋盘实例，初始化游戏区图片框 picBoard 背景图像。棋盘上此时无任何棋子，最后调用 chessboard.reDraw()重画棋盘。

```
private void Frmchess_Load(object sender, EventArgs e)
{
    chessboard = new ChessBoard();
    chessboard.winHandle = picBoard.Handle;
    picBoard.BackgroundImage = (Image)new Bitmap(360, 400);
    chessboard.bufferImage = picBoard.BackgroundImage;
    chessboard.reDraw();
}
```

窗体中游戏区图片框的单击事件处理用户走棋过程。用户走棋时，首先要选中自己的棋子(第一次选择棋子)，所以有必要判断是否单击成对方棋子了。如果是自己的棋子，则 firstChess2 记录用户选择的棋子，同时棋子被加上黑色框线示意被选中。

当用户选过己方棋子后，单击对方棋子(secondChess2 记录用户第二次选择的棋子)，则是吃子，如果将或帅被吃掉，则游戏结束。当然第二次选择棋子有可能是用户改变主意，选择自己的另一棋子，则 firstChess2 重新记录用户选择的己方棋子。

当用户选过己方棋子后，单击的位置无棋子，则处理没有吃子的走棋过程。调用 IsAbleToPut(CurSelect, x, y)判断是否能走棋，如果符合走棋规则，移动棋子前生成棋谱信息，同时发送此步走棋信息。

```
private void picBoard_MouseClick(object sender, MouseEventArgs e)
{
    if (IsMyTurn == false) return;
    int idx, idx2;        //保存第一次和第二次被单击棋子的索引号
    if (first)
    {
        //第一次棋子
        firstChess2 = analyse(e.X, e.Y);
        x1 = tempx;
        y1 = tempy;
        if (firstChess2 != null)
        {
            if (firstChess2.player != LocalPlayer)
            {
                toolStripStatusLabel1.Text = "单击成对方棋子了!";
                return;
            }
            first = false;
            firstChess2.DrawSelectedChess(picBoard.CreateGraphics());
        }
    }
    else
    {
        //第二次棋子
        secondChess2 = analyse(e.X, e.Y);
        x2 = tempx;
        y2 = tempy;
        //如果是自己的棋子,则换上次选择的棋子
        if (secondChess2 != null)
        {
            if (secondChess2.player == LocalPlayer)
            {
                //取消上次选择的棋子,颜色恢复
                firstChess2.UnDrawSelectedChess(
                            picBoard.CreateGraphics(),Color.White);
                firstChess2 = secondChess2;
                x1 = tempx;
                y1 = tempy;
                //设置选择的棋子颜色
                firstChess2.DrawSelectedChess(
                                   picBoard.CreateGraphics());
                return;
            }
            else
            {
                secondChess2.DrawSelectedChess(
                            picBoard.CreateGraphics());
            }
        }
```

```
        if (secondChess2 == null)       //目标处没棋子,移动棋子
        {
            if (chessboard.IsAbleToPut(firstChess2, x2, y2))
            {
                //移动棋子前先生成棋谱信息
            string step_info = chessboard.Create_pu(firstChess2, x2, y2);
                listBox1.Items.Add(step_info);
                StepList.Add(step_info);
                //在 map 取掉原 CurSelect 棋子
                idx = chessboard.Map[x1, y1];
                chessboard.Map[x1, y1] = -1;
                chessboard.Map[x2, y2] = idx;
                chessboard.chess[idx].SetPos(x2, y2);
                //send
                send("move" + "|" + idx.ToString() + "|" + (10 - x2).ToString() + "|" +
Convert.ToString(11 - y2) + "|" + StepList[StepList.Count - 1]);
                //CurSelect = 0;
                first = true;
                chessboard.reDraw();
                SetMyTurn(false);       //该对方了
                //toolStripStatusLabel1.Text = "";
            }
            else
            {
                //错误走棋
                toolStripStatusLabel1.Text = "不符合走棋规则";
            }
            return;

        }
        if (secondChess2 != null && chessboard.IsAbleToPut(firstChess2, x2, y2))//可以吃子
        {
            first = true;
            //*******************************************
            //移动棋子前先生成棋谱信息
            string step_info = chessboard.Create_pu(firstChess2, x2, y2);
            listBox1.Items.Add(step_info);
            StepList.Add(step_info);
            //*******************************************
            //在 map 取掉原 CurSelect 棋子
            idx = chessboard.Map[x1, y1];
            idx2 = chessboard.Map[x2, y2];
            chessboard.Map[x1, y1] = -1;
            chessboard.Map[x2, y2] = idx;
            chessboard.chess[idx].SetPos(x2, y2);
            chessboard.chess[idx2] = null;
            chessboard.reDraw();
            if (idx2 == 0)                  //1--"将"
```

```
                {
                    toolStripStatusLabel1.Text = "红方赢了";
                    MessageBox.Show("红方赢了", "提示");
                    //send
                    send("move" + "|" + idx.ToString() + "|" + (10 - x2).ToString() + "|"
+ Convert.ToString(11 - y2) + "|" + StepList[StepList.Count - 1]);
                    send("succ" + "|" + "红方赢了");
                    btnNew.Enabled = true;                    //可以重新开始
                    return;
                }
                if (idx2 == 16)                               //16 -- "帅"
                {
                    toolStripStatusLabel1.Text = "黑方赢了";
                    MessageBox.Show("黑方赢了", "提示");
                    send("move" + "|" + idx.ToString() + "|" + (10 - x2).ToString() + "|"
+ Convert.ToString(11 - y2) + "|" + StepList[StepList.Count - 1]);
                    send("succ" + "|" + "黑方赢了");
                    btnNew.Enabled = true;                    //可以重新开始
                    return;
                }
                //send
                send("move" + "|" + idx.ToString() + "|" + (10 - x2).ToString() + "|" +
Convert.ToString(11 - y2) + "|" + StepList[StepList.Count - 1]);
                SetMyTurn(false);                             //该对方了
                //toolStripStatusLabel1.Text = "";
            }
            else                                              //不能吃子
            {
                toolStripStatusLabel1.Text = "不能吃子";
            }
        }
}
//解析鼠标之下的棋子对象
private Chess analyse(int x, int y)
{
    tempx = (int)Math.Floor((double)x / 40) + 1;
    tempy = (int)Math.Floor((double)y / 40) + 1;
    //防止超出范围
    if (tempx > 9 || tempy > 10 || tempx < 0 || tempy < 0)
        return null;
    else
    {
        int idx = chessboard.Map[tempx, tempy];
        if (idx == -1) return null;
        return chessboard.chess[idx];
    }
}
```

SetMyTurn()设置是否该自己走棋提示：

```
//设置是否该自己走的提示信息
private void SetMyTurn(bool bolIsMyTurn)
{
    IsMyTurn = bolIsMyTurn;
    if (bolIsMyTurn) {
        toolStripStatusLabel1.Text = "请您开始走棋";
    }
    else {
        toolStripStatusLabel1.Text = "对方正在思考…";
    }
}
```

read()方法不断侦听本机设定的端口，得到对方发送来的信息，根据自己定义的通信协议所传送的"输赢信息"、"下的棋子位置信息"、"重新开始"等信息分别处理。

```
private void read()
{
  //侦听本地的端口号
udpclient = new UdpClient(Convert.ToInt32(txt_port.Text));
//remote = System.DBNull
//设定编码类型
Encoding enc;
enc = Encoding.Unicode;
int idx,x1,x2,y1,y2;
while (ReadFlag == true)
{
    try
    {
        byte[] data = udpclient.Receive(ref remote);
        //得到对方发送来的信息
        //Encoding.Unicode.GetBytes(Message)
        string strData = enc.GetString(data);
        string[] a = new string[6];
        a = strData.Split('|');
        switch (a[0])
        {
        case "join":
            //获取传送信息到本地端口号的远程计算机 IP 地址
            string remoteIP = remote.Address.ToString();
            //显示接收信息以及传送信息的计算机 IP 地址
            toolStripStatusLabel1.Text = remoteIP + "你是红方请先走棋";
            LocalPlayer = REDPLAYER;
            //显示棋子
            chessboard.NewGame(LocalPlayer);
            SetMyTurn(true);                    //能走棋
            btnJoin.Enabled = false;
```

```
        //发送联机成功信息
        send("conn|");
        break;
    case "conn":                    //联机成功信息
        //开始新棋局,显示棋子
        LocalPlayer = BLACKPLAYER;
        chessboard.NewGame(LocalPlayer);
        SetMyTurn(false);
        break;
    case "new":                     //重新开局
        toolStripStatusLabel1.Text = "对方重新开局了,请你也重新开局";
        break;
    case "succ":
        //获取传送信息到本地端口号的远程计算机 IP 地址
        if (a[1] == "黑方赢了")
        {
            MessageBox.Show("黑方赢了,你可以重新开始了!", "你输了");
        }
        if (a[1] == "红方赢了")
        {
            MessageBox.Show("红方赢了,你可以重新开始了!", "你输了");
        }
        toolStripStatusLabel1.Text = "你可以重新开局!";
        btnNew.Enabled = true;
        break;
    case "move":
        //对方的走棋信息,move|棋子索引号|X|Y
        idx = Convert.ToInt16(a[1]);
        x2 = Convert.ToInt16(a[2]);
        y2 = Convert.ToInt16(a[3]);
        string z = a[4];            //对方上步走棋的棋谱信息
      toolStripStatusLabel1.Text = x2.ToString() + ":" + y2.ToString();
        //棋谱信息
        StepList.Add(z);
        Chess c = chessboard.chess[idx];
        x1 = c.pos.X;               //(x1,y1)是移动棋子原处棋盘坐标
        y1 = c.pos.Y;;
        listBox1.Items.Add(z);
        //修改棋子位置,显示对方走棋
        idx = chessboard.Map[x1, y1];
        int idx2 = chessboard.Map[x2, y2];
        chessboard.Map[x1, y1] = -1;
        chessboard.Map[x2, y2] = idx;
        chessboard.chess[idx].SetPos(x2, y2);
        if(idx2!= -1)chessboard.chess[idx2] = null;
        chessboard.reDraw();
        SetMyTurn(true);
        break;
```

```
            case "exit":
                MessageBox.Show("对方退出了,游戏结束!", "提示");
                toolStripStatusLabel1.Text = "对方退出了,游戏结束!";
                ReadFlag = false;
                break;
            }
        }
        catch
        {
            //退出循环,结束线程
            break;
        }
    }
}
```

发送信息 send(ByVal info As String)较为简单,主要实现创建 UDP 网络服务,传送信息到指定计算机的 txt_remoteport 端口号后,关闭 UDP 网络服务。

```
private void send(string info)
{
    //创建 UDP 网络服务
    UdpClient SendUdp = new UdpClient();
    IPAddress remoteIP;
    //判断 IP 地址的正确性()
    try {
        remoteIP = IPAddress.Parse(txt_IP.Text);
    }
    catch {
        MessageBox.Show("请输入正确的 IP 地址!", "错误");
        return;
    }
    IPEndPoint remoteep = new IPEndPoint(remoteIP, Convert.ToInt32(txt_remoteport.Text));
    byte[] buffer;
    Encoding enc;
    enc = Encoding.Unicode;
    //设定编码类型
    string str = info;
    buffer = enc.GetBytes(str.ToCharArray());
    //传送信息到指定计算机的 txt_remoteport 端口号
    SendUdp.Send(buffer, buffer.Length, remoteep);
    //关闭 UDP 网络服务()
    SendUdp.Close();
}
```

"开始联机"按钮的单击事件启动线程,通过 read ( )实现不断侦听本机设定的端口,得到对方发送来的信息。同时显示棋盘,并默认自己为黑方。

```
private void btnJoin_Click(object sender,System.EventArgs e)     //开始联机
{
    send("join|");
    //创建一个线程()
    th = new Thread(read);
    //启动线程
    th.Start();
    toolStripStatusLabel1.Text = "程序处于等待联机状态!";
    btnJoin.Enabled = false;
}
```

“重新开始”按钮的单击事件改变游戏者角色，调用 Draw_qizi()重新显示棋子。

```
private void btnNew_Click(object sender,System.EventArgs e)     //重新开始
{
    if(toolStripStatusLabel1.Text.Trim()!= "对方重新开局,请你也重新开局")
    send("new|");
    if (LocalPlayer == REDPLAYER)
    {
        //游戏者角色改变
        LocalPlayer = BLACKPLAYER;
        SetMyTurn(false);
    }
    else
    {
        LocalPlayer = REDPLAYER;
        SetMyTurn(true);
    }
    chessboard.NewGame(LocalPlayer);
    btnNew.Enabled = false;
}
```

“保存棋谱”按钮单击事件将 StepList 中保存的棋谱写入文本文件。

```
private void btnSave_Click(object sender, EventArgs e)
{
   //正常棋谱
   SaveFileDialog DlgFile = new SaveFileDialog();
   //创建一个保存文件对话框实例
   DlgFile.Filter = "txt files(*.txt)|*.txt";
   DlgFile.RestoreDirectory = true;
   DlgFile.ShowDialog();
   string path = DlgFile.FileName;
   //"棋谱 1.txt"
   StreamWriter Mywriter;
   Mywriter = new StreamWriter(path, false, Encoding.Default);
   //新建覆盖
   string s = "",m = "";
   Mywriter.WriteLine("棋谱 红方 黑方");
```

```
    for (int i = 1; i <= StepList.Count; i++)
    {
        if (i % 2 == 1)
        m = ((int)i/2 + 1).ToString().PadLeft(3,' ') + ". " + StepList[i - 1];
        if (i % 2 == 0 && i != 0)
        {
            s = m + " " + StepList[i - 1];
            Mywriter.WriteLine(s);
        }
    }
    if (StepList.Count % 2 == 1) Mywriter.WriteLine(m);
    Mywriter.Close();
}
```

“退出游戏”按钮的单击事件向对方发送“退出”消息“exit|”后关闭窗体。

```
private void btnExit_Click(object sender, EventArgs e)      //退出游戏
{
    send("exit|");
    Application.Exit();
}
```

为了避免用户不使用“退出游戏”按钮退出，在窗体关闭事件中完成退出功能。

```
private void Form1_FormClosing(object sender, FormClosingEventArgs e)
{
    send("exit|");
    Application.Exit();
}
```

注意：由于窗体关闭时，线程没有被结束，所以需要修改窗体 Dispose 事件（在隐藏的 Form1.Designer.cs 文件中）。

```
protected override void Dispose(bool disposing)
{
    try
    {
        ReadFlag = false;
        if (udpclient != null) udpclient.Close();
        if (th != null) th.Abort();
        th = null;
    }
    catch { }
    if (disposing && (components != null))
    {
        components.Dispose();
    }
    base.Dispose(disposing);
}
```

如果只有一台计算机，可以把这个项目编译成 EXE 文件，并且运行两个实例，将地址填

写为 127.0.0.1,这样一个作为红方,另一个作为黑方,便可以和自己对弈了。运行效果如图 7-10 所示。

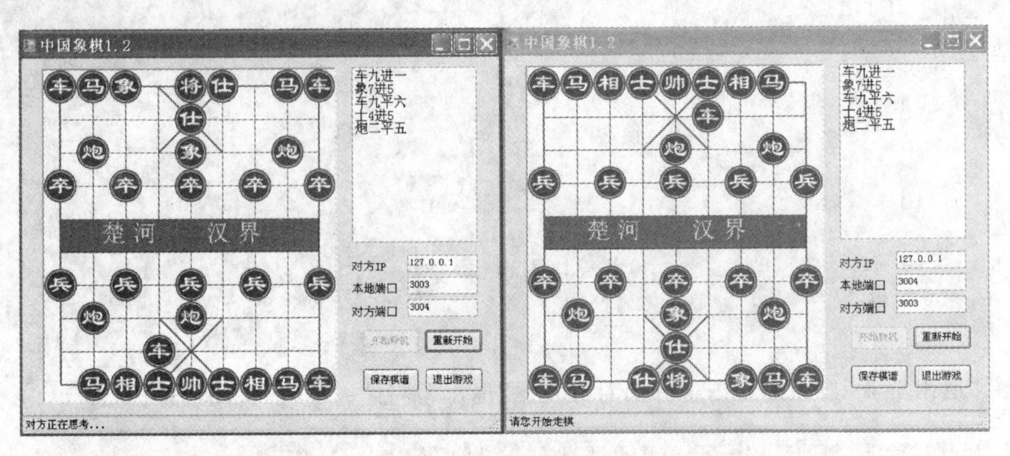

图 7-10　两人对战象棋运行界面

习　题

1. TCP 协议和 UDP 协议的主要区别是什么?
2. TcpClient 类和 TcpListener 类各有什么用途?
3. 简单描述 UdpClient 类开发 UDP 程序的过程。
4. 简单描述 TcpClient 类和 TcpListener 类开发 TCP 程序的过程。
5. 设计网络五子棋游戏,具有"联机"、"悔棋"、"退出"功能。
6. 编写获取本机 IP 和主机名的程序。

第8章 数据库编程

在信息技术充分发展的今天，数据量急剧增加，在需要处理大量数据的程序中，数据库成了程序对大量数据进行统一、集中管理的最佳选择。由Visual Studio.NET中提供的数据库访问机制——ADO.NET，提供了一个面向对象的数据访问架构，主要用来开发数据库应用程序。

本章介绍了数据库的基本概念，分析了ADO.NET中的各种对象及其常用属性和方法，并在ADO.NET模型的基础上介绍如何操作数据库。通过本章案例学习，读者可以熟练掌握ADO.NET中各种对象的操作方法，并能够使用常用的SQL语句对数据库进行读、写、检索等操作。

8.1 数据库的基本概念

数据库是长期存储在计算机内的、有组织的、可共享的数据集合。数据库中的数据按一定的结构形式(数据模型)组织、描述和储存，具有较小的冗余度、较高的数据独立性和易扩展性，并可为各种用户共享。

目前，数据库领域中最常用的数据模型主要有三种，分别是层次模型(Hierarchical Model)、网状模型(Network Model)和关系模型(Relational Model)。层次模型用树状结构来表示各类实体及实体间的联系；网状模型采用网状结构表示实体及其之间的联系；而关系模型采用二维表格结构来表示实体和实体之间的联系。其中层次模型和网状模型统称为非关系模型。非关系模型的数据库系统在20世纪70年代与80年代初非常流行，在数据库系统产品中占据了主导地位，现在已逐渐被关系模型的数据库系统取代。

关系数据库，是建立在关系模型基础上的数据库，借助于集合代数等概念和方法来处理数据库中的数据。目前主流的关系数据库有Oracle、Access、DB2、SQL Server，Sybase等。本章主要以微软公司的Microsoft SQL Server数据库为例讲解有关数据库的编程操作。

8.1.1 关系数据库与二维表

关系数据库是目前应用最多、也最为重要的一种数据库。关系数据库中的数据在逻辑结构上实际是一张二维表格，它由行和列组成。如表8-1所示的是学生信息表(表名为stuinfo)。

一个二维表就是一个关系，二维表的表名就是关系名。表的每一列称为一个字段(也称为属性)，如表8-1所示的学生信息表中的学号、姓名、性别等共计5个字段，表的每一行为一条记录(也称为元组)，它是一组字段信息的集合。如学生信息表中学号为201000834216、201000814130等的每一行信息。

表 8-1　学生信息表

学　　号	姓名	性别	年龄	籍贯
201000834216	王子明	男	19	河南郑州
201100834201	刘思祺	女	20	河南开封
201000814130	赵文刚	男	19	湖北宜昌
201100824211	申晓莉	女	20	河南新乡
…	…	…	…	…

关系数据库中的所有数据都以表的形式给出。每一个关系数据库由一个或多个数据表组成，各数据表之间可以建立相互联系。图 8-1 是用 SQL Server 创建的一个学生成绩管理的数据库，此数据库由 3 个数据表组成，各个表之间通过公共属性联系起来，如学生信息表和成绩表通过“学号”建立联接。因此，一个数据库中可以包含若干张数据表，一张数据表由若干条记录组成，一条记录由若干个字段组成。

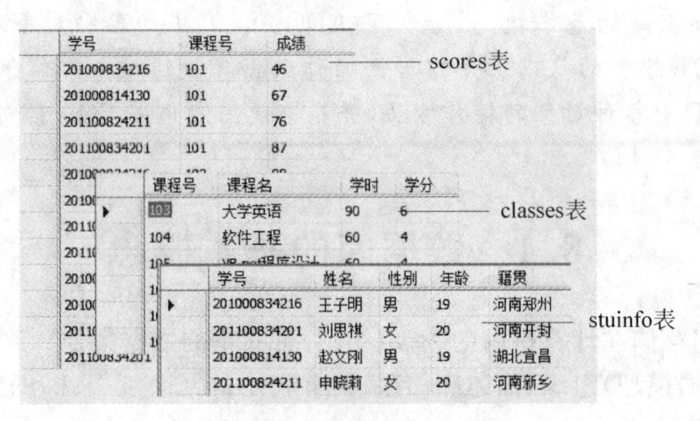

图 8-1　学生成绩管理数据库

在关系数据库中，数据被分散到不同的数据表中，以便使每个表中的数据只记录一次，从而避免数据的重复输入，减少数据冗余，其特点如下：

(1) 关系(表)中的每一个字段(属性)必须是不可再分的数据项，即不能出现组合项。

(2) 同一个表中不能出现相同的字段名(属性名)，即不能出现相同的列。

(3) 同一个表中同一列的数据类型必须相同。

(4) 同一个表中不能出现相同的记录(元组)，即不能出现相同的行。

(5) 同一个表中记录的次序和字段的次序可以任意交换，不影响实际存储的数据。

8.1.2　关系数据库的有关概念

1. 表的结构

数据表的结构是由字段决定的。在建立数据表之前，首先要设计好数据表的结构，包括数据表的名称及每个字段的属性(字段名、字段类型及大小等)，同时还应确定主关键字。

表名是数据表存储的唯一标识，也是用户访问的唯一标识。在创建数据表时，必须确定表中各个字段的数据类型，SQL Server 数据库可以支持的字段数据类型有精确数字、大约数字、日期和时间、字符串、二进制字符串和其他数据类型等七类，它确定了数据表的组织形式。

2. 主关键字

用来唯一标识表中记录的字段或字段的组合。如学生信息表中的学号可以作为主关键字，它能唯一标识表中的每一条记录，即表中不能有两个相同的学号出现。

3. 外部关键字

用来与另一个关系进行连接的字段，且是另一个关系中的主关键字，如成绩表中的学号就可以作外部关键字，可以用其与学生信息表进行连接，在学生信息表中“学号”是主关键字。

8.1.3 关系数据库的操作

对关系数据库的操作一般采用 SQL 语言实现。SQL 全称是“结构化查询语言(Structured Query Language)”，SQL 语言结构简洁、功能强大、简单易学，所以自从 IBM 公司 1981 年推出以来，得到了广泛的应用。如今无论是像 Oracle、Sybase、Informix、SQL Server 这些大型的数据库管理系统，还是像 Access、Visual Foxpro、PowerBuilder 等这些微机上常用的数据库开发系统，都支持 SQL 语言作为查询语言。

表 8-2 中列举了常用的 SQL 语句，本节只对其中最主要的一些语句做简单介绍。

表 8-2 SQL 的主要语句及说明

SQL 命令	说明
SELECT	查询数据，即从数据库中返回记录集
INSERT	向数据表中插入一条记录
UPDATE	修改数据表中的记录
DELETE	删除表中的记录

1. 查询语句 SELECT

SELECT 语句通常用来查询数据，它从数据库中检索数据并将数据以结果集的形式显示给用户。

1) SELECT 语句的语法格式

```
SELECT [ALL/DISTINCT] 字段 [AS 别名] FROM <表名> WHERE <条件>
```

2) 主要参数的说明

- SELECT：指定了在结果表中应包含哪些字段。
- FROM：用于指定查询涉及哪些表。
- WHERE：指定了在结果表中的记录应当满足的条件。
- DISTINCT 表示在查询结果中去掉重复记录；ALL 表示在查询结果中保留重复记录，ALL 为系统默认值，可以不写。

3) SELECT 语句使用示例

(1) 返回学生信息表中的所有记录。

```
SELECT * FROM stuinfo      '通配符"*"表示记录中所有字段
```

(2) 从学生信息表中查询“姓名”字段值为“赵文刚”的记录，但仅返回记录的“姓名”字段。

```
SELECT 姓名 FROM stuinfo WHERE 姓名 = "赵文刚"
```

(3) 返回学生信息表中的"姓名"和"性别"字段,其中"姓名"字段重命名为 name。

```
SELECT 姓名 AS name ,性别 FROM stuinfo
```

这样在显示查询结果时,"姓名"字段显示为 name。

(4) 从学生信息表中返回"学号"、"姓名"和"年龄"字段,条件是"性别"为"女",并且年龄大于 20。

```
SELECT 学号,姓名,年龄 FROM stuinfo WHERE 性别 = "女" AND 年龄> 20
```

WHERE 子句指定了查询条件,该例为多重条件查询,在多重条件查询时要使用逻辑运算 AND、OR、NOT 将多个查询条件连接成一个逻辑表达式。

2. 插入记录语句 INSERT

INSERT 语句用于将新记录插入到指定的表中。

1) INSERT 的语法格式

```
INSERT INTO <表名>[(<字段名 1 >[,<字段名 2 >… ])]
    VALUES(<表达式 1 >[,<表达式 2 >… ])
```

2) 参数说明

- VALUES: 指定待添加数据的具体值,其中的表达式的排列顺序应与字段名的顺序一致,且个数、数据类型相同。
- 表达式的值必须是常量。
- 未指定值的字段是空值,若 INTO 子句后面无任何字段,则插入的新记录必须在每个字段上都有值。

插入记录示例: 往学生信息表中添加一条学生记录。

```
INSERT INTO stuinfo(学号,姓名,性别,年龄,籍贯)
VALUES ("201100834218", "王军", "男",18, "河南南阳")
```

3. 修改记录语句 UPDATE

UPDATE 语句用于对表中一行或多行记录的指定字段值进行修改。

1) UPDATE 语句的语法格式

```
UPDATE <表名>
SET <字段名> = <表达式>[,<字段名> = <表达式>] … [WHERE <条件>]
```

2) 说明

- SET: 给出要修改的字段及修改后的值。
- WHERE: 待修改记录应满足的条件,默认修改所有记录。

更新记录示例: 把学生信息表中所有女生信息的年龄都加 1。

```
UPDATE stuinfo SET 年龄 = 年龄 + 1 WHERE 性别 = "女"
```

4. 删除记录语句 DELETE

DELETE 语句用于逻辑删除表中一行或多行记录。

1) DELETE 语句的语法格式

```
DELETE FROM <表名>[WHERE <条件>]
```

2) 说明

若无 WHERE<条件>，则删除所有记录。

3) 删除记录示例

(1) 把学生信息表中“赵文刚”的记录删除。

```
DELETE FROM stuinfo WHERE 姓名 = "赵文刚"
```

(2) 把学生信息表中年龄大于 20 的记录删除。

```
DELETE FROM stuinfo WHERE 年龄> 20
```

8.2 ADO.NET 数据库访问技术

8.2.1 ADO.NET 简介

ADO.NET 是微软的 Microsoft ActiveX Data Objects(ADO)的下一代产品，是分布式数据共享应用程序的开发接口(API)，它引入了 ADO 所没有的面向对象结构，让数据库应用程序的编写更加结构化。它提供对 Microsoft SQL Server 以及 OLEDB 和 XML 等公开数据源的一致访问。

ADO.NET 是一组包括在.NET 框架中的库，用于在.NET 应用程序各种数据存储之间的通信。ADO.NET 库中包含了可与数据源连接、提交查询并处理结果的类。ADO.NET 被设计成对于数据处理不是一直保持联机状态，而是作为一种强壮的、层次化的、断开连接的数据缓存来使用，以脱机处理数据，应用程序只在取得数据或更新数据的时候才对数据源进行联机工作。

ADO.NET 对象模型提供非常灵活的组件，这些组件又提供属性、方法和识别事件，本节主要介绍 ADO.NET 对象模型的对象及每个对象在建立数据库连接和操纵表格中的作用。

8.2.2 ADO.NET 的核心组件

ADO.NET 是.NET 框架中的一系列类库，它能够让开发人员更加方便地在应用程序中使用和操作数据。

ADO.NET 库中包含了与数据源连接、提交查询并处理结果的类，也可以作为层次化的、断开连接的数据缓存来使用，以脱机处理数据，从而帮助开发人员建立在 Web 上使用的高效多层数据库应用程序。同时，ADO.NET 支持 RICH XML，由于传送的数据都是 XML 格式的，允许数据通过 Internet 防火墙来传递，因此任何能够读取 XML 格式的应用程序 ADO.NET 都可以进行数据处理，如 Access、SQL Server 等数据库、文本文件、Excel 表格或者 XML 文件。

ADO.NET 将数据访问与数据处理分离，是通过两个重要的组件：数据集（DataSet）和.NET 数据提供程序（Data Provider，有时也叫托管提供程序）来完成的。.NET 数据提供程序负责与物理数据源的连接，数据集代表实际的数据，如图 8-2 所示。

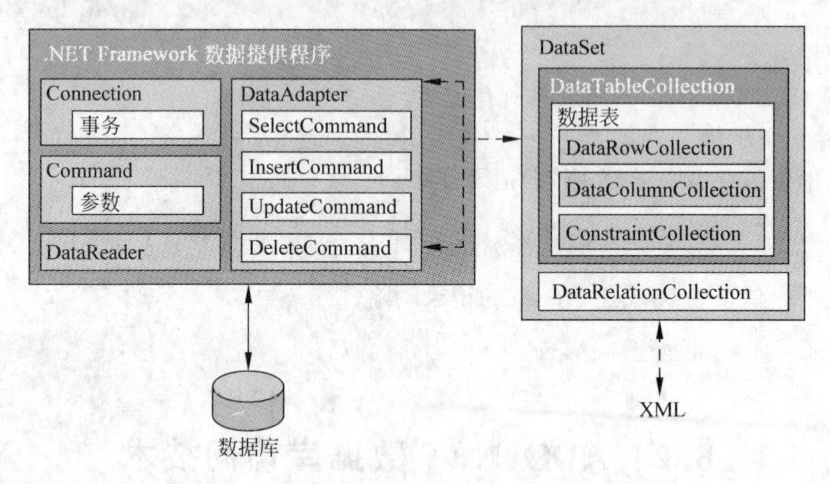

图 8-2　ADO.NET 结构图

1. .NET 数据提供程序

数据提供程序用于提供并维护应用程序与数据库之间的连接。数据提供程序是一系列为了提供更有效率的访问而协同工作的组件。

.NET 数据提供程序实现了 ADO.NET 的接口，它包含 4 种提供程序：SQLClient 数据提供程序、OracleClient 数据提供程序、ODBC 数据提供程序和 OLE DB 数据提供程序。这 4 种提供程序所属的命名空间及其应用的数据源如表 8-3 所示。

说明：在这 4 类.NET 数据提供程序中最常用的是 SQLClient 和 OLE DB 这两种。虽然.NET 推荐的数据库是 SQL Server，但 Access 2003 数据库进行连接访问操作更简单，实现更容易。其实使用 Access 和使用 SQL Server 数据库的操作方法是类似的。

表 8-3　4 种数据提供程序

数据提供程序	命名空间	描述
OleDb	System.Data.OleDb	主要用于访问 Microsoft SQL Server 6.x 版本或更早版本，以及其他有提供 OLEDB 连接能力的数据库，如 Access 2003 数据库
Odbc	System.Data.Odbc	主要用于访问 ODBC 所支持的数据库
SqlClient	System.Data.SqlClient	针对各种版本的 SQL Server，包括 SQL Server 7.0、SQL Server 2000 和 SQL Server 2005
Oracle	System.Data.OracleClient	针对 Oracle 9i，支持它的全部数据类型

ADO.NET 的 4 种数据提供程序内部均有 Connection、Command、DataReader 和 DataAdapter 这 4 类对象，但在对数据库进行访问时，对于不同的数据提供程序，上述 4 种对象的类名是不同的，如表 8-4 所示，而它们连接访问数据库的过程却大同小异。这是因为它们以接口的形式，封装了不同数据库的连接访问动作。正是由于这 4 种数据提供程序使

用数据库访问驱动程序屏蔽了底层数据库的差异，所以从用户的角度来看，它们的差别仅仅体现在命名上。

表 8-4 对象命名

对象名	SQL Server 提供程序类名	OLEDB 提供程序类名	ODBC 提供程序类名	Oracle 提供程序类名
Connection	SqlConnection	oledbConnection	odbcConnection	oracleConnection
Command	SqlCommand	oledbCommand	odbcCommand	oracleCommand
DataReader	SqlDataReader	oledbDataReader	odbcDataReader	oracleDataReader
DataAdapter	SqlDataAdapter	oledbDataAdapter	odbcDataAdapter	oracleDataAdapter

为了在应用程序中使用 ADO.NET 对象，就要使用 using 语句引入相应命名空间。这样就可以声明 ADO.NET 变量而不用完全限定它们。

例如使用 SQL Server 7.0 及更高版本，则可以在程序开头输入下列 using 语句：

```
using System.Data.SqlClient;
```

如果引入命名空间后，可以声明如下 DataAdapter 对象：

```
SqlDataAdapter dsMyAdapter = new SqlDataAdapter();
```

否则要输入完全命名空间：

```
System.Data.SqlClient.SqlDataAdapter dsMyAdapte = new System.Data.SqlClient.SqlDataAdapter();
```

2. 数据集 DataSet

数据集(DataSet)是记录在内存中的数据，是非在线，完全由内存表示的一系列数据，可以被看作一份本地磁盘数据库中部分数据的副本。数据集完全驻留内存，可独立于数据库被访问或者修改。当数据集的修改完成后，更改可以被再次写入数据库，从而保留所做过的更改。数据集中的数据可以由任何数据源(Data Source)提供，比如 SQL Server 或者 Oracle，并且会提供一致的关系编程模型。它也可以用于 XML 数据，或用于管理应用程序本地的数据。DataSet 位于 System.Data 命名空间中。

DataSet 对象表示了数据库中完整的数据，包括表和表之间的关系等。如图 8-3 所示的 DstaSet 对象模型包含一个或多个 DataTable 对象的集合。而 DataTable 对象包含了数据列(DataColumn)和数据行(DataRow)，就像一个普通的数据库中的表一样，甚至能够定义表之间的关系及主键、外键、约束等。

8.2.3 ADO.NET 的联机与脱机数据存取模式

1. ADO.NET 的联机存取模式

ADO.NET 支持在联机模式下访问数据，联机存取模式就是应用程序自始至终都和数据库是连接着的。适用于数据要时时更新的开发环境并且数据是只读的情况。所以在大型慢速的广域环境中，这样的模式并不适合，适用于数据量较小、系统的规模不大且所有存取的客户端与数据库服务器都位于同一区域的网络上使用。

联机存取模式主要通过 DataReader 对象实现，DataReader 是一个顺序向前的、只读的

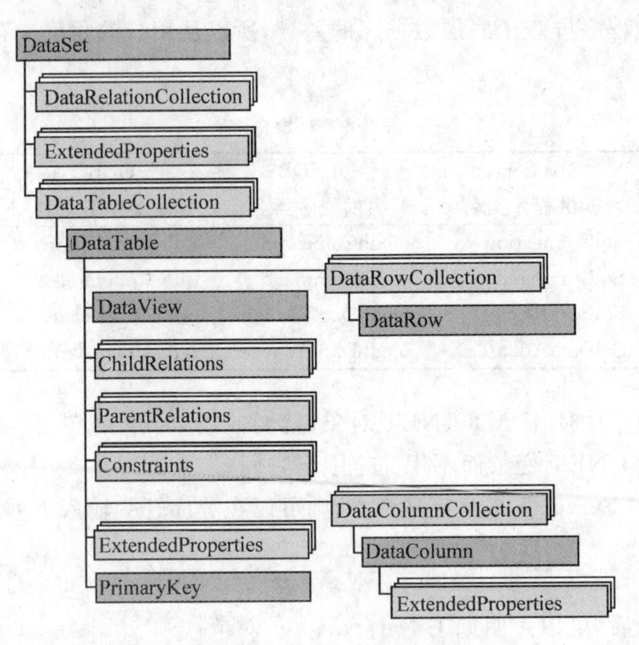

图 8-3 DataSet 对象模型

数据集合,其访问数据的速度非常快,效率非常高,但是功能相对有限。整个数据存取的过程是先打开与数据库的连接,然后用 OleDbCommand 对象向数据库索取所要的数据,把取回来的数据放在 OleDbDataReader 对象中读取,在对数据库的存取、查询等操作做完后,关闭 OleDbDataReader 对象。

2. ADO.NET 的脱机存取模式

在脱机模式下,应用程序不用一直保持到数据源的连接。它打开数据连接并读取数据后关闭连接,用户对数据的操作(包括添加、修改、删除等)都在本地进行,当用户需要更新数据或者有其他请求时,就再次打开连接,发送已修改的数据后关闭连接。ADO.NET 在脱机模式下,所操作的数据全部都存储在本地,因此适合数据量大,网络结构复杂且规模庞大、主机分散在不同地方、客户端等情况,但它应用于诸如银行系统、订票系统等需要频繁更新数据的应用程序时,它的优势将丧失殆尽。

脱机模式的数据存取步骤是,首先建立与数据库的连接,用 OleDbCommand 对象向数据库索取所要的数据,将 OleDbCommand 对象所取回来的数据,放到 SqlDataAdapter 对象中,然后把 OleDbDataAdapter 对象的数据填满 DataSet 对象,关闭连接,所有的数据存取全部在 DataSet 对象中进行。当需要有数据更新时,再次打开连接进行更新,关闭连接。

8.3 ADO.NET 对象及其编程

ADO.NET 中有很多重要的对象,可大体分成两大类。一类是与数据库直接连接的联机对象,其中包含了 Connection 对象、Command 对象、DataReader 对象以及 DataAdapter 对象等,这些对象属于.NET 数据提供程序。通过这些类对象,可以在应用程序里完成连接数据源以及数据维护等相关操作。另一类则是与数据源无关的断线对象,例如 DataSet 对象和 Dataview 对象等。通过使用这些对象，使得对数据库的操作更加简单。

8.3.1 使用 Connection 对象连接数据源

数据库应用程序与数据库进行交互首先必须建立与数据库的连接，在 ADO.NET 中可以使用 Connection 对象来建立与数据库的连接。在建立连接时，要提供一些信息，如数据库所在位置、数据库名称、用户账号、密码等。Connection 对象的常用属性有 Connectionstring 属性，该属性用来设置连接字符串，即指定要连接的数据库。

1. 使用 OleDBConnection 类连接数据库

OleDBConnection 类的连接字符串包含如下常用参数：

- Provider——指定 OleDbConnection 类用于和数据库通信的驱动程序。
- Data Source——用于指定运行数据库的计算机的服务器名。这个参数可以建立与该服务器的网络连接，以便与数据库服务器通信。在连接 Access 数据库时，这个参数指定路径和数据库名。
- Database ——指定存储数据的数据库名。
- User ID、Password——User ID 和 Password 参数用于指定数据库登录凭证，即在数据库中定义的用户 ID 和密码，而不是 Windows 登录凭证。

下面代码段中的连接字符串连接了 Access 2003 数据库。

```
string strConnectionString = "Provider = Microsoft.Jet.OLEDB.4.0; Data Source = C:\\test\\
stuinfo.mdb";
OleDbConnection objConnection = new OleDbConnection(strConnectionString);
objConnection.Open();              //用 Open 方法打开数据库
        …
objConnection.Close();             //用 Close 方法关闭数据库
```

注意：Data Source 参数指定了要连接的数据库的完整路径和名称。由于 Data Source 包含了数据库的所有信息，所以省略了 Database 参数。另外 User ID 和 Password 参数也省略了，说明这个 Access 数据库不使用数据库密码。如果 Access 数据库使用密码，一般应指定 Admin 的用户 ID。

2. 使用 SqlConnection 类连接 SQL Server 数据库

SqlConnection 类的连接字符串包含如下常用参数：

- Data Source——指定 SQL Server 数据库所在计算机名称或 IP。
- Initial Catalog——指定连接的 SQL Server 数据库的名称。
- User ID、Password(或 Pwd)——指定用户名和数据库的有效账户密码。

下面代码段中的连接字符串连接了 SQL Server 数据库。

```
string strConnection = "Data source = zzti ; User ID = sa; Initial Catalog = stumanage ";
SqlConnection MyConnection = new SqlConnection(strconnection);
MyConnection.Open();              //用 Open 方法打开数据库
//…
MyConnection.Close();             //用 Close 方法关闭数据库
```

注意：其中 zzti 为机器名，本机则可用 localhost。

8.3.2 使用 Command 对象执行数据库操作

对数据库执行命令操作，如进行数据的查询、修改、添加、删除等，可使用 Command 对象。Command 对象的常用属性有：

(1) CommandType 属性——用来设置 Command 对象要执行的命令类型，即 SQL 语句、数据表名称和存储过程中的一种。

(2) CommandText 属性——用来设置要对数据库执行的 SQL 语句、数据表名称或存储过程名。

(3) Connection 属性——用来设置要通过哪个 Connection 对象执行命令。

假如在 SQL Server 中已建立了一个名为 stumanage 的数据库，其中包含了三个数据表：stuinfo、classinfo 和 scores。其中 stuinfo 数据表的基本结构如表 8-5 所示。

表 8-5 stuinfo 表字段格式设置

字 段 名	数据类型	字段大小	说 明
id	char	12	学号，主键，不允许空
name	char	10	姓名
sex	char	2	性别
rx_score	int	4	入学成绩
class	char	20	班级
photo	image	16	学生图像

在下面的代码中使用 SqlCommand 类检索 Stuinfo 表中的姓名、学号、入学成绩字段。

```
string strSQL = "Select Name,ID,rx_Score From Stuinfo";
SqlCommand MyCommand = new SqlCommand(strSQL, MyConnection);
```

也可以写成：

```
SqlCommand Mycommand = new SqlCommand(); //定义一个 Command 对象
Mycommand.Connection = MyConnection;
Mycommand.CommandText = "Select Name,ID,rx_Score From Stuinfo";
```

通过设置 Command 对象的 CommandText 属性来指定对数据库的操作(SQL 语句可以是查询、添加、删除和修改等)。

还有一种更简单的方法：

```
SqlCommand Mycommand = new SqlCommand("Select Name,ID,rx_Score From Stuinfo", MyConnection);
```

还可以使用 Command 中的 Parameters 集合把参数传送给 SQL 语句和存储过程。

说明：如果使用 SqlCommand 类对数据库进行插入、修改、删除等更新操作时，需要使用相应的 SQL 语句创建 Command 对象，然后执行 ExecuteNonQuery() 方法即可。例如：删除姓名为“王子明”的学生记录。

```
string strSQL = "delete from stuinfo where 姓名 = '王子明'";
//建立 Command 对象
SqlCommand MyCommand = new SqlCommand(strSQL,MyConnection);
num = command.ExecuteNonQuery()        //执行 SQL 命令
```

8.3.3 DataReader 对象

使用 Connection 对象和 Command 对象与数据库连接并交互后，可以使用 DataReader 对象在联机模式下访问数据。

DataReader 对象从数据库中检索出只读、只进的数据流，也就是说，DataReader 对象只能从头到尾读取数据，在当前内存中每次只存一条记录，而不能再回过头去重新读取一次，适合于只需返回一个简单的只读记录集的情况。该对象并不能把数据库查询的结果当成一个整体来处理，比如，不能在 DataReader 中排序、过滤、获取记录总数。DataReader 必须自始至终维持着对数据库的连接。

Datareader 对象常用方法为 Read，用于从查询结果中获取记录行。

若使用 SQL Server，那么 DataReader 对象对应的是 OleDbDataReader。OleDbDataReader 对象没有任何构造函数，只能通过调用 OleDbCommand 对象的 ExecuteReader 方法来创建 OleDbDataReader 对象。

1. DataReader 对象的常用属性

(1) FieldCount 属性：获取当前行中的列数。如果未放在有效的记录集中，则为 0；否则为当前行中的列数。默认值为－1。

(2) DataReader 对象[i]或 DataReader 对象["列名"]属性：获取列的值。

2. DataReader 对象的常用方法

1) Read()方法

格式如下：

```
public bool Read();
```

使 DataReader 对象所获取的记录集的当前记录指针前进一个记录行。如果还有记录，则为 True；否则为 False。

说明：DataReader 对象的默认位置在第一条记录前面。因此，必须调用 Read 来开始访问指定记录中的数据。

2) Close()方法

关闭 DataReader 对象。

3) Get *** ()方法

格式如下：

```
pulbic *** Get *** (int ordinal);
```

功能是从参数 ordinal 指定的列中读取数据，读取的数据类型由"***"指定。"***"通常是某种数据类型说明符，如 Byte、Int32、String 等，表示要读取的列的类型。参数 ordinal 表示从 0 开始的列的序号。

4) NextResult()方法

该方法用来读取下一个数据集，其格式为：

```
public bool NextResult();
```

其功能是当读取处理 SQL 语句的结果时，使数据读取器前进到下一个结果。如果存在多个结果集,则方法的返回值为 true,否则返回值为 false。默认情况下,数据读取器定位在第一项结果上。

例如下面代码段实现读取 Stuinfo 表中信息显示在屏幕上。


```
string strConnection = "Data source = zzti;User ID = sa;Initial Catalog = stumanage";
SqlConnection MyConnection = new SqlConnection(strConnection);
MyConnection.Open();              //用 Open 方法打开数据库
string strSQL = "Select Name,ID,rx_Score From Stuinfo";
SqlCommand MyCommand = new SqlCommand(strSQL, MyConnection);
SqlDataReader MyReader = MyCommand.ExecuteReader();
while (MyReader.Read())
{
    //Name,ID,rx_Score 分别为 Stuinfo 表中字段,保存姓名、学号和入学成绩信息
    Console.WriteLine(Convert.ToString(MyReader["Name"]) +
        Convert.ToString(MyReader["ID"]) +
        Convert.ToString(MyReader["rx_Score"]));
}
MyReader.Close();
```

说明:

(1) 第五行代码为 DataReader 声明一个对象,并使用 Command 对象的 ExecuteReader 方法设置它。在设置好 DataReader 对象后,就可以开始使用 Read 方法读取数据了。

(2) 下一行代码建立了一个 While 循环,从数据库中读取记录。每次执行 DataReader 的 Read 方法时,都从数据库中检索下一个数据行。使用 DataReader 对象的 Item 属性,可以访问在 SQL SELECT 语句中指定的列值。上面的代码把从 Stuinfo 表中选择出来的每个学生的姓名、学号、入学成绩写入输出至窗口。

(3) 读取完所有的记录后,就应使用 Close 方法关闭 DataReader,这会释放 DataReader 占用的资源,允许打开的数据库连接用于另一个操作或关闭。

【例 8-1】 编写一个 Windows 应用程序,利用 DataReader 对象从 stumanage 数据库中的数据表 stuinfo 中读取所有男生的数据,并显示到 ListBox 控件中。

(1) 新建一个 Windows 应用程序,然后向设计窗体中添加一个 ListBox 控件,一个 Label 控件,其 Text 属性为“学生基本信息”,还有一个 Button 按钮,其 Text 属性为“顺序读取”。

(2) 添加名称空间引用。

```
using System.Data.SqlClient;
```

(3) 添加 button1_Click 事件。

```
private void button1_Click(object sender, System.EventArgs e)
{
    string str = "Data source = zzti;User ID = sa;Initial Catalog = stumanage";
    string sqlstr = "select * from stuinfo where sex = '男'";
    string strRow = "";              //用该字符串变量存放把数据集中读取的数据转换成的字符串
    SqlConnection con = new SqlConnection(str);     //创建连接对象
    con.Open();              //打开连接
```

```
    SqlCommand cmd = new SqlCommand(sqlstr,con);      //创建 command 对象
    //cmd.Connection = con;                //通过 con 连接对象操作数据库
    //cmd.CommandType = CommandType.Text;      //设置命令类型
    //cmd.CommandText = sqlstr;            //设置要执行的命令
    SqlDataReader dr = cmd.ExecuteReader();       //执行 SELECT 命令得到男生数据集
    while(dr.Read())                      //循环读取数据集中的每一条记录的数据
    {
        strRow = dr.GetString(0);         //读取 stu_id 列的值
        strRow = strRow + " : " + dr.GetString(1) + " ";
        strRow = strRow + dr.GetString(2) + " ";
        strRow = strRow + Convert.ToString(dr.GetInt32(3)) + " ";
        strRow = strRow + dr.GetString(4) + " ";
        //把当前行的数据连接到 ListBox 控件中
        this.listBox1.Items.Add(strRow);
    }
    dr.Close();                           //关闭顺序数据集
    con.Close();                          //关闭连接
}
```

请注意，代码在读取结果集第一行之前调用了Read方法，这是由于该行会在调用ExecuteReader之后立即变为不可用。这也就表现了与过去的对象模型（如ADO等）的一个不同之处。Command对象所返回的DataReader要直到您调用Read方法时才会使数据的第一行可用。

结果显示如图8-4所示。

图8-4 例8-1运行结果

如果返回的是多个结果集，DataReader会提供NextResult方法来按顺序循环访问这些结果集。NextResult方法与Read方法的共同之处在于它们都会返回一个Boolean（布尔）值，通过该值指出是否有着更多的结果。但它与Read方法还有着不同，那就是无法在最初调用该方法。

以下示例显示SqlDataReader如何使用ExecuteReader方法处理两个SELECT语句的结果。

```
...
con.Open();
string SqlStr = "select stu_id,stu_name from stuinfo;" + " select stu_id ,english_scores from
scores;";
SqlCommand cmd  =  new SqlCommand(SqlStr,con);
SqlDataReader myReader  =  cmd.ExecuteReader();
do
{
   while (myReader.Read())
        Console.WriteLine(myReader[0] + "-" +  myReader[1]);
```

```
        Console.WriteLine();
}while(myReader.NextResult());
myReader.Close();
conn.Close();        //关闭数据库连接
```


8.3.4 DataSet 对象

DataSet(数据集)对象是实现在脱机模式下操作数据库的核心。DataSet不依赖于数据源(如数据库),而独立存在于内存中,可以把DataSet想象成内存中的数据库,DataSet对象中数据采用XML格式表示,借助XML可以描述具有复杂关系的数据,这使得采用DataSet对象能够容纳相互之间具有复杂关系的数据。因此一个DataSet除了可以包含任意数目的表,每个表一般对应于一个数据库表或视图之外,一个DataSet还可以包含表间关系、数据约束等,所有这些和关系数据库模型基本一致,所以无论它包含的数据来自什么数据源,都会提供一致的关系编程模型。

1. DataSet 和 DataTable 对象

DataSet对象包含了一组DataTable对象和DataRelation对象。DataTable对象用于存储数据,由数据行(列)、主关键字、外关键字、约束等组成。DataRelation对象中存储各DataTable之间的关系,如图8-5所示。

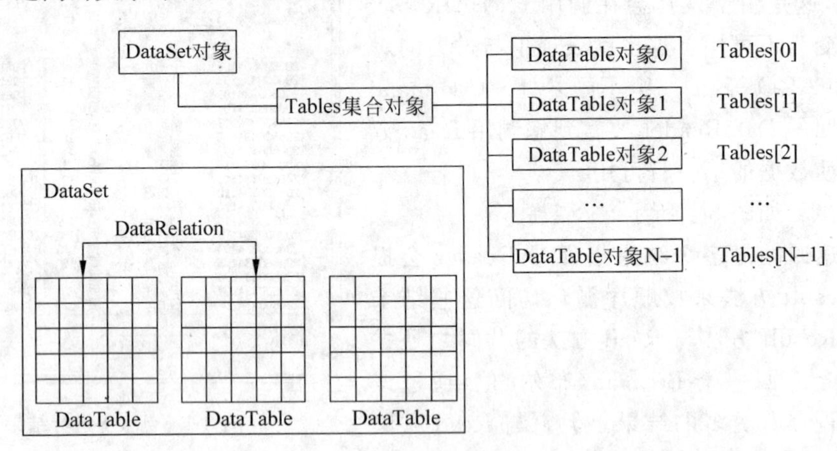

图8-5 DataSet对象的组成及Tables集合对象图

所有的DataTable对象的集合为Tables集合的对象,该集合对象的类型为DataTableCollection类。在该集合中,每个DataTable可以用Tables[i]或Tables["表名"]来表示某个DataTable,其中,i表示从0开始的序号。

所有的DataRelation对象组成一个集合对象Relations,该集合对象的类型为DataRelation- Collection类。在该集合中,每个DataRelation可以用Relations[i]来表示某个DataRelation,每个DataRelation对象属性于DataRelation类类型。

DataTable对象是DataSet的最重要的对象之一。每一个DataTable就像一个普通的关系数据库中的表,包含列和行,由DataRow对象所组成的Rows集合和由DataColumn对象所组成的Columns集合构成。其中,DataRow对象代表DataTable表中的一行数据,DataColumn对象代表DataRow中的一列数据。每个表格间的关联是通过DataRelation对象来建立的。

整个 DataTable 对象的组成结构如图 8-6 所示。在 DataTable 中所有的行组成了 Rows 集合对象，该集合类型为 DataRowCollection 类，在该集合中，每行用 Rows[i]表示，其中 i 表示由 0 开始的序号。在 DataTable 中所有的列组成了 Columns 集合对象，该集合类型为 DataColumnCollection 类，在该集合中，每列用 Columns[i]或 Column["列名"]表示，其中 i 表示由 0 开始的序号。

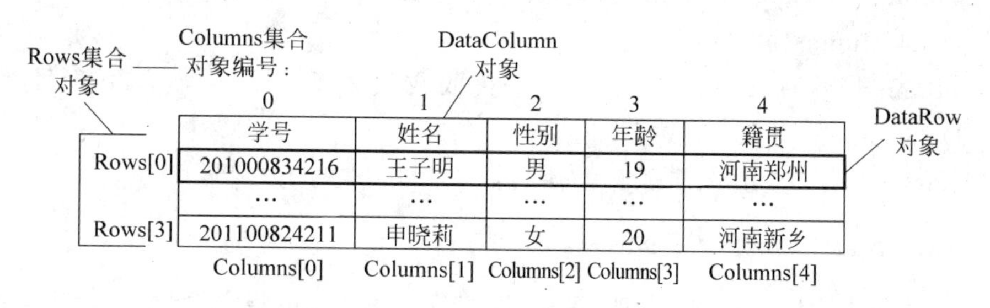

图 8-6　DataTable 对象的组成示意图

2. DataSet 对象的常用属性及方法

DataSet 对象的常用属性为 Tables 属性，该属性的类型为 DataTableCollection。其主要功能是获取 DataSet 中的所有数据表(DataTable)的集合。

1) Tables 属性的子属性

(1) Tables. Count 子属性：用于获取 DataSet 集合中所有 DataTable 对象的个数。

(2) Tables[i]或 Tables["表名"]：用于获取 DataSet 集合中序号为 i 或者“表名”表示的某个 DataTable 对象，编号 i 从 0 开始。

(3) Tables[i]. TableName：获取序号为 i 的 DataTable 的表名。

2) Tables 属性的常用方法

(1) Tables. Add()方法

将指定的 DataTable 添加到当前集合中，其常用方法为：

```
public void Add (DataTable table)
```

(2) Tables. Clear()方法

格式如下：

```
public void Clear()
```

清除所有 DataTable 对象的集合。

(3) Tables. Remove()方法

从集合中删除 DataTable 对象，其常用方法为：

```
public void Remove (String name)
```

参数 name 为指定的 DataTable 对象。

3. DataTable 对象

DataTable 对象表示 DataSet 中的表。DataTable 对象可通过使用 DataAdapter 对象的 Fill 方法或 FillSchema 方法在 DataSet 内创建。DataTable 对象的常用属性及方法

如下：

(1) Columns属性用于获取DataTable中的所有列(DataColumn对象)的集合，它有以下常用子属性和方法：

- Columns.Count子属性——获取Columns集合中所有列(DataColumn对象)的个数。
- Columns[i].ColumnName子属性——获取或设置Columns集合中序号为i的列(DataColumn对象)的列名。
- Columns[i].DataType子属性——获取或设置Columns集合中序号为i的列(DataColumn对象)的数据类型。
- Columns.Add()方法，其常用方法为：

```
Public DataColumn Add (String columnName, Type type)
```

向当前数据表中增加一列，该列的列名是由columnName指定，类型由参数type指定。

- Columns.Clear()方法

格式如下：

```
Public void Clear()
```

清除当前数据表中的所有列。

- Columns.Remove()方法，其常用方法为：

```
Public void Remove (String name)
```

从当前数据表中删除一列，该列名由参数name指定。

(2) Rows属性用于获取DataTable中的所有行(DataRow对象)的集合，它有以下常用子属性和方法：

- Rows.Count子属性——获取Rows集合中所有行(DataRow对象)的个数。
- Rows[i][j]或Rows[i]["列名"]子属性——获取或设置Columns集合中行(DataRow对象)序号为i的列(DataColumn对象)序号为j的字段值。
- Rows.Add()方法，其常用方法为：

```
public void Add (DataRow row)
```

向当前数据表中增加一行，该行由参数row指定。

(3) Rows.Clear()方法

格式如下：

```
public void Clear()
```

清除当前数据表中的所有行。

(4) Rows.Remove()方法，其常用方法为：

```
public void Remove (DataRow row)
```

从当前数据表中删除一行，该行由参数row指定。

4. DataSet 对象使用实例

【例 8-2】 在脱机模式下，利用 DataSet 对象实现例 8-1 的功能。

编写按钮事件代码：

```
using System.Data.SqlClient;                                    //引入命名空间
private void button1_Click(object sender, System.EventArgs e)
{
    string str = "data source = zzti;user id = sa;Initial Catalog = stumanage";
    string sqlstr = "select * from stuinfo where sex = '男'";
    string strRow;                   //用该字符串变量存放把数据集中读取的数据转换成的字符串
    SqlConnection con = new SqlConnection(str);         //创建连接对象
    int recCount, colCount;                             //定义整型变量表示记录总数及列数
    con.Open();                                         //打开连接
   SqlDataAdapter da = new SqlDataAdapter(sqlstr,con);     //创建 DataAdapter 对象
    DataSet ds = new DataSet();                         //创建 DataSet 对象
    da.Fill(ds,"stuinfo");
    recCount = ds.Tables[0].Rows.Count;                 //获取当前数据库表中的记录总行数
    colCount = ds.Tables[0].Columns.Count;              //获取当前数据库表中的列数
    for(int i = 0;i < recCount;i++)                     //循环读取数据集中的每一条记录的数据
    {
        strRow = "";
        strRow = ds.Tables[0].Rows[i][0] + " : ";       //读取 id 列的值
        for(int j = 1;j < colCount;j++)       //读取每条记录中各个字段的值
            strRow = strRow + ds.Tables[0].Rows[i][j];
        //把当前行的数据连接到 ListBox 控件中
        this.listBox1.Items.Add(strRow);
    }
     con.Close();                                       //关闭连接
}
```

8.3.5 DataView 对象

在将查询结果置于 DataTable 对象中之后，就可以使用 DataView 对象以不同方式查看数据。如果希望根据某一列对 DataTable 对象的内容进行排序，只要将 DataView 的 Sort 属性设置为该列的名称即可。还可以设置 DataView 的 Filter 属性，使得只有符合特定标准的行可见。

8.3.6 DataAdapter 对象

DataAdapter 是数据提供程序的一个对象。不同版本的 DataAdapter 对象功能相同，这里介绍 SQL Server 的 DataAdapter 类。SqlDataAdapter 对象用于结合 SqlConnection 对象和 SqlCommand 对象，从数据库中检索数据，填充到 DataSet 对象中，或使用 DataSet 对象插入、更新和删除数据库中的数据。

下面的代码在 DataAdapter 的构造函数中使用前面例子中的 Command 对象，并使用学生信息表(Stuinfo)填充 DataSet 中的 DataTable。

```
SqlDataAdapter MyDataAdapter = new SqlDataAdapter(MyCommand);
DataSet MyDataSet = new DataSet();
MyDataAdapter.Fill(MyDataSet, "Stuinfo");
```


说明：

(1) 第二行代码声明一个表示 DataSet 类的新对象。注意 DataSet 是独立于提供程序的，因为它不带 ODBC、OLE DB、SQL 或 Oracle 前缀。

(2) 初始化 DataAdapter 和 DataSet 对象后，要从数据库中检索数据，并填充 DataSet 对象。使用 DataAdapter 的 Fill 方法来完成填充工作。该方法指定了表示 DataSet 的对象和一个表名，当要把多个表添加到 DataSet 对象中时，要使用该表名进行表映射。每一个 Fill 操作在 DataSet 中创建一个表，也可以定义表之间的关系。

(3) 给 DataSet 对象填充数据后，DataAdapter 的工作就完成了。另外，如果不进行更多的数据库操作，应关闭数据库连接，对该连接调用 Close 方法。

DataAdapter 另一个常用的构造函数把 SQL 语句直接传送给 DataAdapter，而不使用 Command 对象，如下面的代码所示。在这个构造函数中，传送了字符串变量和表示数据库连接的对象。

```
string strSQL = "SELECT Name FROM Stuinfo";
SqlDataAdapter MyDataAdapter = new SqlDataAdapter(strSQL, MyConnection);
DataSet MyDataSet = new DataSet();
MyDataAdapter.Fill(MyDataSet, "Stuinfo");
```

上例中把 SQL 语句直接传送给 DataAdapter，而不使用 Command 对象。

掌握 ADO.NET 中各种对象的概念和操作方法，就可以进行数据库开发了。

8.4 使用 ADO.NET 对数据库进行操作

使用 ADO.NET 对数据库进行操作的方法有两种：一是在保持连接的方式下进行数据操作；另一种方法是在无状态方式下进行数据操作。

8.4.1 在保持连接的方式下进行数据操作

采用编写代码进行操作的方式有两种：一种是在保持连接的方式下利用 SqlCommand 执行 SQL 命令，另一种是在无状态(脱机)方式下进行数据操作。在保持连接的方式下操作数据库的步骤为：

(1) 创建 SqlConnection 的实例。

(2) 创建 SqlCommand 的实例。

(3) 打开连接。

(4) 执行命令。

(5) 关闭连接。

在这种方式下，主要使用 SqlCommand 类提供的方法返回 SQL 语句执行的结果，

SqlCommand 和 OleDbCommand 类提供了如下对数据库操作的方法：

- ExecuteNonQuery()——该方法一般用于 UPDATE、INSERT 或 DELETE 语句，它不返回表的结果，而是返回操作所影响的行数。如果想用 SELECT 语句得到表中的记录数，可以使用 ExectureScaler()方法。
- ExecuteReader()——该方法根据使用的提供者返回一个 SqlDataReader 对象，用户可以对返回的对象使用 Reader()方法循环对记录中的各字段(列)进行读取。DataReader 提供了只向前的快速读取数据库中数据的方法。如果只是为了读出数据库中的内容，最好使用这种方法。
- ExecuteScaler()——该方法用于执行结果为一个值的情况，比如使用 COUNT(*)求表中记录个数或者求服务器的当前日期/时间等。

注意：上面介绍的只针对 SQL Server 数据库，而其他数据库操作的步骤类似。

【例 8-3】 在 Windows 应用程序中，使用 Label 控件，显示 stumanage 数据库中 stuinfo 数据表的前三列内容。

(1) 新建一个 Windows 应用程序，然后向设计窗体中添加 2 个 Label 控件，其中 Label 1 的 Text 属性为“学生基本信息”。

(2) 切换到代码方式，添加名称空间引用。

```
using System.Data.SqlClient;
```

(3) 修改构造函数代码为如下内容：

```
public Form1()
{
    InitializeComponent();
    //TODO: 在 InitializeComponent 调用后添加任何构造函数代码
    string strRow = "";
    this.label2.Text = "";
    string sqlstr = "select * from stuinfo";
    string str = "server = (local);Integrated Security = SSPI;database = stumanage";
    SqlConnection con = new SqlConnection(str);
    con.Open();
    SqlCommand cmd = new SqlCommand(sqlstr,con);
    SqlDataReader dr = cmd.ExecuteReader();
    while(dr.Read())
    {
        strRow = dr.GetString(0);                        //读取 stu_id 列的值
        strRow = strRow + " : " + dr.GetString(1);   //读取 stu_name 列的值
        strRow = strRow + " " + dr.GetString(2);      //读取 sex 列的值
        label2.Text = this.label2.Text + strRow + (char)10 + (char)13;
    }
    dr.Close();
    con.Close();
}
```

(4) 按 F5 键查看结果，如图 8-7 所示。

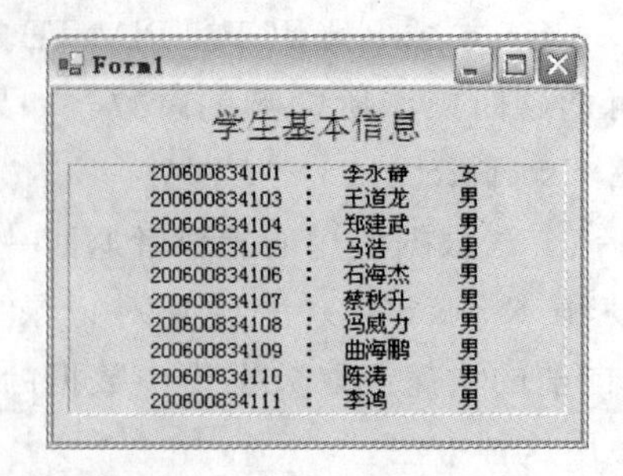

图 8-7　显示 stuinfo 数据表的前三列内容

8.4.2　在无状态(脱机)方式下进行数据操作

这种对数据库操作的方式是利用 SqlDataAdapter 的 Fill 方法将数据表填充到客户端 DataSet 数据集中，填充后与 SQL 服务器的连接就断开了，然后可以在客户端对 DataSet 中的数据表进行浏览、插入、修改、删除等操作。操作完成后，如果需要更新数据库，再利用 SqlDataAdapter 的 Update 方法把 DataSet 中数据表处理的结果更新到 SQL Server 数据库中。这种连接方式称为“无状态的”，一般用于对数据表进行复杂操作或者需要较长时间交互式处理的场合。使用这种方式操作数据库的步骤如下：

(1) 创建 SqlConnection 的实例。

(2) 创建 SqlDataAdapter 的实例。

(3) 创建 DataSet 实例。

(4) 将数据库中的表填充到 DataSet 中。

(5) 利用 DataGridView 控件进行操作。

(6) 根据需要，操作结果可以更新 SQL Server 数据库。

对于 Access 数据库操作步骤相同，如果读取 Access 数据库，把上述代码中所有声明的对象 Sql××变为 OleDb××就可以解决了。

【例 8-4】 编写一个 Windows 应用程序，利用 DataGridView 控件编辑 stumanage 数据库中的 stuinfo 数据表。

(1) 创建一个 Windows 应用程序，向窗体上拖放一个 DataGridView 控件，调整为适当大小，拖放一个 Label 控件，其 Text 属性为“学生基本信息”。

(2) 添加名称空间引用。

```
using System.Data.SqlClient;
```

(3) 在 Class 中添加类一级的变量声明：

```
private SqlDataAdapter adapter;
private DataSet ds;
```

(4) 在构造函数中添加处理代码：

```
public Form1()
{
```

```
        InitializeComponent();
        //TODO: 在 InitializeComponent 调用后添加任何构造函数代码
    string str = "Data source = zzti;User ID = sa;Initial Catalog = stumanage";
        SqlConnection con = new SqlConnection(str);
        string sqlstr = "select * from scores";
        adapter = new SqlDataAdapter(sqlstr,con);
        SqlCommandBuilder builder = new SqlCommandBuilder(adapter);
        adapter.InsertCommand = builder.GetInsertCommand();
        adapter.DeleteCommand = builder.GetDeleteCommand();
        adapter.UpdateCommand = builder.GetUpdateCommand();
        ds = new DataSet();
        adapter.Fill(ds,"scores");
        dataGridView1.DataSource = ds.Tables["scores"];
}
```

代码中使用"dataGridView1.DataSource = ds.Tables["scores"];"语句指定DataGridView控件的数据源。但是要注意，如果在运行时更改数据源，必须使用DataGridView控件的SetDataBinding方法，不能直接重新指定DataSource，否则将引起运行时错误。

(5) 添加关闭窗体前触发的事件：

```
private void Form1_Closing(object sender, CancelEventArgs e)
{
    if(ds.HasChanges())
    {
        DialogResult result = MessageBox.Show("数据尚未保存,保存所做的修改吗?","提
示", MessageBoxButtons.YesNoCancel);
        switch(result)
        {
            case DialogResult.Yes:
                try{
                    this.adapter.Update(ds,"scores");
                    e.Cancel = false;
                }
                catch(Exception err){
                    MessageBox.Show(err.Message,"错误",
                        MessageBoxButtons.OK, MessageBoxIcon.Error);
                    e.Cancel = true;
                }
                break;
            case DialogResult.No :
                e.Cancel = false;
                break;
            case DialogResult.Cancel:
                e.Cancel = true;
                break;
        }
    }
}
```

用户退出窗体前，代码先判断是否对数据表进行了改动，如果未作改动，直接退出；否则让用户选择处理方式。其中使用了事件传递的 e 参数，e.Cancel 设置为 true 表示不退出窗体，否则退出窗体。

(6) 按 F5 键查看运行结果如图 8-8 所示。

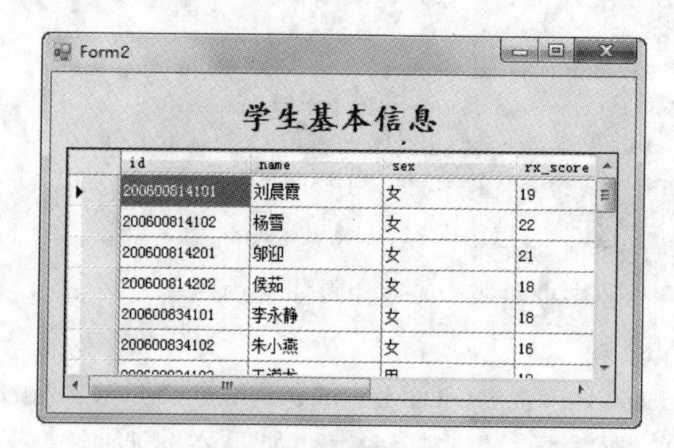

图 8-8　例 8-4 显示结果

通过对表中的一些记录进行添加、修改、删除，然后退出窗体，观察结果。

8.4.3　数据绑定

数据绑定指的是数据提供程序和数据使用者之间的一种关系。在 Visual Basic.NET 控件中，许多控件不仅可以绑定到传统的数据源，还可以绑定到几乎所有包含数据的结构。使用最多的是把控件的显示属性(如 Text 属性)与数据源绑定在一起，也可以把控件的所有其他属性与数据源进行绑定，从而可以通过绑定的数据设置控件的属性。

数据绑定有两种类型：简单数据绑定和复杂数据绑定。

1. 简单数据绑定

简单数据绑定通常是将控件绑定到数据表的某一个字段上，支持简单绑定的控件主要有 TextBox 控件、Label 控件等只显示单个值的控件。

任何控件都有 DataBindings 属性，通过该属性的 Add 方法来把控件和某个数据对象进行绑定。从而使简单控件显示数据集 DataSet 中某个表的某个字段的数据。其语法格式为：

```
控件对象名.DataBindings.Add("控件属性名",数据源,"数据成员")
```

其中："控件对象名"是指绑定控件对象的名称；"数据源"是某个 DataSet、DataTable 等；"数据成员"是指数据源中的某个字段的名称。

例如：将数据集 ds 中 stuinfo 数据表的 name 字段与 TextBox1 文本框的 Text 属性进行数据绑定，可以使用如下语句：

```
textBox1.DataBindings.Add("Text",ds,"stuinfo.name");
```

【例 8-5】　编写一个 Windows 应用程序，利用 TextBox 控件显示 stumanage 数据库中的 stuinfo 数据表的姓名和性别信息。

(1) 创建一个 Windows 应用程序，向窗体上拖放两个 Label 控件，调整为适当大小，拖放两个 TextBox 控件和一个 Button 控件，其 Text 属性为“TextBox 的数据绑定”。

(2) 添加名称空间引用。

```
using System.Data.SqlClient;
```

(3) 在 Button1 按钮的 Click 事件中添加处理代码：

```
private void button1_Click(object sender, EventArgs e)
{
    String str =  "data source = zzti;user id = sa;Initial Catalog = stumanage";
    string sqlstr = "select * from stuinfo";
    SqlConnection con = new SqlConnection(str);                   //创建连接对象
    con.Open();                                                   //打开连接
    SqlDataAdapter da = new SqlDataAdapter(sqlstr,con);           //创建 DataAdapter 对象
    DataSet ds = new DataSet();                                   //创建 DataSet 对象
    da.Fill(ds, "stuinfo");
    textBox1.DataBindings.Clear();                                //清除绑定
    textBox2.DataBindings.Clear();
    textBox1.DataBindings.Add("text", ds, "stuinfo.name"); //将控件绑定到 name 字段
    textBox2.DataBindings.Add("text", ds, "stuinfo.sex");
    con.Close();                                                  //关闭连接
}
```

在绑定前，用“textbox1.DataBindings.Clear();”来清除原来的绑定，这样可以防止多次单击按钮时出现“导致集合中的两个绑定绑定到同一个属性”的错误。至于 Label 控件与 TextBox 控件的操作方法是完全一样的。

(4) 按 F5 键查看运行结果如图 8-9 所示。

由于 ComboBox 控件只能显示数据表中的一列数据，因此，与 DataGridView 控件的数据绑定的有所区别，必须利用 DataSource 和 DisplayMember 两个属性进行设置，而 DataGridView 控件则两种设置方式都适用。ListBox 的绑定方式与 ComboBox 控件相同。

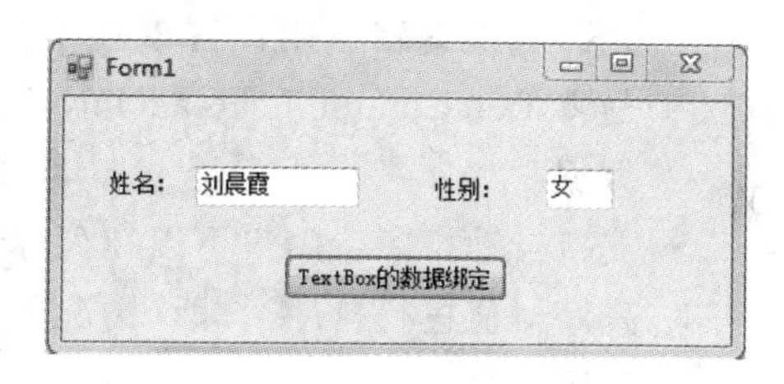

图 8-9　例 8-5 显示结果

2. 复杂数据绑定

复杂数据绑定指将一个控件绑定到多个数据元素的能力，通常是绑定到数据库中的多条记录。支持复杂绑定的控件有 DataGridView 控件、ListBox 控件、ComboxBox 控件等显示多个值的控件。

通常要显示数据库中的数据，基本方法就是通过表格的方式来显示。例如 Access、SQL Server 等就是用这种方式显示数据的。在 Visual Studio 2010 中的 DataGridView 控件(以前的版本为 DataGrid 控件)就提供了这样的功能。只需要将 DataGridView 控件和 DataSet 绑定，将 DataMember 属性设置为 DataSet 中某个数据表的表名即可。绑定以后 DataGridView 就会反映 DataSet 的变化，同时在 DataGridView 中所做的修改也会反映到 DataSet 中。其格式为：

```
DataGridView 控件名.DataSource = 数据源
```

```
DataGridView 控件名.DataMember = 数据成员(数据表名)
```

其中,"数据源"是某个 DataSet、DataView 或 DataTable 等;"数据成员"是指要绑定的数据表的表名。如果数据源是 DataTable,则 DataMember 可以不设置。

例如:将数据集 ds 中 stuinfo 数据表与 DataGridView1 控件进行数据绑定,可以使用如下语句:

```
DataGridView1.DataSource = ds
DataGridView1.DisplayMember = "stuinfo"
```

或者使用下面的一条语句:

```
DataGridView1.DataSource = ds.Tables["stuinfo"]
```

或

```
DataGridView1.DataSource = ds.Tables["stuinfo"].DefaultView
```

在设计器中添加 DataGridView 控件的操作过程也很简单。直接将 DataGridView 控件拖放到窗体上即可。可根据向导为 DataGridView 控件选择数据源,没有预先设定好的数据源可以根据向导新建一个数据源。与使用 DataGrid 控件相同,系统为 DataGridView 控件绑定到数据集的同时,自动生成该数据连接的数据集、BindingSource 和表适配器。添加一个数据源后,可以在"DataGridView 任务"窗口中编辑列、添加列、添加查询及预览数据。

通过向导创建的 DataGridView 对象,还包括几个值得注意的默认行为。

- 允许就地编辑。用户可以在单元格中双击或按 F2 键来修改当前值。唯一的例外是将 DataColummn. ReadOnly 设置为 True 的字段。也可以添加新的行和新的数据。
- 支持自动排序。用户可以在列标题中单击一次或两次,基于该字段中的值按升序或降序对值进行排序。默认情况下,排序时会考虑数据类型并按字母或数字顺序进行排序。字母顺序区分大小写。
- 允许不同类型的选择。用户可以通过单击并拖动来突出显示一个单元格、多个单元格或多个行。单击 DataGridView 左上角的方块可以选择整个表。
- 支持自动调整大小功能。用户可以在标题之间的列分隔符上双击,使左边的列自动按照单元格的内容展开或收缩。

【例 8-6】 编写一个按照姓名模糊查询的程序,程序使用的数据是 stumanage 数据库中的 stuinfo 表。程序的运行界面如图 8-10 所示。程序执行时,在文本框中输入姓名的前若干个字符,然后单击"查询"按钮,则在 DataGridView 控件中显示出满足条件的所有记录,在 ComboBox 控件中显示所有的班级。

(1) 程序设计的思路。

设计的思路是使用 DataGridView 控件显示被查询学生的信息。用户在文本框中输入被查询姓名的前若干个字符,生成查询字符串命令 str,从而产生相应数据集 ds。再使用 DataGridView 对象 DataSource 属性来绑定数据集 ds 中"stuinfo" DataTable 对象。

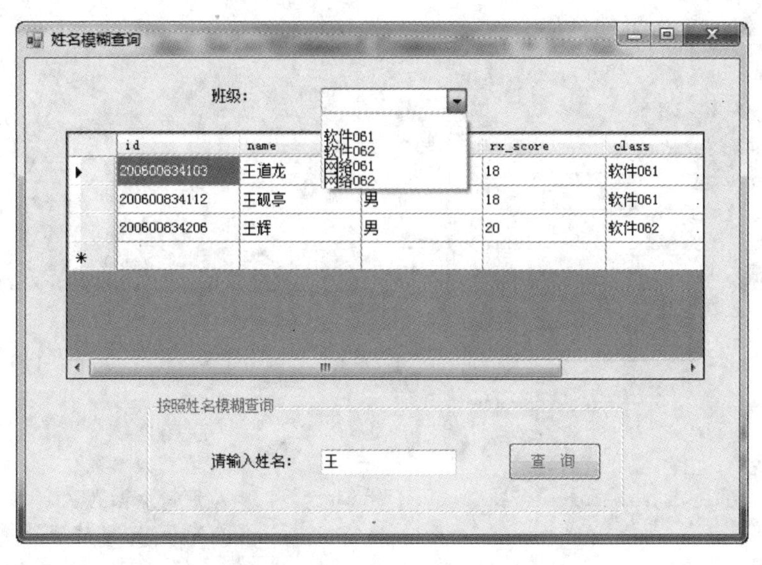

图 8-10　例 8-6 显示结果

(2) 设计应用程序界面。

新建一个 Windows 应用程序项目,在窗体上添加 1 个 DataGridView 控件显示学生信息、1 个文本框用于输入被查询学生姓名、1 个命令按钮控件、1 个 GroupBox 控件和 1 个 ComboBox 控件列出所有班级,并适当调整其大小和位置,根据程序界面设置各控件的主要属性。

(3) 导入命名空间。

```
using System.Data.SqlClient;
using System.Data;
```

(4) 创建数据库访问对象。

为了在程序中能访问同一个数据库,应当将数据访问代码书写在类中。

```
private SqlConnection con;            //定义 SqlConnection 对象
private SqlDataAdapter da1,da2;       //定义数据适配器对象
private DataSet ds;                   //定义 DataSet 对象
```

(5) 添加事件代码。

窗体加载事件代码:

```
String str = "data source = .zzti;user id = sa;Initial Catalog = stumanage";
string sqlstr1 = "select * from stuinfo";
con = new SqlConnection(str);                          //创建连接对象
con.Open();                                            //打开连接
da1 = new SqlDataAdapter(sqlstr1, con);                //创建 DataAdapter 对象
ds = new DataSet();                                    //创建 DataSet 对象
da1.Fill(ds, "stuinfo");                               //填充 DataSet 对象
dataGridView1.DataSource = ds.Tables["stuinfo"];       //与 stuinfo 表绑定
dispClass();                                           //调用 dispClass 函数
con.Close();                                           //关闭连接
```

"查询"按钮的单击事件代码：

```
try
{
    ds.Clear();
    string StrSQL = "SELECT * FROM stuinfo WHERE name LIKE '";
    StrSQL += this.textBox1.Text + "%'";
    da1.SelectCommand.CommandText = StrSQL;
    da1.SelectCommand.Connection = con;
    //打开数据库连接
    con.Open();
    //执行 SQL 命令
    da1.SelectCommand.ExecuteNonQuery();
    con.Close();                                          //关闭连接
    da1.Fill(this.ds, "stuinfo");                         //填充数据集
    dataGridView1.DataSource = ds.Tables["stuinfo"];      //连接数据表
    dispClass();                                          //调用 dispClass 函数
}
catch (Exception Err)
{
     MessageBox.Show("查询数据集记录失败：" + Err.Message, "信息提示",
                  MessageBoxButtons.OK, MessageBoxIcon.Information);
     if (con.State == ConnectionState.Open)               //如果打开了连接,则关闭它
     {
          con.Close();
     }
}
```

"显示班级信息"的 dispClass 函数代码：

```
private void dispClass()            //设置列表框显示班级
{
     string sqlstr2 = "select distinct class from stuinfo";
     da2 = new SqlDataAdapter(sqlstr2, con);
     da2.Fill(ds, "classinfo");
     comboBox1.DataSource = ds;
     comboBox1.DisplayMember = "classinfo.class";
}
```

窗体关闭事件代码：

```
private void Form1_FormClosed(object sender, FormClosedEventArgs e)
{
    //关闭程序
    //如果打开了连接,则关闭它
    if (oleDbConnection1.State == ConnectionState.Open)
    {
        oleDbConnection1.Close();
    }
}
```

按 F5 键查看运行结果见图 8-10 所示。

说明：在对字符数据进行查找时，SQL 可以使用操作符 like，同时还可以使用"_"或"%"来描述希望找到的字符数据的模式。"_"表示通配一个字符(或汉字)；"%"表示通配任意字符子串。

like 定义的格式为：<字段名> like <字符串常量>。其中<字段名>的数据类型必须为字符型。

部分匹配查询示例：

(1) 查询所有姓张的记录。

```
select Name from stuinfo where Name like "张%"
```

(2) 查询姓名 Name 中含"小"的记录。

```
select Name from stuinfo where Name like "_小_"
```

8.5 数据库中的图像存取

【例 8-7】 学生图像采集存储系统，存取 SQL Server 数据库 stumanage 中 stuinfo 数据表内的学生图像及学号等信息。运行效果如图 8-11 所示。在应用程序中保存学生图像信息 stuinfo 数据表字段格式如表 8-5 所示。

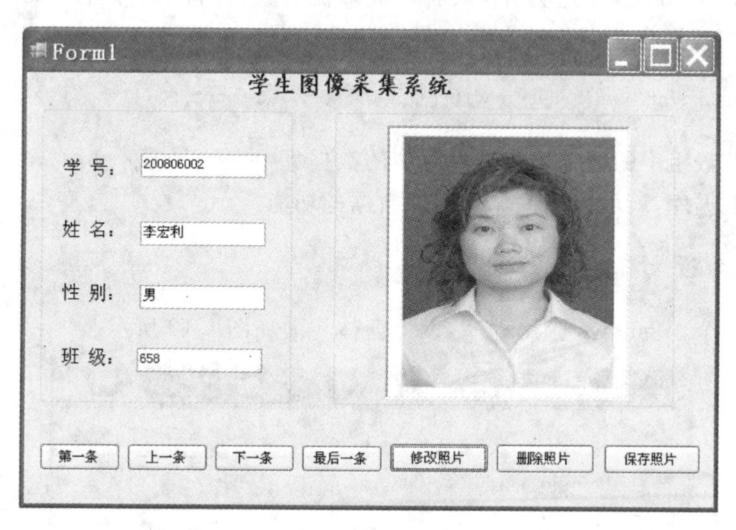

图 8-11 程序运行界面

8.5.1 关键技术

数据库中的图像存取

在数据库管理系统中，用 SQL Server 的 Image 数据类型可以保存图像数据，使得图片数据管理既方便又安全，但必须把图片类型转换成二进制数据，这对该类数据的使用带来了很大的难度。使用 Visual Basic.NET 提供的 MemoryStream 类来实现对图像数据的存取操作，在存储操作中把图像数据转换二进制流，而在显示图片时把二进制流转换成图像数据再放到图片框中。从而完成对 SQL Server 数据库中 Image 数据的保存及使用。

1）读取 image 类型的数据

读取 image 类型数据的方法可分为以下几步：

(1) 先使用无符号字节数组存放数据库对应的数据集中表的 image 类型字段的值。例如：

```
byte[] bytes = (byte[]) image 类型字段值
```

(2) 使用 MemoryStream 类，该类创建支持存储区为内存的流。即 MemoryStream 类创建的流以内存而不是磁盘或网络连接作为支持存储区。其构造函数为：

```
public MemoryStream(byte[] buffer);
```

(3) 使用 Bitmap 类，该类封装了 GDI+位图，此位图由图形图像的像素数据组成。Bitmap 对象是用于处理由像素数据定义的图像的对象。其构造函数为：

```
public Bitmap(Stream stream);
```

(4) 在窗体中利用 PictureBox 控件对象显示图像。

2）保存 image 类型的数据

保存 image 类型数据的方法也分为以下几步：

(1) 使用 Stream 类，首先从图像文件中获取流对象，再利用该类的 Read 方法从图像文件中读取二进制数据存入字节数组中。Read 方法为：

```
public abstract int Read(byte[] buffer, int offset, int count);
```

(2) 将字节数组中的值存入数据库对应的数据集中表的 image 字段。

(3) 更新数据库，就可以完成保存图像数据的功能。

8.5.2 程序设计的步骤

(1) 创建一个 Windows 应用程序，设计窗体界面如图 8-12 所示。

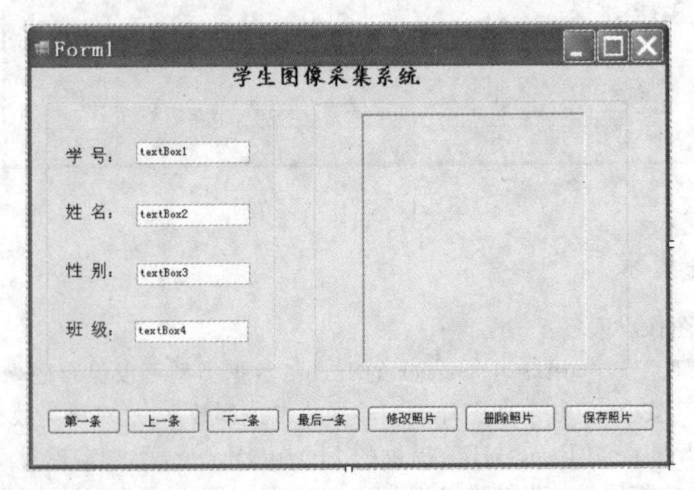

图 8-12 设计界面

(2) 添加命名空间引用。

```
using System.Data.SqlClient;
using System.IO;
```

(3) 添加字段声明。

```
private string constr = "server = (local);uid = sa;pwd = xmj;database = stumanage";
private SqlConnection con;
private SqlDataAdapter adapter;              //SqlDataAdapter 对象
private DataSet ds;                          //DataSet 对象
private BindingManagerBase myBind;           //BindingManagerBase 对象
private int n ;                              //表示记录的位置
```

(4) 编写事件代码。

添加窗体的装载事件代码。

```
private void Form1_Load(object sender, EventArgs e)
{
    string sqlstr = "select * from stuinfo";
    con = new SqlConnection(constr);
    adapter = new SqlDataAdapter(sqlstr, con);
    SqlCommandBuilder builder = new SqlCommandBuilder(adapter);
    adapter.UpdateCommand = builder.GetUpdateCommand();
    ds = new DataSet();
    adapter.Fill(ds, "stuinfo");
    myBind = this.BindingContext[ds, "stuinfo"];
    n = myBind.Position;
    //将 textbox1、textbox2、textbox3、textbox4 的 Text 属性
    //分别绑定到 dataset 中的 stuinfo 表的 id,name,sex,rx_score 字段上
    this.textBox1.DataBindings.Add(new Binding("Text", ds, "stuinfo.id"));
    this.textBox2.DataBindings.Add(new Binding("Text", ds, "stuinfo.name"));
    this.textBox3.DataBindings.Add(new Binding("Text", ds, "stuinfo.sex"));
    this.textBox4.DataBindings.Add(new Binding("Text", ds, "stuinfo.rx_score"));
    ShowImage();     //调用显示图片
}
```

添加调用方法 ShowImage,用于显示 image 字段的图像。

```
private void ShowImage()
{
    //释放占用空间
    if (this.pictureBox1.Image != null)
    {
        this.pictureBox1.Image.Dispose();
    }
    n = myBind.Position;
    //如果当前记录的图像字段不是 SQL Server 的空值,则显示图像
    //注意,在 C# 中用 convert.DBNull 表示 SQL Server 的空值 NULL
    if (ds.Tables[0].Rows[n][4] != Convert.DBNull)
    {
```

```
        //将数据集中表的 photo 字段值存入 bytes 字节数组中
        byte[] bytes = (byte[])ds.Tables[0].Rows[n][4];
        //利用字节数组产生 MemoryStream 对象
        MemoryStream memStream = new MemoryStream(bytes);
        //利用 MemoryStream 对象产生 Bitmap 位图对象
        Bitmap myImage = new Bitmap(memStream);
        //将 Bitmap 对象赋值给 pictureBox1 对象,显示图像
        this.pictureBox1.Image = myImage;
    }
    else
    {
        this.pictureBox1.Image = null;
    }
}
```

“修改照片”按钮根据用户的选择显示图像文件,生成字节数组,并赋值给数据集的表对应的 image 字段。

```
private void btnModify_Click(object sender, System.EventArgs e)
{
    //利用选择文件对话框选取图像文件
    OpenFileDialog openFile = new OpenFileDialog();
    openFile.Filter = "*.jpg;*.bmp;*.*|*.jpg;*.bmp;*.*";
    //如果用户选取了图像文件
    if (openFile.ShowDialog() == DialogResult.OK)
    {
        //产生 Stream 流对象
        Stream myStream = openFile.OpenFile();
        int length = (int)myStream.Length;
        //产生字节数组对象
        byte[] bytes = new byte[length];
        //读取图像文件,将数据放入字节数组中
        myStream.Read(bytes, 0, length);
        myStream.Close();
        //将字节数组中的值存放数据集的表对应的 image 字段
        ds.Tables[0].Rows[n][4] = bytes;
        //重新显示图像
        ShowImage();
    }
}
```

添加“删除照片”按钮单击事件代码如下:

```
private void btnDelete_Click(object sender, System.EventArgs e)
{
    ds.Tables[0].Rows[n][4] = Convert.DBNull;
    ShowImage();
}
```

“保存照片”按钮单击事件中更新数据库,代码如下:

```
private void btnSave_Click(object sender, System.EventArgs e)
{
    try
    {
        ds.Tables[0].Rows[n][0]  =  textBox1.Text;                    //学号
        ds.Tables[0].Rows[n][1]  =  textBox2.Text;                    //姓名
        ds.Tables[0].Rows[n][2]  =  textBox3.Text;                    //性别
        ds.Tables[0].Rows[n][3] = Convert.ToInt32(textBox4.Text);  //班级
        adapter.Update(ds, "stuinfo");
        MessageBox.Show("保存成功!");
    }
    catch (Exception err)
    {
        MessageBox.Show(err.Message, "保存失败");
    }
}
```

添加“第一条”按钮单击事件代码。

```
private void btnFirst_Click(object sender, EventArgs e)
{
    myBind.Position = 0;
    ShowImage();
}
```

添加“上一条”按钮单击事件代码。

```
private void btnPre_Click(object sender, EventArgs e)
{
    if ((myBind.Position == 0))
    {
        MessageBox.Show("已经到了第一条记录");
    }
    else
    {
        myBind.Position = myBind.Position - 1;
    }
    ShowImage();
}
```

添加“下一条”按钮单击事件代码。

```
private void btnNext_Click(object sender, EventArgs e)
{
    if (myBind.Position == myBind.Count - 1)
    {
        MessageBox.Show("已经到了最后一条记录");
    }
    else
    {
```

```
        myBind.Position = myBind.Position + 1;
    }
    ShowImage();
}
```

添加“最后一条”按钮单击事件代码。

```
private void btnEnd_Click(object sender, EventArgs e)
{
    myBind.Position = myBind.Count - 1;
    ShowImage();
}
```

运行结果如图 8-11 所示。

8.6 LINQ 技术及应用

LINQ 英文全称为 Language Integrated Query，即“语言集成查询”，是一种用来进行数据访问的编程模型，LINQ 作为 .NET Framework 3.5 的一部分正式发布。通过使用 LINQ，可以使.NET 语言直接支持数据查询。

LINQ 的主要优点体现在它是一种标准，不但可以在一个关系数据库中进行查询操作，而且可以在文本文件、XML 文件以及使用同一语法的数据源中查询数据。此外，任何.NET 兼容的语言，比如 C#、VB.NET 等都可实现 LINQ 标准。

8.6.1 什么是 LINQ

长期以来面向对象与数据访问两个领域长期分裂，各自为政，编程语言中的数据类型与数据库中的数据类型形成两套体系。例如：C# 中字符串用 string 表示，SQL 中字符串用 NVarchar/Varchar/Char 表示。编写操作数据库的语句时，很容易因为疏忽产生系统异常。同时要求程序员对数据库中的数据类型了如指掌，否则就会出现数据类型不匹配的问题，数据库操作失败。SQL 编码没有严格意义上的强类型和类型检查。除了数据库外，XML 作为数据源的情况也越来越多，XML 也有自己的查询语言。面对数据源的多样性，程序员需要掌握的查询语言也日益增多，而对象没有自己的查询语言。LINQ 的出现改变了这一切。

LINQ 通过对语言的改进，实现直接在语言中通过类似 SQL 语句的构造对数据源进行查询，LINQ 所支持的数据源有 SQL Server、XML 以及内存中的数据集合。LINQ 主要包含以下三部分：

- LINQ to Objects 主要负责对象的查询。
- LINQ to XML 主要负责 XML 的查询。
- LINQ to ADO.NET 主要负责数据库的查询，包括 LINQ to SQL、LINQ to DataSet、LINQ to Entities。

1. LINQ to DataSet

DataSet 是赖以生成 ADO.NET 的断开连接式编程模型的关键元素，使用非常广泛。LINQ to DataSet 使开发人员能够通过使用许多其他数据源可用的同样的查询表述机制在

DataSet 中内置更丰富的查询功能。

2. LINQ to SQL

LINQ to SQL 是适合不需要映射到概念模型的开发人员使用的有用工具。通过使用 LINQ to SQL,可以直接在现有数据库架构上直接使用 LINQ 编程模型。LINQ to SQL 使开发人员能够生成表示数据的 .NET Framework 类。这些生成的类直接映射到数据库表、视图、存储过程和用户定义的函数,而不映射到概念数据模型。

使用 LINQ to SQL 时,除了其他数据源(如 XML)外,开发人员还可以使用与内存集合和 DataSet 相同的 LINQ 编程模式直接编写针对存储架构的代码。

3. LINQ to Entities

大多数应用程序目前是在关系数据库之上编写的。有时这些应用程序将需要与以关系形式表示的数据进行交互。数据库架构并不总是构建应用程序的理想选择,并且应用程序的概念模型与数据库的逻辑模型不同。实体数据模型是可用于对特定域的数据进行建模的概念数据模型,以便应用程序可作为对象与数据进行交互。

通过实体数据模型,在 .NET 环境中将关系数据作为对象公开。这样,对象层就成为 LINQ 支持的理想目标,从而允许开发人员通过用于构建业务逻辑的语言编写对数据库的查询。LINQ 的体系结构如图 8-13 所示。

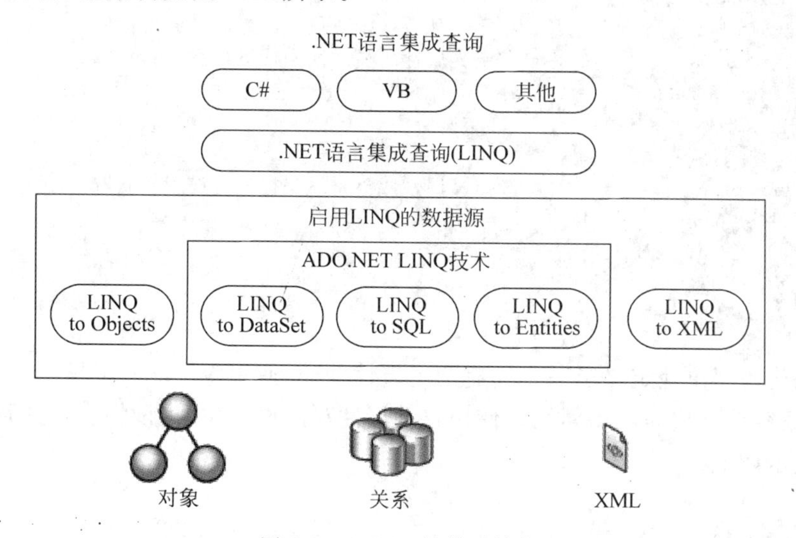

图 8-13　LINQ 的体系结构

先来看一个简单的例子,来初步了解一下 LINQ,体验 LINQ 的用法。

【例 8-8】 一个简单的检索数组例子,体验 LINQ 查询的用法。

新建一个控制台应用程序,项目名称为 firstLINQ。在 Program. cs 中的 Main 方法中添加如下代码:

```
static void Main(string[] args)             //使用 LINQ 查询进行数组的检索
{     //声明一个有 5 个元素的字符串数组 names
    string[] names = {"Everett", "Albert", "George", "Harris", "David" };
    //声明一个匿名变量 items,将 LINQ 执行的结果赋给匿名变量 items;
    var items = from name in names
        where name.Length >= 6              //使用 LINQ 在数组 names 中找出长度超过 6 的元素
```

```
        orderby name                      //找到的字符串转为大写并排序
        select name.ToUpper();            //筛选出的 name 转换为大写字母
    foreach(var item in items)
        Console.WriteLine(item);          //遍历 items 输出 LINQ 查询的结果
}
```

LINQ 可以对多种数据源和对象进行查询，如数据库、数据集、XML 文档甚至是数组，这在传统的查询语句中是很难实现的。如果有一个集合类型的值需要进行查询，则必须使用 where 等方法进行遍历，可以像使用 SQL 语句那样使用 LINQ 进行查询，极大地降低了难度。

8.6.2 LINQ 基础

要学习 LINQ，首先要了解与 LINQ 相关的一些概念，如泛型、委托、对象初始化器、匿名类型、Lambda 表达式、查询表达式、扩展方法等，正是 C# 中的一些新的特性和改进使 LINQ 变得很强大。

1. 自动属性

在类 Point 中定义属性成员 getX，getY 如下：

```
public class Point {                      //定义类 Point,用于描述平面上的点的坐标
     private int _x, _y;                  //定义私有字段成员表示点的纵横坐标值
     public int X {                       //定义属性成员对横坐标进行设置和获取
          get { return _x; }
          set { _x = value; }
          }
    public int Y {                        //定义属性成员对纵坐标进行设置和获取
         get { return _y; }
         set { _y = value; }
         }
}
```

上面的代码简单地定义了一个拥有两个属性的类，使用 Visual Studio 2010 中的 C# 编译器，可以很容易地改为自动属性。使用自动属性写的更简单，可读性更好并且简洁。改为自动属性表示如下：

```
public class Point {
    public int X { get; set; }            //自动属性 X
    public int Y { get; set; }            //自动属性 Y
}
```

使用对象初始化就可以在创建对象时对自动属性赋值：

```
Point p = new Point() { X = 0, Y = 0 };
```

2. 匿名方法

匿名方法是在 C# 2.0 时引入的。通常给委托对象赋值一个方法时，要先定义这个方法，然后把方法名赋给委托对象，使用匿名方法可以直接将代码块赋给委托对象，不需要方法名，所以称为匿名方法。这个功能省去了创建委托时想要传递给一个委托的小型代码块的一个额外的步骤。它也消除了类代码中小型方法的混乱。下面的代码说明使用匿名方法

可以直接将代码块赋给委托对象，不需要方法名。

```
class Program
 {
    delegate void Mydelegate(string str);          //声明委托;
    static void Main(string[ ] args)
    {
        string str = "Hello,C# 3.0";               //声明一个字符串变量
        Mydelegate my = delegate(string s)         //使用匿名方法来使用委托
        {   //委托执行一个只有一个 Console.WriteLine 语句的方法.
            Console.WriteLine(s.ToUpper());        //将 s 转为大写字母后输出
        };
        my(str);                          //使用委托,调用匿名方法,将 str 转为大写后输出
    }
 }
```

3. Lambda 表达式

在C# 3.0中，继匿名方法之后出现了 Lambda 表达式，使表达更为简洁、快捷。Lambda 表达式使用 Lambda 运算符“=>”来定义，语法如下：

```
(参数列表) => {方法体}
```

Lambda 运算符的左边是输入参数，定义 Lambda 表达式的接收参数列表，右边包含表达式或语句块，表示将表达式的值或语句块返回的值传给左边的参数列表。

Lambda 表达式是一个匿名函数，可以包含表达式和语句，并且可用于创建委托或表达式目录树类型。如下面代码是使用 Lambda 表达式创建委托的。

```
delegate int del(int i);          //声明委托类型
del myDelegate = (x) => x * x;    //定义委托,执行委托代码 x * x,小括号可以省略
int j = myDelegate(5);            //执行委托得到 j 的值是 25
```

4. 查询表达式

“查询表达式”是用查询语法表示的查询，由一组用类似于 SQL 或 XQuery 的声明性语法编写的子句组成。

查询表达式必须以 from 子句开头，并且必须以 select 或 group 子句结尾。在第一个 from 子句和最后一个 select 或 group 子句之间，查询表达式可以包含一个或多个下列可选子句：where、orderby、join、let 和附加的 from 子句。还可以使用 into 关键字使 join 或 group 子句的结果充当同一查询表达式中附加查询子句的源。查询子句简介如表 8-6 所示。

表 8-6 查询子句

子句	说明
from 子句	指定数据源和范围变量(类似于迭代变量)
where 子句	根据一个或多个由逻辑“与”和逻辑“或”运算符(&& 或 ‖)分隔的布尔表达式筛选源元素
select 子句	指定当执行查询时返回的序列中的元素将具有的类型和形式
group 子句	按照指定的键值对查询结果进行分组

续表

子句	说　明
into 子句	提供一个标识符,以便将 group、join 或 select 子句的结果存储到新的标识符中
orderby 子句	基于元素类型的默认比较器按升序或降序对查询结果进行排序
join 子句	基于两个指定匹配条件之间的相等比较来联接两个数据源
let 子句	引入一个用于存储查询表达式中的子表达式结果的范围变量

到此初步了解了 LINQ 的基本概念和使用,下面将详细介绍其用法。

8.6.3 LINQ 查询子句

1. 查询数据

LINQ 主要的功能就是实现查询,LINQ 查询存在以下两种形式:

1) Method Syntax(查询方法方式)

主要利用 System. Linq. Enumerable 类中定义的扩展方法和 Lambda 表达式方式进行查询。示例代码如下:

```
int[] numbers = new int[]{1,3,5,7,9,11,13,15,17};       //获取数据源(此处是数组)
var numQuery = numbers                              //numQuery是查询变量,通过右边查询表达式对查询变量赋值
    .Where(p => p % 3 == 0)                          //查询 numbers 中能被 3 整除的元素
    .OrderByDescending(p => p)                       //查询结果按照降序排列
    .Select(p => p);                                 //列出所有符合条件的元素
foreach(var item in numQuery)
    Console.WriteLine(item);                         //遍历 numQuery 输出 LINQ 查询的结果
```

2) Query Syntax(查询语句方式)

一种更接近 SQL 语法的查询方式,可读性更好,示例代码如下:

```
int[] numbers = new int[]{1,3,5,7,9,11,13,15,17};       //获取数据源(此处是数组)
var numQuery = from number in numbers               //右边的查询表达式对 numQuery 查询变量赋值
    where number % 3 == 0                            //查询 numbers 中能被 3 整除的元素
    orderby number descending                        //查询结果按照降序排列
    select number;                                   //列出所有符合条件的元素
foreach(var item in numQuery)
    Console.WriteLine(item);                         //遍历 numQuery 输出 LINQ 查询的结果
```

查询方法和查询语句两者的执行效果完全一样,在上面的示例中,数据源是一个数组,隐式支持泛型 IEnumerable(T)接口,因此可用 LINQ 对该数组进行查询。

2. 设置过滤条件

Where 方法也是一个泛型扩展方法,在查询中起着过滤数据的作用,用来设置查询条件。将上面的代码添加过滤条件,条件为“长度等于 5”,示例如下:

```
var items = from name in names
    where name.Length == 5          //使用 LINQ 在数组 names 中找出长度为 5 的元素
    orderby name                    //找到的字符串转为大写并排序
    select name.ToUpper();          //筛选出的 name 转换为大写字母
```

3. 查询结果排序、分组

使用 LINQ 可以实现排序、分组、聚集和联合查询。实现排序的方法是 orderBy()。

1）实现简单排序

orderby()也是一个泛型扩展方法，现修改上边的例子，实现根据姓名中的第二个字母排序，示例代码如下：

```
var items = from name in names
     where name.Length Length > 6
     orderby name.Substring(1, 1) descending        //找到的字符串转为大写并排序
     select name.ToUpper();                         //筛选出的 name 转换为大写字母
```

默认为升序排列，如果希望使用降序，在排序字段后添加 descending 即可。

2）实现分组

分组查询和 SQL 语句中的带有 group 关键字的查询功能类似，它能够把查询结果按照关键字进行分组。使用查询方法实现分组示例如下：

```
var items = from stu in stuinfo
            group stu by stu.Sex      //按性别分组
```

4. 实现聚集查询

LINQ 不仅能够实现复杂的查询，也可以实现与 SQL 相同的聚集和联合查询，包括获取最大值、最小值、平均值和计数等。

1）实现计数

使用 Count()方法返回集合项的数目，使用方法示例代码如下：

```
var num = (from s in names select s.ToLower()).Count();
```

2）求最大值和最小值

返回最大值、最小值的方法和计数方法基本相同，也有混合和纯粹两种表达方式，混合模式示例代码如下：

```
int maxLength = (from s in names select s.Length).Max();    //混合模式求最大值
int minLength = (from s in names select s.Length).Min();    //混合模式求最小值
```

3）求平均值

使用 Average()方法返回集合的平均值，也有两种表达方式：混合模式和纯粹查询模式。

4）返回集合的总和

使用 Sum()方法可以获取集合的总和，也有两种表达方式：混合模式和纯粹查询模式。

8.6.4 操作关系型数据——LINQ to SQL

在 LINQ to SQL 中，关系数据库的数据模型映射到用开发人员所用的编程语言表示的对象模型，其对应关系如表 8-7 所示。当应用程序运行时，LINQ to SQL 会将对象模型中的语言集成查询转换为 SQL，然后将它们发送到数据库进行执行。当数据库返回结果时，LINQ to SQL 会将它们转换回可以用自己的编程语言处理的对象。LINQ to SQL 不仅可以查询数据，还可以执行需要的插入、更新、删除语句。

表 8-7　LINQ to SQL 对象模型与关系数据模型的对应关系

LINQ to SQL 对象模型	关系数据模型	LINQ to SQL 对象模型	关系数据模型
DataContext	数据库	关联	外键关系
实体类和集合	表	方法	存储过程或函数
类成员	列		

使用 Visual Studio 的开发人员有三种工具可用于创建模型：对象关系设计器(O/R 设计器)、SQLMeta 代码生成工具和代码编辑器。而更多人选择 O/R 设计器，因为它提供了用于实现许多 LINQ to SQL 功能的用户界面。

【例 8-9】 显示 stuinfo 单个数据表中的某些数据。

(1) 新建一个控制台应用程序，项目名称为 LinqToSqlSample1。这时代码中已经包含了对 LINQ 的正确引用。

```
using System;
using System.Collections.Generic;
using System.Linq;
using System.Text;
```

(2) 利用 O/R 设计器添加 LINQ to SQL 类。在解决方案资源管理器中的右键快捷菜单中选择"添加"→"新建项"命令，弹出"添加新项"对话框，选中"LINQ to SQL 类"选项，如图 8-14 所示。

图 8-14　"添加新项"对话框

此时，添加了文件 DataClasses1.dbml，并添加了如下引用：

```
System.core
System.Data.DataSetExtensions
System.Data.Linq
System.XML.Linq
```

进入到 O/R 设计器界面，如图 8-15 所示。

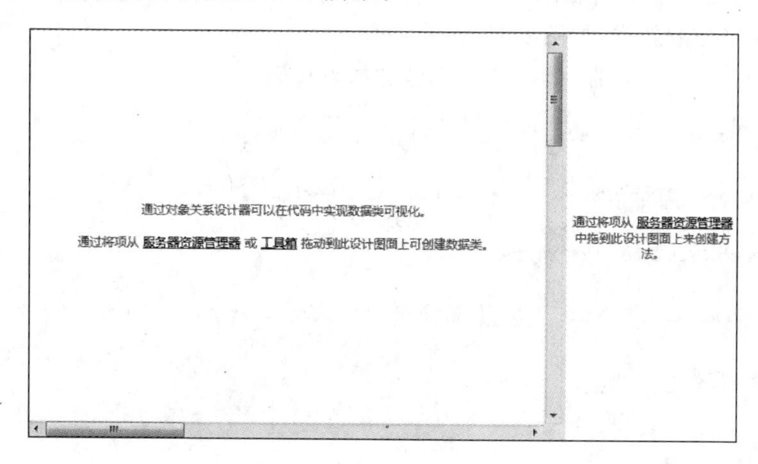

图 8-15　O/R 设计器

（3）单击右侧的“服务器资源管理器”，会打开“服务器资源管理器”窗口，右击“数据连接”选项，在弹出的快捷菜单中选择“添加连接”命令，选择 MicroSoft SQL Server 数据源，单击“确定”按钮，弹出“添加连接” 对话框，如图 8-16 所示。

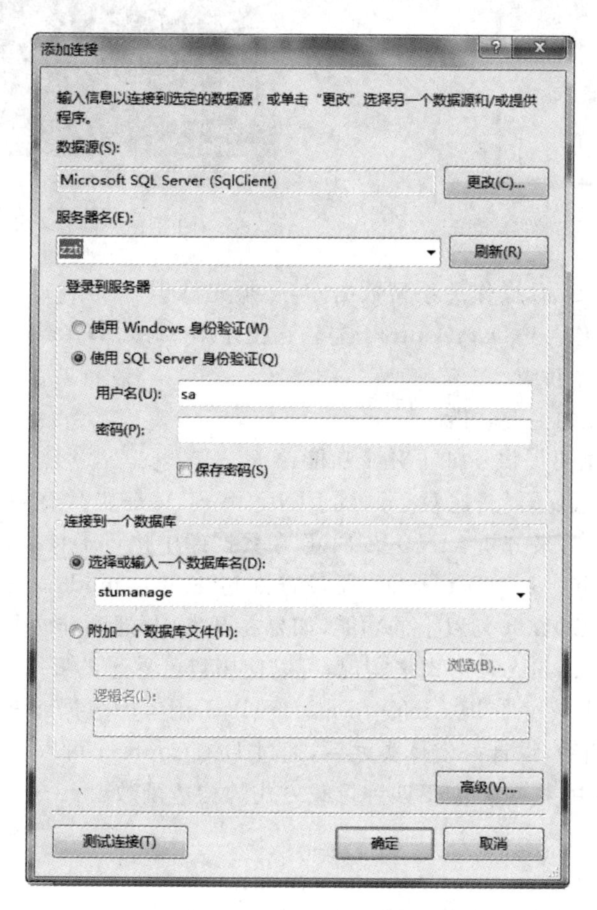

图 8-16　“添加连接”对话框

(4) 在“服务器资源管理器”窗口展开数据库，将 stuinfo 数据表拖放到 O/R 设计器的左侧，可以看到创建的新类，如图 8-17 所示。

(5) 在 Program. cs 中的 Main 方法中添加如下代码：

```
static void Main(string[] args)
{
        DataClasses1DataContext dc = new DataClasses1DataContext();
        var query = dc.stuinfo;      //获得表格对象
        foreach (stuinfo item in query)
        {
            Console.WriteLine("{0}:{1},{2}", item.id, item.name, item.sex);
        }
         Console.ReadLine();
}
```

运行结果如图 8-18 所示。

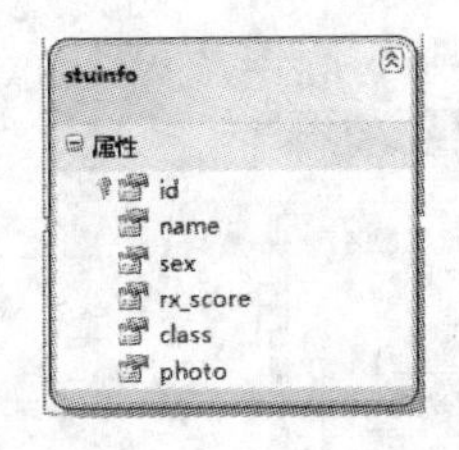

图 8-17　创建的新类 stuinfo

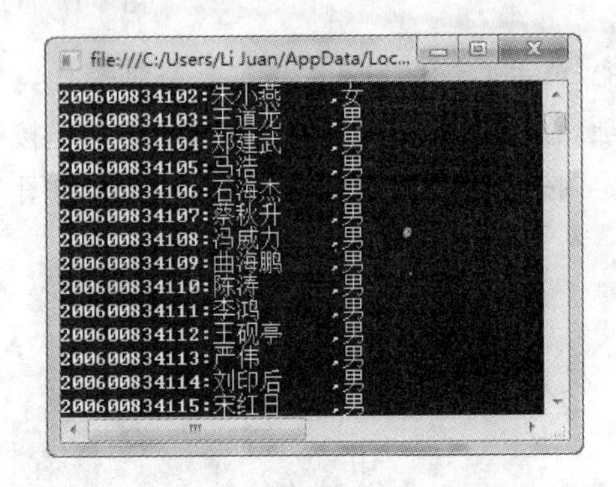

图 8-18　例 8-8 运行结果

若使用 LINQ to SQL 操作关系型数据库，必须先认识一个在 LINQ to SQL 中处于非常重要地位的一个对象——DataContext 类。它位于 System. Data. Linq 命名空间下，是实体和数据库之间的一个桥梁。

(1) DataContext 的主要功能。

DataContext 的主要提供了如下几个功能：

- 记录生成的 SQL 语句，这对于调试 LINQ to SQL 是非常有用的，可以通过查看记录的 SQL 语句，来分析 LINQ to SQL 在数据库中执行了什么。
- 执行 SQL 语句。LINQ to SQL 通过查询句法和 Lambda 表达式提供了强大的功能，能完成 T-SQL 90%以上的功能，如果在开发中，遇到非常复杂的查询，无法用查询句法或者 Lambda 表达式来实现，可以使用自己熟悉的 T-SQL 来完成。
- 创建、删除数据库。使用 LINQ to SQL 可以不用考虑数据库表之间的关系，直接考虑业务对象关系，设计好实体类之后，通过 DataContext 可以自动创建数据库。

在 DataContext 中，提供了如下四种重载方式的构造函数：

```
public DataContext(IDbConnection connection);
public DataContext(string fileOrServerOrConnection);
public DataContext(IDbConnection connection, MappingSource mapping);
public DataContext(string fileOrServerOrConnection, MappingSource mapping);
```

其中，前两种是最常用的构造方法。

(2) DataContext 对象的主要属性和方法。

DataContext 对象的主要方法如表 8-8 所示。

表 8-8　DataContext 对象的主要方法

方　　法	说　　明
CreateDataBase	创建数据库
DataBaseExists	判断数据库是否存在，是否可以打开
DeleteDataBase	删除数据库
ExecuteCommand	给数据库传送要执行的命令
ExecuteQuery	给数据库传送查询
GetChangesSet	访问数据库中发生的变化
GetCommand	访问要执行的命令
GetTable	访问数据库中的表集合
Refresh	利用数据库中存储的数据刷新对象
SubmitChanges	在数据库上执行代码建立的 CRUD 命令
Translate	把 IdataReader 转换为对象

DataContext 对象的主要属性如表 8-9 所示。

表 8-9　DataContext 对象的主要属性

方　　法	说　　明
ChangeConflicts	调用 SubmitChanges 时，提供一个导致并发冲突的对象集合
CommandTimeOut	设置超时时间
Connection	数据库连接
DeferredLoadingEnabled	指定是否延迟加载一对多或一对一的关系
LoadOptions	指定或检索 DataLoadOptions 对象的值
Log	指定在查询中使用的命令的输出位置
Mapping	提供映射所基于的 MetaModel
ObjectTrackingEnabled	指定是否跟踪数据库中对象的变化，心进行事务处理
Transaction	指定数据库中使用的本地事务处理

在 DataContext 中，通常都是对 Table＜TEntity＞对象进行操作，Table＜TEntity＞对象表示在数据库中操作的表，其常用方法如表 8-10 所示。

表 8-10　Table＜TEntity＞的主要方法

方　　法	说　　明
Attach	把一个实体关联到 DataContext 实例上
AttachAll	把一个实体集合关联到 DataContext 实例上
DeleteAllOnSubmit＜TSubEntity＞	把所有未决的操作置于准备删除状态，调用 SubmitChanges 时，执行所有的操作
DeleteOnSubmit	把一个未决的操作置于准备删除状态
InsertAllOnSubmit＜TSubEntity＞	把所有未决的操作置于准备插入状态，调用 SubmitChanges 时，执行所有的操作
InsertOnSubmit	把所有未决的操作置于准备插入状态

【例 8-10】 在上例的基础上，用 LINQ 实现对 stuinfo 表的增加、删除和修改，也即前提是已经声明了 DataContecxt 对象 dc。

(1) 插入数据。

```
//准备插入的对象
stuinfo s = new stuinfo();
s.id = "201200000101";
s.name = "张三";
s.sex = "男";
s.rx_score = 21;
query.InsertOnSubmit(s);            //添加记录
dc.SubmitChanges();                 //通知数据库更新记录
```

(2) 更新数据，把姓名为张三的入学成绩修改为 19。

```
var query = from s in dc.stuinfo
            where s.name == "张三"
            select s;
foreach(var s in query)          //修改记录
{
        s.rx_score = 19;
}
dc.SubmitChanges();               //向数据库提交更新
```

(3) 删除数据。

```
var query = from s in dc.stuinfo
            where s.name == "张三"
            select s;
foreach (var s in query)          //删除记录
{
      dc.stuinfo.DeleteOnSubmit(s);
}
dc.SubmitChanges();               //向数据库提交更新
```

8.6.5 使用 LINQ 操作 DataSet——LINQ to DataSet

使用 LINQ to DataSet 可以更快、更容易地查询缓存在 DataSet 对象中的数据，也可从一个或多个数据源合并的数据中查询。使开发人员能够使用编程语言本身而不是通过使用单独的查询语言来编写查询，LINQ to DataSet 可以简化查询。

LINQ to DataSet 功能主要通过 DataRowExtensions 和 DataTableExtensions 类中的扩展方法来公开的。

1. 向数据集中加载数据

DataSet 对象只有在填充后才能使用 LINQ to DataSet 进行查询。填充 DataSet 有多种不同的方式，可以使用 LINQ to SQL 来查询数据库并将结果加载到 DataSet 中，另一种将数据加载到 DataSet 中的常见方式是使用 DataAdapter 类从数据库中检索数据后填充。

2. 查询数据集

填充过 DataSet 对象后就可以开始查询了，注意，在对 DataSet 对象使用 LINQ 查询时，所查询的是 DataRow 对象的枚举，而不是自定义类型的枚举。这意味着可以在 LINQ 查询中使用 DataRow 类的任意成员，允许创建丰富而复杂的查询。可以使用查询表达式对 DataSet 中的单个表、对 DataSet 中的多个表或对类型化 DataSet 中的表执行查询。

【例 8-11】 使用 LINQ to DataSet 来查询学生信息。

(1) 创建一个新的 C# 项目。项目名称为 LinqDataSet。

(2) 在"解决方案资源管理器"的"引用"选项上右击，利用快捷菜单命令添加对 System.Data 和 System.Data.SqlClient 的引用，以便操作数据库。

(3) 在 Program.cs 文件中的 Main 方法中，添加代码实现数据集查询，代码如下：

```
static void Main(string[] args)
{
    String str = "data source = .\\sqlexpress;user id = sa;Initial Catalog = stumanage";
    string sqlstr = "select * from stuinfo";
    SqlConnection con = new SqlConnection(str);               //创建连接对象
    con.Open();                                                //打开连接
   SqlDataAdapter da = new SqlDataAdapter(sqlstr,con);         //创建 DataAdapter 对象
    DataSet ds = new DataSet();                                //创建 DataSet 对象
    da.Fill(ds, "mystu");                                      //填充数据集
    DataTable tables = ds.Tables["mystu"];                     //创建表
    var dslq = from d in tables.AsEnumerable()
               select d;                                       //执行 LINQ 语句
    foreach (var item in dslq)                                 //输出对象
    {
        Console.WriteLine("{0}:{1},{2}", item.Field<string>("id").ToString(), item.
Field<string>("name").ToString(), item.Field<string>("sex").ToString());
    }
    Console.ReadLine();
}
```

输出结果见图 8-18 所示。

在使用 LINQ 进行数据集操作时，LINQ 不能直接从数据集对象中查询，因为数据集对象不支持 LINQ 查询，所以需要使用 AsEnumerable 方法返回一个泛型的对象以支持 LINQ 的查询操作。

习　题

1. ADO.NET 的主要对象有哪些？通过使用这些对象可实现对数据库什么操作？

2. DataSet 对象工作在哪种模式下？DataReader 对象工作在哪种模式下？

3. 创建一个系统的登录窗口，当用户输入正确的用户名、口令时，弹出"成功登录"的对话框，否则提示"登录不成功"。

4. 建立一个按图书类别进行查询的程序，程序运行时效果如图 8-19 所示。

其中 bookinfo 表记录了图书的相关信息，如书名、作者、出版社等。bookinfo 表的结构如表 8-11 所示。

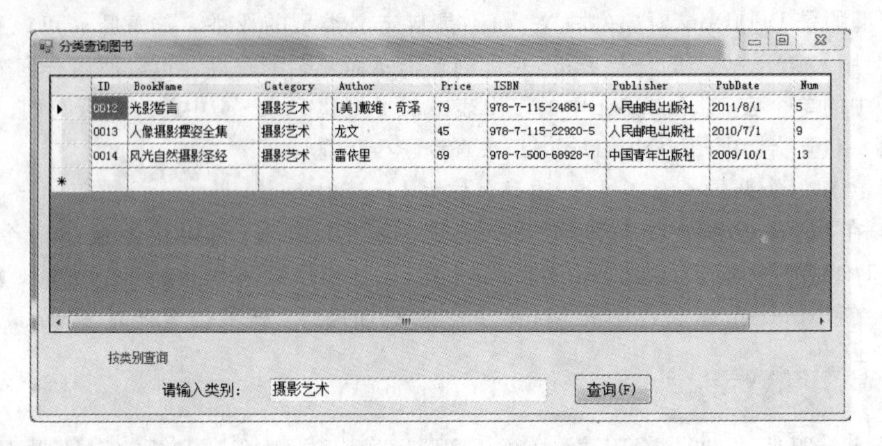

图 8-19 程序运行效果图

表 8-11 bookinfo 数据表结构

字段名称	数据类型	是否是主键	是否为空	说 明
ID	文本	Y	N	图书编号
BookName	文本	N	N	书名
Category	文本	N	Y	分类
Author	文本	N	Y	作者
Price	单精度型	N	Y	价格
ISBN	文本	N	Y	ISBN
Publisher	文本	N	Y	出版社
Date	日期/时间	N	Y	出版日期
Num	整型	N	Y	数量

5. 编写图书管理程序可以完成对一个数据表的基本操作,包括增加记录、删除记录、修改记录、浏览记录等。运行效果如图 8-20 所示。

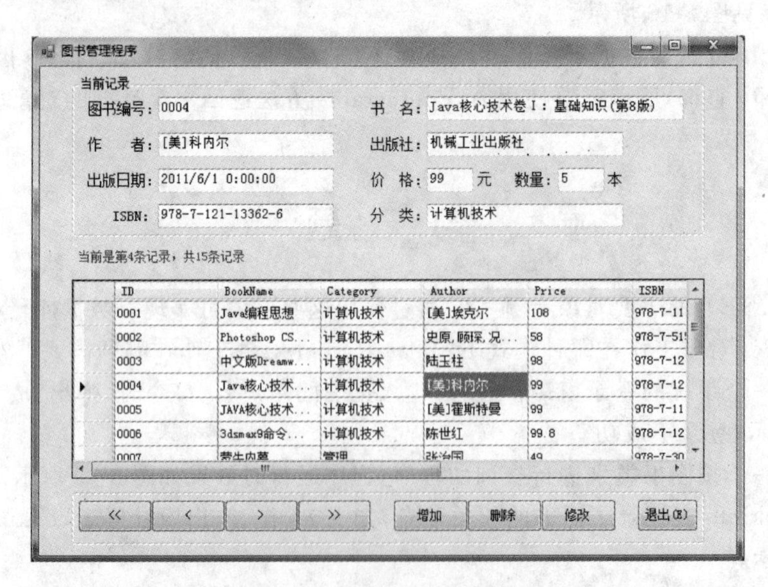

图 8-20 程序运行效果图

第9章 Web应用程序开发

Web应用程序是一种以网页形式为界面的应用程序,Web应用程序可以利用网络的强大功能为用户提供服务。ASP.NET为这种类型应用程序的开发提供了一个强大的平台。本章主要介绍ASP.NET提供标准控件、验证控件、显示控件的应用及在Web应用程序中访问数据库,最后通过母版技术创建网络游戏网站。

9.1 Web窗体与ASP.NET内置对象

9.1.1 ASP.NET工作原理

当用户通过客户端浏览器向Web服务器发出请求时,Web服务器会检查所请求页的扩展名,如果为aspx时,就会启动ASP.NET引擎处理该请求。ASP.NET引擎首先检查输出缓存中是否有此页面或此页面已被编译成相应的DLL,然后会根据以下几种情况进行相应处理:

(1) 若输出缓存中没有此网页或编译过的DLL,即首次存取此网页,在服务器端运行此DLL文件,由它处理用户端的请求,响应相应的事件,并把处理的结果生成HTML,然后返回到客户端的浏览器。

(2) 若此页面已被编译成相应的DLL了,即第二次存取此网页,则直接运行此DLL,响应用户的请求并把结果返回到客户端的浏览器。

(3) 若输出缓存中已有此网页,则直接将输出缓存中的内容返回到客户端。

9.1.2 Web窗体页面

其实Web窗体与Windows窗体类似,都用于创建用户界面,只不过一个用于Web,在浏览器中展示其界面;一个用于Windows。

在ASP.NET中,一个ASP.NET Web窗体页面文件可以被拆分成两个独立的部分:一个文件(xxxxx.aspx)包含html代码和控件信息,用来描述页面外观;另一个文件(xxxxx.aspx.cs)包含实现程序功能的代码。

ASP.NET Web应用程序项目中*.aspx和*.cs文件的内容,前者与普通的.htm文件格式非常相似,而后者则与C#应用程序的格式相似。

9.1.3 ASP.NET常用内置对象

在ASP.NET中,有五个常用内置对象,它们是Request对象、Response对象、Server

对象、Application 对象和 Session 对象。这些对象用来维护有关当前应用程序、每个用户会话、当前 HTTP 请求、请求的 Web 窗体页等信息，主要用于与用户的交互。因此，它们在 ASP.NET 应用程序扮演非常重要的角色。下面就分别介绍这些内置对象。

1. Response 对象

Response 对象用于向客户端发送信息，该对象提供了很多有用的属性和方法。

1）利用 Response 对象发送信息

Response 对象最常用的功能就是向浏览器发送信息，而实现这一功能最常用的是它的 Write 方法，其使用形式为：

```
Response.Write(value);
```

value 代表发送的信息，可以是任何类型的变量或者表达式。例如：

```
Response.Write("this is a test.");
```

2）利用 Response 对象重定向浏览器

重新定向浏览器就是让浏览器重新访问一个新地址（URL）。可以使用 Response 对象的 Redirect 方法强制用户进入某个必须先访问的网页，该方法的使用语法如下：

```
Response.Redirect(newUrl).
```

参数 newUrl 表示重定向后的目标地址。在每个功能页的开始部分增加一个 Response.Redirect 语句，就可以强制用户首先访问指定的页面。例如：

```
Response.Redirect("test.aspx");
```

3）将指定的文件写入 HTTP 输出内容流

可以使用 Response 对象的 Response.WriteFile()方法。例如：

```
Response.WriteFile("test.txt");
```

2. Request 对象

1）用 Request 对象获取 URL 传递变量

使用 Request 对象的 QueryString 属性可以获取来自于请求 URL 地址中“?”后面的数据，这些数据称为 URL 附加信息。例如：

```
http://www.asp.com/show.asp?id=10
```

取得参数 id 值的语句是：

```
Request.QueryString["id"]
```

QueryString 主要用于获取 HTTP 协议中 GET 请求方式发送的数据。如果一个请求事件中被请求的程序 URL 地址出现了“?”后的数据，则表示此次请求方式为 GET。GET 方式是 HTTP 中的默认请求方式。GET 方法会将传递的参数与参数值添加到 URL 地址之中，而且包含这些信息的完整 URL 地址会显示在浏览器地址栏中。

2）用 Request 对象获取表单传递值

使用 Request 对象的 Form 属性获取表单传递的信息，一般格式为：

```
Request.Form("表单元素名")
```

通过 POST 方式发送的数据不会显示在 URL 中，因此 POST 发送数据会比 GET 发送安全。

3）用 Request 对象获取服务器变量值

当用户向服务器请求信息或者服务器对用户的请求做出应答时，他们的信息都包含在 HTTP Header(HTTP 头)中。HTTP 头提供了有关请求和响应的附加信息，同时还包括浏览器生成请求和服务器做出响应的过程信息。通过 Request 对象的 ServerVariables 属性，可以获得当前环境的这些信息。

Request 对象用于获取客户端的信息，例如使用 Request 对象显示客户信息。

```
private void Page_Load(object sender, System.EventArgs e)
{
    //在此处放置用户代码以初始化页面
    Response.Write("服务器端应用程序所在虚拟路径为: "
                   + Request.ApplicationPath + "<br>");
    Response.Write("当前客户使用的操作系统为: "
                   + Request.Browser.Platform + "<br>");
    Response.Write("当前客户使用的浏览器为: "
                   + Request.Browser.Type + "."
                   + Request.Browser.MinorVersion + "<br>");
    Response.Write("当前客户的 IP 地址为: "
                   + Request.UserHostAddress + "<br>");
}
```

3. Server 对象

HttpServerUtility 类提供了用于处理 Web 请求的方法，HttpServerUtility 类的方法和属性通过 ASP.NET 提供的内部 Server 对象公开，HttpserverUtility 类的常用方法如下：

1）Server.HtmlEncode 方法

由于浏览器会对 HTML 标记进行解析，HTML 标记本身不会显示在页面上。有时需要在页面上显示 HTML 标记本身。另外，用户可能通过留言本、论坛等输入 HTML 代码，进行跨站点的脚本攻击和显示恶意内容。可以通过 Server 对象的 HtmlEncode 方法来对在浏览器中显示的字符串进行编码来解决上述问题。

2）Serve.UrlEncode 方法

UrlEncode 方法可以对传输的 URL 进行编码。在某些浏览器中，像“?”、“&”、“/”和空格等字符可能会被截断或损坏，而 UrlEncode 能确保所有浏览器均正确地传输 URL 字符串中的文本。

3）Server.MapPath 方法

MapPath 方法可用来将虚拟路径转变为物理路径。例如，连接数据库或者上传文件到服务器时，就需要使用物理路径。

下面通过示例演示 MapPath 方法的使用，创建该示例的过程如下。新建一个网站，默认的主页名为 Default.aspx。在代码隐藏文件 Default.aspx.cs 的 Page_Load 事件中添加如下代码

```
private void page_Load(object sender,System.EventArgs e)
{
    Response.Write(Server.MapPath("Default.aspx"));
}
```

运行显示出 Default.aspx 文件所在文件夹信息。

4. Application 对象

默认情况下,一个虚拟目录下的所有 ASP.NET 文件构成一个 Web 应用程序。使用 Application 对象就相当于使用全局变量。

在页面共享变量时也引发一个问题,那就是各个页面都可以修改共享变量的值。为了避免出现这种冲突,Application 对象提供了 Lock 方法解决这样的问题。其语句如下:

```
Application.Lock();
```

在这个语句之后,Application 对象变量的值只能由一个用户改动,这样就避免了多个用户同时改变一个变量值的情况。当用户改动结束后,应该允许其他用户改动该变量,这就要求解除对变量值的锁定。语句如下:

```
Application.UnLock
```

Application 对象是同一个虚拟目录下的所有.aspx 文件共有的,所以对其进行操作时,需要先进行锁定,操作完成后再解除锁定。例如:

```
Application.Lock();
Application["counter"] = (int)Application["counter"] + 1;
Application.UnLock();
```

Application 拥有自己的事件和生命周期,当 Application 开始启动时,会触发 Application_Start 事件;当 Application 终止时,会触发 Application_End 事件。这两个事件代码都存放在 Global.asax 文件中。Global.asax 文件中主要定义了 8 个主要事件:Application_Start、Session_Start、Application_BeginRequest、Application_EndRequest、Application_AuthenticateRequest、Application_Error、Session_End 和 Application_End。

5. Session 对象

与 Application 对象一样,Session 对象也可以存取变量,但它和 Application 对象在存储信息所使用的对象是完全不同的。Application 对象存储的是共享信息,而 Session 对象存储的信息是局部的,它只是针对某个特定的用户。

可以通过 Session 对象实现区分不同的浏览器客户,当不同的浏览器客户访问服务器应用程序时,服务器会分别为其分配一段内存空间用于保存不同用户的数据信息,即每一个客户都有自己的 Session。

定义与使用 Session 的方法也很简单。例如:

```
Session["online"] = true;
```

与 Application 对象相同，Session 对象也拥有自己的事件。正如在介绍关于 Global. asax 文件内容时所见到的，Session 对象拥有 Start 和 End 事件，它们都存在于文件 Global. asax 中。当一个 Session 对象被创建时，触发 Session_Start 事件；当一个 Session 对象被终止时，触发 Session_End 事件。利用这两个事件可以处理一些有用的事情，如用户信息初始化等等。

9.1.4 统计网站在线人数

【例 9-1】 利用 Application 与 Session 对象统计网站在线人数。

【程序设计的思路】

本例需要理解 Global. asax。Global. asax 文件用来存放 Session 对象和 Application 事件代码。每一个 Web 应用程序对应 Web 站点下的一个虚拟目录，每一个虚拟目录都可以有一个 Global. asax 文件。在 Global. asax 文件中有一些特定的事件很有用，下面按照事件触发顺序列出常用的几个事件：

- Application_Start——第一个客户首次请求页面时触发。
- Session_Start——每个客户首次请求页面时都触发。
- Session_End——关闭应用程序或者每个客户在规定时间内没有提出请求时触发。
- Application_End——在关闭应用程序或者最后一个客户在规定时间内没有提出请求时触发。

对 A 站点来说，第一次启动应用程序应该是第一个人访问这个站点，这时可以利用 Application_Start 事件将计数器清零。然后利用 Session_Start 事件将计数器加 1，如果这个人在某个规定的时间内还没有再访问 A 站点，就认为此人已经离线了。

问题：在某一个时刻，A 看到的在线人数和 B 看到的一样吗？

例如：A 打开某个网页，显示在线人数是 1，B 紧接着也打开该网页，这时 B 看到在线人数是 2，但由于 A 的页面没有刷新，所以 A 看到的在线人数仍是 1。

减少误差的方法：对页面定时刷新。如让页面刷新时间为 60 秒。

定时刷新页面的方法为：在 HTML 模式的<head></head>中加入

```
<meta http-equiv="refresh" content="刷新时间,url=刷新的页面">
```

其中刷新时间的单位为秒。

【设计步骤】

(1) 创建一个 ASP.NET Web 应用程序。在 Visual Studio 集成开发环境中，选择“文件”→“新建”→“网站”命令，打开如图 9-1 所示的“新建网站”对话框。

在对话框的“模板”窗格中选择“ASP.NET 网站”选项，在“位置”列表框中选择“文件系统”或 http 选项、ftp 选项。

如果“位置”列表框中选择“文件系统”项并填入项目保存位置，如 E:\example\myweb。

如果“位置”列表框中选择 http 选项并填入虚拟目录，如 http://localhost/WebAppTest。开发 ASP.NET Web 应用程序一般位置选择本机的 IIS 所建立的默认 Web 站点，即 http://localhost。

单击“确定”按钮，这时开发环境会生成一个解决方案，在该解决方案中包含一个 ASP.NET Web 应用项目。默认情况下，集成开发环境为项目添加一个名为 Default. aspx 的

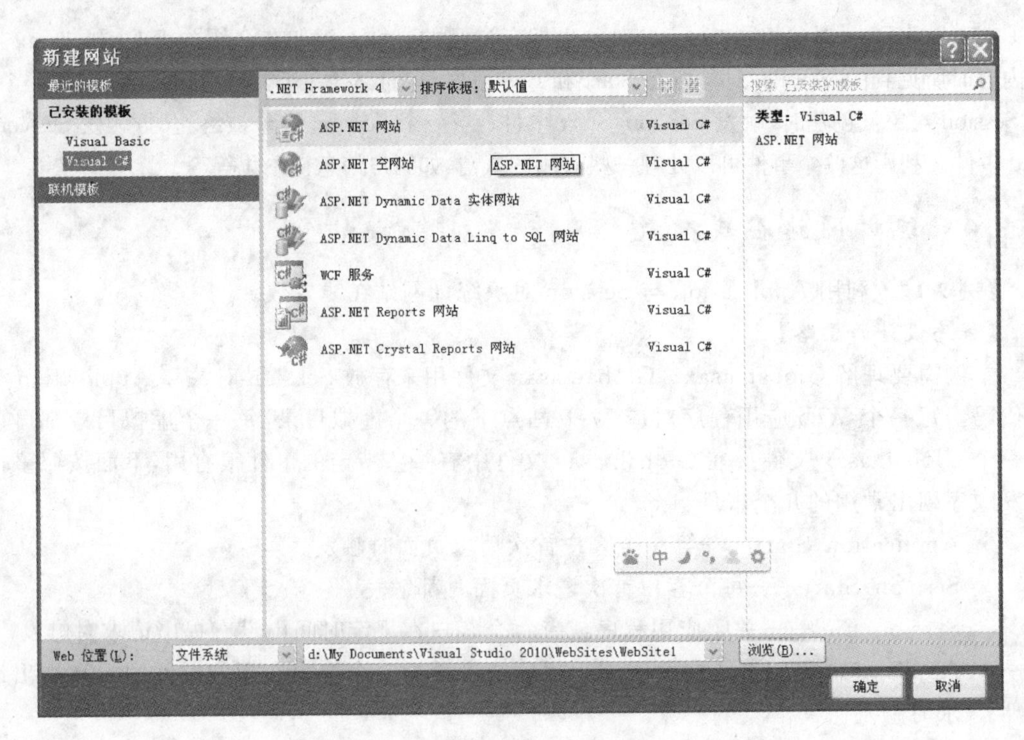

图 9-1 “新建网站”对话框

Web 窗体，并且已在编辑器中将它打开。

注意：如果不希望使用任何自动生成的页面，那么可在如图 9-1 所示的“新建网站”对话框“模板”窗格中选择“ASP.NET 空网站”选项，这样就可以从零开始创建一个 ASP.NET Web 应用程序。

在集成开发环境中，Web 窗体提供三种视图——“设计”、“拆分”和“源”视图。在“设计”视图可以看到图形化的网页界面，“源”视图则切换到网页的 HTML，“拆分”视图则可以同时显示 HTML 和图形化的网页界面。

“设计”视图中把控件从工具箱中拖动到 Web 窗体上，则生成相应控件。如果想使用 HTML 服务器控件，可以选择工具箱中的 HTML 选项卡。如果想使用 Web 服务器控件，可以选择工具箱中的“标准”选项卡。

(2) 从工具箱的“标准”选项卡中，把 Label 控件拖动到 Web 窗体上。在属性窗口中设置控件的相应属性，如为标签控件(Label)设置字体大小。Text 属性为 Hello World。Web 窗体“源”视图中可查看对应标记：

```
<asp:Label ID = "Label1" runat = "server" Height = "32px" Text = "Hello World" Width = "104px">
</asp:Label>
```

(3) 选择“网站”→“添加新项”命令，打开如图 9-2 所示的“添加新项”对话框。选中“全局应用程序类”选项后，单击“添加”按钮，则自动生成 Global.asax 文件的框架。如果选择“Web 窗体”就可以向项目加入新的 aspx 网页。

打开 Global.asax，在下列事件中加入代码。

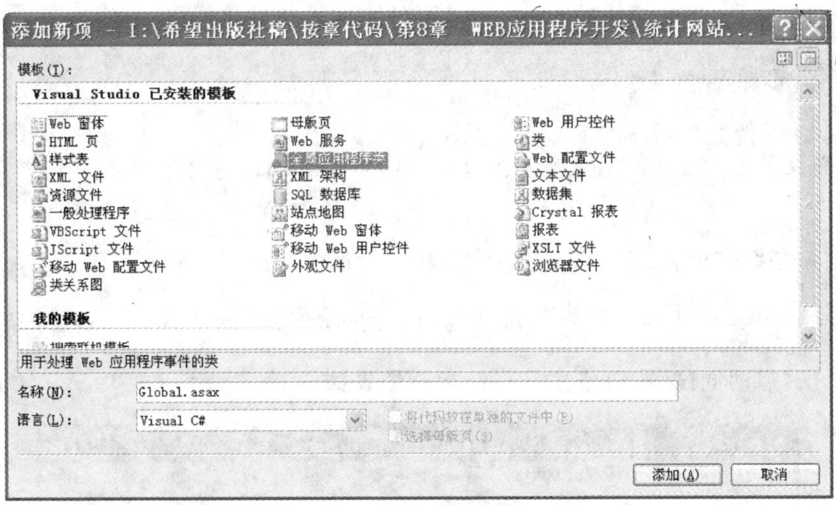

添加新项 - I:\希望出版社稿\按章代码\第8章 WEB应用程序开发\统计网站...

模板(T):

Visual Studio 已安装的模板

Web 窗体
HTML 页
样式表
XML 文件
资源文件
一般处理程序
VBScript 文件
JScript 文件
移动 Web 配置文件
类关系图
母版页
Web 服务
全局应用程序类
XML 架构
SQL 数据库
站点地图
移动 Web 窗体
移动 Web 用户控件
外观文件
Web 用户控件
类
Web 配置文件
文本文件
数据集
Crystal 报表
报表
XSLT 文件
浏览器文件

我的模板

用于处理 Web 应用程序事件的类

名称(N): Global.asax

语言(L): Visual C#

将代码放在单独的文件中(P)

选择母版页(S)

添加(A) 取消

图 9-2 “添加新项”对话框

```
<%@ Application Language = "C#" %>
<script runat = "server">
    void Application_Start(object sender, EventArgs e)
    {
        //在应用程序启动时运行的代码
        Application["counter"] = 0;
    }
    void Application_End(object sender, EventArgs e)
    {
        //在应用程序关闭时运行的代码
    }
    void Application_Error(object sender, EventArgs e)
    {
        //在出现未处理的错误时运行的代码
    }
    void Session_Start(object sender, EventArgs e)
    {
        //在新会话启动时运行的代码
        Application.Lock();
        Application["counter"] = (int)Application["counter"] + 1;
        Application.UnLock();
    }
    void Session_End(object sender, EventArgs e)
    {
        //在会话结束时运行的代码
        //注意：只有在 Web.config 文件中的 sessionstate 模式设置为
        //InProc 时，才会引发 Session_End 事件. 如果会话模式设置为 StateServer
        //或 SQLServer，则不会引发该事件
        Application.Lock();
        Application["counter"] = (int)Application["counter"] - 1;
        Application.UnLock();
    }
</script>
```

(4) 在 Default.aspx 窗体的 Page_load 事件中加入初始化代码。

```
private void Page_Load(object sender, System.EventArgs e)
{
    //在此处放置用户代码以初始化页面
    this.Label1.Text = "当前在线人数：" + Application["counter"];
}
```

(5) 切换到"源"模式，在<head></head>中加入：

```
<meta http-equiv = "refresh" content = "60,url = Default.aspx">
```

(6) 单击"启动调试"按钮或按 F5 键，运行结果如图 9-3 所示。

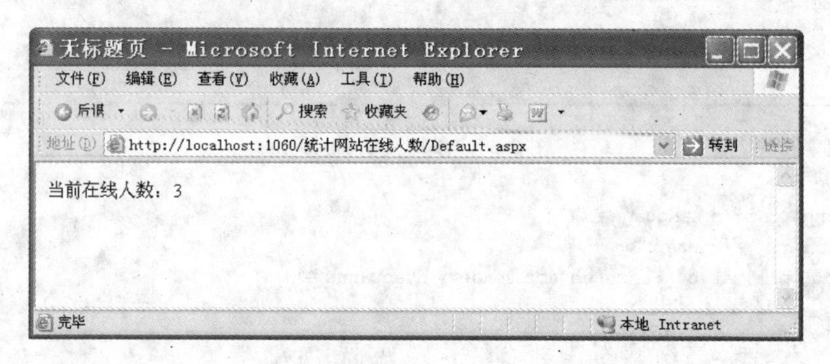

图 9-3 统计网站在线人数运行结果

9.2 ASP.NET 控件

9.2.1 ASP.NET 控件概述

ASP.NET 控件基本上有两个系列，分别是 HTML 服务器控件和 Web(标准)服务器控件(如图 9-4 所示)。System.Web.UI.HtmlControls 是 HTML 服务器控件的命名空间，System.Web.UI.WebControls 是 Web 服务器控件的命名空间。

1. HTML 服务器控件

HTML 服务器控件表示大多数浏览器支持的标准 HTML 标签。一个 HTML 服务器控件的属性集，与对应标签的常用属性集匹配。控件具有 InnerText、InnerHtml、Style 和 Value 等属性，以及 Attributes 等集合特征。每次在页面来源中发现标记了 runat＝"server"的 HTML 标签时，ASP.NET 运行库就自动地创建对应的 HTML 服务器控件的实例。

现有的 HTML 服务器控件集并没有涵盖任一给定版本的 HTML 模式所有可能的 HTML 标签。只有最常用的标签才进入 System.Web.UI.HtmlControls 命名空间。<iframe>、<frameset>、<body>和<hn>等标签，以及<fieldset>、<marquee>和<pre>等最不常用的标签，都被省去了。

【例 9-2】 使用 HTML 服务器控件实现文件上传功能。

Input(File)控件是把文件从一个浏览器上传到 Web 服务器的 HTML 工具。图 9-5 是运行时效果。

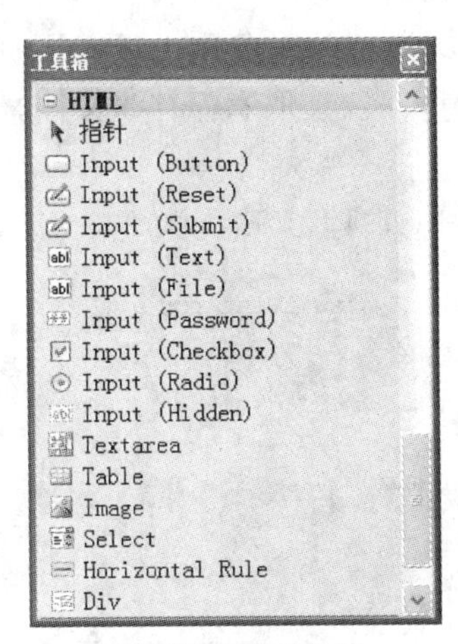

(a) HTML服务器控件

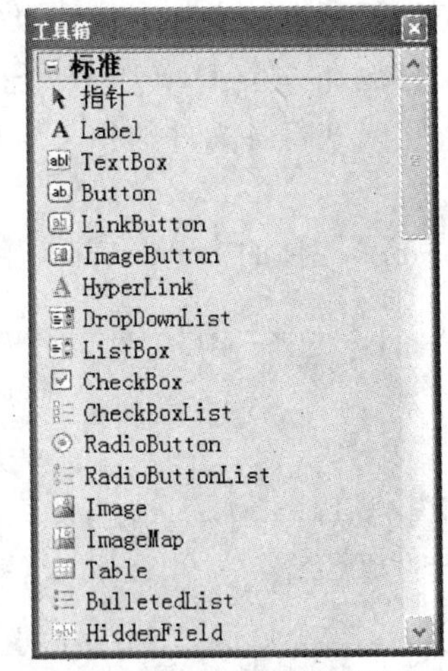

(b) Web(标准)服务器控件

图 9-4　HTML 服务器控件和 Web(标准)服务器控件

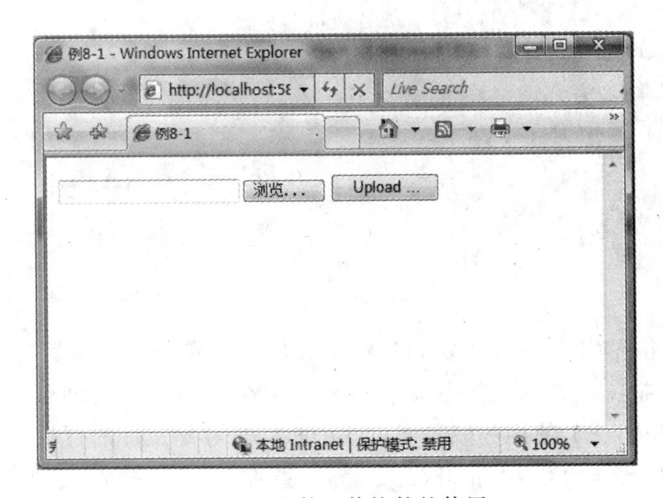

图 9-5　文件上传控件的使用

【设计步骤】

(1) 在集成开发环境中,选择"文件"→"新建"→"网站"命令,打开"新建网站"对话框。在"模板"窗格中选择"ASP.NET 空网站"选项,新建一个 ASP.NET 空的 Web 网站应用程序。选择"网站"→"添加新项"菜单项,打开如图 9-2 所示的"添加新项"对话框。选择"Web 窗体"向项目加入一个 aspx 网页。

(2) 分别单击左侧"工具箱"→"HTML"控件列表中的 Input(File)和 Input(Submit)两个控件,拖放到页面中。

```
< input runat = "server" type = "file" id = "upLoader">
< input runat = "server" type = "submit" value = " Upload …" />
```

Input(File)控件生成 HTML 的方法与具体的浏览器有关,但是它通常由一个文本框和一个浏览按钮组成的。用户从本地机器上选择一个文件，然后单击该按钮把页面提交给服务器。这时，浏览器把所选的文件上传到服务器。

在服务器上，文件放在一个 HttpPostedFile 类型的对象中。HttpPostedFile 对象提供了一些属性和方法，用来获得各文件的相关信息，以及读取和保存该文件。

(3) 编写代码。

编写 Input(Submit)控件的 ServerClick 事件处理代码：

```
private void Submit1_ServerClick(object sender, System.EventArgs e)
{
    try
    {
        string str = this.File1.PostedFile.FileName;
        if(str.LastIndexOf("\\")> - 1)
        {
          str = str.Substring(str.LastIndexOf("\\") + 1);
          this.File1.PostedFile.SaveAs(Server.MapPath(str));
          Response.Write("< script > window.alert('上传成功!');</script >");
        }
        else
          Response.Write("< script > window.alert('请选择上传的文件!');</script >");
    }
    catch(Exception err)
    {
      Response.Write("< script > window.alert('上传失败: " + err.Message + "');</script >");
    }//try…catch
}
```

说明：

使用 SaveAs 方法时，一定要指定到达输出文件的完整路径。如果提供一个相对路径，则 ASP.NET 试图把文件放入系统目录。这种做法会导致拒绝访问(access denied)错误。此外，一定要为 ASP.NET 使用的账号提供我们想用来存储文件的目录的写入权限。

ASP.NET 对上传的数据量可以实施一些控制。在配置文件(Web.Config)的<System.Web>节中加入<httpRuntime maxRequestLength="容量"/>，指定可以上传的最大容量(单位为 KB)。如果文件超过规定的大小(默认为 4MB)，浏览器中就会产生一个错误。例如：

```
< httpRuntime maxRequestLength = "10240" /> (意思为: 不超过 10MB)
```

2. Web 服务器控件

Web 服务器控件比 HTML 服务器控件具有更多特征。Web 服务器控件不仅包括按钮和文本框等输入控件，而且还包括专用控件，诸如日历、广告轮换器(adrotator)、下拉列表(drop-downlist)、树状结构图(tree view)和数据网格(grid view)。Web 服务器控件还包括一些非常像 HTML 服务器控件的组件。但是 Web 服务器控件比对应的 HTML 服务器控件更抽象，因为它们的对象模型不一定反映 HTML 语法。

例如，比较一下 HTML 服务器文本控件和 Web 服务器 TextBox 控件。HTML 服务器文本控件具有如下标记：

```
< input runat = "Server" id = "FirstName" type = "text" value = "Dino" />
```

Web 服务器 TextBox 控件具有如下标记：

```
< asp:textbox runat = "Server" id = "FirstName" text = "Dino" />
```

Web 服务器控件使用“asp:”作为前缀说明标志，“/”作为结束标志。一般的 Web 服务器控件切换到“源”HTML 视图具有如下形式：

```
< asp:ControlType id = "identifier1"
      attribute1 = value1
         …
      attributeN = valueN
     runat = "server"/>
```

另外，结束符标志也可以为</asp:ControlType>。

HTML 服务器文本控件的非常接近 HTML <input>标签，而 Web 服务器 TextBox 控件的方法和属性以一种更抽象的方式进行命名。例如，为了设置 HTML 服务器文本控件的内容，必须使用 Value 属性，因为 Value 是对应的 HTML 属性名。如果使用 Web 服务器 TextBox 控件，则必须设置 Text 属性。用 HTML 服务器控件还是用 Web 服务器控件来表示 HTML 元素，只是个人爱好问题以及开发和维护的容易性问题。

所有的 ASP.NET 服务器控件，包括 HTML 控件和标准 Web 服务器控件以及我们创建或下载的任何定制控件，都继承自 Control 类。Control 类在 System. Web. UI 命名空间中定义，它也是所有的 ASP.NET 页的基础。Control 类的属性没有用户界面特有的特征。实际上，该类代表了服务器控件应该有的最小的功能集。Control 类还定义了 .NET Framework 中的所有服务器控件支持的基本事件集。

下面重点介绍各种 Web 服务器控件。

9.2.2 标签控件 Label

Label 控件即标签，主要用于在 Web 页上显示标题或简短提示。Label 控件的主要属性如下：

(1) ForeColor 和 BackColor——指定控件前景背景色。

(2) Enabled——是否允许操作。

(3) Font——指定控件所显示文字的字体属性，包括字体名称、大小等。

(4) ID——控件的唯一标识。

(5) Text——指定控件显示的文字。

(6) Enabled——是否允许操作。

Label 控件在 HTML 视图中形式如下：

```
< asp:Label id = "Label1" runat = "server">显示的文字 </asp:Label >
```

9.2.3 Button、ImageButton 和 LinkButton 控件

这三个控件使用户可以指示已完成表单或要执行特定的命令，功能类似，但在网页上显示的方式都不同。

普通按钮控件 Button 显示一个标准命令按钮，该按钮呈现为一个 HTML input 元素。链接按钮控件 LinkButton 呈现为页面中的一个超链接，功能与 Button 控件相同。图形按钮控件 ImageButton 允许用户将一个图形指定为按钮，这对于提供丰富的按钮外观非常有用。

当用户单击这三种类型按钮中的任何一种时，都会向服务器提交一个窗体。这使得在基于服务器的代码中，网页被处理，任何挂起的事件被引发。这些按钮还可引发它们自己的 Click 事件，用户可以为这些事件编写事件处理程序。

1. 常见属性

(1) Attributes 属性：获取与控件的属性不对应的任意特性（只用于呈现）的集合。（从 WebControl 继承。）

(2) CausesValidation 属性：获取或设置一个值，该值指示在单击 Button 控件时是否执行验证。

(3) CommandArgument 属性：获取或设置可选参数，该参数与关联的 CommandName 一起被传递到 Command 事件。

(4) CommandName 属性：获取或设置命令名，该命令名与传递给 Command 事件的 Button 控件相关联。

(5) OnClientClick 属性：获取或设置在引发某个 Button 控件的 Click 事件时所执行的客户端脚本。

(6) PostBackUrl 属性：获取或设置单击 Button 控件时从当前页发送到的网页的 URL。

(7) Text 属性：获取或设置在 Button 控件中显示的文本标题。

(8) ValidationGroup 属性：使用该属性可以指定单击按钮时调用页面上的哪些验证程序。如果未建立任何验证组，则单击按钮会调用页面上的所有验证程序。

图形按钮控件 ImageButton 的功能与 Button 控件相同，只是 ImageButton 控件使用图片作为其外观。其主要属性如下：

(1) AlternateText 属性——指定在图像无法显示时显示的备用文本。

(2) ImageAlign 属性——指定图像的对齐方式（Left、Right、Top、Bottom 等）。

(3) ImageUrl 属性——指定要显示的图像的 URL。

2. 常用事件

(1) Click 事件：在单击 Button 控件时发生。

(2) Command 事件：在单击 Button 控件时发生。

3. 实例开发

【例 9-3】 使用 Button 控件触发客户端事件。

有时为了防止用户误操作，需要在执行 Click 事件前让用户再次确认是否执行该操作，这时可以采用执行客户端脚本的方式来实现，运行效果如图 9-6 所示。

图 9-6　Button 控件触发客户端事件

【程序设计的思路】

实现本程序需要在页面中使用JavaScript 脚本程序，通过调用 Confirm()函数来显示一个对话框供用户确认，根据返回值来判断是否执行 Click 事件。

【设计步骤】

(1) 新建一个 ASP.NET 空的 Web 网站应用程序。选择"网站"→"添加新项"命令，打开如图 9-2 所示的"添加新项"对话框。选择"Web 窗体"选项，向项目加入一个 aspx 网页。

(2) 单击左侧"工具箱"→"标准"控件列表中的 Button 控件，拖放到页面中。

(3) 设置 Button 控件属性，把 Text 属性设置为"删除"，把 OnClientClick 属性设置为 return confirm_del()。

(4) 在页面文件(.aspx)中，在<Head>和</Head>标记中间添加如下代码：

```
<script type = "text/javascript" language = "javascript">
    function confirm_del()
    {
    return confirm('真的要删除吗?');
    }
</script>
```

(5) 双击 Button 控件，编写 Button 控件的 Click 事件代码。

```
protected void Button1_Click(object sender, EventArgs e)
{
    Response.Write("删除成功!");
}
```

9.2.4　DropDownList 控件和 ListBox 控件

DropDownList 控件即下拉列表。用户只要按下其向下的箭头按钮，即可列出控件中预选定义的列表项，可从中选取所需的列表项。

1. 常见属性及事件

(1) AutoPostBack 属性：指定在某一项的选择状态发生改变后，表单是否被自动回发到服务器，默认值 False。

(2) DataMember 属性：指明数据源数据库表名。

(3) DataSource 属性：指明数据源数据库的名称。

(4) DataTextField 属性：用于提供列表项文本的数据源中的字段。

(5) DataValueField 属性：提供列表项值的数据源中的字段。

(6) Items 属性：表示 Item 子项的集合，通过该属性可以预设在下拉列表中显示的选项。

(7) SelectedIndex 属性：获得或设置控件中被选定的列表项的索引号。

(8) SelectedItem 属性：获取列表控件中索引最小的选定项。

(9) SelectedValue 属性：获取列表控件中被选定的列表项的值。

(10) SelectedIndexChanged 事件：当被选项的索引发生改变时激发(需将 AutoPostBack 属性值设置为 True)。

2. 实例开发

【例 9-4】 利用 DropDownList 控件提供被选列表项，当从中选择某个列表项后，单击命令按钮，便将选取到的选项显示出来。如图 9-7 所示。

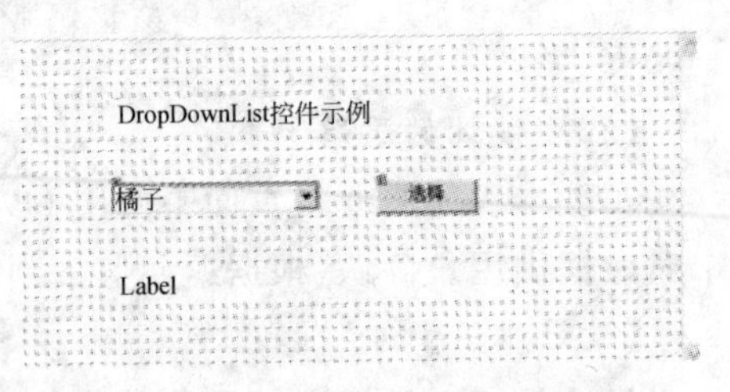

图 9-7 利用 DropDownList 控件提供被选列表项

设计步骤：

(1) 在集成开发环境中，选择“文件”→“新建”→“网站”命令，打开“新建网站”对话框。在“模板”窗格中选择“ASP.NET 空网站”选项，新建一个 ASP.NET Web 网站应用程序。选择“网站”→“添加新项”命令，打开“添加新项”对话框。选择“Web 窗体”选项，向项目加入一个 aspx 网页。

(2) 在 Web 窗体中放入一个按钮 Buttonl，并添加两个标签和一个 DropDownList 控件。设计界面如图 9-7 所示。在属性窗口中单击 DropDownList 控件的 Items 属性旁的省略号按钮，在如图 9-8 所示的 ListItem 集合编辑器中添加 Item 子项。

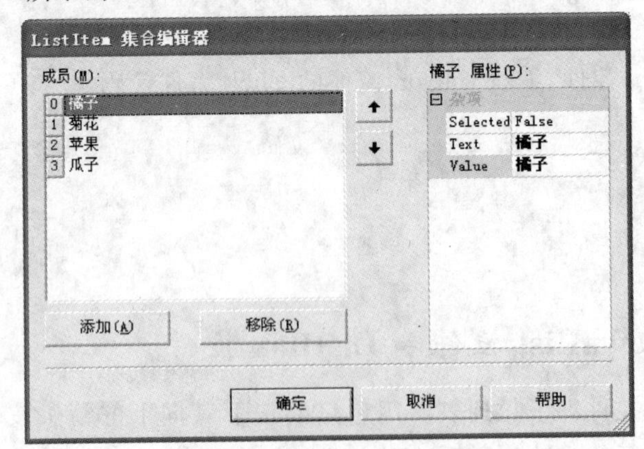

图 9-8 ListItem 集合编辑器

(3) 编写代码。

双击按钮控件 Buttonl,在 Click 事件中,添加以下程序代码:

```
Label2.Text = "你的选择是:" + DropDownList1.SelectedItem.Text;
```

列表框(ListBox)类似于 DropDownList,但 ListBox 会一次列出多个选项来让用户从中选取。ListBox 控件除了与 DropDownList 控件相同的属性与事件以外,常用的属性还有:

(1) Rows——要显示的可见行的数目。

(2) SelectionMode——列表项的选择模式,决定控件是否允许多项选择。

9.2.5 Image 控件和 ImageMap 控件

Image 控件在 Web 页上显示一幅图像,该图像的路径通过 ImageUrl 属性设置。图像 URL 既可以是相对的,也可以是绝对的,并且大多数程序员明显喜欢相对 URL,因为它们使一个 Web 站点更容易迁移。由于某种原因不能找到图像或者浏览器不能生成图像时,还可以指定要显示的替代文本。这种情况下使用的属性是 AlternateText。在页上该图像与其他元素的对齐方式使用 ImageAlign 属性设置。

Image 控件不是一个可单击的组件,并且只能显示一幅图像。如果需要捕获图像上的鼠标单击事件,则使用 ImageButton 控件代替。ImageButton 类继承自 Image 类,并扩展了两个事件: Click 和 Command,在控件被单击时会引发这两个事件。OnClick 事件处理程序提供了一个 ImageClickEventArgs 数据结构,它包含图像被单击位置的相关信息。OnCommand 事件处理程序使 ImageButton 控件的行为像一个命令按钮。命令按钮具有一个关联名称,可通过 CommandName 属性控制。如果同一页上有多个 ImageButton 控件,则利用 CommandName 属性可以区别实际上单击了哪一个控件。CommandArgument 属性可用来传递有关命令和控件的额外信息。

ImageMap 控件可以创建一个图像,该图像包含许多用户可以单击的区域,这些区域称为作用点或热点。每一个作用点都可以是一个单独的超链接或回发事件。作用点有三种预定义的类型:多边形、圆形和矩形。

1. Image 控件和 ImageMap 控件常见属性

(1) HotSpotMode: 获取或设置单击 HotSpot 对象时 ImageMap 控件的 HotSpot 对象的默认行为。

(2) HotSpots: 获取 HotSpot 对象的集合,这些对象表示 ImageMap 控件中定义的作用点区域。

(3) ImageAlign: 获取或设置 Image 控件相对于网页上其他元素的对齐方式。

(4) ImageUrl: 获取或设置在 Image 控件中显示的图像的位置。

2. 实例开发

【例 9-5】 创建可以点击的地图,运行效果如图 9-9 所示。当点击地图上设置的热点时,会提示此地区的相关信息。例如:当用户点击地图上“中原工学院”,则出现该校信息。

【程序设计的思路】

本程序使用 ImageMap 控件,将地图上的地名区域定义为热点,用户点击后提示点击的

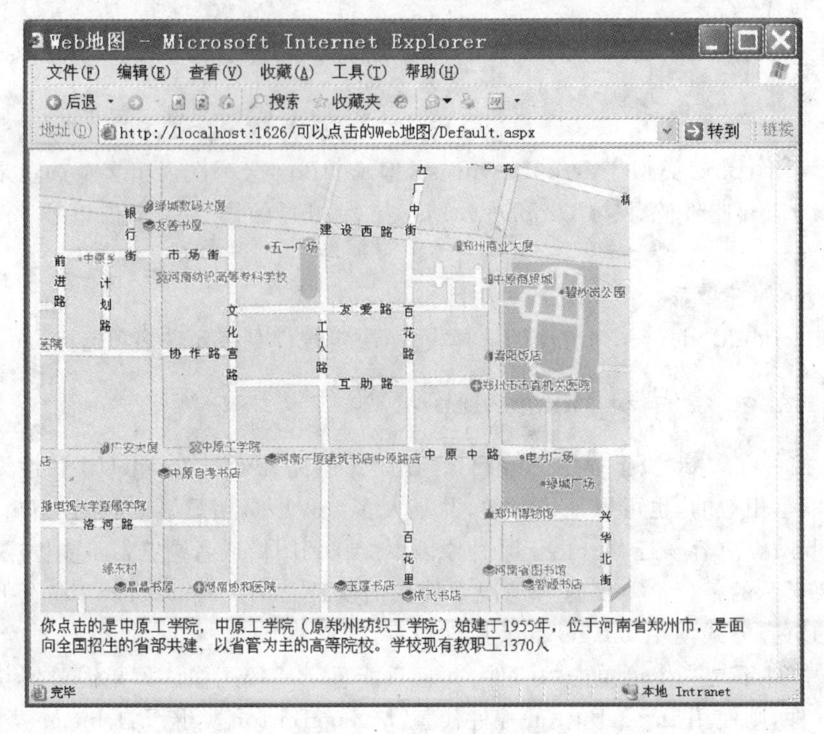

图 9-9　可以点击的地图

地名。设计难点在于热点区域的定位，用户可采用 DreamWeaver 等工具软件辅助。

【设计步骤】

(1) 新建一个 ASP.NET 空的 Web 网站应用程序。选择“网站”→“添加新项”命令，打开“添加新项”对话框。选择“Web 窗体”选项，向项目加入一个 aspx 网页。

(2) 单击左侧“工具箱”→“标准”控件列表中的 ImageMap 控件，拖放到页面中。

(3) 设置 ImageMap 控件属性。设置 ImageUrl 属性为 map.jpg，HotSpotMode 属性设置为 PostBack(回送提交方式)，单击 HotSpots 属性右侧省略号按钮，弹出如图 9-10 所示的“HotSpot 集合编辑器”创建热点，具体过程如下：

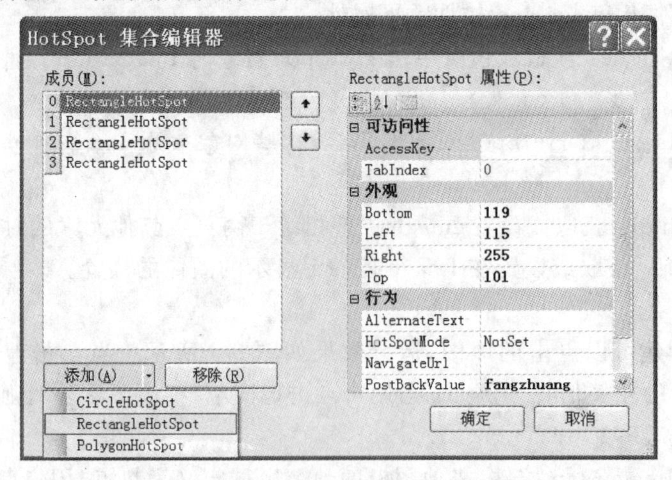

图 9-10　“HotSpot 集合编辑器”对话框窗口

在“HotSpot 集合编辑器”对话框窗口中单击“添加”按钮右侧的下拉按钮，从列表项中选择矩形区域 RectangleHotSpot 热点，在右侧 RectangleHotSpot 属性中设置该热点的 Bottom、Left、Right、Top 值，同时设置识别该热点的 PostBackValue 值。

设置后在“源”视图下主要代码如下：

```
<asp:ImageMap ID = "ImageMap1" runat = "server" HotSpotMode = "PostBack"
ImageUrl = "~/map.jpg">
<asp:RectangleHotSpot Bottom = "119" Left = "115" PostBackValue = "fangzhuang"
Right = "255" Top = "101" />
<asp:RectangleHotSpot Left = "151" Top = "271" Right = "227" Bottom = "286"
PostBackValue = "zzti" />
<asp:RectangleHotSpot Left = "498" Top = "306" Right = "559" Bottom = "323"
PostBackValue = "lvcheng" />
<asp:RectangleHotSpot Left = "520" Top = "118" Right = "588" Bottom = "136"
PostBackValue = "bisha" />
</asp:ImageMap>
```

(4) 鼠标单击左侧“工具箱”→“标准”控件列表中的 Label 控件，拖放到页面中。该控件用于显示用户点击后的结果，不用设置属性。

(5) 编写 ImageMap 控件的 Click 事件代码：

```
protected void ImageMap1_Click(object sender, ImageMapEventArgs e)
{
    string region = "";
    switch (e.PostBackValue)
    {
        case "fangzhuang":
            region = "河南纺织高等专科学校，是高等工程专科重点建设学校，主要为机械、电子
行业和全社会培养综合性应用型工程技术和管理人才。";
            break;
        case "zzti":
            region = "中原工学院，中原工学院(原郑州纺织工学院)始建于 1955 年，位于河南省
郑州市，是面向全国招生的省部共建、以省管为主的高等院校。学校现有教职工 1370 人";
            break;
        case "lvcheng":
            region = "绿城广场，经过"绿城广场"的线路有：1 路 K9 路 9 路 38 路";
            break;
        case "bisha":
            region = "碧沙岗公园，碧沙岗三个字和两边的"碧血丹心"、"血染黄沙"匾还是冯玉祥
将军题的字呢！里面环境不错。";
            break;
    }
    Label1.Text = "你点击的是 " + region;
}
```

9.2.6 文本输入控件

TextBox 服务器控件是使用户可以输入文本的输入控件，该控件可以用于单行文本输

入、多行文本输入和密码文本输入。设置 TextMode 属性的不同取值可以实现上述三种类型的输入：

- SingleLine——用户只能在一行中输入信息。还可以选择限制控件接受的字符数。
- Password——与单行 TextBox 控件类似，但用户输入的字符将以星号（*）屏蔽，以隐藏这些信息。
- Multiline——用户在显示多行并允许文本换行的框中输入信息。

1. 常见属性

(1) AutoPostBack 属性：获取或设置一个值，该值指示无论何时用户在 TextBox 控件中按 Enter 或 Tab 键时，是否都会发生自动回发到服务器的操作。

(2) CausesValidation 属性：获取或设置一个值，该值指示当 TextBox 控件设置为在回发发生时进行验证，是否执行验证。

(3) Columns 属性：获取或设置文本框的显示宽度(以字符为单位)。

(4) MaxLength 属性：获取或设置文本框中最多允许的字符数。

(5) ReadOnly 属性：获取或设置一个值，用于指示能否更改 TextBox 控件的内容。

(6) Rows 属性：获取或设置多行文本框中显示的行数。

(7) Text 属性：获取或设置 TextBox 控件的文本内容。

(8) TextMode 属性：获取或设置 TextBox 控件的行为模式(单行、多行或密码)。

2. 常见方法

OnTextChanged 方法：当文本框的内容在向服务器的各次发送过程间更改时触发 TextChanged 事件。

3. 实例开发

【例 9-6】 创建用户登录页面。用户登录是 Web 程序开发中的常见功能，运行效果如图 9-11 所示。

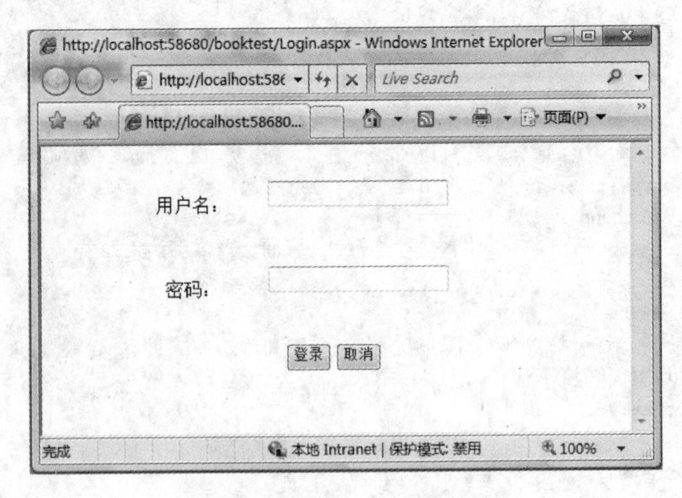

图 9-11 用户登录页面

【设计步骤】

(1) 新建一个 ASP.NET 空的 Web 网站应用程序。选择“网站”→“添加新项”命令，打开“添加新项”对话框。选择“Web 窗体”选项，向项目加入一个 aspx 网页。

(2) 拖放两个 TextBox 控件。单击左侧“工具箱”→“标准”控件列表中的 TextBox 控件,拖放到页面中。

(3) 设置 TextBox 控件属性。两个 TextBox 控件的 ID 分别设置为 txt_UserName 和 txt_Password。将 txt_Password 的 TextMode 属性设置为 Password。添加两个 Button 控件,ID 分别设置为 btn_Login 和 btn_Reset。

(4) 编写代码,新建一个 CheckPwd 函数,用于验证密码是否正确。具体代码涉及数据库操作,此处省略。

```
public Boolean CheckPwd(String username, String password )
{
    //这个函数用于验证密码是否正确,具体代码省略
    //...
    return true;
}
```

(5) 分别编写两个 Button 控件的 Click 事件代码:

```
protected void btn_Login_Click(object sender, EventArgs e)
{
    if (CheckPwd(txt_UserName.Text, txt_Password.Text))
    {
        //用 Session 保存登录状态
        Session("UserName") = txt_UserName.Text;
        //转向到登录后页面
        Response.Redirect("default.aspx");
    }
    else
    {
        //提示用户名或密码错误
        Response.Write("< script > alert('用户名或密码错误!')</script >");
        return;
    }
}
protected void btn_Reset_Click (object sender, EventArgs e)
{
    '清除用户输入的内容
    txt_UserName.Text = "";
    txt_Password.Text = "";
}
```

9.2.7 复选框和单选钮

复选框控件有两个:CheckBox 控件和 CheckBoxList 控件。两种控件都为用户提供了一种输入布尔型数据(真或假、是或否)的方法。用户可以向页面添加单个 CheckBox 控件,并单独使用这些控件。作为另外一种 Web 服务器控件类型,CheckBoxList 控件则是单个控件,可作为复选框列表项集合的父控件。使用 CheckBoxList 控件的许多过程与使用其他列表 Web 服务器控件的过程相同。

每类控件都有各自的优点。使用单个 CheckBox 控件比使用 CheckBoxList 控件能更好地控制页面上各个复选框的布局。例如，可以在各个复选框之间包含文本(即非复选框的文本)。也可以控制个别复选框的字体和颜色。

如果想用数据库中的数据创建一组复选框，则 CheckBoxList 控件是较好的选择。

单选钮控件也有两个：RadioButton 控件和 RadioButtonList 控件，这两种控件都允许用户从一小组互相排斥的预定义选项中进行选择。这些控件允许定义任意数目带标签的单选按钮，并将它们水平或垂直排列。用户可以向页面添加单个 RadioButton 控件，并单独使用这些控件。通常是将两个或多个单独的按钮组合在一起。

与之相反，RadioButtonList 控件是单个控件，可作为一组单选按钮列表项的父控件。

每类控件都有各自的优点。单个 RadioButton 控件可以更好地控制单选按钮组的布局。RadioButtonList 控件不允许在按钮之间插入文本，但如果想将按钮绑定到数据源，使用这类控件要方便得多。在编写代码以检查所选定的按钮方面，它也稍微简单一些。

1. 常见属性

(1) AutoPostBack 属性：获取或设置一个值，该值指示在单击时 CheckBox 状态是否自动回发到服务器。

(2) Checked 属性：获取或设置一个值，该值指示是否已选中 CheckBox 控件。

2. 常见事件

(1) CheckedChanged 事件：当 Checked 属性的值在向服务器进行发送期间更改时发生。

(2) SelectedIndexChanged 事件：当列表控件的选定项在信息发往服务器之间变化时发生。

3. 实例开发

【例 9-7】 创建注册页面

通常注册页面需要用到文本输入控件(TextBox)、单选钮控件(RadioButton)、下拉列表控件(DropDownList)、按钮控件(Button)和验证控件。当用户注册成功后转向到主页面。图 9-12 是运行时的效果。

【设计步骤】

(1) 新建一个 ASP.NET 空的 Web 网站应用程序。选择“网站”→“添加新项”命令，打开“添加新项”对话框。选择“Web 窗体”选项，向项目加入一个 aspx 网页。

(2) 在页面窗体中添加一个 10 行 2 列的表格。

(3) 单击左侧“工具箱”→“标准”控件列表，向页面分别拖放 7 个 TextBox 控件、2 个 Button 控件、3 个 RadioButton 控件、1 个 DropDownList 控件。其中“密码”和“确认密码”TextBox 控件的 TextMode 属性设置为 Password；“备注”TextBox 控件的 TextMode 属性设置为 MultiLine；RadioButton 控件的 GroupName 属性设置为 sex。其他具体属性设置如图 9-12 所示，设置后在“源”视图下的主要代码如下：

```
<asp:TextBox ID = "txt_UserName" runat = "server"></asp:TextBox>
<asp:TextBox ID = "txt_Passwd" runat = "server"
TextMode = "Password"></asp:TextBox>
```

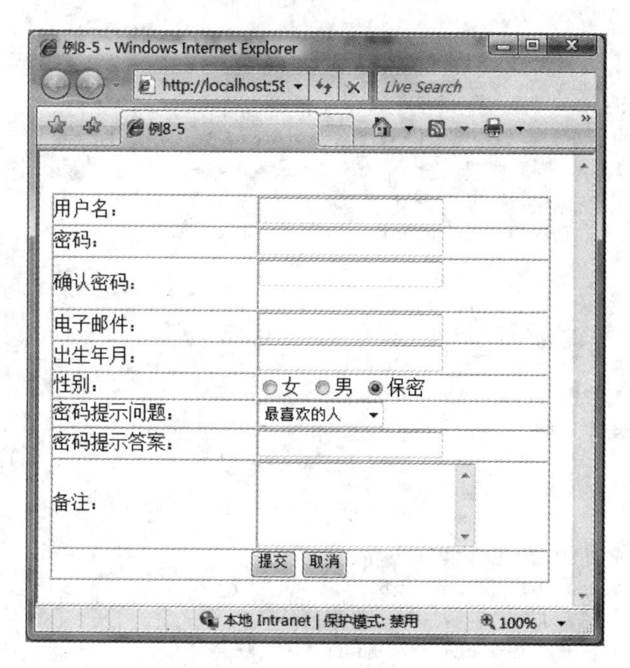

图 9-12 注册页面

```
<asp:TextBox ID="txt_RePasswd" runat="server" TextMode="Password">
</asp:TextBox>
<asp:CompareValidator ID="CompareValidator1" runat="server"
ControlToCompare="txt_Passwd" ControlToValidate="txt_RePasswd"
ErrorMessage="密码不相同"></asp:CompareValidator>
<asp:TextBox ID="txt_Email" runat="server"></asp:TextBox>
<asp:TextBox ID="txt_Birthday" runat="server"></asp:TextBox>
<asp:RadioButton ID="rb_sex1" runat="server" GroupName="sex" Text="女" />
<asp:RadioButton ID="rb_sex2" runat="server" GroupName="sex" Text="男" />
<asp:RadioButton ID="rb_sex3" runat="server" Checked="True"
GroupName="sex" Text="保密" />
<asp:DropDownList ID="ddl_Question" runat="server">
    <asp:ListItem>最喜欢的人</asp:ListItem>
    <asp:ListItem>最喜欢的动物</asp:ListItem>
</asp:DropDownList>
<asp:TextBox ID="txt_Answer" runat="server"></asp:TextBox></td>
<asp:TextBox ID="txt_Memo" runat="server" Rows="4"
    TextMode="MultiLine"></asp:TextBox>
<asp:Button ID="Button1" runat="server" Text="提交" />
<asp:Button ID="Button2" runat="server" Text="取消"
CausesValidation="False" />
```

(4) 编写 Button 控件的 Click 事件代码。

```
protected void Button1_Click(object sender, EventArgs e)
{
    if (txt_Passwd.Text != txt_RePasswd.Text)
Response.Write("<script>window.alert('两次密码输入错误!');</script>");
```

```
        else
        {
            String s;
            s = "用户名: " + txt_UserName.Text + "密码 :" + txt_Passwd.Text;
            s = s + "电子邮件: " + txt_Email.Text;
            s = s + "出生年月: " + txt_Birthday.Text;
            if (rb_sex1.Checked == true)
                s = s + "性别: 女 ";
            else
                s = s + "性别: 男 ";
            s = s + "密码提示问题: " + ddl_Question.SelectedItem.Text;
            s = s + "密码提示答案: " + txt_Answer.Text + "备注: " + txt_Memo.Text;
            Response.Write(String.Format(
                            "<script>window.alert('{0}');</script>", s));
            //写入数据库代码省略
            //…
            //写入成功后转向主页面 index.aspx
            Response.Redirect("index.aspx ");
        } }
protected void Button2_Click(object sender, EventArgs e)
{ //清除用户输入的内容
 txt_UserName.Text = "";
 txt_Passwd.Text = "";
 txt_RePasswd.Text = "";
 txt_Email.Text = "";
 txt_Birthday.Text = "";
 rb_sex3.Checked = true;
 ddl_Question.SelectedIndex = 0;
 txt_Answer.Text = "";
 txt_Memo.Text = "";
}
```

9.2.8 AdRotator 控件

从理论上讲，AdRotator 控件显示一个自动调整大小的图像按钮，并且每次页面刷新时同时更新图像和 URL。控件所要显示的图像和其他信息从一个根据特定模式编写的 XML 文件中读取。更具体地讲，这里使用 AdRotator 控件创建 Web 窗体页上的广告标语。该控件实际上在页面中插入一幅图像和一个超链接，并使其指向所选的广告页面。该图像被浏览器调整到适合 AdRotator 控件的尺寸，而不管它的实际大小如何。如下代码展示了一个典型的 XML 广告文件：

```
<?xml version = "1.0" encoding = "utf-8" ?>
<Advertisements>
  <Ad>
    <ImageUrl>~/images/Contoso_ad.gif</ImageUrl>
    <NavigateUrl>http://www.contoso.com</NavigateUrl>
    <AlternateText>Ad for Contoso.com</AlternateText>
```

```
    </Ad>
    <Ad>
      <ImageUrl>~/images/ASPNET_ad.gif</ImageUrl>
      <NavigateUrl>http://www.asp.net</NavigateUrl>
      <AlternateText>Ad for ASP.NET Web site</AlternateText>
    </Ad>
</Advertisements>
```

<Advertisement>根节点包含多个<Ad>元素，每个要显示的图像一个元素。该广告文件必须与 AdRotator 控件放在同一个应用程序中。AdRotator 控件的语法如下：

```
<asp:AdRotator runat = "server" id = "bookRotator"
AdvertisementFile = "MyBooks.xml" />
```

在 XML 广告文件中，使用<ImageUrl>节点指出要加载的图像，用<NavigateUrl>节点指定被单击后转向哪里。<AltemateText>节点指出图像不可用时使用的替代文本，<Impressions>指出一幅图像相对于该广告文件中其他图像的显示频度。每幅图像也可以通过<Keyword>节点与一个关键字关联。在所有的元素中，只有<ImageUrl>是必不可少的。

每往返一次，AdRotator 控件就激发服务器端 AdCreated 事件一次。该事件在页面生成前发生。事件处理程序接收一个 AdCreatedEventArgs 类型的参数，它包含有关图像、导航 URL、替代文本和与该广告相关的任何定制属性的信息。通过对 AdCreated 事件进行编程，可以选择要显示的图像。广告的 XML 模式不是固定不变的，并且可以用定制元素进行扩展。所有与所选的广告关联的非标准元素，都将被传递给 AdCreated 事件处理程序，并用 AdCreatedEventArgs 类的 AdProperties 字典成员填充。

9.2.9 Calendar 控件

Calendar 控件显示一个月历，它允许我们选择日期以及通过月份前后导航。该控件的外观和功能完全可以定制。例如，通过设置 SelectionMode 属性，可以决定用户可以选择什么——即可以选择一个单独的日期、一周还是一个月。

VisibleData 属性设置一个在日历中必须可见的日期，而 SelectedDate 以一种不同的风格设置选中时生成的日期。该控件还激发 3 个特别的事件：DayRender、SelectionChanged 和 VisibleMonthChanged。DayRender 事件表明该控件刚刚创建一个新的日期单元格。如果认为需要定制单元格输出，则可以对该事件进行编程。如果选中的日期发生变化，则激发 SelectionChanged 事件；每当用户使用控件的选择器按钮移动到另一个月时，激发 VisibleMonthChanged 事件。

Calendar 控件对每种选择引起一个页面回发。虽然 Calendar 控件本身非常出色而且功能强大，但是为了得到更好的性能，通常还要提供一个纯文本框，用于人工输入日期。

1. 常见属性

(1) DayNameFormat 属性：获取或设置周中各天的名称格式。

(2) FirstDayOfWeek 属性：获取或设置要在 Calendar 控件的第一天列中显示的一周中的某天。

(3) SelectedDate 属性：获取或设置选定的日期。

(4) SelectedDates 属性：获取 System. DateTime 对象的集合，这些对象表示 Calendar 控件上的选定日期。

(5) SelectionMode 属性：获取或设置 Calendar 控件上的日期选择模式，该模式指定用户可以选择单日、一周还是整月。

(6) TodaysDate 属性：获取或设置今天的日期的值。

(7) VisibleDate 属性：获取或设置指定要在 Calendar 控件上显示的月份的日期。

2. 常见事件

(1) DayRender 事件：当为 Calendar 控件在控件层次结构中创建每一天时发生。

(2) SelectionChanged 事件：当用户通过单击日期选择器控件选择一天、一周或整月时发生。

(3) VisibleMonthChanged 事件：当用户单击标题标头上的下个月或上个月导航控件时发生。

3. 实例开发

【例 9-8】 使用日历控件输入日期。

在程序中，需要用户输入日期的情况很常见，如果单纯使用 TextBox 文本输入控件来输入日期，需要考虑用户输入的日期是否正确。本程序使用日历控件来输入日期，用户只需点击相应的日期即可输入，不会有日期错误的问题。程序中的文本框只用来显示，不能输入(设为只读模式)。显示效果如图 9-13 所示。

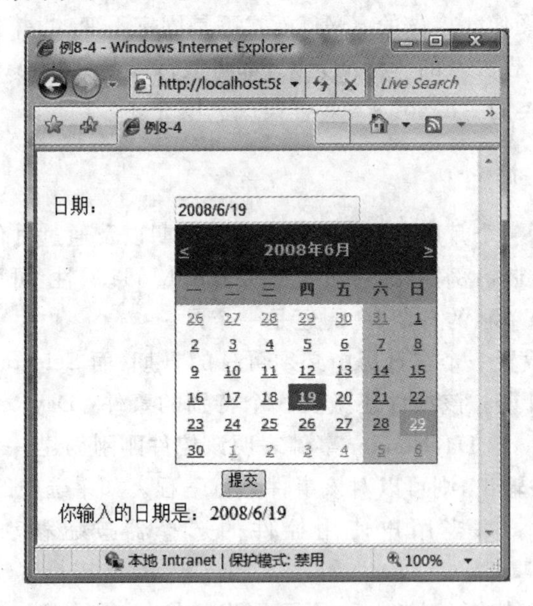

图 9-13　使用日历控件输入日期

【设计步骤】

(1) 新建一个 ASP.NET 空的 Web 网站应用程序。选择"网站"→"添加新项"命令，打开"添加新项"对话框。选择"Web 窗体"选项，向项目加入一个 aspx 网页。

(2) 单击左侧"工具箱"→"标准"控件列表，向页面分别拖放一个 TextBox 控件、一个

Calendar 控件、一个 Button 控件和一个 Label 控件。

(3) 设置控件属性。TextBox 控件的 ReadOnly 属性设置为 True。Calendar 控件的 FirstDayOfWeek 属性设置为 Monday，这样符合中国习惯，即每周的第一天是星期一。Button 控件的 Text 属性设置为“提交”。

(4) 编写代码。

首先处理 Page_Load 事件，在这里主要是初始化数据，将当前日期写入 TextBox 控件。然后要处理 Calendar 控件的 SelectionChanged 事件，将用户点击的日期写入 TextBox 控件。具体代码如下：

```
protected void Calendar1_SelectionChanged(object sender, EventArgs e)
{
    TextBox1.Text = Calendar1.SelectedDate.ToShortDateString();
}
protected void Page_Load(object sender, EventArgs e)
{
    if (!Page.IsPostBack){
        Calendar1.SelectedDate = DateTime.Today;
        TextBox1.Text = Calendar1.SelectedDate.ToShortDateString();
    }
}
protected void Button1_Click(object sender, EventArgs e)
{
    Label1.Text = "你输入的日期是: " + TextBox1.Text;
}
```

9.2.10 视图控件

ASP.NET 2.0 引入了两个新的相关控件，用来创建一组可互换的子控件面板。MultiView 控件定义一组视图，每个视图用 View 类的一个实例表示。每次只有一个视图是活动的，并且呈现给客户端。View 控件不能作为独立组件使用，并且只能放在一个 MultiView 控件里。下面用一个例子加以说明：

```
<asp:MultiView runat = "server" id = "Tables">
<asp:View runat = "server" id = "Employees"> </asp:view>
<asp:view runat = "server" id = "Products"> </asp:view>
<asp:View runat = " server " id = "Customers"> </asp:View>
</asp:MultiView>
```

当用户单击当前视图中嵌入的按钮或链接时，通过回发事件改变活动视图。为了表示新视图，既可以设置 ActiveViewIndex 属性，也可以把视图对象传递给 SetActiveView 方法。例如：

```
Tables.ActiveViewIndex = Views.SelectedIndex
```

1. 常见属性

(1) ActiveViewIndex 属性：获取或设置 MultiView 控件的活动 View 控件的索引。

(2) Views 属性：获取 MultiView 控件的 View 控件的集合。

2. 常见方法

SetActiveView方法：将指定的View控件设置为MultiView控件的活动视图。

3. 常用事件

(1) ActiveViewChanged事件：当MultiView控件的活动View控件在两次服务器发送间发生更改时发生。

(2) Activate事件：当前View控件成为活动视图时发生。

(3) Deactivate事件：当前的活动View控件变为非活动时发生。

4. 实例开发

【例9-9】 类似Windows选项卡页面。本示例提供了类似Windows选项卡的效果，其中显示了“常规”、“硬件”和“高级”等视图内容。如图9-14所示，页面首次加载时，显示“常规”视图，其中包含了一张显示系统信息的图片。单击“硬件”视图后，页面发生回传，视图产生切换，显示了一张包含硬件信息的图片。

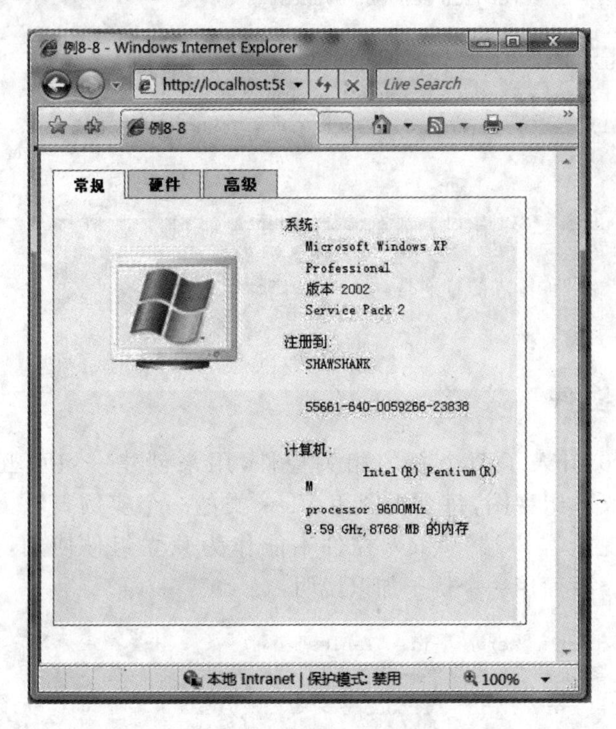

图9-14 仿Windows界面的选项卡页面

【程序设计的思路】

本程序效果主要包括两方面的内容：一是对“常规”、“硬件”和“高级”部分的背景、边框等内容的控制，这与设置样式和表格有关；二是利用MultiView和View控件，实现视图间切换。

【设计步骤】

(1) 新建一个ASP.NET空的Web网站应用程序。选择“网站”→“添加新项”命令，打开“添加新项”对话框。选择“Web窗体”选项，向项目加入一个aspx网页。

(2) 单击左侧“工具箱”→“标准”控件列表，向页面分别拖放一个MultiView控件、三个View控件以及三个LinkButton控件。

(3) 向 MultiView 控件中拖放三个 View 控件，它们分别定义了用户看到的视图内容，这些内容主要是图片。LinkButton 控件构成了“常规”、“硬件”和“高级”等选项。另外还有一些表格用于定位。具体页面代码如下：

```
<table id="Table1" height="95%" cellspacing="0" cellpadding="0"
width="400" border="0">
    <tr>
        <td>
            <table id="TopTable" runat="server" cellspacing="0" cellpadding="0" width
="100%"
                border="0">
                <tr style="height: 22px">
                    <td class="SelectedTopBorder" id="Cell1" align="center" width="60">
                        <asp:LinkButton ID="LBView1" runat="server"
CssClass="TopTitle" OnClick="LBView1_Click">常规</asp:LinkButton>
                    </td>
                    <td class="SepBorder" width="2px"> </td>
                    <td class="TopBorder" id="Cell2" align="center" width="60">
                        <asp:LinkButton ID="LBView2" runat="server"
CssClass="TopTitle" OnClick="LBView2_Click">硬件</asp:LinkButton>
                    </td>
                    <td class="SepBorder" width="2px"> </td>
                    <td class="TopBorder" id="Cell3" align="center" width="60">
                        <asp:LinkButton ID="LBView3" runat="server"
CssClass="TopTitle" OnClick="LBView3_Click">高级</asp:LinkButton>
                    </td>
                    <td class="SepBorder"> </td>
                </tr>
            </table>
        </td>
    </tr>
    <tr>
        <td>
            <table class="ContentBorder" cellspacing="0" cellpadding="0">
                <tr>
                    <td valign="top">
                    <asp:MultiView ID="MultiView1" runat="server" ActiveViewIndex="0">
                            <asp:View ID="View1" runat="server">
                                <img src="tab0.jpg" />
                            </asp:View>
                            <asp:View ID="View2" runat="server">
                                <img src="tab2.jpg" />
                            </asp:View>
                            <asp:View ID="View3" runat="server">
                                <img src="tab3.jpg" />
                            </asp:View>
                        </asp:MultiView>
                    </td>
                </tr>
```

```
            </table>
        </td>
    </tr>
</table>
```

(4) 编写三个 LinkButton 控件的 Click 事件处理程序。程序一方面设置表格的 Class 属性,另一方面利用 MultiView 控件的 ActiveViewIndex 属性,实现 View 的切换。代码如下:

```
protected void LBView1_Click(object sender, EventArgs e)
{
    MultiView1.ActiveViewIndex = 0;
    Cell1.Attributes["class"] = "SelectedTopBorder";
    Cell2.Attributes["class"] = "TopBorder";
    Cell3.Attributes["class"] = "TopBorder";
}
protected void LBView2_Click(object sender, EventArgs e)
{
    MultiView1.ActiveViewIndex = 1;
    Cell1.Attributes["class"] = "TopBorder";
    Cell2.Attributes["class"] = "SelectedTopBorder";
    Cell3.Attributes["class"] = "TopBorder";
}
protected void LBView3_Click(object sender, EventArgs e)
{
    MultiView1.ActiveViewIndex = 2;
    Cell1.Attributes["class"] = "TopBorder";
    Cell2.Attributes["class"] = "TopBorder";
    Cell3.Attributes["class"] = "SelectedTopBorder";
}
```

9.3 Web 表单验证控件应用

验证控件可以像其他服务器控件一样添加到 Web 窗体。不同验证控件有不同的验证功能,并且可以将多个验证控件同时附加到一个输入控件。

在处理用户的输入时(如提交窗体时),Web 窗体框架将用户的输入传递给关联的验证控件,验证控件检查用户的输入是否有效,待当前页面的所有验证控件的验证工作执行完毕后,将设置该页面的 IsValid 属性,只有当所有验证都通过时,IsValid 属性值才为 True,否则为 False。

9.3.1 RequiredFieldValidator 必须字段验证控件

确保用户务必在输入栏中输入数据。当验证执行时,如果输入控件中的值为空,则不能通过验证。该控件主要的属性如下:

(1) ControlToValidate——被验证的控件的 ID。

(2) ErrorMessage——表示当检查不合法时,出现的错误信息。

9.3.2 RangeValidator 范围验证控件

检查用户所输入的数据是否在所指定的范围之内，该控件主要的属性如下：

(1) ControlToValidate——被验证的控件的 ID。

(2) ErrorMessage——未通过验证时所显示的信息。

(3) Minimum Value——有效范围的最小值。

(4) Maximum Value——有效范围的最大值。

(5) Type——被检验栏位的数据类型。

9.3.3 CompareValidator 比较验证控件

使用比较运算符将用户所输入的数据与常数值或另一个服务器控件的属性值进行比较。该控件主要的属性如下：

(1) ControlToCompare——用于进行比较的控件的 ID。

(2) ControlToValidate——被验证的控件的 ID。

(3) ErrorMessage——未通过验证时所显示的信息。

(4) ValueToCompare——用于比较的数据。

(5) Operator——表示采用哪种比较法。

9.3.4 RegularExpressionValidator 正则表达式控件

检查输入项是否符合正则表达式定义的模式匹配。该验证类型允许检查可预知的字符序列，如电子邮件地址、电话号码、邮政编码等中的字符序列。该控件的主要属性如下：

(1) ControlToValidate——被验证的控件的 ID。

(2) ErrorMessage——未通过验证时所显示的信息。

(3) ValidationExpression——用于确定有效性的正则表达式。

(4) ValueToCompare——用于比较的数据。

ValidationExpression 这个正则表达式就是由普通字符(例如字符 a～z)以及特殊字符组成的文字模式。正则表达式作为一个模板，将某个字符模式与所搜索的字符串进行匹配。

正则表达式由两部分组成：

(1) 由“[]”括起来的表示可以接受的字符。例如：[A～Z] 表示 26 个大写字母。

(2) 由“{}”括起来的表示必须输入的字符数。

例如：

{3}表示允许输入 3 个字符。

{3,9}表示允许输入 3～9 个字符。

{ n，}表示至少匹配前面 n 个字符。

还有其他重复匹配语法如：

? 匹配 0 或 1 次，例如：5? 匹配 5 或 0，不匹配非 5 和 0。

+ 匹配一次或多次，例如：\S+匹配一个以上\S，不匹配非一个以上\S。

* 匹配 0 次以上，例如：\W * 匹配 0 以上\W，不匹配非 N * \W。

在正则表达式中，特殊字符如表 9-1 所示。

表 9-1 正则表达式特殊字符

字符	匹配的字符	举 例
\d	从 0～9 的任一数字	\d\d 匹配 72,但不匹配 aa 或 7a
\D	任一非数字字符	\D\D\D 匹配 abc,但不匹配 123
\w	任一单词字符,包括 A-Z,a-z,0-9 和下划线	\w\w\w\w 匹配 Ab-2,但不匹配∑￡$%*或 Ab_@
\W	任一非单词字符	\W 匹配@,但不匹配 a
\s	任一空白字符,包括制表符,换行符,回车符,换页符和垂直制表符	匹配在 HTML,XML 和其他标准定义中的所有传统空白字符
\S	任一非空白字符	空白字符以外的任意字符,如 A%&g3;等
.	小数点表示任意一个字符	p. n 可代表 pan、pin、pen
[...]	括号中的任一字符	[abc]将匹配一个单字符,a、b 或 c [A－Z]表示任意大写字母
[^...]	不在括号中的任一字符	[^b－z]匹配 a,不匹配属于 b～z 的字符,但可以匹配所有的大写字母

在正则表达式中还会用到转义匹配,例如:\n 匹配换行,\r 匹配回车,\c+大写字母,匹配 Ctrl+大写字母,例如:\cS 匹配 Ctrl+S。

9.3.5 CustomValidator 自定义验证控件

有的情况下,前面提到的这些控件还不能满足数据验证的要求,这时可以使用自己编写的验证逻辑来检查用户所输入的数据,这时应使用 CustomValidator 控件。该控件的主要属性如下:

(1) ControlToValidate 属性——被验证的控件的 ID。

(2) ErrorMessage 属性——未通过验证时所显示的信息。

前面分别介绍了各个数据验证控件,除 CustomValidator 需要编写代码之外,其他几个验证控件只要设置相关属性即可。需要注意的是,在实践中,通常使用多个数据验证控件来验证一个输入控件。

【例 9-10】 设计一个 Web 窗体,要求输入并提交会员信息,如:会员账号、年龄、Email 信息。其中,要求会员账户是 4～8 个英文字符;年龄是 20～30;Email 中信息含有@字符,并且@之前至少含有 1 个字符,@之后至少含有 3 个字符。如果用户按要求填写信息,则单击提交按钮之后会在页面显示所填信息;否则,会出现错误提示信息。

[设计步骤]

(1) 新建一个 ASP.NET 空的 Web 网站应用程序。选择"网站"→"添加新项"命令,打开"添加新项"对话框。选择"Web 窗体"选项,向项目加入一个 aspx 网页。

(2) 在 Web 窗体中放入 1 个按钮 Button 1,并添加 3 个文本框和 4 个标签。添加数据控件 RegularExpressionValidator(验证会员账户)、RangeValidator(验证年龄)、RegularExpressionValidator(验证 Email)。设计界面如图 9-15 所示。

(3) 各个数据验证控件的属性设置如表 9-2 所示。

图 9-15　数据验证控件应用

表 9-2　各个数据验证控件的属性设置

控　件　名	属　　性	值
RegularExpressionValidator1	ControlToValidate	TextBox1
	ErrorMessage	是 4～8 个英文字符
	ValidationExpression	[A-Za-z]{4,8}
RangeValidator1	ControlToValidate	TextBox2
	ErrorMessage	年龄是 20～30
	Minimum Value	20
	Maximum Value	30
RegularExpressionValidator2	ControlToValidate	TextBox3
	ErrorMessage	请输入正确 Email 信息
	ValidationExpression	[a-zA-Z] {1,}@[a-z A-Z]{3,} 或者\w{1,}@\w{3,}.

（4）编写 Page_Load 事件代码。

```
private void Button1_Click(object sender, System.EventArgs e)
{
    if (Page.IsValid)
        Label4.Text = "您输入的数据如下:<br>" + "姓名: "
            + TextBox1.Text + "<br>年龄: " + TextBox2.Text
        + "<br>Email: " + TextBox3.Text;
    else
        Response.Write("<script>alert('数据出错')</script>");
}
```

（5）运行结果如图 9-16 所示。

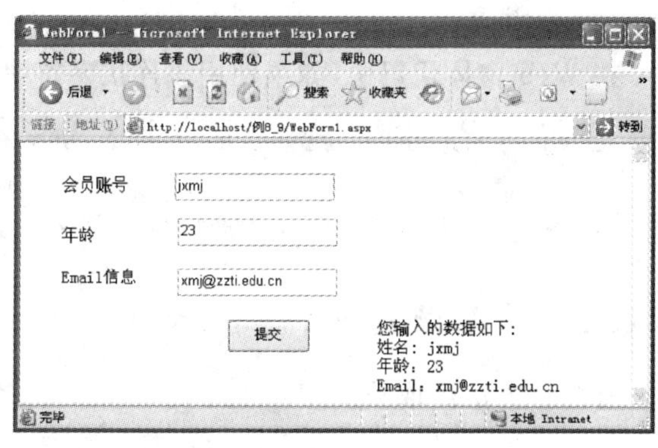

图 9-16　数据验证控件应用

9.4 数据库的操作——读取、修改表信息

要在Web应用程序中访问数据库，一般性的步骤是：首先声明一个数据库连接SqlConnection(或 OleDbConnection)，然后声明一个数据库命令 SqlCommand(或 OleDbCommand)，用来执行SQL语句和存储过程。有了这两个对象后，就可以根据自己的需要采用不同的执行方式达到目的。需要补充的是，使用SQL Server数据库在页面上添加如下的引用语句：using System.Data.SqlClient，而使用Access数据库在页面上添加如下的引用语句：using System.Data.OleDb。这些内容和Windows窗体应用程序相似。

9.4.1 连接两种数据库

常用的数据库无非是Access和SQL Server，首先看一下连接Access的数据库并打开：

```
string strConnection = "Provider = Microsoft.Jet.OleDb.4.0;Data Source = ";
strConnection += Server.MapPath("stu.mdb");      //stu.mdb就是数据库的名字
OleDbConnection objConnection = new OleDbConnection(strConnection);
objConnection.Open();
```

下面再看一下连接SQL Server的数据库并打开：

```
string strConnection = "server = 数据库连接;uid = 用户名;pwd = 密码;database = 数据库名;
SqlConnection objConnection = new SqlCOnnection(strConnection);
objConnection.Open();
```

实际上，在大多数地方SQL Server和Access的区别除了连接语句，其他定义语句也就是Sql××和OleDb××的区别。

注意，可以使用Web.config文件保存与数据库连接字符串：

(1) 打开Web.config文件，找到<appSetting></appSetting>部分，如果不存在，就在</configuration>的上面加入<appSetting></appSetting>。

(2) 在<appSetting></appSetting>之间加入：

```
<add key = "connString" value = "server = localhost;uid = sa;pwd = ;database = test"/>
```

(3) 保存Web.config文件。

在Web窗体代码中，如果使用该连接字符串，可以用如下方法：

```
String str = System.Configuration.ConfigurationSettings
                                        .AppSettings.Get("onnString");
SqlConnection conn = new SqlConnection(str);
```

9.4.2 读取数据库

有两种方法读取数据库：

(1) 读取一条记录的数据或者不多的数据，用DataReader读取数据，然后赋值给Label控件的Text属性即可。

例如，读取 Access 数据库。

```
string strConnection = "Provider = Microsoft.Jet.OleDb.4.0;Data Source = ";
strConnection += Server.MapPath("stu.mdb");
OleDbConnection objConnection = new OleDbConnection(strConnection);
OleDbCommand objCommand  =  new OleDbCommand("这里是 SQL 语句" , objConnection);
objConnection.Open();
OleDbDataReader objDataReader = objCommand.ExecuteReader();
if(objDataReader.Read())
{
    Label1.Text = Convert.ToString(objDataReader["id"]);
    Label2.Text = Convert.ToString(objDataReader["name"]);
    Label3.Text = Convert.ToString(objDataReader["sex"]);
}
```

可以看到首先是连接数据库然后打开，对于 select 的命令，声明一个 OleDbCommand 来执行之，然后再声明一个 OleDbDataReader 来读取数据，这里用的是 ExecuteReader()，objDataReader.Read()就开始读取了，在输出的时候要注意 Text 属性接收的只能是字符串，所以要把读出的数据都转化为字符串才行。

转换变量类型函数如下：

- 转换为字符串——Convert.ToString()。
- 转换为数字——Convert.ToInt64()、Convert.ToInt32()和 Convert.ToInt16()。
- 转换为日期——Convert.ToDateTime()。

如果读取 SQL Server 数据库，把上述代码中所有声明的对象 OleDb××变为 Sql××就可以解决了。

(2) 读取大量数据我们就采用 GridView 显示控件。

例如：采用 GridView1 控件显示数据库 stu.mdb 内表 book 中所有记录。

```
using System.Data.OleDb;
private void Page_Load(object sender, System.EventArgs e)
{
string strConnection = "Provider = Microsoft.Jet.OleDb.4.0;Data Source = ";
strConnection += Server.MapPath("stu.mdb");
OleDbConnection objConnection = new OleDbConnection(strConnection);
OleDbCommand objCommand1  =  new
OleDbCommand("select * from book",objConnection);
objConnection.Open();
GridView1.DataSource = objCommand1.ExecuteReader();      //GridView1 就是 GridView 的 ID
GridView1.DataBind();
objConnection.Close();
}
```

关于 GridView 控件的介绍见 9.5 节。

9.4.3 数据的添加、删除、修改

在 ASP.NET 里面可采用 Command 对象来执行 SQL 语句的方法来添加删除修改记录。这与前面的读取记录有一点区别，把 ExecuteReader()修改为 ExecuteNonQuery()，因

为我们不需要返回值。例如：

```
string strConnection = "Provider = Microsoft.Jet.OleDb.4.0;Data Source = ";
strConnection += Server.MapPath(strDb);
OleDbConnection objConnection = new OleDbConnection(strConnection);
OleDbCommand objCommand  =  new OleDbCommand("这里是 SQL 语句" , objConnection);
objConnection.Open();
OleDbDataReader objDataReader = objCommand.ExecuteNonQuery();
```

只要上面写出数据的添加、删除、修改对应 SQL 语句即可完成相应操作。

例如：上述 SQL 语句为

```
Insert Into stuinfo(stu_id,stu_name,sex) Values(200600834216,'陈子','男')
```

可以实现添加一条记录。

9.4.4 数据库操作的应用实例

【例 9-11】 学生信息网上管理系统。

已知在应用程序当前目录下，有一个名为 Student.mdb 的数据库，该数据库中有一个名为“学生”的表，请编写一个对 Student 表进行综合维护网上管理程序。程序的运行界面如图 9-17 所示。程序运行时单击相应的功能按钮将实现相应的功能。要求使用 SQL 语句完成对 Microsoft Access 数据库的“学生”数据表的插入、删除、更新操作和浏览操作。

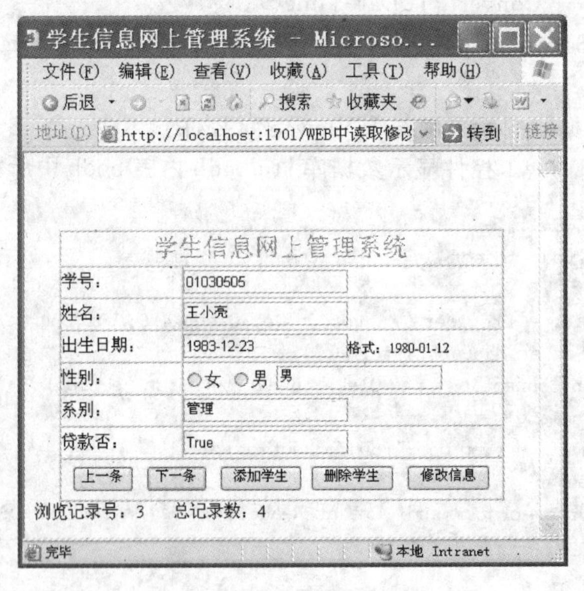

图 9-17 学生信息网上管理系统

【设计步骤】

(1) 新建一个 ASP.NET 空 Web 网站应用程序。选择“网站”→“添加新项”命令，打开“添加新项”对话框。选择“Web 窗体”选项，向项目加入一个 aspx 网页。

(2) 在页面窗体中添加一个 8 行 2 列的表格。

(3) 从工具箱的“Web 窗体”选项卡中，拖动文本框到 Web 窗体上。分别在窗体上放置

6 个 TextBox，TextBox 的名字分别为 TextBox1、TtextBox2、TextBox3、TextBox4、TextBox5 和 TextBox6。它们的 Text 属性分别设为空。

在窗体上放置 6 个 Label 控件，Label 的名字分别为 label1、label2、label3、label4、label5 和 label6，它们的 Text 属性分别设为"学号"、"姓名"、"性别"、"出生日期"、"系别"和"贷款否"。

在窗体上放置 5 个 Button 控件，它们的 Text 属性分别设置为"上一条"、"下一条"、"添加学生"、"删除学生"和"修改信息"。各个控件的布局如图 9-17 所示。

(4) 添加如下代码。

添加命名空间的引用：

```
using System.Data.OleDb;
```

在 Web 窗体类的最前边添加如下代码：

```
private OleDbConnection myCon;
private OleDbCommand myCom;
private OleDbDataReader myReader;
private string myConStr;
private static int Record_No;     //记录号,注意 static
private static int Total_Num;     //记录总数,注意 static
```

窗体第一次出现时，显示"学生"数据表中的第一条记录：

```
protected void Page_Load(object sender, EventArgs e)
{
    myConStr = "Provider = Microsoft.Jet.OLEDB.4.0;Data Source = " + Server.MapPath
("Student.mdb");
    if (!IsPostBack)
    {
        Display(1);
        Record_No = 1;
        Total_Num = Total_Record();
        Label1.Text = "浏览记录号:" + Record_No.ToString();
        Label2.Text = "总记录数:" + Total_Num.ToString();
    }
}
private void Display(int n)          //显示第 n 条记录
{
    string comStr;
    int i = 0;
    myCon = new OleDbConnection(myConStr);
    myCon.Open();
    //创建 Command 对象
    myCom = new OleDbCommand();
    //指定使用 SQL 语句
    myCom.CommandType = CommandType.Text;
    //SQL 语句内容是检索所有成员的信息
```

```
    comStr = "Select * from 学生";
    myCom.CommandText = comStr;
    //使用 myCon 连接对象
    myCom.Connection = myCon;
    //由 Command 对象的 ExecuteReader 方法生成 OleDbDataReader 对象
    myReader = myCom.ExecuteReader();
    //把获取的第 n 条记录在相应的文本框上显示出来
    while(i < n && myReader.Read()) i++;
    this.txt_Number.Text = myReader.GetString(0);
    this.txt_Name.Text = myReader.GetString(1);
    this.txt_Sex.Text = myReader.GetString(2);
    this.txt_Birthday.Text = myReader.GetDateTime(3).ToShortDateString();  //GetString(2);
    this.txt_Department.Text = myReader.GetString(4);
    this.txt_Lend.Text = myReader.GetBoolean(5).ToString();
    //关闭 OleDbDataReader 对象
    myReader.Close();
    //关闭 Connection 对象
    myCon.Close();
}
```

执行插入、删除和更新操作：

```
private void ExcuteSQL(string SQL)
{
    myCon = new OleDbConnection(myConStr);
    myCon.Open();
    myCom = new OleDbCommand();
    myCom.CommandType = CommandType.Text;
    myCom.CommandText = SQL;
    myCom.Connection = myCon;
    //由 Command 对象执行没有返回结果的 SQL 语句
    try
    {
        myCom.ExecuteNonQuery();
        Response.Write(SQL);
        Response.Write("操作成功!!!");
    }
    catch
    {
        Response.Write("操作错误!!!");
    }
    myCon.Close();
}
```

响应“添加学生”按钮事件的代码：

```
protected void BtnAdd_Click(object sender, EventArgs e)
{
    string InsertSQL;
    //检验是否有没填写的项
    if ((txt_Number.Text == "" & txt_Name.Text == ""
        & txt_Birthday.Text == "" & txt_Sex.Text == ""
```

```
        & txt_Department.Text == "" & txt_Lend.Text == ""))
    {
        Response.Write("所有项都是必填项,请填完后再单击添加按钮");
        return;
    }
    //SQL 语句
    InsertSQL = "insert into 学生(学号,姓名,出生日期,性别,系别,贷款否) values('";
    InsertSQL = InsertSQL + txt_Number.Text + "', '";
    InsertSQL = InsertSQL + txt_Name.Text + "', #";
    InsertSQL = InsertSQL + txt_Birthday.Text + "# , '";
    InsertSQL = InsertSQL + txt_Sex.Text + "' , '";
    InsertSQL = InsertSQL + txt_Department.Text + "' ,";
    InsertSQL = InsertSQL + txt_Lend.Text + ")";
    //调用 ExcuteSQL 函数,执行插入操作
    ExcuteSQL(InsertSQL);
    Total_Num = Total_Record();
    Label1.Text = "浏览记录号: " + Record_No.ToString();
    Label2.Text = "总记录数: " + Total_Num.ToString();
}
```

响应“删除学生”按钮事件的代码:

```
//"删除学生"按钮
protected void BtnDel_Click(object sender, EventArgs e)
{
    string DeleteSQL;
    if ((txt_Number.Text == ""))
    {
        Response.Write("必须给出学号");
        return;
    }
    //SQL 语句
    DeleteSQL = "delete from 学生 where 学号 = '";
    DeleteSQL = DeleteSQL + txt_Number.Text + "'";
    //调用 ExcuteSQL 函数,执行删除操作
    ExcuteSQL(DeleteSQL);
    Total_Num = Total_Record();
    Label1.Text = "浏览记录号: " + Record_No.ToString();
    Label2.Text = "总记录数: " + Total_Num.ToString();
}
```

响应“修改信息”按钮事件的代码:

```
protected void BtnModify_Click(object sender, EventArgs e)
{
    string UpdateSQL;
    if ((txt_Number.Text == ""))
    {
        Response.Write("必须给出学号");
        return;
    }
```

```
    //SQL 语句
    UpdateSQL = "update 学生 set 姓名 = '" + txt_Name.Text;
    UpdateSQL = UpdateSQL + "',性别 = '" + txt_Sex.Text;
    UpdateSQL = UpdateSQL + "',出生日期 = #" + txt_Birthday.Text;
    UpdateSQL = UpdateSQL + "#,系别 = '" + txt_Department.Text;
    UpdateSQL = UpdateSQL + "',贷款否 = " + txt_Lend.Text;
    UpdateSQL = UpdateSQL + " where 学号 = '";
    UpdateSQL = UpdateSQL + txt_Number.Text;
    UpdateSQL = UpdateSQL + "'";
    //调用 ExcuteSQL 语句,执行更新数据库记录
    ExcuteSQL(UpdateSQL);
}
```

响应“上一条”按钮事件的代码：

```
//"上一条"按钮
protected void BtnPre_Click(object sender, EventArgs e)
{
    if (Record_No > 1)
    {
        Record_No = Record_No - 1;
        Label1.Text = "浏览记录号: " + Record_No.ToString();
        Display(Record_No);
    }
    else
        Response.Write("已经到达第一条学生记录");
}
```

响应“下一条”按钮事件的代码：

```
//"下一条"按钮
protected void BtnNext_Click(object sender, EventArgs e)
{
    if (Record_No < Total_Num)
    {
       Record_No = Record_No + 1;
       Label1.Text = "浏览记录号: " + Record_No.ToString();
       Display(Record_No);
    }
    else
       Response.Write("已经到达最后一条学生记录");
}
```

上述代码运行后的结果如图 9-17 所示。

提示：当在 Command 对象中封装多条 SQL 语句时，会产生多个数据集，这时可以使用 DataReader 对象的 NextResult 方法来顺序访问这些数据集。

9.5 Web 数据显示控件应用——显示表信息

Web 数据显示控件有 Repeater 控件、GridView 控件和 DataList 控件。

9.5.1 Repeater 控件

1. Repeater 控件概述

以一种重复清单的方式将数据逐行显示出来，它本身不提供内建的布局和风格，需要开发者自定义模板来实现它的布局和风格。除此之外，它也不具备数据编辑、排序、分页、选取的功能。

声明一个 Repeater 控件的语法形式如下：

```
<asp:Repeater id = "编程标识符" DataSource = "<% 数据绑定表达式 %>" runat = server >
    < HeaderTemplate >标头模板的 HTML 代码</HeaderTemplate >
    < ItemTemplate >数据项模板的 HTML 代码</ItemTemplate >
    < AlternatingItemTemplate >交替数据项模板的 HTML 代码
    </AlternatingItemTemplate >
    < SeparatorTemplate >分隔模板的 HTML 代码</SeparatorTemplate >
    < FooterTemplate >注脚模板的 HTML 模板</FooterTemplate >
</asp:Repeater >
```

2. 使用 Repeater 控件显示数据

使用 Repeater 控件时，可将其 ItemTemplate 和 AlternatingItemTemplate 模板绑定到在它的 DataSource 属性中引用的数据源。当在 ASP.NET 页上调用 Repeater 控件的 DataBind 方法时，数据绑定表达式在该页上的任何属性(包括服务器控件属性)与数据源之间创建绑定。

数据绑定表达式语法格式：

```
<标记前缀:标记名 属性 = "<% # 数据绑定表达式 %>" runat = "server" />
```

对于 Repeater 等数据服务控件来说，可以将一个数据表或数据视图设置为其数据源，并通过在 ItemTemplate 和 AlternatingItemTemplate 模板中放置以下数据绑定表达式来指定要显示的字段：

```
<% # DataBinder.Eval(Container.DataItem, "<字段名>","格式字符串") %>
```

例如：

```
<% # DataBinder.Eval(Container.DataItem, "BirthDate", "{0:D}" ) %>
```

3. 设置 Repeater 控件的模板

Repeater 控件没有固定的外观，必须通过设置模板为该控件提供布局。Repeater 控件支持的模板包括 HeaderTemplate、ItemTemplate、AlternatingItemTemplate、SeparatorTemplate 以及 FooterTemplate。在这些模板中，只有 ItemTemplate 和 AlternatingItemTemplate 模板可以包含数据绑定表达式，其他模板则不能包含数据绑定表达式。

ItemTemplate 和 AlternatingItemTemplate 模板的区别在于：前者是必选的，后者则是可选的；如果同时设置了这两个模板，则 ItemTemplate 模板指定偶数项(第一项的索引为0)的表现形式，AlternatingItemTemplate 模板设置奇数项的表现形式。

使用 HeaderTemplate 和 FooterTemplate 模板分别可以设置显示 Repeater 控件的注脚部分和标头部分的表达式。如果要通过表格形式来显示绑定的数据，则应将表格的开始<table>标记放置在 HeaderTemplate 模板中，而将表格的结束标记</table>放置在 FooterTemplate 模板中。至于 SeparatorTemplate 模板，其作用是设置如何显示各项之间的分隔符。如果通过表格来显示数据，就没有必要使用 SeparatorTemplate 模板了。

9.5.2 DataList 控件

1. DataList 控件概述

DataList 控件介于 DataGrid 和 Repeater 控件之间的一种折中。声明 DataList 控件的语法形式和声明 Repeater 控件的语法形式很相似，如下所示：

```
<asp:DataList id = "programmaticID" runat = "server" >
    <HeaderTemplate>标头模板的 HTML 代码</HeaderTemplate>
    <ItemTemplate>数据项模板的 HTML 代码</ItemTemplate>
    <AlternatingItemTemplate>交替项模板的 HTML 代码</AlternatingItemTemplate>
    <EditItemTemplate>编辑项模板的 HTML 代码</EditItemTemplate>
    <SelectedItemTemplate>选定项模板的 HTML 代码</SelectedItemTemplate>
    <SeparatorTemplate>分隔项模板的 HTML 代码</SeparatorTemplate>
    <FooterTemplate>脚注项模板的 HTML 代码</FooterTemplate>
</asp:DataList>
```

2. 使用 DataList 控件显示数据

通过使用模板可以指定 DataList 控件显示的内容。通常列出要在模板中显示的控件，也可以将 Table 控件放置在模板中并显示该表的各行。使用 ExtractTemplateRows 属性来指定在 DataList 控件的各模板中用<asp:Table>标记定义的 Table 控件中的行是否被提取和显示。该属性的默认值为 False，这就意味着当模板包含 Table 控件时，呈现的结果是将每行数据项放置在一个不同的表格中。若将该属性设置为 True，则从 DataList 控件的模板中提取的所有行都在单个表中显示，在这种情况下会将 DataList 控件的表格打散并重新创建一个新的表格，从而可以从其他较小的表创建单个表，并且仍可以保持 DataList 控件的功能。

注意：当设置 ExtractTemplateRows 属性为 True 时，必须为要包括在 DataList 控件中的每一模板提供结构完整的 Table 控件。运行时，将只显示这些表中的行，该模板中的其他所有内容均将被忽略。为确保此功能正确执行，必须使用 Table Web 服务器控件。

3. 使用 DataList 控件显示选定项信息

与 Repeater 控件相比，DataList 控件增加了 SelectedItemTmplate 和 EditItemTmplate 两个模板，前者用于控制 DataList 中选定项的内容，后者用于控制 DataList 控件中为进行编辑而选定的项的内容。

如果要为选定项指定模板，则应当在 DataList 控件的开始标记<asp:DataList>与结束标记</asp:DataList>之间放置<SelectedItemTemplate>标记，然后在

<SelectedItemTemplate>标记与</SelectedItemTemplate>标记之间列出要通过该模板显示的内容。若要设置选定项的外观，则需要对SelectedItemStyle样式对象的相关属性进行设置。

如果要使SelectedItemTemplate模板的内容显示出来，则必须在页面上通过一个控件来引发DataList控件的ItemCommand事件。当单击DataList控件中的任一按钮时发生该事件，事件处理程序接收一个DataListCommandEventArgs类型的参数，通过该参数的CommandName属性可以获取命令的名称，可以判定用户单击了哪个按钮；通过该参数的CommandArgument属性获取与命令相关的附加信息；通过该参数的Item属性可以获取DataList控件中包含命令源的项，并由选定项的ItemIndex属性得到该项的索引。

4. 实现DataList控件的分页显示功能

DataList控件本身没有与分页相关的属性。与Repeater控件相似，DataList控件也可以借助PagedDataSource类来实现分页显示的功能。通过PagedDataSource类实现DataList控件分页显示功能的编程要点包括以下各项：

(1) 创建数据连接并通过数据适配器填充数据集。

(2) 创建PagedDataSource类的实例并将其DataSource属性设置为数据集。

(3) 通过设置AllowPaging属性为True允许分页；通过设置PageSize属性来指定每页显示的数据项数目。

(4) 根据是否具有页面跳转请求来设置当前页的索引，并据此来设置通过各个导航链接传递的页面索引值。

(5) 将DataList控件的DataSource属性设置为PagedDataSource类的实例，并通过执行DataBind方法实现数据绑定。

5. 使用DataList控件编辑数据

DataList控件支持一个名为EditItemTemplate的模板，使用该模板可以控制DataList控件中为进行编辑而选定的项的内容，该选定项的外观则可以由DataList控件的EditItemStyle属性来控制。

若要为进行编辑而选定的项指定模板，需要在DataList控件的开始标记和结束标记之间放置<EditItemTemplate>标记，然后在编辑项模板的开始和结束标记之间列出模板的内容，通常需要在这里添加TextBox和Button之类的Web服务器控件。当单击“编辑”按钮时，进入编辑状态，此时可以看到编辑项模板中的一些文本框，还有“更新”按钮和“取消”按钮。通过文本框可以输入新的数据，单击“更新”按钮可以保存数据并退出编辑状态，单击“取消”按钮则不保存数据而直接退出编辑状态。

使用DataList控件编辑数据时，通常要用到该控件的以下3个事件。

(1) EditCommand事件：当对DataList控件中的某个项单击Edit按钮时发生此事件。此事件的典型处理程序是将EditItemIndex属性设置为选定行，然后将数据重新绑定到DataList控件。

(2) UpdateCommand事件：当对DataList控件中的某个项单击Update按钮时发生此事件。此事件的典型处理程序将更新数据，并将EditItemIndex属性设置为-1以取消选择项，然后将数据重新绑定到DataList控件。

(3) CancelCommand事件：当对DataList控件中的某个项单击Cancel按钮时发生此

事件。此事件的典型处理程序将 EditItemIndex 属性设置为-1 以取消选择项，然后将数据重新绑定到 DataList 控件。

9.5.3 GridView 控件

1. GridView 控件概述

GridView 是 DataGrid 的升级版本，在 .NET Framework 2.0 中，虽然还存在 DataGrid，但是它提供了比 DataGrid 更强大的功能，同时比 DataGrid 更加易用。GridView 和 DataGrid 功能相似，都是在 Web 页面中显示数据源中的数据，将数据源中的一行数据，也就是一条记录，显示为在 Web 页面上输出表格中的一行。

GridView 相对于 DataGrid 来说，具有如下优势，功能上更加丰富，因为提供了智能标记面板(也就是 show smart tag)更加易用方便，常用的排序、分页、更新、删除等操作可以零代码实现。具有 PagerTemplate 属性，可以自定义用户导航页面，也就是说分页的控制更加随心所欲。GridView 和 DataGrid 在事件模型上也多有不同之处，DataGrid 控件引发的都是单个事件，而 GridView 控件会引发两个事件，一个在操作前发生，一个在操作后发生，操作前的事件多为 *** ing 事件，操作后的事件多为 *** ed 事件，比如 Sorting 事件和 sorted 事件、RowDeleting 和 RowDeleted 事件。GridView 控件是最常用的一种数据列表控件。它将数据源中的数据以表格的形式显示出来，每一行均用于显示数据源中的一条记录。同时还提供了查询、排序、分页等功能，而这些功能的实现有时可以不写代码或写很少的代码。

2. GridView 控件的属性

GridView 控件的属性很多，总体上可以分为分页、数据、行为、状态、样式等几类。

(1) 分页：主要是设置是否分页、分页标签的显示样式、页的大小等。

(2) 数据：设置控件的数据源。

(3) 状态：状态属性返回有关控件的内部状态的信息。表 9-3 列出了状态属性。

(4) 行为：主要进行一些功能性的设置，如是否排序、是否自动产生列、是否自动产生选择删除修改按钮等，如表 9-4 所示。

(5) 样式：设置 GridView 控件的外观，包括选择行的样式、用于交替的行的样式、编辑行的样式、分页界面样式、脚注样式、标头样式等，如表 9-5 所示。

表 9-3 状态属性

属 性	描 述
BottomPagerRow	返回表示该网格控件底部分页器的 GridViewRow 对象
Columns	获得一个表示网格中列的对象的集合。如果这些列是自动生成的，则该集合总是空的
DataKeyNarnes	获得一个包含当前显示项的主键字段的名称的数组
DataKeys	获得一个表示在 DataKeyNames 中为当前显示的记录设置的主键字段的值
Editlndex	获得和设置基于 0 的索引，标识当前以编辑模式生成的行
FooterRow	返回一个表示页脚的 GridViewRow 对象
HeaderRow	返回一个表示标题的 GridViewRow 对象
PageCount	获得显示数据源的记录所需的页面数
PageIndex	获得或设置基于 0 的索引，标识当前显示的数据页

续表

属　　性	描　　述
PageSize	指示在一个页面上要显示的记录数
Rows	获得一个表示该控件中当前显示的数据行的 GridViewRow 对象集合
SelectedDataKey	返回当前选中的记录的 DataKey 对象
SelectedIndex	获得和设置标识当前选中行的基于 0 的索引
SelectedRow	返回一个表示当前选中行的 GridViewRow 对象
SelectedValue	返回 DataKey 对象中存储的键的显式值。类似于 SelectedDataKey
TopPagerRow	返回一个表示网格的顶部分页器的 GridViewRow 对象

表 9-4　GridView 控件的行为属性

属　　性	描　　述
AllowPaging	指示该控件是否支持分页
AllowSorting	指示该控件是否支持排序
AutoGenerateColumns	指示是否自动地为数据源中的每个字段创建列。默认为 true
AutoGenerateDeleteButton	指示该控件是否包含一个按钮列以允许用户删除映射到被单击行的记录
AutoGenerateEditButton	指示该控件是否包含一个按钮列以允许用户编辑映射到被单击行的记录
AutoGenerateSelectButton	指示该控件是否包含一个按钮列以允许用户选择映射到被单击行的记录
DataMember	指示一个多成员数据源中的特定表绑定到该网格。该属性与 DataSource 结合使用。如果 DataSource 是有一个 DataSet 对象，则该属性包含要绑定的特定表的名称
DataSource	获得或设置包含用来填充该控件的值的数据源对象
DataSourceID	指示所绑定的数据源控件
EnableSortingAndPagingCallbacks	指示是否使用脚本回调函数完成排序和分页。默认情况下禁用
RowHeaderColumn	用作列标题的列名。该属性旨在改善可访问性
SortDirection	获得列的当前排序方向
SortExpression	获得当前排序表达式
UseAccessibleHeader	规定是否为列标题生成＜th＞标签(而不是＜td＞标签)

表 9-5　GridView 控件的样式属性

样　　式	描　　述
AlternatingRowStyle	定义表中每隔一行的样式属性
EditRowStyle	定义正在编辑的行的样式属性
FooterStyle	定义网格的页脚的样式属性
HeaderStyle	定义网格的标题的样式属性
EmptyDataRowStyle	定义空行的样式属性，这是在 GridView 绑定到空数据源时生成
PagerStyle	定义网格的分页器的样式属性
RowStyle	定义表中的行的样式属性
SelectedRowStyle	定义当前所选行的样式属性

3. GridView 控件的事件

GridView 控件的事件非常丰富。当在 GridView 控件上操作时就会产生相应的事件，要实现的功能代码就写在相应的事件中。

(1) PageIndexChanging：当前索引正在改变时触发。

(2) RowCancelingEdit：当放弃修改数据时触发。

(3) RowDeleting 和 RowDeleted：当删除数据时触发。这两个事件都是在一行的 Delete 按钮被单击时发生。它们分别在该网格控件删除该行之前和之后触发。

(4) RowEditing：当要编辑数据时触发。当一行的 Edit 按钮被单击时，但是在该控件进入编辑模式之前发生。

(5) RowUpdating 和 RowUpdated：当保存修改的数据时触发。这两个事件都是在一行的 Update 按钮被单击时发生。它们分别在该网格控件更新该行之前和之后激发。

(6) SeletedIndexChanging 和 SelectedIndexChanged：在选择新行时触发。这两个事件都是在一行的 Select 按钮被单击时发生。它们分别在该网格控件处理选择操作之前和之后激发。

(7) Sorting 和 Sorted：当操作排序列进行排序时触发。这两个事件都是在对一个列进行排序的超链接被单击时发生。它们分别在网格控件处理排序操作之前和之后激发。

(8) RowCreated：在创建行一时触发。

(9) RowCommand：在单击一个按钮时发生。

(10) RowDataBound：一个数据行绑定到数据时发生。

4. GridView 控件的列

GridView 控件中的每一列由一个 DataControlField 对象表示。默认情况下，AutoGenerateColumns 属性被设置为 true，为数据源中的每一个字段创建一个 AutoGeneratedField 对象。每个字段然后作为 GridView 控件中的列呈现，其顺序与每一字段在数据源中出现的顺序相同。

同时 GridView 也可以通过将 AutoGenerateColumns 属性设置为 false，然后定义自己的列字段集合，也可以手动控制哪些列字段将显示在 GridView 控件中。不同的列字段类型决定控件中各列的行为。GridView 控件中主要有如表 9-6 所示的几种类型的模板列。

表 9-6 GridView 控件中主要列字段类型

列字段类型	说 明
BoundField	显示数据源中某个字段的值。这是 GridView 控件的默认列类型
ButtonField	为 GridView 控件中的每个项显示一个命令按钮。可用于创建一列自定义按钮控件，如“添加”按钮或“移除”按钮
CheckBoxField	为 GridView 控件中的每一项显示一个复选框。此列字段类型通常用于显示具有布尔值的字段
CommandField	显示用来执行选择、编辑或删除操作的预定义命令按钮

续表

列字段类型	说　明
HyperLinkField	将数据源中某个字段的值显示为超链接。此列字段类型可用于将另一个字段绑定到超链接的 URL
ImageField	为 GridView 控件中的每一项显示一个图像
TemplateField	根据指定的模板为 GridView 控件中的每一项显示用户定义的内容。此列字段类型允许您创建自定义的列字段

9.5.4 Web数据显示控件应用

【例 9-12】 新闻显示处理页面实例。

基本功能包括新闻列表显示、新闻添加、编辑和删除，涉及的控件有 SqlDataSource、GridView、DetailsView。图 9-18 为显示效果。

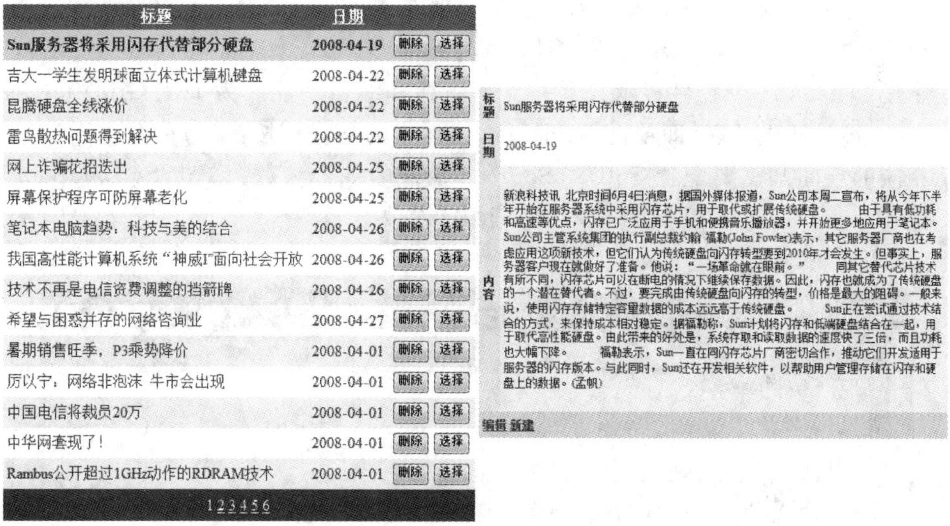

图 9-18 新闻列表、显示页面

数据源组件是一个为了与数据绑定控件交互而设计的服务器控件，它隐藏了人工数据绑定范式的复杂性。数据源组件不仅为控件提供数据，还支持数据绑定控件执行其他常见操作，诸如插入、删除、排序和更新。

SqlDataSource 控件是一个数据源控件，代表与一个关系型数据存储(诸如 SQL Server 或 Oracle 或任何一个可以通过 OLE DB 或 ODBC 桥梁访问的数据源)的连接。

可以使用两个主要属性建立数据存储的连接：ConncetionString 和 ProviderName。前一个属性表示连接字符串，包含了打开与底层引擎会话所需的足够信息；后一个属性指定此操作使用的 ADO.NET 托管提供程序的命名空间。ProviderName 属性默认为 System. Data. SqlClient，这表示默认的数据存储是 SQL Server。例如，要是一个 OLE DB 提供程序，则使用 System. Data. OleDb 字符串。

该控件既可以使用数据适配器，也可以使用命令对象检索数据。根据选择，获取的数据将被封装到一个 DataSet 对象或一个数据阅读器中。激活一个绑定到一个 SQL Server 数据库的 SQL 数据源控件至少需要以下代码：

```
<asp:SqlDataSource runat = "server" ID = "Mysqlsource"
ProviderName = "System.Data.SqlClient"
Connectionstring = "<% $ConnectionStrings:LocalNWind %>'
SelectCommand = "SELECT * FROM employees"/>
<asp:DataGrid runat = "server" ID = "grid" DataSourceID = "Mysqlsource"/>
```

本例涉及的代码很少,重点在于控件的属性设置。

(1) 新建一个 ASP.NET 空的 Web 网站应用程序。选择“网站”→“添加新项”命令,打开“添加新项”对话框。选择“Web 窗体”选项,向项目加入一个 aspx 网页。

(2) 单击左侧“工具箱”→“数据”控件列表,向页面拖放一个 SqlDataSource 控件,ID 为 SqlDataSource1。然后单击三角形图标“配置数据源”功能,新建一个连接字符串。在“配置 Select 语句”时,单击“高级”按钮,选择“生成 INSERT、UPDATE 和 DELETE 语句”。这样 GridView 控件就可以支持编辑和删除等功能。但在本例中,GridView 控件需做选择操作,因此需要再拖放一个 SqlDataSource 控件,ID 为 SqlDataSource2,同样按照上述配置。这个控件用于使 DetailsView 控件显示数据并支持新建和编辑功能。为了使 GridView 控件和 DetailsView 控件产生关联(即单击 GridView 控件中的“选择”按钮后,在 DetailsView 控件中显示相应的新闻),需要配置 SqlDataSource2 控件的一个参数。单击 SqlDataSource2 控件的 SelectQuery 属性,在图 9-19 中添加一个 ID 参数。

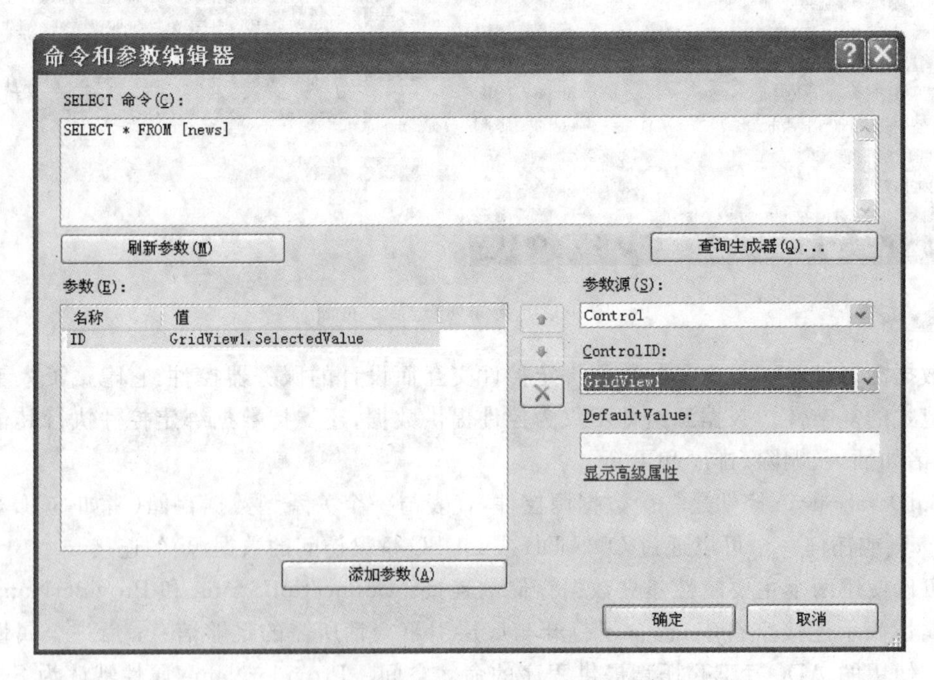

图 9-19　添加一个 ID 参数

具体代码如下：

```
<asp:SqlDataSource ID = "SqlDataSource1" runat = "server"
    ConnectionString = "<% $ ConnectionStrings:newsConnectionString %>"
    DeleteCommand = "DELETE FROM [news] WHERE [ID] = @ID" InsertCommand = "INSERT INTO [news]
([Title], [NewsDate], [Data]) VALUES (@Title, @NewsDate, @Data)"
    SelectCommand = "SELECT * FROM [news]" UpdateCommand = "UPDATE [news] SET [Title] = @
Title, [NewsDate] = @NewsDate, [Data] = @Data WHERE [ID] = @ID">
    <DeleteParameters>
        <asp:Parameter Name = "ID" Type = "Int32" />
    </DeleteParameters>
    <UpdateParameters>
        <asp:Parameter Name = "Title" Type = "String" />
        <asp:Parameter Name = "NewsDate" Type = "String" />
        <asp:Parameter Name = "Data" Type = "String" />
        <asp:Parameter Name = "ID" Type = "Int32" />
    </UpdateParameters>
    <InsertParameters>
        <asp:Parameter Name = "Title" Type = "String" />
        <asp:Parameter Name = "NewsDate" Type = "String" />
        <asp:Parameter Name = "Data" Type = "String" />
    </InsertParameters>
</asp:SqlDataSource>
<asp:SqlDataSource ID = "SqlDataSource2" runat = "server"
    ConnectionString = "<% $ ConnectionStrings:newsConnectionString %>"
    SelectCommand = "SELECT * FROM [news]" DeleteCommand = "DELETE FROM [news] WHERE [ID] =
@ID" InsertCommand = "INSERT INTO [news] ([Title], [NewsDate], [Data]) VALUES (@Title, @
NewsDate, @Data)" UpdateCommand = "UPDATE [news] SET [Title] = @Title, [NewsDate] = @
NewsDate, [Data] = @Data WHERE [ID] = @ID">
    <DeleteParameters>
        <asp:Parameter Name = "ID" Type = "Int32" />
    </DeleteParameters>
    <UpdateParameters>
        <asp:Parameter Name = "Title" Type = "String" />
        <asp:Parameter Name = "NewsDate" Type = "String" />
        <asp:Parameter Name = "Data" Type = "String" />
        <asp:Parameter Name = "ID" Type = "Int32" />
    </UpdateParameters>
    <InsertParameters>
        <asp:Parameter Name = "Title" Type = "String" />
        <asp:Parameter Name = "NewsDate" Type = "String" />
        <asp:Parameter Name = "Data" Type = "String" />
    </InsertParameters>
    <SelectParameters>
        <asp:ControlParameter ControlID = "GridView1" Name = "ID"
            PropertyName = "SelectedValue" />
    </SelectParameters>
</asp:SqlDataSource>
```

(3) 配置好 SqlDataSource 控件后，单击左侧“工具箱”→“数据”控件列表，在页面的合适位置拖放一个 GridView 控件，选择数据源为 SqlDataSource1，启用分页、删除、选定功能即可。

(4) 单击左侧“工具箱”→“数据”控件列表，拖放一个 DetailsView 控件，选择数据源为 SqlDataSource2，启用新建、编辑功能即可。

(5) 编写代码。

本例需要编写的代码很少，基本功能系统自动实现，只需编写一些辅助功能即可。如用户在编辑完成后，GridView 控件中显示的内容应同步变化，此时需要处理 DetailsView 控件的 ItemUpdated 事件，代码如下：

```
protected void DetailsView1_ItemUpdated(object sender, DetailsViewUpdatedEventArgs e)
{
    GridView1.DataBind();
}
```

9.6 母版页创建游戏网站

本游戏网站主要提供用户注册和游戏下载、留言等功能，采用母版页技术实现网站页面创建一致的布局，游戏网站母版页如图 9-20 所示。

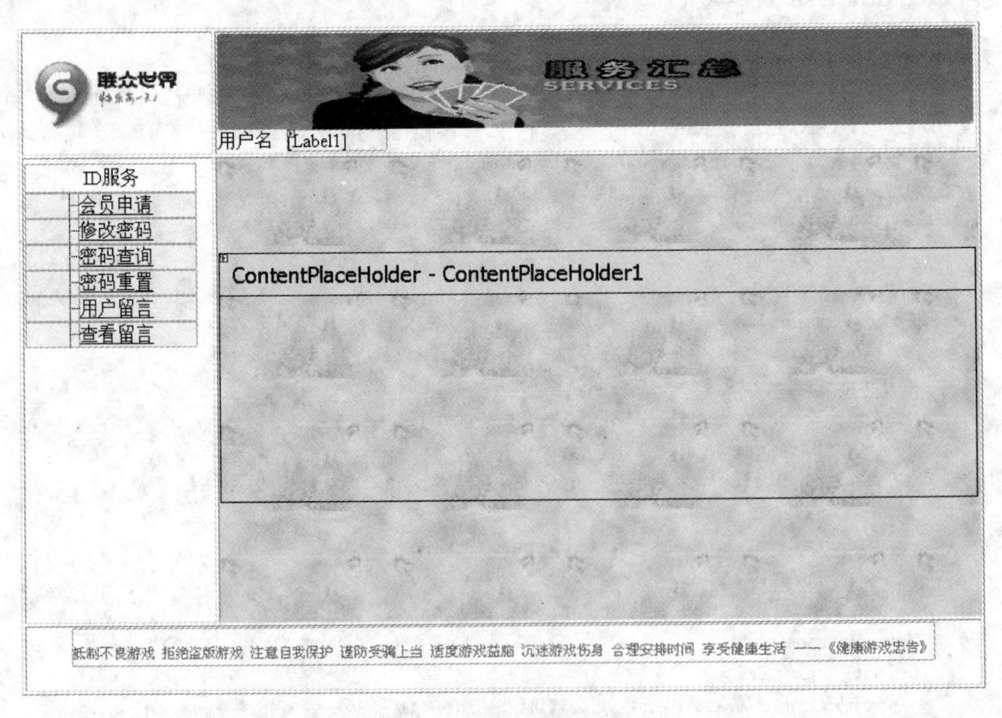

图 9-20 游戏网站母版页 Game.master

9.6.1 关键技术

母版页功能可以为站点定义公用的结构和界面元素，如页眉、页脚或导航栏，结构和元素定义在一个称为“母版页”的公共位置，由网站中的多个页所共享。这样可提高站点的可维护性，避免对共享站点结构或行为的代码进行不必要的复制。

1. 母版页(扩展名是.master)

它的使用跟普通的页面一样，可以可视化的设计，也可以编写后置代码。与普通页面不一样的是，它可以包含 ContentPlaceHolder 控件，ContentPlaceHolder 控件就是可以显示内容页面的区域。

游戏网站母版页如图 9-20 所示，代码如下：

```
<%@ Master Language = "C#" AutoEventWireup = "true" CodeFile = " Game.master.cs" Inherits
= " Game" %>
…
    <form id = "form1" runat = "server">
    <div>
        <asp:contentplaceholder id = "ContentPlaceHolder1" runat = "server">
        </asp:contentplaceholder>
    </div>
    </form>
…
```

注意：这里的声明指示符是“<%@ Master…%>”。

使用母版页的优点如下：

(1) 有利于站点修改和维护，降低开发人员的工作强度。

(2) 有利于实现页面布局。

(3) 提供一种便于利用的对象模型。

为了将母版页和普通页加以区分，母版页以文件扩展名 .master 保存。在某一页的 Page 指令中定义 MasterPageFile 属性，便可以从母版页派生该页。与母版页关联的页称为内容页。

```
<%@ Page MasterPageFile = " Game.master" %>
```

2. 内容页(扩展名是.aspx)

在建立内容页面的时候，在“添加新项”对话框中要选中“选择母版页”复选框。这样建立的页面就是内容页面，内容页面在显示的时候会把母版面的内容一起以水印淡化的形式显示出来，而在母版页中的 ContentPlaceHolder 控件区域会被内容页面中的 Content 控件替换，程序员可以在这里编写内容页面中的内容。

游戏网站内容页登录页面如图 9-21 所示，代码如下：

```
<%@ Page Language = "C#" MasterPageFile = "~/Game.master" AutoEventWireup = "true"
CodeFile = " Login.aspx.cs" Inherits = " _Default" Title = "会员登录" %>
<asp:Content ID = "Content1" ContentPlaceHolderID = "ContentPlaceHolder1" Runat = "Server">
</asp:Content>
```

说明：

(1) 这里的声明指示符中多了一项 MasterPageFile="~/Game.master "，这一项是在创建内容页面时根据“选择母版页”复选框的选中情况生成的。它指明了该页是内容页面，

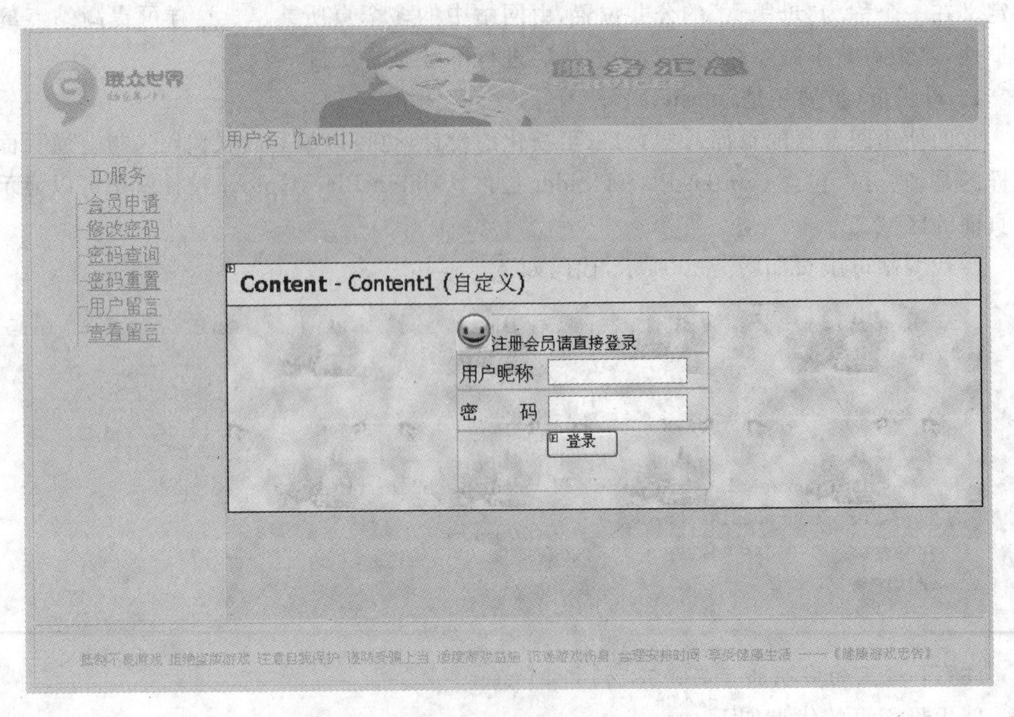

图 9-21　游戏网站内容页——登录页面

也指明了该内容页面的母版页是 Game.master。

(2) "＜asp:Content …＞"就是要在其中显示的内容。

3. 母版页运行机制

母版页仅仅是一个页面模板,单独的母版页是不能被用户所访问的。单独的内容页也不能够使用。母版页和内容页有着严格对应关系。母版页中包含多少个 ContentPlaceHolder 控件,那么内容页中也必须设置与其相对应的 Content 控件。当客户端浏览器向服务器发出请求,要求浏览某个内容页面时,ASP.NET 引擎将同时执行内容页和母版页的代码,并将最终结果发送给客户端浏览器。

母版页和内容页的运行过程可以概括为以下 5 个步骤。

(1) 用户通过输入内容页的 URL 来请求某页。

(2) 获取内容页后,读取@ Page 指令。如果该指令引用一个母版页,则也读取该母版页。如果是第一次请求这两个页,则两个页都要进行编译。

(3) 母版页合并到内容页的控件树中。

(4) 各个 Content 控件的内容合并到母版页中相应的 ContentPlaceHolder 控件中。

(5) 呈现得到结果页。

母版页和内容页事件顺序如下:

(1) 母版页中控件 Init 事件。

(2) 内容页中 Content 控件 Init 事件。

(3) 母版页 Init 事件。

(4) 内容页 Init 事件。

(5) 内容页 Load 事件。

(6) 母版页 Load 事件。

(7) 内容页中 Content 控件 Load 事件。

(8) 内容页 PreRender 事件。

(9) 母版页 PreRender 事件。

(10) 母版页控件 PreRender 事件。

(11) 内容页中 Content 控件 PreRender 事件。

4. 使用详解

(1) 在母版页中编写后台代码,访问母版页中的控件,与普通的 aspx 页面一样,双击按钮即可编写母版页中的代码。

(2) 在内空页面中编写后台代码,访问内容页面中的控件,与普通的 aspx 页面一样,双击按钮即可编写母版页中的代码。

(3) 在内容页面中编写代码访问母版页中的控件。

在内容页面中有个 Master 对象,它是 MasterPage 类型,它代表当前内容页面的母版页。通过这个对象的 FindControl 方法可以找到母版面中的控件,这样就可以在内容页面中操作母版页中的控件了。

```
TextBox txt = (TextBox)((MasterPage)Master).FindControl("txtMaster");
txt.Text = this.txtContent1.Text;
```

(4) 在内容页面中编写代码访问母版页中的属性和方法:

仍可能通过 Master 对象进行访问,只不过在这里要把 Master 对象转换成具体的母版页类型,然后再调用母版页中的属性和方法。

这里要说明的是:母版页中要被内容页面调用的属性和方法必须是 public 的。否则无法调到。

假设母版页中有下面的属性和方法:

```
public string TextValue
{
    get
    {
        return this.txtMaster.Text;
    }
    set
    {
        this.txtMaster.Text = value;
    }
}
public void show(string str)
{
    txtMaster.Text = str;
}
```

在内容页面中可以通过下代的代码来实现对母版页中方法的调用:

```
((MasterPage_MP)Master).show(this.txtContent1.Text);
((MasterPage_MP)Master).TextValue = this.txtContent1.Text;
```

(5) 在母版页中访问内容页面的控件。

在母版页中可以通过在 ContentPlaceHolder 控件中调用 FindControl 方法来取得控件,然后对控件进行操作。

```
((TextBox)this.ContentPlaceHolder1.FindControl("txtContent1")).Text = this.txtMaster.
Text;
```

(6) 在母版页中根据不同的内容页面实现不同的操作。

在母版页中可以加入多个不同的内容页面,但在设计期间,我们无法知道当前运行的是哪个内容页面。所以只能通过分支判断当前运行的是哪个子页面,来执行不同的操作。这里也用到了反射的知识。

代码如下:

```
string s = this.ContentPlaceHolder1.Page.GetType().ToString();   //取出内容页面的类型名称
if (s == "ASP.default17_aspx")                                  //根据不同的内容页面类型执行不同的操作
{
    ((TextBox)this.ContentPlaceHolder1.FindControl("TextBox2")).Text = "MastPage";
}
else if (s == "ASP.default18_aspx")
{
    ((TextBox)this.ContentPlaceHolder1.FindControl("TextBox2")).Text = "Hello MastPage";
}
```

9.6.2 程序设计的思路

游戏网站实际效果参见如图 9-20 所示的母版页 Game.master,左侧是超链接列表用来选择用户需要功能,右侧显示相应具体内容。功能实现采用内容页,具体如下:

- Login.aspx——用户登录页面,该页面设为“起始页”。
- Register.aspx——会员注册页面。
- Guest.aspx——用户留言页面。
- View.aspx——用户查看留言页面。
- Download.aspx——用户查看留言页面(不用内容页,是普通页面)。

9.6.3 程序设计的步骤

(1) 在集成开发环境中,选择“文件”→“新建”→“网站”命令,打开“新建网站”对话框。在“模板”窗格中选择“ASP.NET 空网站”选项,在“位置”文本框输入“I:\按章代码\第 9 章\GameSite”,新建一个 ASP.NET Web 空网站应用程序。

(2) 设计“母版页”。

选择“网站”→“添加新项”命令,打开“添加新项”对话框。在“模板”窗格中选择“母版页”选项,在“名称”中输入母版页名 Game.master,然后单击“确定”按钮。打开 Game.master,转到设计视图,里面已有一个 ContentPlaceHolder 控件。

选择“布局”→“插入表”命令,在随后出现的“插入表”对话框中选择“模板”单选按钮,从下拉列表中选择“页眉、页脚和边”选项,然后单击“确定”按钮,如图 9-22 所示。

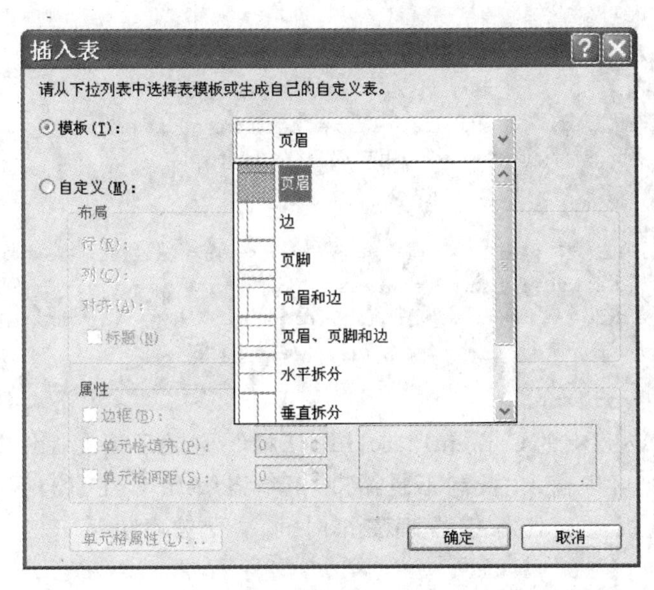

图 9-22 "插入表"对话框

在上部的页眉区中插入 Image 控件,然后将其 Src 属性设置为 image/logo_w.jpg。再插入另一个 Image 控件,然后将其 Src 属性设置为 image/ad.gif。图片下方拖入用于显示用户名(昵称)的标签控件 Label1。

在左侧边区插入一个 7 行 1 列的表格,如下修改实现页面超链接。

```
<table border = "0" cellpadding = "0" cellspacing = "0" style = "margin - top: 3px">
    <tr>
        <td height = "25" align = "center"> ID 服务</td>
    </tr>
    <tr>
        <td bgcolor = "#fcf8ff" align = "center" >
            <img align = "absMiddle" src = "image/left_l_tu01.gif" />
            <a href = "Register.aspx">会员申请</a></td>
    </tr>
    <tr>
        <td bgcolor = "#fcf8ff" align = "center" >
            <img align = "absMiddle" class = "dot" src = "image/left_l_tu01.gif" />
            <a href = "modify.aspx" >修改密码</a></td>
    </tr>
    <tr>
        <td bgcolor = "#fcf8ff" align = "center" >
           <img align = "absMiddle" class = "dot" src = "image/left_l_tu01.gif" />
            <a href = "chauxun.aspx" >密码查询</a></td>
    </tr>
    <tr>
        <td bgcolor = "#fcf8ff" align = "center" >
            <img align = "absMiddle" class = "dot" src = "image/left_l_tu01.gif" />
            <a href = "Download.aspx" >下载游戏</a>
```

```
    </tr>
    <tr>
        <td bgcolor="#fcf8ff" align="center">
            <img align="absMiddle" class="dot" src="image/left_l_tu01.gif" />
            <a href="guest.aspx" >用户留言</a></td>
    </tr>
    <tr>
        <td bgcolor="#fcf8ff" align="center" style="height: 22px" >
            <img align="absMiddle" class="dot" src="image/left_l_tu01.gif" />
            <a href="View.aspx">查看留言</a></td>
    </tr>
</table>
```

在左侧边区移入已有的 ContentPlaceHolder 控件，注意不要在控件中放置东西。

在下部的页脚区中输入“抵制不良游戏 拒绝盗版游戏 注意自我保护 谨防受骗上当 适度游戏益脑 沉迷游戏伤身 合理安排时间 享受健康生活 ——《健康游戏忠告》”文字。

保存后就可以用它来做其他内容页面了。

(3) 设计网站内容页——登录页面。

选择“网站”→“添加新项”命令，打开“添加新项”对话框。在“模板”窗格中选择“窗体”选项，同时要选中“选择母版页”复选框，在“名称”文本框中输入名字 Login.aspx，然后单击“确定”按钮。可见大部分区域不可编辑，仅仅 ContentPlaceHolder 控件内部可以编辑，如图 9-21 所示的设计登录页面。添加的两个文本框一个用于输入用户名 TextBox1、一个用于输入密码 TextBox2(TextMode 属性为 password)，再添加一个提交登录信息的按钮 Button1(Text 属性为登录)。

添加命名空间的引用：

```
using System.Data.SqlClient ;
```

“登录”按钮 Button1 的 Click 事件代码如下：

```
/// <summary>
///"登录"按钮的 Click 事件
/// </summary>
protected void Button1_Click(object sender, EventArgs e)
{
    String strsql, strconn;
    strconn = "server=localhost;uid=sa;pwd=;database=Login_user";
    SqlConnection conn = new SqlConnection(strconn);
    conn.Open();
    //验证账号信息
    strsql = "select * from userinfo where username='"
        + TextBox1.Text + "' and userpwd='" + TextBox2.Text + "'";
    SqlCommand da = new SqlCommand(strsql, conn);
    SqlDataReader myread = da.ExecuteReader();
```

```
        if (myread.Read())
        {
            Response.Write("< script language = 'javascript'> alert('用户通过验证了!')</script >");
            Session["username"] = myread.GetString(0);
            Label txt = (Label)((MasterPage)Master).FindControl("Label1");
            txt.Text = myread.GetString(0);
            myread.Close();
        }
        else
        {
            Response.Write("< script language = 'javascript'> alert('用户昵称或密码错误')</script >");
            myread.Close();
        }
        conn.Close();
    }
```

说明：alert()这是 JavaScript 里面的一个函数，用于弹出窗口的内容就是括号里面的字符串。

(4) 设计下载游戏页面。

选择"网站"→"添加新项"命令，打开"添加新项"对话框。在"模板"窗格中选择"窗体"选项，在"名称"文本框中输入名字 Download.aspx，然后单击"确定"按钮。本页面不需要界面，仅仅加入页面 Load 事件代码即可。

```
public partial class Download : System.Web.UI.Page
{
    protected void Page_Load(object sender, EventArgs e)
    {
        Response.Redirect("象棋游戏客户端.rar");
    }
}
```

9.7 网页间数据的传递

在实际应用中，可能需要在一个网页中调用另一个网页的数据，或者一个网页得到数据后，在把该数据传到另一个网页。在传统的 ASP 应用程序中，能够通过 POST 方法很容易地把一个值或多个值从一个页面传送到另一个页面，在 ASP.NET 应用程序可以通过其他方式来处理这种情形。下面介绍两种网页间进行数据传递的方法。

9.7.1 用 QueryString 来传送相应的值

Querystring 是一种非常简单的传值方式，就是把要传送的值显示在浏览器的地址栏中，在 URL 后直接加入传递的参数，并且在此方法中不能够传递对象。在切换到另一个网页时直接在网页 URL 后加入传递的参数，第一个参数前用"?"和网页名分隔，参数之间用

"&"分隔,每一个参数的形式为"变量名=值"。而在另一个网页中使用 Request. QueryString[变量名]接收传递的参数。

【例 9-13】 直接在网页后附带传递的参数。

【设计步骤】

(1) 新建一个 ASP.NET Web 网站应用程序。在 Default. aspx 窗体放入一个按钮 Buttonl,并添加两个文本框 TextBox1 和 TextBox2。设计界面如图 9-23 所示。

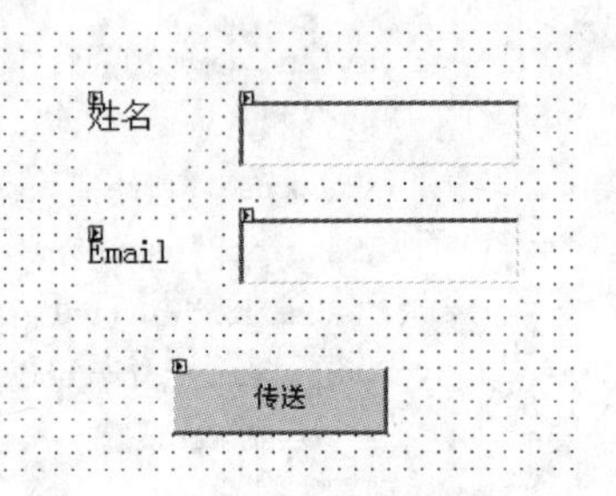

图 9-23 QueryString 来传送相应值的界面

(2) 添加 Button1 按钮的 Click 事件代码。

```
private void Button1_Click(object sender, System.EventArgs e)
{
    string url;
    url = "webform2.aspx?name = " + TextBox1.Text + "&email = " + TextBox2.Text;
    Response.Redirect(url);
}
```

添加一个新窗体 WebForm2. aspx,在 Page_Load 中加入显示代码。

```
private void Page_Load(object sender, System.EventArgs e)
{
    Label1.Text = "姓名: " + Request.QueryString["name"];
    Label2.Text = "Email: " + Request.QueryString["email"];
}
```

运行程序,输入一些信息,看到在 WebForm2 中输出的结果就是在 Default. aspx 窗体的 TextBox 中输入的值。会得到类似下面的执行结果:

```
姓名: aaa
Email: xmj@zzti.edu.cn
```

在这种方法中,使用"&"作为分隔号符。如果传递的字符串中不包含这个符号"&",运行结果可能没有问题,但是如果在 TextBoxName 中输入字符串"aaa&bbb",然后观察运行结果,则会发现 Request. QueryStyring["name"]得到的结果为 aaa。

即使字符串中不包含"&"符号,当传递的是汉字或者 HTML 内容时,有时也会产生这个问题。所以使用这种方法时,如果要保证接收端一定能得到正确的结果,最好在传递前对字符串进行编码。比如将 TextBoxName. Text 修改为:

```
Server.UrlEncode(this.TextBoxName.Text)
```

接收时再对字符进行解码,即将 Request. QueryString["name"]修改为:

```
Reauest.QueryString[Server.UrlDecode(this.TextBoxName.Text) ]
```

9.7.2 利用 Session 对象传递或共享数据

由于每一个用户都可以有自己的 Session,而创建的 Session 对象并不局限于某一个网页，此种方式不仅可以把值传递到下一个页面，还可以交叉传递到多个页面，直至把 Session 变量的值 removed 后，变量才会消失，所以可以使用 Session 对象传递数据。

【例 9-14】 利用 Session 对象将 Webform1 页面 TextBox 中输入的数据传递到 Webform2 页面。

(1) 新建一个 ASP.NET Web 网站应用程序。在 Web 窗体 Default.aspx 中放入一个按钮，并添加两个文本框 TextBox1 和 TextBox2。设计界面如图 9-23 所示。

(2) 为 Button1 按钮创建 click 事件代码如下：

```
private void Button1_Click(object sender, System.EventArgs e)
{
    Session["name"] = TextBox1.Text;
    Session["email"] = TextBox2.Text;
    Response.Redirect("webform2.aspx");
}
```

(3) 新建一个目标窗体页面 Default2.aspx，放置两个标签 Label1 和 Label2，在 Page_Load 中添加如下代码：

```
private void Page_Load(object sender, System.EventArgs e)
{
    Label1.Text = Session["name"].ToString();
    Label2.Text = Session["email"].ToString();
    Session.Remove("name");
    Session.Remove("email");
}
```

(4) 运行程序，输入一些信息，会看到在目标窗体页面 Default2.aspx 中输出的结果就是在 Default.aspx 窗体的 TextBox 中输入的值。

习　　题

1. 什么是 ASP.NET？
2. HTML 服务器空间和 Web 服务器控件的区别是什么？
3. GridView 控件的用途是什么？如何设置 GridView 控件数据源及列？
4. 编写简单的网上留言簿程序，实现留言帖子的添加、删除和浏览操作。

第10章 XML 技术

可扩展标记语言(eXtensible Markup Language,XML)是由 W3C 组织制定的。作为用于替代 HTML 语言的一种新型的标记语言,XML 内部有着很多基本标准,XML 就是通过与这些相关标准地结合,应用于科学计算、电子出版、多媒体制作和电子商务的。本章首先介绍.NET 框架中与 XML 相关的命名空间和其中的重要类。其次,还会给出有关的实例以使读者更进一步地了解 XML 文件的 C#读写操作的具体方法。

10.1 XML 概念

XML 是 Extensible Markup Language 的缩写,即可扩展标记语言。它是 Internet 环境中跨平台的、依赖于内容的技术,是处理分布式结构信息的工具。在 W3C 组织领导下的工作小组发展并支持 XML 技术,使用它来简化通过 Internet 的文档信息传输。

XML 是年轻的标记语言。早在 1998 年,W3C 就发布了 XML 1.0 规范。内容建设者们已经开始开发各种各样的 XML 应用程序,比如数学标记语言 MathML、化学标记语言 CML 等。

10.1.1 使用 XML 的原因

1. 标准通用标记语言 SGML

标准通用标记语言(Standard Generalized Markup Language,SGML)是描述电子文档的国际化标准,它是用于书写其他语言的元语言,以逻辑化和机构化的方式描述文本文档,主要用于文档的创建、存储以及分发。

SGML 文档已经在美国军方及美国航空业使用多年,但是对于 Web 工作者来说却显得非常复杂,因此导致了 HTML 语言(SGML 的一个子集)的成长。

2. 超文本标记语言 HTML

HTML 使得 Web 发布变得非常简单,无须了解 HTML 语法就可以使用 WYSIWYG 编辑器进行 Web 创作。

HTML 存在很大的局限性。由于标准的标记已经由 W3C 预先确定,所以当描述复杂文档时 HTML 就显得力不从心。HTML 是面向描述的,而非面向对象的,因此,HTML 标记不会给出内容的含义。你也许要问:为什么 W3C 不再引进些标记来描述内容呢?因为这么做将导致另一个难题:浏览器生产公司会引进新的但却是私有的标记来吸引用户使用他们的产品。

使用当前的 HTML,开发者必须要对文档进行许多的调整才能兼容流行的浏览器。由于浏览器不会去检查错误的 HTML 代码，因此导致 Internet 上大量的文档包含了错误的 HTML 语法。这个问题越来越严重，W3C 开始寻找解决办法。这就是 XML！

3. 可扩展标记语言 XML

XML 可以看作是 SGML 的简化版。XML 是区分大小写的，比如<p>与<P>是不同的，而这在 HTML 中是等同对待的。

XML 是可扩展的，我们可以创建自定义元素以满足创作需要。有了这个强大特征，就不用等待 W3C 委员会发布包含所需要的标记的下一个 HTML 版本了。

XML 是结构化的，XML 文档应该粘附一个特殊的结构。如果一个文档没有适当的结构，那么就不能认为它是 XML。

XML 比 SGML 更容易存取。因为它具有良好的结构，因此程序员可以容易地编写软件来描述 XML 文档。XML 具有简单的原则来区分文档内容和 XML 标记元素。

4. XML 文档举例

下面为一个图书信息表的 XML 文档(文件名：例 10-1. xml)。

```
<?xml version = "1.0" encoding = "gb2312"?>
<! -- 文件名：例 10-1.xml -- >
<图书信息表>
  <图书 书号 = "ISBN - 7505407171">
    <书名>西游记</书名>
    <作者>吴承恩</作者>
  </图书>
<图书 书号 = "ISBN - 9787302149583">
<! -- 此书即将出版  -- >
    <书名>XML 技术应用</书名>
    <作者>贾素玲</作者>
    <价格>22.8</价格>
  </图书>
</图书信息表>
```

这是一个典型的 XML 文件，编辑好后保存为一个以. xml 为后缀的文件。可以将此文件分为文件序言(Prolog)和文件主体两个大的部分。此文件中的第一行即是文件序言。该行是一个 XML 文件必须要声明的东西，而且也必须位于 XML 文件的第一行，它主要是告诉 XML 解析器如何工作。其中，version 是标明此 XML 文件所用的标准的版本号必须要有；encoding 指明了此 XML 文件中所使用的字符类型，可以省略，在省略此声明的时候，后面的字符码必须是 Unicode 字符码(建议不要省略)。因为在这个例子中使用的是 GB2312 字符码，所以 encoding 这个声明也不能省略。

文件的其余部分都是属于文件主体，XML 文件的内容信息存放在此。我们可以看到，文件主体是由开始的<图书信息表>和结束的</图书信息表>控制标记组成，这个称为 XML 文件的"根元素"；<图书>是作为直属于根元素下的"子元素"；在<图书>下又有<书名>、<作者>、<price>这些子元素。书号<图书>元素中的一个"属性"，"ISBN-9787302149583"则是"属性值"。

<!--此书即将出版-->这一句同 HTML 一样是注释，在 XML 文件里，注释部分是放在"<!--"与"-->"标记之间的部分。

XML文件是相当简单的。同HTML一样,XML文件也是由一系列的标记组成,不过,XML文件中的标记是自定义的标记,具有明确的含义,可以对标记中的内容的含义做出说明。

10.1.2 与XML有关的命名空间和相关类

在进行.NET框架下的XML文件的操作之前,有必要介绍.NET框架中与XML技术有关的命名空间和其中一些重要的类。.NET框架提供了以下一些命名空间: System. Xml、System. Xml. Schema、System. Xml. Serialization、System. Xml. Xpath以及System. Xml. Xsl来包容和XML操作相关的类。

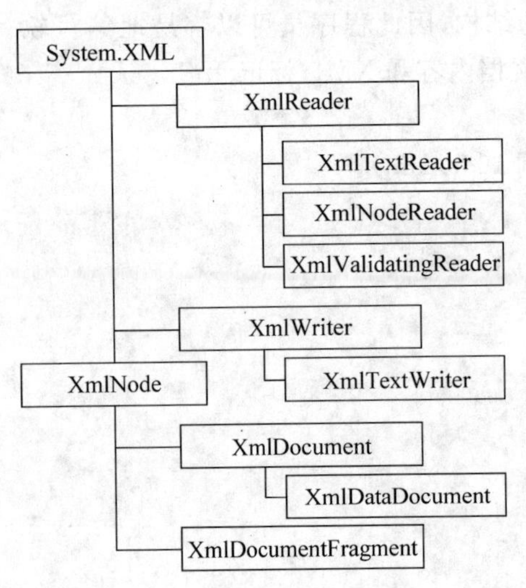

图10-1 .NET Framework中处理XML的部分类的层次图

其中System. Xml命名空间包含了一系列处理XML文档和文档片段的最重要的XML类。在C#应用程序中使用这些类时,在应用程序的开头部分应添加对System. Xml命名空间的引用,即using System. Xml。

System. Xml命名空间中最主要的类是和XML文件的读写操作相关的类。这些类中包括4个与读相关的类以及两个与写相关的类,分别是XmlReader、XmlTextReader、XmlValidatingReader、XmlNodeReader、XmlWriter以及XmlTextWriter,图10-1中显示了这些类的继承关系。

XmlReader类是一个虚基类,它包含了读XML文件的方法和属性。该类中的Read方法是一个基本的读XML文件的方法,它以流形式读取XML文件中的节点(Node)。另外,该类还提供了ReadString、ReadInnerXml、ReadOuterXml和ReadStartElement等更高级的读方法。除了提供读XML文件的方法外,XmlReader类还为程序员提供了MoveToAttribute、MoveToFirstAttribute、MoveToContent、MoveToFirstContent、MoveToElement以及MoveToNextAttribute等具有导航功能的方法。

XmlTextReader、XmlNodeReader以及XmlValidatingReader等类是从XmlReader类继承过来的子类。根据它们的名称,可以知道其作用分别是读取文本内容、读取节点和读取XML模式(Schemas)。

XmlWriter类为程序员提供许多写XML文件的方法,它是XmlTextWriter类的基类。

XmlNode类是一个非常重要的类,它代表了XML文件中的某个节点。该节点可以是XML文件的根节点,这样它就代表整个XML文件了。它是许多很有用的类的基类,这些类包括插入节点的类、删除节点的类、替换节点的类以及在XML文件中完成导航功能的类。同时,XmlNode类还为程序员提供了获取双亲节点、子节点、最后一个子节点、节点名称以及节点类型等的属性。它的三个最主要的子类包括: XmlDocument、XmlDataDocument以及XmlDocumentFragment。XmlDocument类代表了一个XML文件,它提供了载入和保存

XML 文件的方法和属性。这些方法包括了 Load、LoadXml 和 Save 等。同时，它还提供了添加特性(Attributes)、说明(Comments)、空间(Spaces)、元素(Elements)和新节点(New Nodes)等 XML 项的功能。XmlDocumentFragment 类代表了一部分 XML 文件，它能被用来添加到其他的 XML 文件中。XmlDataDocument 类可以让程序员更好地完成和 ADO.NET 中的数据集对象之间的互操作。

该命名空间还包括了 XmlConvert、XmlLinkedNode 以及 XmlNodeList 等类。除了上面介绍的 System.Xml 命名空间中的外，与 XML 相关的命名空间有：

System.Xml.Schema 命名空间中包含了和 XML 模式相关的类，这些类包括 XmlSchema、XmlSchemaAll、XmlSchemaXPath 以及 XmlSchemaType 等类。

System.Xml.Serialization 命名空间中包含了和 XML 文件的序列化和反序列化操作相关的类，XML 文件的序列化操作能将 XML 格式的数据转化为流格式的数据并能在网络中传输，而反序列化则完成相反的操作，即将流格式的数据还原成 XML 格式的数据。

System.Xml.XPath 命名空间包含了 XPathDocument、XPathExression、XPathNavigator 以及 XPathNodeIterator 等类，这些类能完成 XML 文件的导航功能。在 XPathDocument 类的协助下，XPathNavigator 类能完成快速的 XML 文件导航功能，该类为程序员提供了许多 Move 方法以完成导航功能。

System.Xml.Xsl 命名空间中的类完成了 XSLT 的转换功能。

10.2 使用 ADO.NET 中 DataSet 创建 XML 文件

ADO.NET 中 DataSet 本质就是一个 XML 结构，DataSet 主要是使用的 ReadXml 与 WriteXml 方法进行 XML 文件的创建与读写。它们的功能看名字就知道了，可以使用 WriteXml 方法保存数据到 XML 文件。若要读取 XML 文档，请使用 ReadXml 方法。

DataSet 对象的 WriteXml 方法，不仅可以将 DataSet 中的数据表示成 XML 格式写出，也可以通过指定 XmlWriteMode 把架构一同输出。

```
public void WriteXml(Source, XmlWriteMode)
```

其中参数 Source 可以是表 10-1 中的任何一次内容，参数 XmlWriteMode 是可选的，用于是否要写架构。

表 10-1 参数 Source 的取值

Source 类型	功 能
Stream	使用指定的 System.IO.Stream 为 DataSet 写当前数据
String	将 DataSet 的当前数据写入指定的文件
TextWriter	使用指定的 TextWriter 为 DataSet 写当前数据
XmlWriter	将 DataSet 的当前数据写入指定的 XmlWriter

参数 XmlWriteMode 可以是以下几种选择，如表 10-2 所示。参数 XmlWriteMode 默认值是 IgnoreSchema。

表 10-2　参数 XmlWriteMode 的取值

值	说　明
IgnoreSchema	将 DataSet 当前的内容以 XML 格式输出，没有 XML 架构
WriteSchema	将 DataSet 当前的内容以 XML 格式输出，并生成 XML 架构
DiffGram	将 DataSet 的内容写成 DiffGram 格式，用于确定 XML 文档内的当前值和原始值

下面的代码显示了将数据集序列化为 XML 的典型方式。

(1) 写入.NET 流。

```
DataSet ds = new DataSet();           //ds 是一个 DataSet
//注意使用 StreamWriter 类时要引用 System.IO 命名空间
StreamWriter sw = new StreamWriter(fileName);
ds.WriteXml(sw);                      //默认的 IgnoreSchema
sw.Close();
```

(2) 写入 XML 文件。

```
DataSet ds = new DataSet();
da.Fill(ds,"Categories");             //da 是 DataAdapter 实例
ds.WriteXml("..\\mytest.xml");    //生成 mytest.xml
```

【例 10-1】 将 Access 2003 的 CPP_tiku.mdb 库中 student 表生成为 first.xml 文件存放。

(1) 新建一个 ASP.NET Web 应用程序。

(2) 引用命名空间：

```
using System.Data.OleDb;
using System.Xml;
```

(3) 添加页面加载事件代码。

```
private void Page_Load(object sender, System.EventArgs e)
{
    String strConn = "Provider = Microsoft.Jet.OLEDB.4.0 ;Data Source = " +
    Server.MapPath("CPP_tiku.mdb");
    OleDbConnection myConn = new OleDbConnection(strConn);
    myConn.Open();
    String sql = "select * from student";
    OleDbDataAdapter myAdapter = new OleDbDataAdapter(sql,myConn);
    DataSet ds = new DataSet();
    myAdapter.Fill(ds);
    //写入到 xml 文件中
    ds.WriteXml(Server.MapPath("first.xml"));
}
```

10.3　使用 ADO.NET 中 DataSet 读取 XML 文件

DataSet 的 ReadXml 方法可以读取多种数据源的数据来填充 DataSet 对象，这些数据源包括 XML 文件、.NET 流、TextReader 或 XmlReader 对象的实例。

ReadXml 方法有 8 种重载形式，其中 4 种重载形式具有可选的 XmlReadMode 参数，其格式如下所示：

```
public XmlReadMode ReadXml(Source, XmlReadMode)
```

其中，参数 Source 可以是 Stream、String、TextReader 或 XmlReader。可选参数 XmlReadMode 指定了如何把 XML 数据和相关的架构读入到 DataSet 中，其值系统默认为 Auto。

ReadXml()方法根据指定的读模式 XmlReadMode 以及数据集中是否已存在架构来为数据集创建关系架构。下面的代码片段显示了用于读取多种数据源的数据来填充 DataSet 对象的典型代码。

(1) 数据源为.NET 流。

```
StreamReader sr = new StreamReader(fileName);
DataSet ds = new DataSet();
ds.ReadXml(sr);        //系统默认是 XmlReadMode.Auto
sr.Close();
```

(2) 数据源为 XML 文件。

```
DataSet ds = new DataSet();
//用 newbooks.xml 文件的内容填充 DataSet
ds.ReadXml(Server.MapPath("newbooks.xml"));        //利用 DataSet 读取 XML 文件的内容
GridView1.DataSource = ds;
GridView1.DataBind();                              //调用 DataBind 绑定
```

由于 DataSet 对象内的 DataTable 对象代表一个数据表，通过 DataTable 对象实现增加和删除学生成绩记录信息。

【例 10-2】 用 DataSet 读取 first.xml 文件并显示在 GridView 控件表格中，并在 first.xml 文件增加和删除学生成绩信息。其运行结果如图 10-2 所示。

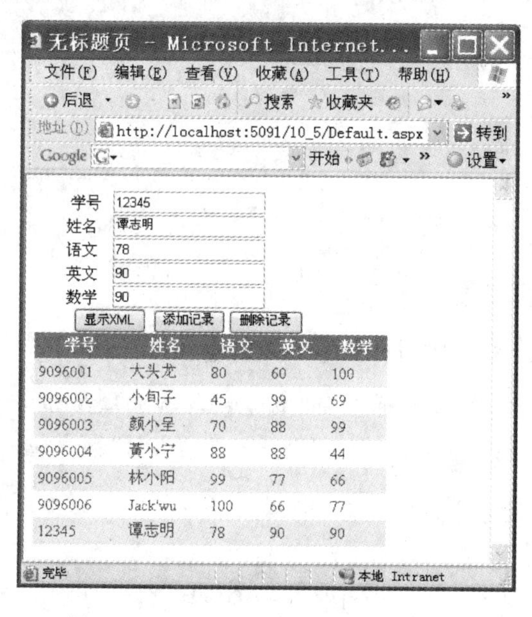

图 10-2 GridView 显示 first.xml 文件

(1) 新建一个 ASP.NET Web 应用程序，在窗体中添加 5 个标签和文本框、3 个 Web 按钮控件(Text 属性分别为“显示 xml”、“添加记录”、“删除记录”)和 1 个 GridView 控件。

(2) 引用命名空间：

```
using System.Data.OleDb;
using System.Xml;
```

(3) 添加 Web 按钮控件事件代码。

添加“显示 xml”的 Button1_Click 事件代码。

```
protected void Button1_Click(object sender, System.EventArgs e)
{
    DataSet ds = new DataSet();
    ds.ReadXml(Server.MapPath("first.xml"));       //读取 xml 文件
    GridView1.DataSource = ds;                      //显示在 GridView 表格中
    GridView1.DataBind();
}
```

添加“添加记录”的 Button2_Click 事件代码。

```
protected void Button2_Click(object sender, System.EventArgs e)
{
    DataSet ds = new DataSet();
    ds.ReadXml(Server.MapPath("first.xml"));
    //读取 xml 文件
    DataRow myRow = default(DataRow);
    myRow = ds.Tables[0].NewRow();
    myRow["学号"] = TextBox1.Text;
    myRow["姓名"] = TextBox2.Text;
    myRow["语文"] = TextBox3.Text;
    myRow["英文"] = TextBox4.Text;
    myRow["数学"] = TextBox5.Text;
    TextBox1.Text = "";
    TextBox2.Text = "";
    TextBox3.Text = "";
    TextBox4.Text = "";
    TextBox5.Text = "";
    ds.Tables[0].Rows.Add(myRow);
    ds.WriteXml(Server.MapPath("first.xml"));
}
```

添加根据学号“删除记录”的 Button3_Click 事件代码。

```
protected void Button3_Click(object sender, System.EventArgs e)
{
    DataSet ds = new DataSet();
    ds.ReadXml(Server.MapPath("first.xml"));
    //读取 xml 文件
    DataRow myRow = default(DataRow);
    for (int i = 0; i <= ds.Tables[0].Rows.Count - 1; i++) {
```

```
            myRow = ds.Tables[0].Rows[i];
            if (myRow("学号") == TextBox1.Text) {
                ds.Tables[0].Rows[i].Delete();
            }
        }
        ds.WriteXml(Server.MapPath("first.xml"));
    }
```

10.4 C#通过DOM操作XML文档

.NET Framework 提供了多种用于访问、操作和同步 XML 数据的类和对象，这些类和对象描述了底层的 XML 处理组件。本节主要介绍在.NET 平台上操作和处理 XML 文件所使用的具体技术及相关对象，重点介绍.NET 平台上的 DOM 编程方法，以及 XML 与 ADO.NET 的关系。

10.4.1 .NET中处理XML文档的方式

.NET 中处理 XML 文档的方式有两种：一个是流模式，另一个是 DOM 方式。流模式处理速度快，省内存但使用不方便；DOM 方式处理方便，但速度慢、耗内存。在.NET 平台中使用 System.XML 名称空间中的 XmlReader 类来采用流模式处理 XML 文档，而使用 System.Xml.XmlDocument 对象来采用 DOM 方式处理 XML 文档。

.NET 平台上主要使用 System.XML 名称空间中的 XmlTextReader 和 XmlTextWriter 类对 XML 数据采用流模式进行读和写的相关操作，限于篇幅本书不介绍流模式，主要介绍以 DOM 方式处理 XML 文档。

DOM 以树状的层次结构存储 XML 文档中的所有数据，每一个节点都是一个相应的对象，其结构与 XML 文档的层次结构相对应。

使用 DOM 的优点：

- 能保证 XML 文档正确的语法和格式。
- 树在内存中是持久的，因此可以修改它以便应用程序能对数据和结构作出更改。
- 通过 DOM 树，可实现对 XML 文档的随机访问和操作。使得开发应用程序简单、灵活，而不是像 SAX 那样一次性地处理。
- 还提供了一个 API，该 API 允许开发者为创建应用程序而在树的任何地方添加、编辑、移动或除去节点。

使用 DOM 的缺点：

- 占用内存空间。
- 对于特别大的文档，解析和加载整个文档可能很慢且很耗资源，不如基于事件的模型，比如 SAX。

.NET Framework 定义了一组类似于映射 DOM 的体系结构，下面来看一下.NET Framework 中 DOM 类的继承结构，如图 10-3 所示。

根据前面介绍的内容，已知 DOM 在缓存中是以树状节点的形式来描述 XML 数据的。DOM 节点的如下特性是需要注意的：

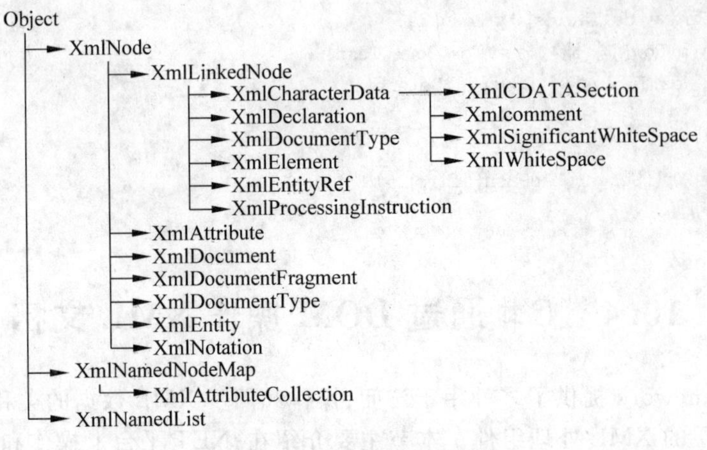

图 10-3　DOM 类的继承结构

- DOM 节点通常都有唯一父节点。
- DOM 节点通常可以拥有多个子节点。
- 某些 DOM 节点不能拥有子节点。
- XML 的属性被视为 DOM 节点的属性。

对于 DOM 节点和对应的.NET 类的说明如表 10-3 所示。

表 10-3　DOM 节点与对应的.NET 类

W3C 定义的 DOM 节点类型	描　述	对应的 .NET 类
Document	代表整个 XML 文档	XmlDocument
DocumentFragment	代表整个 XML 文档片段	XmlDocumentFragment
DocumentType	<!DOCTYPE…>节点	XmlDocumentType
EntityReference	实体引用	XmlEntityReference
Element	元素节点	XmlElement
Attr	元素的属性	XmlAttribute
ProcessingInstruction	处理指令	XmlProcessingInstruction
Comment	注释	XmlComment
Text	元素或属性的文本	XmlText
CDATASection	CDATA 段	XmlCDATASection
Entity	XML 实体	XmlEntity
Notation	DTD 中的符号	XmlNotation

对于其他非 W3C 标准的.NET 节点类的介绍如表 10-4 所示。

表 10-4　非 W3C 标准的.NET 类

.NET 节点类	功 能 描 述
XmlDeclaration	表示声明节点 <? xml version="1.0"...>
XmlSignificantWhitespace	表示有效空白(混合内容模式中标记之间的空白)
XmlWhiteSpace	表示元素内容中的空白
EndElement	当 XmlReader 到达元素的末尾时返回 示例 XML：</item>
EndEntry	由于调用 ResolveEntity 而在 XmlReader 到达实体替换的末尾时返回

10.4.2 .NET 中使用 DOM 加载及保存 XML 数据

.NET 中对 XML 文档进行操作，首先必须创建一个 XmlDocument 对象。当该对象创建之后，就可以将指定的 XML 文档加载到内存中形成的 DOM 节点树，从而进行遍历节点、添加节点、修改节点和删除节点等操作。下面先来介绍一下 XmlDocument 对象。

XmlDocument 类是 XML 文档的.NET 表示形式，它代表了内存中树形结构的文档节点(所有的节点都在文档节点下)。XmlDocument 类包含所有的 CreateXXX()方法，这些方法允许创建所有派生自 XmlNode 类型的节点。

XmlDocument 常用方法及其说明如表 10-5 所示。

表 10-5　XmlDocument 常用方法及其说明

方　法	说　明
creatAttribute(属性名称)	创建一个具有给定名称的属性节点
creatCDATASection(CDATA 内容)	创建一个具有给定数据的 CDATA 节
creatComment(注释内容)	创建一个具有给定内容的注释
creatDocumentFragment()	创建一个空的文档片段
creatElement(元素名称)	创建一个具有给定名称的新元素
creatEntityReference(实体引用名称)	创建一个实体引用节点
creatNode(节点类型，节点名称，名称空间 URI)	创建一个具有给定类型、名称和名称空间的新节点
creatTextNode(文本内容)	创建具有给定数据的文本节点
getElementsByTagName(元素名称)	返回具有给定名称的元素列表
load(文档路径)	装入并解析从给定路径指定的文档
loadXML(XML 字符串形式)	将给定的字符串作为一个 XML 文档装入并解析
save(保存目标)	将 XML 文档保存到给定路径

通常，首先创建一个创建一个 XmlDocument 对象实例，然后调用其 Load 方法载入指定的 XML 文件导入 XML 数据，建立起 DOM 节点树和 XML 文档之间的关联。

XmlDocument 对象加载数据的过程如下。

首先，初始化 XmlDocument 对象，例如：

```
XmlDocument doc = new XmlDocument();
```

然后，调用 Load()方法加载文件中的 XML 数据，例如：

```
doc.Load("C:\\例 10-1.xml");
```

或者调用 LoadXml()方法加载字符串中的 XML 数据，例如：

```
doc.LoadXml("<图书> <书名>XML 技术应用</书名><作者>贾素玲</作者> </图书>");
```

使用 XmlDocument 对象中的 Save 方法可以将内存中的节点树的数据保存到一个 XML 文件中或是一个流对象中。

【例 10-3】 使用 XmlDocument 类对象的 LoadXml 方法，从一个 XML 文档段中将 XML 数据读取到 DOM 内存树中，并调用其 Save 方法将数据保存在 new1. xml 文件中。

(1) 新建一个 Windows 窗体应用程序，在窗体中添加一个按钮控件。

(2) 添加命名空间的引用。

```
using System.Xml ;
```

(3) 添加按钮事件代码。

```
XmlDocument doc = new XmlDocument();  //创建一个 XmlDocument 类的对象
doc.LoadXml("<图书> <书名>XML 技术应用</书名> <作者>贾素玲</作者> </图书>");
doc.Save("C:\\new1.xml");             //保存到文件中
```

其中，第 1 行创建 XmlDocument 对象，第 2 行修改读入到内存中的 XML 文档，第 3 行将修改后的数据保存为 XML 文档。

10.4.3 使用 DOM 访问 XML 文件

在前面的介绍中，读者已经学习了如何将 XML 文档读入到程序当中来，接下来介绍如何使用 DOM 来浏览读入到内存中的 XML 文档及如何在文档中定位节点。

1. XmlNode 类

XmlNode 类是一个非常重要的类，它代表了 XML 文档节点树中的某个节点。在把一个 XML 文档装入内存中形成一个 DOM 节点树，XmlDocument 对象可以作为该节点树的入口，而每个节点都是 XmlNode 类的实例化对象。

在表 10-6 中，可以看出很多 DOM 中节点类是从 XmlNode 类继承而来的。XmlNode 类支持的方法可以用来操纵当前节点及其子节点，这些方法包括创建、选择、插入、删除和 XSL 变换子节点等操作。

XmlNode 类的主要方法及其说明如表 10-6 所示。

表 10-6 XmlNode 类对象的主要方法及其说明

方　法	说　明
AppendChild(newChild)	将 newChild 节点添加到当前节点的最末子节点之后，返回附加到子节点集合后的子节点
CloneNode(deep)	产生一个当前节点的完全副本，若 deep 为 True，则连同节点的所有子树一起复制；若为 False，则只复制节点本身
HasChildNodes()	若当前节点有子节点，则返回 True；否则，返回 Ffase
InsertBefore(newChild, refChild)	将 newChild 节点插入到指定的子节点 refChild 之前。如操作成功，则返回刚插入到文档中的节点
RemoveChild(child)	删除并返回指定的 child 子节点
ReplaceChild(newChild, oldChild)	用 newChild 节点代替 oldChild 节点，返回被替换的节点
SelectNodes(pattern)	使用 XSL 模式或 XPath 选择符合条件的节点，返回符合条件的节点列表
SlectSingleNode(pattern)	使用 XSL 模式或 XPath 选择符合条件的节点，返回符合条件的首个节点
TansformNode(stylesheetObj)	对节点及其子节点进行给定的 XSL 转换并返回转换结果的字符串形式
TansformNodeToObject(stylesheetObj, outObj)	对节点及其子节点进行给定的 XSL 转换，并以给定的对象返回转换结果到输出对象

通过使用 XmlNode 类的属性(如表 10-7 所示),可以返回有关 XML 源文档内容的信息,这有助于遍历内存中的 XmlDocument 对象。例如:使用 XmlNode 类的 FirstChild 属性可以得到选中节点的第一个子节点对象。

表 10-7　XmlNode 类的属性

属　性	功能描述
FirstChild	节点的第一个子节点
LastChild	节点的最后一个子节点
HasChildNodes	判断当前节点是否有子节点
NextSibling	紧接在当前节点之后的同级节点
PreviousSibling	紧接在该节点之前的同级节点
ParentNode	其直接父节点
InnerText	节点及其所有子节点的串联值,不包含 XML 标签
InnerXml	仅代表该节点的子节点的标记
OuterXml	此节点及其所有子节点的标记
Name	节点的限定名
NodeType	节点的类型,例如文档、元素、属性、注释等
Value	以字符串类型返回节点的内容

在创建了 XmlDocument 对象并为其加载了 XML 数据之后,就可以遍历这个 XML 数据;在选择了 XmlDocument 对象代表的树中的某个节点之后,就可以通过 XmlNode 的属性来查看信息以及修改节点内容、插入新节点或删除现有的节点。

2. XmlElement 类

XmlElement 类继承自 XmlNode,代表元素节点,子类继承了父类所有的属性和方法,所以可以使用 XmlNode 中所有的属性和方法来获得关于元素及其属性的信息。

XmlNode 和 XmlElement 类的功能极其类似,主要区别是:

(1) XmlElement 是特殊的 XmlNode 类,节点有多种类型——属性节点、注释节点、文本节点、元素节点等,XmlNode 是这多种节点的统称。但是 XmlElement 专门指的就是元素节点。

(2) XmlElement 是非抽象类可以直接实例化,而 XmlNode 是抽象类,必须通过 XmlDocument 对象的 CreateNode()方法创建。

(3) XmlElement 拥有众多对属性 Attribute 的操作方法,可以方便的对其属性进行读写操作(XmlNode 也可以通过 Attributes 属性获取属性列表)。

我们最常使用 XmlElement 对象的方法如表 10-8 所示。

表 10-8　XmlElement 类的方法

方　法	功能描述
GetAttribute(String)	返回指定属性的值。这种方法使用被检索的属性名作为参数,如果没有找到匹配的属性或者属性没有指定值或默认值,那么将返回一个空的字符串
SelectSingleNode(String)	选择匹配 XPath 表达式的第一个 XmlNode(继承自 XmlNode)
SetAttributeNode(String, String)	添加指定的 XmlAttribute

续表

方法	功能描述
GetEnumerator	提供对 XmlNode 中节点上 for each 迭代的支持（继承自 XmlNode）可以使用这个方法来遍历和解析 XmlDocument 对象中的所有元素节点
AppendChild (newChild)	将指定的节点添加到该节点的子节点列表的末尾（继承自 XmlNode）
HasAttribute(String)	确定当前节点是否具有带有指定属性

3. XmlNodeList 类

XmlNodeList 类表示 XmlNode 的有序集合，通常调用下列方法就会返回 XmlNodeList 对象。

- XmlNode. ChildNodes —— 返回包含节点所有子级的 XmlNodeList。
- XmlNode. SelectNodes——返回包含匹配 XPath 查询的节点集合的 XmlNodeList。
- GetElementsByTagName——返回包含与指定名称匹配的所有子代元素的列表的 XmlNodeList。该方法在 XmlDocument 和 XmlElement 类中都可以使用。

NodeList 对象的主要方法和属性及其说明如表 10-9 所示。

表 10-9　NodeList 对象的方法及其说明

方法和属性	说明
Item (位置索引)	方法返回列表中给定位置的节点。第 1 个节点的位置为 0，最后 1 个节点的位置为 length 的值减 1
GetEnumerator	在 XmlNodeList 中节点集合上提供迭代遍历节点列表的 foreach 样式
Count 属性	以整数形式返回 XmlNodeList 中的节点

4. 定位到 DOM 树的指定节点

1）定位到单个节点

要想引用 DOM 树中的单个节点，可以调用 SelectSingleNode(XPath 字符串)方法获取 DOM 树中的单个节点。该方法根据 XPath 参数查询，如果查询到一个或多个节点则返回第一个节点；如果没有查询的任何节点则返回空。

下面程序实现查询书号是 ISBN－9787302149583 图书的信息。

```
XmlDocument doc = new XmlDocument();
doc.Load("例 10-1.xml");
XmlNode book;
XmlElement root = doc.DocumentElement; //DocumentElement 获取 XML 文档的根元素节点
book = root.SelectSingleNode("图书[@书号 = 'ISBN - 9787302149583']");
MessageBox.Show(book.OuterXml);
```

2）定位到节点集合

要想引用 DOM 树中的多个节点，以 XPath 表达式为参数调用 SelectNodes()方法。例如得到价格子元素是 20 以下的所有图书节点：

```
XmlDocument doc = new XmlDocument();
doc.Load("例 10-1.xml");
XmlNodeList cheapBooks = doc.SelectNodes("//图书[price<20]");
```

3）定位到元素节点

可以使用 XmlElement 或 XmlDocument 对象的 GetElementsByTagName()方法获取指定名称的元素集合，例如得到所有图书元素节点：

```
XmlDocument doc = new XmlDocument();
doc.Load("例 10-1.xml");
XmlNodeList allBooks = doc.GetElementsByTagName("图书");
```

5. 访问节点

下面的例 10-4 是利用 XmlDocument、XmlNode 和 XmlElement 三个类的一些方法和属性，实现对例 10-1.xml 文档的书名节点访问。可以使用 XmlElement.InnerText 或 XmlElement.InnerXml 属性访问元素节点的值。

【例 10-4】 编程实现对例 10-1.xml 文档的书名节点访问。

(1) 新建一个 Windows 窗体应用程序，在窗体中添加一个按钮控件。

(2) 添加命名空间的引用。

```
using System.Xml ;
```

(3) 添加按钮事件代码。

```
private void button1_Click(object sender, EventArgs e)
{
    XmlDocument xmlDoc = new XmlDocument();
    xmlDoc.Load("例 10-1.xml");
    //得到根元素节点的子元素集合列表
    XmlNodeList topM = xmlDoc.DocumentElement.ChildNodes;
    String bookname = "";
    foreach (XmlElement element in topM)
    {
        if (element.Name == "图书")
        {
            //得到该节点的子节点
            XmlNodeList nodelist = element.ChildNodes;
            if (nodelist.Count > 0)
            {
                foreach (XmlElement el in nodelist)//读元素值
                {
                    if (el.Name == "书名")
                        bookname += el.InnerText + " ";
                }
            }
        }
    }
    MessageBox.Show(bookname);
}
```

运行结果如图 10-4 所示。

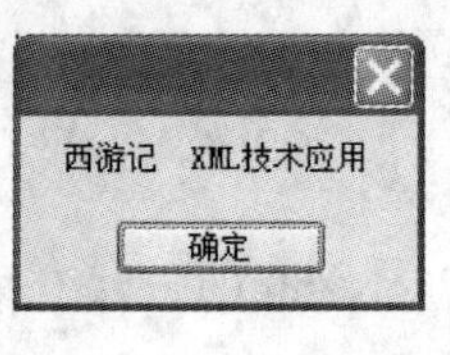

图 10-4 运行结果

6. XmlNamedNodeMap 类

使用 XmlNamedNodeMap 对象保存一个元素节点的属性集合，但是需要注意，使用 XmlNamedNodeMap 对象保存的是属性的无序集合。通常，XmlElement 对象的 Attributes 属性会返回 XmlNamedNodeMap 对象。

NamedNodeMap 对象的方法及其说明如表 10-10 所示。

表 10-10 NamedNodeMap 对象的方法及其说明

方 法	描 述
GetNamedItem()	可返回指定的节点(通过名称)
GetNamedItemNS()	可返回指定的节点(通过名称和命名空间)
Item()	可返回处于指定索引号的节点
RemoveNamedItem()	可删除指定的节点(根据名称)
RemoveNamedItemNS()	可删除指定的节点(根据名称和命名空间)
SetNamedItem()	设置指定的节点(根据名称)
SetNamedItemNS()	设置指定的节点(通过名称和命名空间)

10.4.4 使用 DOM 添加新节点

为现有的 XmlDocument 对象添加新节点，必须进行以下几个步骤：

(1) 从 XML 数据源文档创建和加载 XmlDocument 对象。

(2) 在原始文档中定位新节点的父节点。

(3) 创建新节点。

(4) 把新节点添加到父节点中。

【例 10-5】 为例 10-1.xml 中＜图书信息表＞的添加一本图书元素，其中书名子元素为："C＃入门帮助"，作者子元素内容为："陈锐"，定价子元素内容为："12.50 元"。

在例 10-4 的窗体中再添加一个按钮控件 button2，添加按钮事件代码。

```
private void button2_Click(object sender, System.EventArgs e)
{
    XmlDocument xmlDoc = new XmlDocument();
    xmlDoc.Load("例 10-1.xml");
    XmlNode root = xmlDoc.SelectSingleNode("图书信息表");    //查找<图书信息表>节点
    XmlElement xe1 = xmlDoc.CreateElement("图书");           //创建一个<图书>节点
    XmlElement xesub1 = xmlDoc.CreateElement("书名");
    xesub1.InnerText = "C＃入门帮助";                        //设置文本节点
    xe1.AppendChild(xesub1);                                 //添加到<图书>节点中
    XmlElement xesub2 = xmlDoc.CreateElement("作者");
    xesub2.InnerText = "陈锐";
    xe1.AppendChild(xesub2);
    XmlElement xesub3 = xmlDoc.CreateElement("定价");
    xesub3.InnerText = "12.50 元";
    xe1.AppendChild(xesub3);
```

```
    root.AppendChild(xe1); //添加到<图书信息表>>节点中
    xmlDoc.Save("例 10-1.xml");
    MessageBox.Show("添加成功");
}
```

10.4.5 使用 DOM 修改删除节点

在修改删除节点之前，必须先要找到要操作的节点。在定位到一个节点或获得一个节点集之后，我们就可以通过设置 XmlElement 对象的 InnerText 属性或通过调用 XmlNode.ReplaceChild()方法替换整个节点的方式来修改节点值，也可以通过调用 XmlElement.SetAttribute()方法来修改属性节点的值。注意如果该元素中存在与新建属性同名的属性，那么就修改这个属性的值，否则就创建该属性。

【例 10-6】 对例 10-1.xml 文件如下修改：

(1) 为第 1 个图书元素添加一"定价"子元素，元素内容为："12.50 元"并将其插入"作者"子元素之前。

(2) 为第 2 个图书元素添加一"备注"属性，属性值为："计算机及相关专业使用"；其作者子元素值改为"朱国华"。

(3) 复制第 1 个图书元素及其子元素，并添加到文档最后；

(4) 删除第 1 个图书元素。

在例 10-4 的窗体中再添加一个按钮控件 button3，添加按钮事件代码。

```
private void button3_Click(object sender, EventArgs e)          //修改删除
{
    XmlDocument xmlDoc = new XmlDocument();
    xmlDoc.Load("例 10-1.xml");
    XmlElement rootEle = xmlDoc.DocumentElement;                 //根元素图书信息表
    //为第 1 个图书元素添加一"定价"元素
    XmlElement node = (XmlElement)rootEle.ChildNodes[0];         //node 为第 1 个图书元素节点
    XmlElement nodeprice = xmlDoc.CreateElement("定价");         //创建一"定价"元素
    nodeprice.InnerText = "12.50 元";                            //为定价元素指定文本
    //refnode 为当前图书节点的第 2 个子节点
    XmlElement refnode = (XmlElement)node.ChildNodes[1];
    node.InsertBefore(nodeprice, refnode);           //将"定价"元素插入到 refnode 子节点前面
    //为第 2 个图书元素添加一"备注"属性
    node = (XmlElement)rootEle.ChildNodes[1];
    node.SetAttribute("备注", "计算机及相关专业使用");
    //复制第 1 个图书节点及其子节点,将其作为根元素的最后子节点
    node = (XmlElement)rootEle.ChildNodes[0];
    XmlElement newnode = (XmlElement)node.CloneNode(true);     //true 表示复制其子节点
    rootEle.AppendChild(newnode);
    node = (XmlElement)rootEle.LastChild;
    //删除第 1 个图书节点
    rootEle.RemoveChild(rootEle.ChildNodes[0]);
    xmlDoc.Save("例 10-2.xml");
}
```

第 3～4 行创建 XmlDocument 对象并载入 XML 文档数据，第 8 行创建一个新的元素节点，第 9 行使用 InnerText 属性修改新的元素节点的值。第 12 行“node.InsertBefore(nodeprice, refnode);”将“定价”元素插入到 refnode 子节点(“作者子元素节点”)前面。第 18 行 node.CloneNode(true) 产生一个当前节点并含其节点的副本。第 19 行将复制最后一个图书元素，将之添加到根元素图书信息表中。第 22 行调用 XmlElement.RemoveChild()方法来实现元素的删除。

运行结果产生例 10-2.xml，内容如下所示：

```
<?xml version = "1.0" encoding = "gb2312"?>
<! -- 文件名: 例 10-1.xml -- >
<图书信息表>
  <图书 书号 = "ISBN - 9787302149583" 备注 = "计算机及相关专业使用">
    <书名> XML 技术应用</书名>
    <作者>朱国华</作者>
  </图书>
  <图书 书号 = "ISBN - 7505407171">
    <书名>西游记</书名>
    <定价> 12.50 元</定价>
    <作者>吴承恩</作者>
  </图书>
</图书信息表>
```

如果要删除属性，则可以通过调用 XmlElement.RemoveAttribute()方法来实现属性节点的移除，例如：

```
XmlDocument doc = new XmlDocument();
doc.LoadXml("< book ISBN = '1 - 861001 - 57 - 5'>" +
"< title > Pride And Prejudice </title >" + "</book >");
XmlElement root = doc.DocumentElement;
root.RemoveAttribute("ISBN", "urn:samples");      //删除 ISBN 属性
```

也可以通过调用 XmlNode.RemoveAll()方法移除所有的子节点，例如：

```
XmlDocument doc = new XmlDocument();
doc.LoadXml("< book genre = 'novel' ISBN = '1 - 861001 - 57 - 5'>" +
"< title > Pride And Prejudice </title >" + "</book >");
XmlNode root = doc.DocumentElement;
root.RemoveAll();     //删除所有的属性和子节点
```

下面的例子就是利用 selectSingleNode 和 getElementsByTagName(或 selectNodes)方法，实现对例 10-1.xml 文档的查询、修改和遍历。

【例 10-7】 利用 selectSingleNode 和 getElementsByTagName(或 selectNodes)方法，对例 10-1.xml 文档进行查询、修改和遍历。具体要求为：

- 查找“书名='西游记'”的第一个图书元素，并为其添加“备注”属性，属性值为“四大名著”。
- 查找所有图书元素，并显示满足条件的图书节点 XML 代码及属性名。

在例 10-4 的窗体中再添加一个按钮控件 button4，添加按钮事件代码。

```
private void button4_Click(object sender, EventArgs e)
{
    XmlDocument xmlDoc = new XmlDocument();
    xmlDoc.Load("例 10-1.xml");
    //查找"书名='西游记'"的第一个图书节点,为其添加属性
    XmlElement node = (XmlElement)xmlDoc.SelectSingleNode("//图书[书名='西游记']");
    node.SetAttribute("备注", "四大名著");
    //查找所有图书节点,可以使用下列两种方法
    XmlNodeList booknode = xmlDoc.GetElementsByTagName("图书");
    //booknode = xmlDoc.selectNodes("//图书");
    //显示图书节点的 XML 代码及属性名
    string s = "";
    for (int i = 0; i < booknode.Count; i++)
    {
        s += booknode[i].OuterXml + "\n";
        for (var j = 0; j < booknode[i].Attributes.Count; j++)
        {
            s += booknode[i].Attributes[j].Name + "\n";
        }
    }
    MessageBox.Show(s,"遍历信息");
}
```

运行结果如图 10-5 所示。

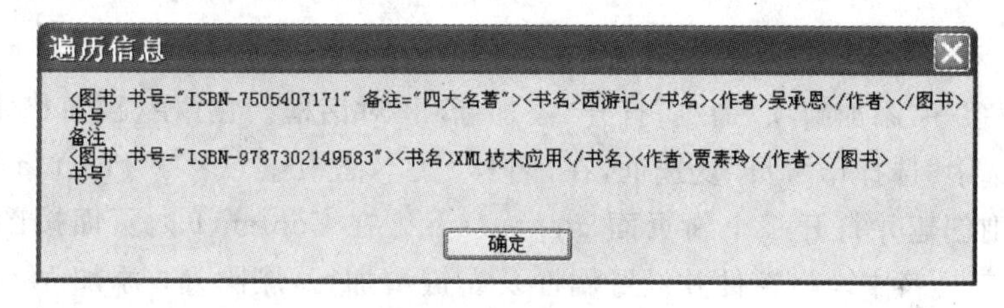

图 10-5 运行结果

注意：在用 DOM 方式编程时，对于含有属性的 XML 元素，只能使用该元素节点的 Attributes 属性来访问其 attribute 子节点，而不能使用 childNodes、firstChild 和 lastChild 等手段来访问 Attribute 类型的子节点。

10.5 基于 XML 的游戏网站留言板

由于 XML 的易共享性等众多优点，XML 技术越来越多地被应用于企业数据处理等领域，如应用于企业报表、新闻发布、会计数据处理，等等。下面介绍编写基于 XML 的游戏网站 Web 留言板。留言板可以采用 XML 文件形式存储和 Web 数据库形式存储，这里介绍使用 XML 文件实现留言板。

10.5.1 程序设计的思路

本实例由两部分组成：

(1) guest.aspx——将用户留言信息添加到一个 XML 文件中。

(2) view.aspx——先建立一个数据集对象 DataSet,通过 ReadXml 读出 XML 中的数据作为 Repeater 显示控件的数据源。在 Repeater 控件中显示数据集中留言数据。

10.5.2 程序设计的步骤

(1) 在集成开发环境中,选择"文件"→"打开"→"网站"命令,出现"打开网站"对话框,选取 9.6 节母版页创建游戏网站应用程序所在文件夹"I:\按章代码\第 9 章\GameSite"打开此 ASP.NET Web 网站。

(2) 创建存储留言的 XML 文件。

单击"项目"→"添加新项"命令,选中"XML 文件"选项,在"名称"文本框中输入 guest.xml,则创建并打开一个名为 guest.xml 的 XML 文件。输入以下内容:

```
<?xml version = "1.0" encoding = "GB2312" ?>
< NewDataSet >
  < news >
    < name >张进</name >
    < Email > xmj@zzrt8i.com </Email >
    < Comments >猪年大吉大利</Comments >
    < DateTime > 2007 - 2 - 23 17:32:18 </DateTime >
  </news >
</NewDataSet >
```

(3) 创建网站内容页——留言页面 guest.aspx。

单击"网站"→"添加新项"命令,打开"添加新项"对话框。在"模板"窗格中选择"窗体"选项,同时要选中"选择母版页"复选框,在"名称"文本框中输入名字 guest.aspx,然后单击"确定"按钮,则创建并打开一个新页面 guest.aspx。在 Content1 内页面按图 10-6 样式插入 Html 控件工具箱中表格控件并设置属性及右键增加行,删除列;添加 Web 窗体控件工

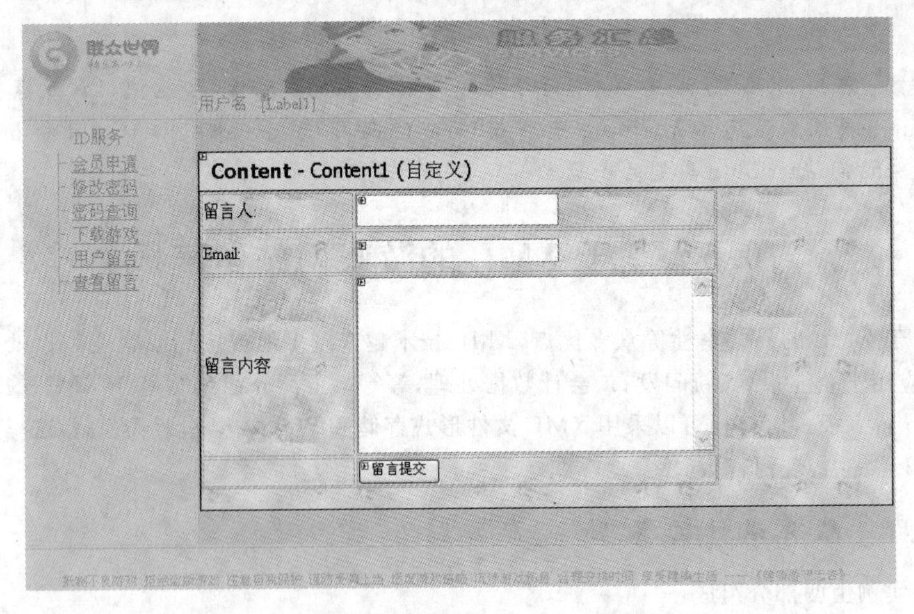

图 10-6 基于 XML 的留言 guest.aspx 设计界面

具箱中 1 个命令按钮、1 个标签和 3 个文本框，并设置 3 个文本框 ID 属性为 Name、Email、Comments；对留言 Comments 文本框同时设置 TextMode 为多行 MutiLine。

添加命名空间的引用：

```
using System.Xml;
using System.IO;
```

双击 guest. aspx 页面，则产生页面加载事件过程代码，在此事件中验证 session 变量是否存在，如果不存在则返回登录页面 Login. aspx，代码如下：

```
protected void Page_Load(object sender, EventArgs e)
{
    Label txt = (Label)((MasterPage)Master).FindControl("Label1");
    txt.Text = Convert.ToString(Session["username"]);
    Name.Text = Convert.ToString(Session["username"]);
    if (Session["username"] == null)        //如果没有登录则 username 为空
    {
        Response.Write("<script language = 'javascript'> alert('没有登录');location.href = '
Login.aspx';</script>");
        //Response.Redirect("Login.aspx");
        return;
    }
}
```

“留言提交”按钮单击事件向保存留言的 XML 文件 guest. xml 中追加留言数据。

```
protected void Button1_Click(object sender, EventArgs e)
{
    //判断文件是否存在
    if (!File.Exists(Server.MapPath("guest.xml")))
    {
        Response.Write("guest.xml 留言文件名不存在");
        Response.End();
    }
    XmlDocument xmlDoc = new XmlDocument();
    xmlDoc.Load(Server.MapPath("guest.xml"));
    //往<NewDataSet>节点中插入一个<news>节点
    XmlNode root = xmlDoc.SelectSingleNode("NewDataSet");         //查找<NewDataSet>
    XmlElement xe1 = xmlDoc.CreateElement("news");                //创建一个<news>节点
    XmlElement xesub1 = xmlDoc.CreateElement("name");
    xesub1.InnerText = Name.Text;                                 //设置文本节点
    xe1.AppendChild(xesub1);                                      //添加到<news>节点中
    XmlElement xesub2 = xmlDoc.CreateElement("Email");
    xesub2.InnerText = Email.Text;
    xe1.AppendChild(xesub2);
    XmlElement xesub3 = xmlDoc.CreateElement("Comments");
    xesub3.InnerText = Comments.Text;
    xe1.AppendChild(xesub3);
    XmlElement xesub4 = xmlDoc.CreateElement("DateTime");
    xesub4.InnerText = DateTime.Now.ToString();
```

```
    xe1.AppendChild(xesub4);
    root.AppendChild(xe1);          //添加到<NewDataSet>节点中
    xmlDoc.Save(Server.MapPath("guest.xml"));
    Response.Write("<script language = 'javascript'> alert('留言成功写入'); location.href =
'View.aspx';</script>");
}
```

(4) 创建网站内容页——浏览留言的页面 view.aspx。

单击"网站"→"添加新项"命令，打开"添加新项"对话框。在"模板"窗格中选择"窗体"选项，同时要选中"选择母版页"复选框，在"名称"文本框中输入名字 view.aspx，然后单击"确定"按钮，则创建并打开一个新页面 view.aspx，在 Content1 内插入 1 个 Panel(为了出现滚动条便于浏览)，插入 1 个"数据"控件工具箱中 Repeater 控件，Repeater 控件使用的模板是通过页面设计其"源"视图手工设置的。故切换到"源"视图添加如下代码：

```
<asp:Panel ID = "Panel1" runat = "server" Height = "388px" ScrollBars = "Both" Width = "784px">
<asp:Repeater ID = "Repeater1" runat = "server">
        <HeaderTemplate>
        <table align = "center" style = "font: 10pt verdana" width = "80 % ">
            <tr bgcolor = " # cc9966">
                <td colspan = "2" align = "center">留言簿</td>
            </tr>
    </HeaderTemplate>
    <ItemTemplate>
        <tr style = "background - color: # ccffff">
            <td width = "20 % ">
                留言人: <% # DataBinder.Eval(Container.DataItem,"Name") %></td>
            <td>
               留言时间:<% # DataBinder.Eval(Container.DataItem,"DateTime") %>
            </td>
        </tr>
        <tr style = "background - color: # ccffff">
            <td>
                留言人 Email:</td>
            <td>
                <% # DataBinder.Eval(Container.DataItem,"Email") %>
            </td>
        </tr>
        <tr style = "background - color: # ccffff">
            <td>
                留言内容</td>
            <td>
                <% # DataBinder.Eval(Container.DataItem,"Comments") %>
            </td>
        </tr>
    </ItemTemplate>
    <SeparatorTemplate>
        <tr bgcolor = "white" >
            <td colspan = "2" ></td>
        </tr>
```

```
        </SeparatorTemplate>
        <FooterTemplate>
            </Table>
        </FooterTemplate>
</asp:Repeater>
</asp:Panel>
```

"设计"视图即可得到如图 10-7 所示的效果。

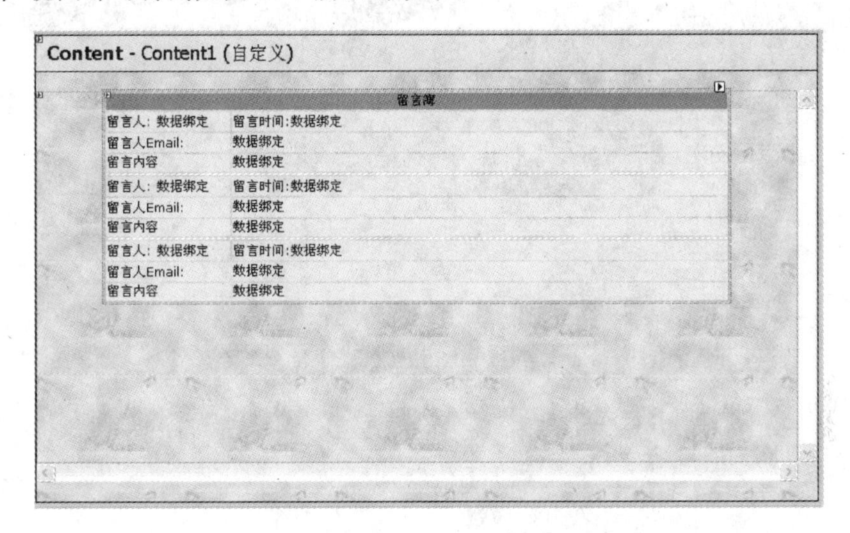

图 10-7　Repeater 控件的使用

双击 view. aspx 页面,则产生页面加载事件过程代码,如下所示:

```
protected void Page_Load(object sender, EventArgs e)
{
    Label txt = (Label)((MasterPage)Master).FindControl("Label1");
    txt.Text = Convert.ToString(Session["username"]);
    if (Session["username"] == null)//如果没有登录则 username 为空
    {
        Response.Write("<script language='javascript'>alert('没有登录');
                                location.href='Login.aspx';</script>");
        return;
    }
    //存储所有留言信息的 XML 文件名
    string datafile = "guest.xml";
    //运用一个 Try-Catch 块完成信息读取功能
    try
    {
        DataSet da1 = new DataSet();
        da1.ReadXml(Server.MapPath(datafile));
        //将第一个表中的数据集付给 Repeater
        Repeater1.DataSource = da1.Tables[0].DefaultView;
        Repeater1.DataBind();
    }
    catch
```

```
        {
            //捕捉异常
            Response.Write("< script language = 'javascript'> alert('出现异常')</script >");
        }
    }
```

运行结果如图 10-8 和图 10-9 所示。

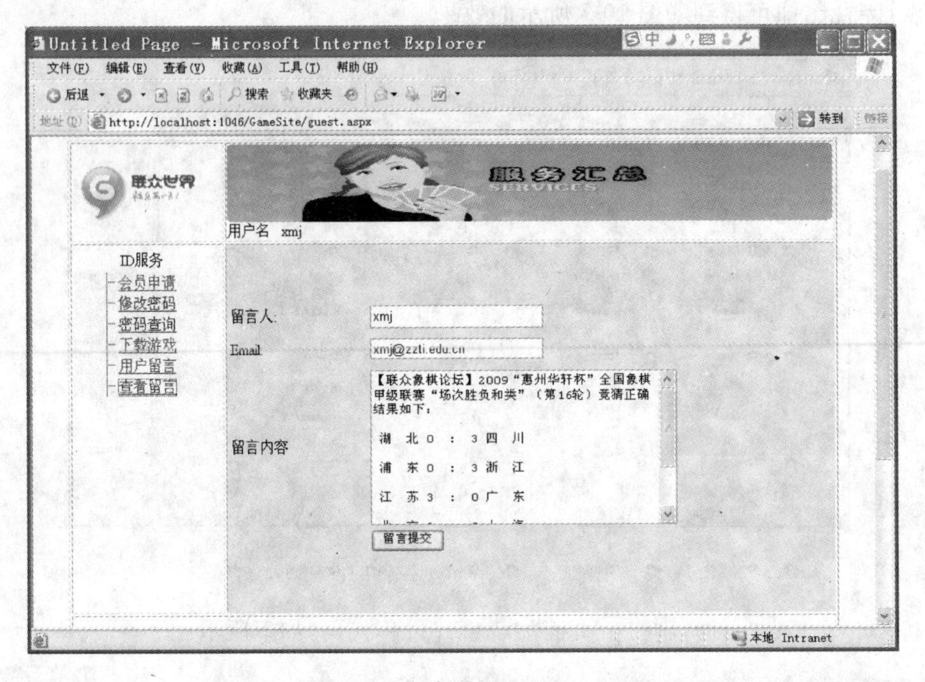

图 10-8 留言页面 guest.aspx

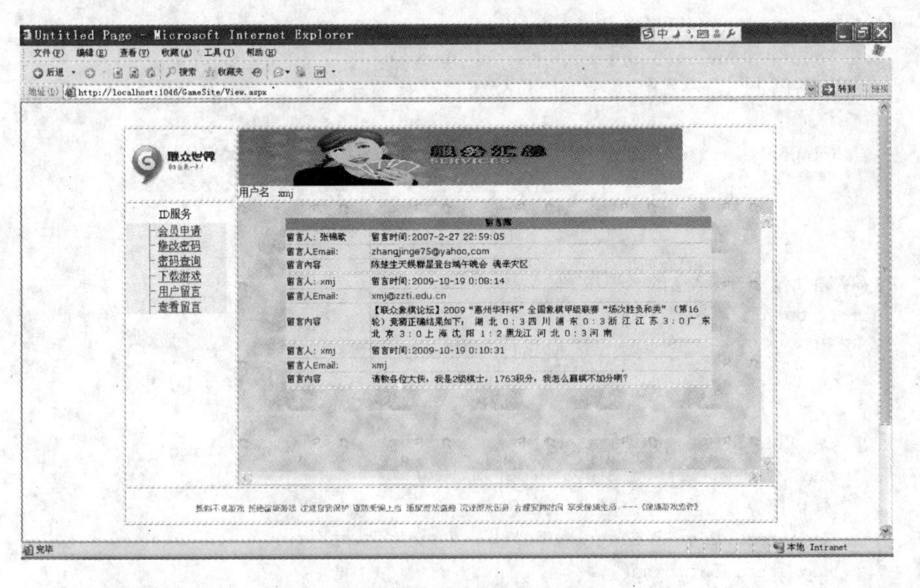

图 10-9 浏览留言的页面 view.aspx

综上所述，编写 XML 应用程序不但快捷而且方便，在编写 ASP.NET 数据库应用程序时，用 XML 文件替代一些小的 Table，能减少许多数据库存取连接，也能让其他网络程序更易使用这些数据。

习　题

1. 使用 XML 的原因是什么？

2. DOM 主要包括哪些接口对象？简述其作用。

3. 使用 DOM 技术实现学生成绩表 XML 文件的以下功能：

(1) 增加一名学生(张海，男，66，67，34，总分 167)。

(2) 删除学生马天宇。

(3) 修改王芸娇英语成绩为 78。

```
<?xml version = "1.0" encoding = "gb2312"?>
<学生成绩表>
  <学生 >
    <学号> 200601114101 </学号 >
    <姓名>王芸娇</姓名 >
    <性别>女</性别 >
    <英语> 80 </英语 >
    <数学> 85 </数学 >
    <计算机> 90 </计算机 >
    <总分> 255 </总分 >
  </学生 >
  <学生 >
    <学号> 200601114110 </学号 >
    <姓名>马天宇</姓名 >
    <性别>男</性别 >
    <英语> 56 </英语 >
    <数学> 82 </数学 >
    <计算机> 79 </计算机 >
    <总分> 217 </总分 >
  </学生 >
</学生成绩表>
```

4. 使用 DOM 技术将图书 XML 文件中所有计算机类别且定价小于 28 元的图书的书名和作者显示出来。

参 考 文 献

[1] 郑宇军. C#面向对象程序设计[M]. 北京：人民邮电出版社，2013
[2] 童爱红. Visual C#.NET 应用教程[M]. 北京：清华大学出版社，2004
[3] 陈锐，张蕾，李绍华. C#程序设计[M]. 北京：清华大学出版社，2011
[4] 陈锐，李欣，夏敏捷. Visual C#经典游戏编程开发[M]. 北京：科学出版社，2011
[5] 刘瑞新. C#网络编程及应用[M]. 北京：机械工业出版社，2005
[6] 韩颖，卫琳，陈伟. ASP.NET 3.5 动态网站开发基础教程[M]. 北京：清华大学出版社，2010
[7] 胡学钢. C#应用开发与实践[M]. 北京：人民邮电出版社，2012
[8] 罗福强童，白忠建，杨剑. Visual C#.NET 程序设计教程[M]. 北京：人民邮电出版社，2012
[9] 李春葆，谭成予，金晶，曾平. C#程序设计教程. 北京：清华大学出版社，2010